KB186689

전염성 질병의 진화

Evolutions of Infectious Disease

by Paul W. Ewald

학술명저번역 572

전염성 질병의 진화

Evolution of Infectious Disease

폴 W. 이월드 지음 | 이성호 옮김

아카넷

| 감사의 글 |

대다수 대학원생이 그러하듯, 나 역시 궁극적으로 어떤 통찰력을 어떻게 갖게 될지를 궁금해 하면서 많은 시간을 보냈다. 그리고 생태학과 진화학을 전공하는 대다수의 학생처럼, 내 마음은 고전적이고 낭만적인 이 분야의 이야기들에 흠뻑 빠져 있었다. 찰스 다윈(C. Darwin)은 갈라파고스의 핀치새들을 관찰함으로써 자연선택의 원리를 만들어냈고, 조지 에블린 허친슨은 시실리의 팔레르모 변두리에 위치한 산타 로살리아의 작은 교회 앞에 있는 수서곤충들로 가득한 웅덩이를 면밀히 관찰함으로써 생태계 군집의 구조에 대한 통찰을 얻었다. 허친슨은 자신의 통찰에서 비롯된 논문에 「산타 로살리아에 바치는 경의(Homage to Santa Rosalia)」라는 제목을 달았다. 허친슨의 선례를 따른다면, 나는 이 책의 제목을 『캔자스 주 맨해튼에 바치는 경의(*Homage to Manhattan, Kansas*)』라고 붙여야 한다. 현재 진화학을 통한 통찰을 보건과학에 적용시키려는 내 노력은 캔자스 주 맨해튼 변두리에 있는 작은 쓰레기장 근처에서 연구할 때 갑자기 일어난 설사라는, 조금은 민망한 사건에서 시작되었기 때문이다. 수시로 화장실에 달려갈 때마다 나는 이런 곤혹스러운 상황이 갖는 광범위한 중요성에 대해 오랜 시간 숙고하였다. 의문은 꼬리에 꼬리를 물었다. 이 설사를 치료해야 할까? 아니면 그냥 참아 볼까? 왜 이 유난스러운 설사균은 내가 23년 동안 경험한 다른 균들보다 훨씬 더 심각한 문제를 일으켰을까? 그리고 비록 엄청나게 불편하기는 하지만 왜 더 이상 악화되지 않은 걸까? 다른 설사균들과 달리 이 균은 생명을 위협하지는 않았다.

이 책에 소개된 아이디어들은 이러한 잇단 의문들과 각각에 대한 답변들이 새로 만들어 낸 질문들에 답하기 위해 지난 16년 동안 다듬어 온 것이다. 일찍이 그런 질문들을 좇는 것이 가치가 있음을 인식하고 이를 계속하도록 관심을 북돋아준 몇몇 과학자들에게 특별히 감사드린다. 시버트 로우워와 고든 H. 오라이언스는 진화학 원리들을 감염성 질병에 적용시키려고 노력하는 나를 격려해 주었고 생생한 대상을 연구 주제로 삼을 때마다 진화학적 사고의 연관성을 일깨워 주었다. 윌리엄 D. 해밀턴은 1978년에 나를 처음 만났을 때부터 이 연구를 계속하도록 적극 권유하였다. 그는 또한 모든 진화생물학자가 내게 50달러씩 보내야 한다고 주장했는데, 진화생물학과 보건과학의 통합은 다른 많은 영역의 학자들에게 진화생물학이 훨씬 멋져 보이게 할 것이기 때문이다(관심이 있는 사람은 인플레이션을 고려하여 70달러를 보내야 할 것이다!).

이 연구의 중기와 후기에 여러 과학자들이 가치 있는 아이디어들과 전망을 제공하였다. 메리 제인 웨스트-에버하트는 내가 진화생물학과 역학(疫學)을 통합할 수 있는 비교방법론의 중요성을 인식하도록 도와주었는데, 일부는 다윈이 진화론을 발전시키는 과정에 대한 그녀의 통찰을 통해서였다. 활발한 의견 교환이 이루어지는 동안 나를 끝까지 책임에서 벗어나지 못하도록 붙잡아둠으로써, 윌리엄 G. 에버하트는 가정이나 약한 논거 그리고 대체 가설을 인지하도록 도와주었다. 데이비드 I. 래트너는 늘 내게 분자 수준의 주제에 대한 미니 강의를 준비하고 있었다.

나의 정보와 아이디어, 주장을 담은 그림들은 리처드 D. 알렉산더, 로이 M. 앤더슨, 톰 부틴스키, 죠프리 카울리, 리처드 A. 골스비, 윌리엄 B. 그리너프 3세, 잰 칼리나, 조나단 킹던, 올가 F. 리나레스, 앨라저베스 E. 라이온스, 스티븐 S. 몰스, 제럴드 마이어스, 랜돌프 네시, 제럴드 샤드, 로버트 스머츠, 앤드류 스필만, 제임스 스트레인, 그리고 조지 C. 윌리엄스 덕분에 만들어졌다. 연구 과정에서의 발견들을 명쾌하게 만드는 데 시간을 할애하고 미발표 결과들을 기꺼이 제공한 로버트 J. 비가, 페르난도 그라시아, 모슬렘 우딘 칸, 미구엘 쿠라니, 레오나르도 J. 마타, 제럴드 마이어스, 벤자민 슈워츠, H. 시마누키에게도 사의를 표한다.

나는 자신들의 논문 사본이나 출판전 사본을 보내준 수백 명의 과학자들에게도 감사를 전한다. 윌리엄 B. 그리너프 3세, 이단 J. 테멜레스, 조지 C. 윌리엄스는 이 원고를 읽고 유용한 비평을 많이 해주었고, 나딘 알렉산더와 제니퍼 놀란은 원고 작성의 마지막 단계를 신속하게 처리해주었다. 여러 학생들이 논의와 중요한 참고문헌들을 차례로 건네주는 식으로 기여했다. 특히 메그 애봇, 스티브 베넷, 샤구프타 비디왈라, 스티브 부어스틴, 베스 엘링우드, 토니 골드버그, 캐시 핸리, 마르타 하일부룬, 캐스린 맥키벤, 카렌 키앵, 라라 릿치필드, 제니퍼 놀란, 새러 루벤스타인, 제니퍼 슈워츠, 브루노 발터, 커트, 웨버, 로웰 바이스에게 감사한다. 논문과 책들의 열람을 도와준 애머스트대학 로버트 프로스트 도서관의 리타 베일리, 마거릿 그로스벡, 마이클 캐스퍼, 플로이드 S. 메릿, 수잔 리스크, 수잔 에델버그, 그리고 런던대학(University of London) 도서 수장고의 E. 투크와 P. 헤들, 그리고 런던대학 위생학 및 열대의학과 사서들에게도 감사드린다.

이 책에 제시된 여러 가설은 내가 1980년에서 1983년 사이에 미시간 대학 생명과학부 장학금과 1984년부터 1985년까지 임페리얼대학에서 NSF/NATO 박사후 연수 과정 기금을 받아 발전시키고 예비 데이터들을 얻은 것이다. 애머스트대학은 1983년부터 마이너 D. 크래리 팔로우십, 트러스티 교원 팔로우십, 애머스트대학 교원 연구상, 안식년 기금 그리고 각종 지원들을 통해 이 연구를 키워주었다. 또한 이 연구는 하버드 공중보건대학의 직업 건강 프로그램 연구 기금을 지원받았다. 연구의 뒷부분과 최종 아이디어에 대한 도해는 스미스소니언 연구소에서 수여한 이론 의학 및 협력 과학 분야의 조지 E. 버치 연구기금과 스미스소니언 열대지역 연구소의 도움으로 제작하였다.

부모님 새러와 아르노 이월드는 어린 시절 사고 형성기에 어디에서든 여러 다른 관점들로 보는 습관과 흥미로운 것을 탐구하는 태도를 키워주었다. 크리스틴 베이어 이월드는 질병의 진화에 대한 나의 연구 전 과정에서 도움의 원천이자 필요한 모든 것의 근원이었다.

| 이 책을 쓰게 된 동기 |

어떤 숙주와 기생체 사이에서든 충분한 시간이 주어지면 궁극적으로 평화로운 공존 상태가 확립된다. **-르네 뒤보(1965)**

질병은 보통 공생(共生)에서 결론을 내지 못한 협상과도 같다. …(중략)… 양쪽이 생물학적으로 경계선을 잘못 이해하고 있는 것이다. **-루이스 토머스(1972)**

이상적인 기생은 사실 공생(commensalism)이다. **-폴 D. 회프리치(1989)**

전통의 파괴

기생체[1]들이 숙주와 무해(無害)한 공존을 하는 쪽으로 진화할 것이라는 개념을 바탕으로 포장된 빈약한 아이디어는 오래 전부터 의학과 기생충학 문헌들에 퍼져 있었다. 어떤 아이디어들은 과학계에서 아주 적은 증거들로도 널리 받아들여졌다. 그런데 이런 아이디어들은 바로 그것들로

---

1) parasite를 흔히 기생충이라고 번역하지만, '기생충'은 회충이나 촌충과 같은 상대적으로 체형이 큰 다세포성 생명체를 연상하게 하므로 이 책에서는 '기생체'로 번역하고자 함. 원저자가 바이러스, 세균, 진균, 원생동물, 선충류 등을 모두 아울러 parasite라고 사용하였기 때문.

생긴 오해와 오류 때문에 놓쳐버린 잠재적으로 큰 기회(즉 현상을 정확히 이해할 기회를 놓치는 것)도 문제거니와 그것을 근거로 하는 기본 원리와도 부합하지 않는다.

이런 아이디어들을 지지하는 사람들은 좀처럼 기본적인 진화학의 원리를 수용하여 그 아이디어들을 추적하고 규명하려 들지 않는다. 바로 이 순간에 그들이 진화학의 가장 기본 과정인 자연선택을 잘못 이해하고 있다는 사실이 드러난다. 초기 지지자들에 대해서는 눈감아 줄 수 있다. 진화생물학자들이 자신이 새로 발견한 유전학 지식을 자연선택에 통합하고 있던 시기에 테오발드 스미스(Theobald Smith, 1934), 한스 진슬러(Hans Zinsser, 1935), 그리고 스웰렌그레벨(N. H. Swellengrebel, 1940) 등은 저술을 남겼다. 지난 세기 중반에 나온 그런 오도된 글마저도 용서받을 수 있다. 윌리엄 D. 해밀턴(William D. Hamilton, 1964)과 조지 C. 윌리엄스(George C. Williams, 1966)가 자연선택의 과정을 밝힐 때까지, 심지어 저명한 생물학자들조차도 진화 과정에 대해 혼란스러워 했다. 그러나 해밀턴과 윌리엄스의 놀라운 저술들이 나오고 수십 년이 흐른 뒤 '기생체가 확고부동하게 무해한 방향으로 진화한다'는 생각은 마침내 더 이상 영속적이지도 않고 곤란한 지경에 처하게 되었다. 이는 현대 진화생물학이 오늘날의 보건과학과 얼마나 동떨어지게 되었는가를 보여주는 징표이다. 최근 수년간에 걸친 이론, 또는 경험을 바탕으로 한 연구를 통해 '무해함으로의 무조건 진화(obligate evolution to benignness)'에 대한 거부를 이끌어냈지만, 유명 저널들과 의대 교재들에서는 여전히 이 개념을 진화학의 논쟁거리라고 다룬다.

이와 마찬가지로, 저명한 생물학자와 의과학자들의 혼란이 자연선택의 작용 단계를 오해한 데서 비롯되었음을 알 수 있다. '무해함으로의 무조건 진화' 개념의 옹호자들은 그 문제에 대해 글을 쓸 때, 기생체 종에게 무엇이 최선인지, 혹은 종 내에서 대부분의 개체들에게 무엇이 최선인지를 자주 언급함으로써 자신들의 주장을 강변한다. 예를 들어 버넷과 화이트(1972)는 "자연이 계산하는 것은 오로지 종의 생존뿐이다."라고 언급했다. 사이먼(1960)은 "약해진 감염[2]은 최대 다수의 개체들에게 최장 기간 최적 조건들을 제공하는 상태를 나타낸다."고 썼다. 그러나 자연선택이 반드시 최장 기간에 최대 다수의 개체에게 최선인 것을 선호한다고 가정할 이유는 없다. 자연선택은 어떤 특성을 암호화하는 유전자의 전달을 증가시키는 특성을 선호한다. 만약 인체 내에서 가속화된 바이러스 증식이 이를 암호화하는 유전자의 전달을 이끌어낸다면, 이러한 바이러스 집단의 빠른 성장이 감염자를 심각하게 아프게 하거나, 혹은 사람들 사이에서 바이러스 전체 숫자가 감소하는 방향으로 흘러가거나, 혹은 바이러스의 궁극적인 박멸을 재촉한다 하더라도 증식 속도는 빨라질 것이다.

공생으로의 무조건적 진화를 지지하는 사람들은 만약 바이러스가 지나치게 너무 많이 증식하여 숙주가 아프거나, 혹은 죽은 숙주 안에 많은 후손들을 남긴다면 그 얼마나 비효율적인 기생체인지, 그리고 어떻게 이러한 비효율성이 숙주에 대한 기생체의 적절치 못한 적응인지에 대해 언급한다. 사라진 개체들이 의미가 없다는 것은 아니다. 우리는 단풍나무가 제대로 적응하지 못했다고 한다. 왜냐하면, 헬리콥터 날개처럼 생긴 1,000개의 씨앗에서 약 990개는 일찌감치 죽음을 맞이하기 때문이

2) infection은 감염(感染)으로, transmission은 전파(傳播)로 번역하고자 함. 저자는 이 용어들의 뉘앙스를 고려, 전자는 기생체가 숙주에 성공적으로 들어간 경우, 후자는 단순히 이동해 들어간 상태로 나눠서 사용한 것으로 추정됨.

다. 자연선택과 관련이 있는 수는 생존에 성공한 세대로 넘겨진 유전자의 수다. 그렇다면 1,000개의 씨앗 생산을 암호화하는 유전자가 100개의 씨앗 생산을 암호화하는 유전자보다 더 많이 다음 세대에 남을 수 있을까? 1,000개의 씨앗이 가진 전략은 씨앗의 죽음과 조직 손상이라는 측면에서 보면 대단히 소모적이지만, 만약 이들이 궁극적으로 다음 세대에 더 많은 후손을 남길 수 있다면, 진화적으로는 훨씬 성공한 전략일 것이다. 이와 마찬가지로, 숙주 내에서 대량 증식하기 때문에 마지막 전파(transmission)를 하고나서 숙주와 함께 죽음을 맞아야 할 운명에 있는 10억 개의 병원체를 남기는 기생체는 이와 반대 양상, 즉 증식률이 낮기 때문에 소수의 개체만을 숙주에 남기고 그 결과 숙주 안에 훨씬 적은 후손을 전파하는 기생체보다 빠른 증식용 유전자들을 더 많이 전달하여 미래 세대에 기여할 것이다.

사실 문제를 이런 관점에서 보면, 과연 덜 해롭고 느린 번식자가 승리할 수 있을지 여부가 궁금할 것이다. 어떻게 그들은 빠른 번식자들과의 치열한 경쟁에서 느린 증식용 매뉴얼(유전자)을 더 많이 넘겨줄 수 있을까? 이 문제에 대한 답은 숙주 내 병원체들이 유전적으로 매우 비슷하다는 잠재성을 이해하는 데 있다. 인체 안에 있는 바이러스 집단은 단지 극소수의 성공한 콜로니에서 유래되고 증식하여 마침내 수십억에 이른다. 이 증식의 결과로, 하나의 바이러스에 있는 특정한 유전적 명령들이 감염자 체내에서 전부는 아니더라도 많은 수가 증가할 가능성은 충분하다. 만약 어떤 유전자가 바이러스 복제를 낮은 수준으로 조절하고 숙주 조직에 침투하는 능력을 낮춘다면, 체내에서 빠르게 증식하는 경쟁자들과의 경쟁에서 밀리게 될 것이다. 그러나 만약 빠른 복제자가 일으키는 통증 때문에 전파 가능성이 지나치게 억제된다면, 느리게 복제하는 콜로니에서 유래한 바이러스에 우연히 감염된 사람들은 빠르게 복제하는 콜로니의 바이러스에 감염된 사람들보다 비감염자들과 미래의 자손들에게 자신의 병원체를 더 빨리 전염시킬지도 모른다.

이런 논쟁은 굉장히 골치 아픈 일인데, 느린 증식자들은 더딘 증식을 통해 얻는 이득을 빠르게 증식하는 공생자들 모두와 공유하기 때문이다. 그러므로 느린 증식자는 감염자 체내에서 빠른 증식자들과 같이 존재할 때 이런 이점을 잃는다. 그러나 체내에 있는 병원체 집단은 소수의 콜로니로부터 유래하기 때문에, 이들은 유전적으로 서로 유사할 것이다. 느린 복제자는 체내에서 종종 다른 느린 복제자들과 공존할 것이고, 빠른 복제자들도 종종 다른 빠른 복제자들과 함께 존재할 것이다. 느린 복제가 새로운 숙주에 전파될 기회를 충분히 높여준다면, 느린 복제자들은 후손을 번식시키는 데 더 큰 공헌을 할 것이다[진화생물학 용어에 익숙한 사람들은 이런 과정이 병원체들 사이에 협력 혹은 이타적 행위를 나타낸다고 생각할 터인데, 이는 느린 복제의 포괄적인 적응 효과에 의해 만들어진다. 이 경우 느린 복제가 혈연선택(kin selection)[3]에 의해 진화되었다고 말할 수 있다]. 느린 복제가 충분히 전파되지 못할 때, 더 해로운 빠른 복제자들을 선호하게 될 것이다. 이와 유사하게 만약 돌연변이의 특성들, 즉 전파 혹은 병원체 증식이 숙주 내 기생체들의 유전적 변이를 증가시킨다면 느린 복제자들은 틀림없이 불리할 것이다. 비록 많은 변종들이 존재하지만, 숙주-기생체 간 관계의 진화에 대한 자연선택 적용에서 이러한 균형 유지를

---

3) 자연도태에 반(反)하는 도태 양식으로 자기가 희생을 하여 다른 개체에 봉사하는 이타적 행동을 동물의 사회(예컨대 꿀벌의 사회)에서 볼 수 있는데, 1964년 영국의 W.D.해밀턴이 이타적 행동을 하는 어떤 개체와 이를 받아들이는 개체의 혈연이 가까우면, 총괄적으로는 이타적 개체가 비이타적 개체보다 유리하다는 사실을 제시하였음.

위한 일종의 거래는 기본이다. 더욱이 일반적으로 이런 균형 유지를 위한 거래를 이해하는 것은 우리에게 질병을 일으키는 유기체들이 과거에 걸어온 그리고 앞으로도 걸어갈 진화의 길을 이해하는 데 중요한 실마리를 제공한다. 이 책에서는 이런 균형 유지를 위한 거래들을 연구함으로써 극히 무해함으로부터 치명적까지 특정 수준의 유해함으로 향하는 진화를 선호하게 되는 상황들을 확인할 것이다.

20세기 마지막 사반세기에 앞서, 전 세계 과학자들은 적응이 반드시 무해한 공생 상태를 이끌어낼 것이라는 진부한 지식을 부정했다. 말라리아 연구자 G. R. 코트니와 그의 동료들은 "우리가 볼 때, 일련의 증거들에 대해서는 별로 확신이 서지 않는다."고 기술하면서 자신들의 의혹을 제기했다. 바이러스 학자 C. H. 앤드루스 역시 조금 망설이기는 했지만 그때까지 고수해 온 잘못된 관점들을 받아들이지 않았다. 그는 효율적인 병원체들은 무해하다는 아이디어에 대한 자신의 믿음을 확인하면서, 병원체들이 새로운 숙주로 옮겨가면 자신들의 병독성을 증가시킴을 관찰하였다. 그리고 병원체들이 다음 세대로 전파를 촉진시키는 '최적의' 병독성을 지닌 중간 단계로 진화한다고 결론지었다. 그는 병원체들을 환경에 퍼뜨림으로써 전파를 용이하게 하는 호흡기 질환의 재채기와 기침을 예로 들어 이 아이디어를 설명하였다.

전통적 관점에 대해서는 '양성[4]을 향한 무조건적인 진화 아이디어'의 당연한 귀결에 초점을 맞춘 볼(1943)이 가장 처음 강력하게 반대하고 나섰는데, 즉 특히 심한 질병은 최근의 불완전한 연관의 징후라는 결론이다. 그는 수많은 예외를 근거로 이 아이디어를 공격하였고, 기생체에게

---

4) benignness. 양성(陽性). 무독성(無毒性).

무독성을 향해 진화하는 경향이 있다면 예측할 가치가 없다고 결론지었다. 그것은 병독성만으로는 숙주와 기생체 사이의 연관 존속에 대해서 제대로 설명하지 못하기 때문이다. 앤드루스(1960), 코트니 등(1971)의 더욱 사려 깊은 경고들처럼 볼의 비판 역시 대부분 무시당했는데, 내 생각에는 이들 가운데 어느 누구도 왜 특정 숙주–기생체 간의 연관이 다른 수준의 병독성을 진화시켜왔는지를 이해할 수 있는 보편적이고 대안적 판단의 틀을 제시하지 못했기 때문이다. 그러한 틀을 개발하지 않고서는 숙주–기생체 간 관계가 무해한 균 유형 상태로 진화한다는 낡은 아이디어는 이를 뒷받침할 만한 훌륭한 증거가 없는데도 분명하게 거부하기에는 너무나 매력적이었다. 1970년대 후반 이후 상황은 변했다. 이제 우리는 대안적인 판단의 틀뿐만 아니라 그 논란을 거쳐 새로운 두 학문 분야가 태어났음을 알고 있다. 이 학문 분야들은 분자생물학의 전자현미경 영역에서부터 생태학과 진화생물학의 개체 수준 이상의 영역에서 유래된 질병의 치료와 확산 그리고 진화에 대한 현재의 지식을 만들어 내고 있다.

진화역학(進化疫學)과 다윈주의 의학

진화생물학은 다른 생물학 분야들과 매우 견고하게 통합되었기 때문에 그들 사이를 경계짓기는 불가능하다. 그러나 현대 의학은 진화생물학과 동떨어져 있었다. 현대 의학은 광범위하고 견고하게 해부학, 생리학, 생화학, 분자생물학 그리고 유전학 같은 생물학 분야들과 대부분 연결되어 있지만, 진화생물학과는 불과 몇 개의 연결 고리들만을 통해 큰 학문적 차이를 극복하고 이어져 있다. 항생제 내성의 진화에 대한 지식은 아마도 세부 분야들 간에 가장 잘 발달된 연결 고리이다. 말라리아에 대항하여 신체를 보호하는 겸상적혈구빈혈증[5]에 대한 진화학의 기초 발견은 또 다른 예이다.

아마도 연결 고리들이 부족한 이유는 많을 것이다. 한 가지는 진화학의 원리를 세심하게 이해하지 못한 데 따른 것이다. 중등 교육에서 의과대학에 이르는 교육 과정에서, 인간 생명에서 진화의 근본적인 연관성을 무시해 왔고 심지어는 억압하기까지 했다. 만약 상황이 달랐다면, 이 책에 기술한 아이디어들은 이미 수십 년 전에 진화생물학자들이 유전학과 자연선택의 원리들을 통합할 무렵에 소개되었을 것이다. 이 책의 다음 페이지들에서 분명하게 나오듯이, 이런 과오를 바로잡는 것은 해마다 수많은 사람들에게 죽느냐 사느냐의 문제가 될 것이고, 그보다 더 많은 사람들에게는 삶의 질에 대한 문제가 될 것이다.

병독성의 진화에 대해 연구한 과학자들이 지난 세기 대부분의 시간 동안 오류를 범해왔음을 실감하는 것은 무엇이 정확한지를 찾아내는 것과는 상당히 다르다.[6] 진화학의 원리를 적용하면 모든 기생체가 양성을 향해 진화한다는 결론이 도출되지 않는다. 그러나 어떤 기생체가 항상 극

---

5) *sickle cell anemia*. 미국 흑인 400명 가운데 한 명꼴로 발생하는 질환으로 헤모글로빈을 암호화하는 유전자의 염기 하나가 바뀌어 비정상의 헤모글로빈이 만들어짐. 6번째 아미노산인 글루탐산의 유전암호 GAG가 발린의 유전암호인 GTG로 바뀐 결과 정상 적혈구는 원반 모양이지만, 겸상적 혈구는 헤모글로빈 분자가 쉽게 막대 형태로 결정화되어 적혈구가 낫 모양으로 변형됨. 말라리아 원충은 생활사의 일부 기간에 적혈구 안에 들어가 번식하여 적혈구를 파열시키고 나오며 이때 오한과 발열이 생김. 겸상 적혈구는 말라리아 기생충에 감염되기 전에 파열되므로 말라리아 기생충의 번식을 막아 말라리아 증세를 완화시킴. 따라서 말라리아가 많이 발생하는 지역에서 정상 헤모글로빈 대립유전자 2개를 가진 사람은 겸상 적혈구 이형접합자, 또는 겸상 적혈구 빈혈증 환자보다 말라리아에 걸려 죽을 가능성이 더 높음.

6) 이는 과거의 과학자들이 충분한 '과학적 사실'에 기반을 두지 않고 병독성의 진화에 대해 '해석'만 했다는 것임.

히 무해할 때, 일부 기생체는 왜 심각한 질병을 일으키는가를 이해하는 데 진화학적 원리가 도움이 될까? 이 책은 이론 그리고 실제로 이 문제를 해결하려는 노력이자 미래의 보건과학을 위한 해법의 효과를 이해하려는 끈질긴 시도이다.

위의 질문은 최근 태동한 학문 분야인 진화역학의 중심에 있다. 전통 역학은 생태학적 시간의 차원에서 숙주 집단들 사이에서 질병 유행과 확산을 조사한다. 전통 역학은 의사와 같은 보건 전문가들에게 아픈 환자들에 대한 관리라는 이전의 주요 관심사를 집단 내 개개인들 사이에서 질병 전개 과정의 특성에 대한 이해와 관리라는 더 큰 차원으로 확장시켰다. 진화역학은 전통적인 역학에서 숙주와 기생체들이 상호간 그리고 외부 환경에 반응하여 진화함에 따라 중요성이 확인된 특성들—치사율, 질병, 전파 속도, 감염 유병률—이 시간적으로 어떻게 변화하는지를 상세하게 평가하도록 연구 범위를 확장시켰다.

또한 진화생물학과 보건과학의 통합은 건강과 질병에 관련된 모든 분야의 주제에 진화학을 접목시키는 다윈주의 의학이라는 진화역학과 겹치는 새로운 학문 분야를 만들어냈다. 다윈주의 의학과 진화역학은 여러모로 상호보완적이다. 진화역학이 질병의 확산에 초점을 맞춘다면, 다윈주의 의학은 환자 개개인에 좀 더 초점을 맞춘다. 예를 들어 다윈주의 의학은 정신병 치료와 신체적 외상을 포함하며, 발생 과정과 유전질환을 진화학적으로 통합하는 것을 강조한다. 두 분야의 중심은 공히 자연선택의 작용이지만, 다윈주의 의학은 환자 개개인에 초점을 맞추기 때문에 인류의 진화에 더 큰 관심을 둔다. 예를 들어 다윈주의 의학의 관점에서 보면, 노화는 전체 수명에서 초기와 중기 동안에 유익한 형질들을 선택함으로써 나타나는 피할 수 없는 결과이다. 이런 형질들은 결국 노년기에 대가를 지불하게 하지만, 이 대가를 지불할 시점에 이르면 개체는 자연스럽게 다른 원인으로 이미 사망했을지도 모른다. 그러므로 자연선택은 발생학적으로 '노화'를 배치하는 것을 선호한다. 즉 선구매 후지불 방식이다. 건강 측면에서 즉시 보는 혜택은 미납된 요금보다 큰데, 실제 생물체는 잠재 수명보다 대체로 일찍 죽기 때문이다. 마스토돈(*mastodon*, 코끼리와 유사한 멸종한 포유류)때문에 30세에 사망한 사람은 수십 년 간 지속된 동맥경화로 발생하는 심장마비라는 대가를 지불할 필요가 없을 것이다.

인간 이외의 숙주들까지 포함하도록 역학을 넓게 정의하면, 진화역학은 광범위한 숙주-기생체 관계로 확장된다. 이는 의학적 기준을 넘어서 식물과 동물 숙주들을 포함하는 자연계와 농업에서의 기생까지 총망라하게 된다. 특히 인간 전염병에 대한 해석과 치료 측면에서 두 학문 분야가 넓게 중복된다. 두 분야는 적절한 환자 치료를 위해서는 병원성 생명체가 미치는 진화 과정과 이들 생명체에 대한 숙주의 반응을 이해해야 한다는 점을 강조한다. 인류의 특성이 비교적 최근에 와서야 진화하기 시작했기 때문에, 진화역학과 다윈주의 의학은 호모 사피엔스(*Homo sapiens*)와 면역학적 방어와 같은 관련 형질들을 진화시켜온 우리 조상 종들을 총망라한 진화 기간을 고려한다. 반면 병원체들은 근본적으로 몇 주일처럼 단기간에 걸쳐 진화할 것이다. 전염병을 '병원체의 관점'에서 고려하면, 지난 수십 년 동안의 의학 기록들을 통해 우리 *Homo* 속(屬, genus) 전체 진화 기간과 맞먹는 진화적 변화의 잠재성을 이해할 수 있을 것이다. 그러므로 병원체들의 진화는 진행 과정이라고 여기는 것이 옳다. 병원체들은 우리 연구에서 (시간적으로) 움직이는 목표이다. 우리와 우리 행동은 이 과정을 하나의 경로에서 다른 경로로 밀어내는 환경의 일부가

된다. 이후 장들에서는 진화역학을 강조한다. 조지 윌리엄스와 랜디 네스는 다윈주의 의학에 대한 상호보완적 개관을 제공했다.

이 책을 쓰면서 나는 되도록 난해한 전문 용어들을 배제하려고 노력했다. 기술적인 용어는 복잡한 아이디어를 동료들에게 빠르고 정확하게 전달하는 데에는 매우 적합하지만, 관심은 있지만 제3자인 일반인들에게는 장애물이다. 그리고 만약 진화와 보건과학을 통합하는 데 필요한 것이 있다면, 그것은 외부로부터 지식을 공급받는 것이다. 보건과학자들에게는 분자생물학 기초가 필요한 만큼 진화학적 원리에 대한 소양도 필요하다. 만약 진화생물학자들이 의학적 문제에 진화학적 시각을 제공하려 한다면 먼저 면역학, 분자생물학, 의학 치료의 복잡하고 전문적인 지식을 이해해야 한다. 질병 유발체 내의 진화학적 변화는 과거, 현재 그리고 미래의 문화적 환경에도 의존하기 때문에 역사학자, 사회학자, 인류학자, 심리학자들을 포함시킬 필요가 있다. 만약 보건과학 영역 밖 사람들이 비용이 많이 들고 장기간에 걸친 연구를 기꺼이 계속 부담하도록 만들려면, 그리고 어디에 투자해야 할지에 대한 현명한 결정을 내리길 원한다면, 그 정보를 과학과 학문 영역 밖 사람들도 접근할 수 있도록 해야 한다. 이는 특히 중요하다.

나는 일부 '진화적 건강', 리보핵산(RNA) 그리고 병독성처럼 서로 떼어 낼 수 없는 용어들이 있음을 인정한다. 이 '낙오자들'에 대한 독자들의 이해를 돕기 위해, 이 책 말미에 용어사전을 만들었다. 내가 사용한 일부 용어들이 어떤 사람들에게는 다른 의미일지도 모른다. 되도록이면 용어의 정의가 분명하도록 노력할 것이다. 예를 들어 기생체(*parasites*)라는 용어는 '다른 생명체 속 혹은 바깥에 살면서 그 생명체에 해를 끼치는 생명체'들을 의미한다(어떤 종이든지 상관없이). 이론적으로 나는 유해함(*harm*)을 '숙주의 진화학적인 건강에 부정적인 영향'이라고 정의한다. 반대로 진화적인 적응(*Evolutionary fitness*)은 '생존과 번식을 통해 개체가 자신의 유전자를 다음 세대들로 전달하는 데 성공하는 척도'를 의미한다. 그런데 실제로는 그 영향을 거의 측정할 수 없다. 더욱이, 실질적으로는 건강을 극도로 악화시킬 수 있는 질병이 현대 사회인들의 건강에는 그다지 부정적인 영향을 미치지 않을 수도 있다. 그러면 우리는 유해함을 다음 장에 논의할 중요한 예고편으로 기억하면서 '기생체에 의해 병이 생기고 사망할 가능성이 증가하는 것' 정도로 투박하게 정의할 수 있다. 질병의 많은 측면이 사실 숙주에 해롭기보다는 유익할 수도 있다. 병독성(*virulence*, 病毒性)이라는 용어를 사용할 때, 이는 '기생체에 의해 숙주에 일어나는 유해한 정도'를 의미한다. 기생체 병독성(*parasite virulence*)은 '기생체의 특성들이 숙주에 부정적 영향을 미치는 정도'를 의미한다. 그 반대 개념은 숙주 저항성(*host resistance*)이다. 저항성이 낮아지면, 기생체의 고유한 병독성에 아무런 변화가 없어도 질병은 유해성이 더 강해질 것이다. 이 두 개념을 합하면, 숙주가 얼마나 부정적으로 영향을 받을지는 기생체 병독성과 숙주 저항성이 결정한다. 나는 '숙주'의 관점보다는 '기생체'의 관점에 더 중점을 둘 것이다. 천연두 바이러스나 콜레라균은 물론이고 심지어 우리의 아주 흔한 동반자인 감기 바이러스—병독성이 부모나 배우자들의 특별한 관심을 일으키기에는 충분히 높지만 감염 당사자는 이런 관심을 즐길 만큼 약한 독성을 지닌—를 특별히 선호할 이유는 없다. 그보다는 보건과학이 숙주인 인간의 관점을 지나치게 강조해왔기 때문에, 나는 기생체의 관점을 더 강조한다. 인간에 대한 염려는 보건학자들에게 숙주 특성들이 병독성에 어떻게 영향을 미치는지에 대해 놀랄 만큼 세세한 것까지 조사하게 만들었다. 사실 이런 관점 때문에 엄청나게 진보하였다고 할 수 있다. 우리는 현재 식이요법, 운동, 스트레스 그리고 개인 간 유전적 차이가 질병의 심각성에 어떻게 영향을 미치는지 배우고 있다. 일반적인 원리들이 해마다 바뀌고 새로운 상황에 맞게 적용된다. 예컨대 역사가 시작된 이후부터 건강한 신체와 적절한 식이요법이 질병에 쉽게 걸리지 않도록 한다는 인식이 있어 왔다. 이런 인식은 셀 수 없이 많은 실과 같은 정보들이 잘 짜여진 이해로 바뀌어 나가듯 차츰 전환되어왔다. 처음에는 이 정보들이 모순되어 보이지만, 결국 진정한 모순은 우리가 상상한 패턴과 실제 패턴의 차이점에서 비롯되는 것임을 깨닫게 된다. 초기 보건과학자들은 비타민, 단백질 그리고 기타 영양소들을 충분히 섭취할 때 우리 면역 체계가 감염에 대항하여 더 잘 싸울 수 있음을 발견했다. 세월이 흐르면서 영양소—특히 지방, 당, 염분 그리고 콜레스테롤—의 과잉 섭취에 의한 부정적인 효과가 뚜렷해졌다. 예를 들어 식이 지방 섭취를 제한하면 심장질환이 감소하고 면역 체계가 더 효과적으로 작용한다. 최근에 연구자들은 과거에는 나쁘다고 여겨온 엄격한 식이 제한이 오히려 유익한 효과가 있음을 확인했다. 실험동물에게 정확히 필요한 양만 먹이로 주었을 때, 암 발생률이 줄고 수명이 길어졌으며 면역반응이 향상되었다. 비록 식이 제한이 일부 설사 질환을 악화시킬 수 있기는 하지만, 동시에 인플루엔자 같은 전염병과 싸워 이기는 능력도 향상시킬지 모른다.

현대 보건과학은 우리 몸이 건강과 질병 측면에서 어떻게 작용하는지를 판별할 때 특히 통찰력 있고 기발했다. 그러나 현대 보건과학은 우리 몸과 병원균이 왜 그러한 방식으로 작동하는지에 대한 장기적인 기전을 연구할 때는 그다지 통찰력이 있지도 기발하지도 않았다. 이 책에서는 전자의 범주에서 이루어진 엄청난 업적들에 대해 재론하지는 않겠지만, 후자의 결점들에 대해서는 언급할 것이다. 내 소망은 이러한 지름길과 결점들을 조금씩 고쳐가면서 우리가 감염성 질병의 미래를 내다볼 수 있는 접근로를 만들어 내는 것이다. 특정 질병 생물체의 현재 특성을 고려하고, 과거에 대해 미시적으로 접근하는 방식은 우리 의료 정책들이 단기간에 성취할 수 있는 것이 무엇인지를 가늠할 수 있게 해 준다. 미래에 대해 거시적으로 접근하는 것은 이러한 평가에 진화학적인 차원을 더해 준다. 이는 우리의 의학적, 사회적 그리고 정치적 활동들이 어떻게 변화해 왔는지, 그리고 질병 생물체 자체를 변화시킴으로써 이 활동들 간의 관계를 변화시킬 수 있는지에 대해 질문을 던진다.

왜 질병의 진화를 연구하는가?

이 질문에 대한 답은 사람마다 다르기 때문에 나는 개인적 차원에서 답하고자 한다. 왜 이 질문이 관심을 끌 만한지에 대한 이유를 열거하면서, 나는 독자들이 자신만의 답을 찾을 수 있도록 도울 수 있기를 희망한다.

기생의 진화를 이해하고 싶은 한 가지 이유는 기생 형태의 삶이 도처에 상존한다는 것에서 비롯되었다. 지구상의 생물 종은 대부분 기생체이다. 기생체에 대한 이해 없이는 자연과 그 안에 있는 우리의 위상을 이해할 수 없다. 그러나 사람들 대부분이 그러하듯 나 역시 인간 중심적이다. 다른 종들에 대한 가치만큼 인간의 삶에 대해 가치를 부여한다. 비록 숙주와 기생체 사이에서 일어나는 진화 과정에 대한 평가로부터 나의 가치평가를 분리시키려고 노력해왔지만, 주제 그 자체는 이러한 가치들이 반영하는 것에서 벗어날 수 없다. 결과적으로, 이 책은 인간에게 심각한 고통을 주거나 죽음을 초래하는 기생체들에 초점을 맞추었다. 만약 질병들이 왜 이러한 고통과 죽음을 일으키는지 이해할 수 있다면, 우리는 이러한 효과를 훨씬 완화시킬 수 있다.

질병의 진화에 대해 배운다는 일반적인 이유 이외에도, 실제적이고 개인적인 또 다른 이유가 있다. 우리들 개개인은 감염성 질병들과 자주 마주하게 된다. 그런 일이 발생할 때 우리는 최선의 방향으로 행동하도록 결정해야 한다. 그런 증상을 치료해야 할까 아니면 증상이 자체 과정을 진행하도록 놔둬야 할까? 적절한 치료에 대한 결정은 진화학적인 사고의 적용을 요구한다. 그러나 현대 의학은 아직까지 그런 적용에 매우 인색하다. 이런 부주의함이 고쳐질 때까지, 환자와 의사는 함께 부주의함 그 자체를 줄여야 한다. 신뢰할 만한 결과가 없다면 이런 과정은 필연적으로 엉성하겠지만, 그래도 지식에 기초한 추측이 무작위적 추측보다는 낫다. 이런 추측을 만들고 미래의 연구를 구체화하는 이론적인 틀에 대한 개요가 다음 장에 있다.

더 큰 규모에서 보면, 정책 입안자들이 의학 연구를 재정적으로 어떻게 지원하고 건강을 향상시키기 위해 어떻게 중재할지를 결정하려면 진화에 대해 인식하고 있어야 한다. 감염증으로 만연된 죽음으로부터 잠시도 안전한 적이 없던 가난한 나라 사람들은 이러한 인식을 하지 못하도록 억눌려왔다. 한편 20세기 중반까지 부유한 나라 사람들은 그런 압박에 덜 시달렸다. 『전염병의 자연사(*Natural History of Infectious Disease*)』 4판에서 버넷과 화이트는 "오늘날의 젊은이들은 심각한 감염성 질병들을 앓은 적이 거의 없다. 페스트, 천연두, 흑사병, 티푸스 그리고 콜레라는 사실상 100년 혹은 그 이상 통제되어왔으며, 지난 반세기 동안 일반적인 아동 감염은 죽음에 이르게 하는 능력을 점점 잃어갔다."고 언급했다. 그런데 AIDS는 부유한 선진국들에서 이런 낙관적인 전망을 무색하게 만들었고, 원활한 질병 통제를 목표로 하는 덜 부유한 나라들에게는 힘든 과정을 추가로 부담시켜왔다. 질병의 진화에 관한 기존 이론은 고전적인 선(腺)페스트와 일반적인 아동 감염의 약화에 대해 더 나은 설명을 할 수 있어야 한다. 또한 이 같은 새로운 선페스트가 왜 발생했는지, 만약 우리가 현재의 정책을 고수한다면 미래에는 어떻게 진화할지, 그리고 미래의 진화 경로를 바꾸기 위해 우리가 무슨 일을 할 수 있는 지를 설명할 수 있어야 한다.

이 책의 여러 부분에서 과연 어떤 것이 정밀한 조사처럼 보일지 버넷과 화이트의 책을 사용하여 사례를 들었다. 사실 생태학과 진화학으로 역학 통합을 시도한 그들의 책을 높이 평가하지만, 몇 가지 이유에서 나와 그들의 아이디어들을 대조하려 한다. 첫째로, 그들의 책은 생태학과 질병의 진화에 관해 기술한 책과 논문들 중에서 가장 명료하고 사려가 깊다. 의학 쪽으로 치우친 사람들 사이에서, 이는 생태학과 진화학의 관점에서 본 감염성 질병들의 표준적인 분석으로 자리매김하여왔다. 그러나 나는 생태학적이고 진화학적인 원리들을 엄격히 적용하면 종종 그들이 내린 결론을 거부하게 되리라고 생각한다.

보건과학계 사람들은 흔히 내 주장을 번개처럼 재빨리 평가하고는 이미 그 주제에 관해 저술한 버넷과 화이트의 책을 읽어보기를 권한다. 그래서, 나 역시 이러한 대조를 바란다. 명료함과 동시에 현재의 진화에 대한 사고 적용이 '이 주제에 대한 책'과 어떻게 다른지를 숨김없이 보여줌으로써, 나는 독자들이 '잠깐 멈춤(pause)'을 누르고 신중히 생각할 수 있기를 희망한다. 그렇지 않으면 독자들은 단지 이 책을 '질병이란 원래 균형 상태인 자연이 일시적으로 불균형 상태가 되는 것으로 해석한' 이전의 책들을 보충하는 정도로만 여길 것이다.

불균형이 명백하게 일어난다면, 질병은 오래된 병원체들, 혹은 변형된 병원체들에 의해 새로운 장소에서 일어날 것이다. 새로운 장소에서 오래된 병원체들은 전통적 주장들과 아무런 괴리가 없다. 그들의 높은 병독성은 숙주-기생체가 적응하는 데 시간이 부족했기 때문이라고 설명할 수 있다. 그런데 변형된 병원체는 전통적인 주장들로는 설명하기 곤란한 애매한 부분이다.

과학 시사 잡지에 게재된 논문 하나가 그 실례를 보여준다. 역학과 질병 역사 분야에서 선도적 역할을 하는 학자들의 시각으로 보면, 그 논문은 엄청난 전염병이 미래에 일어날지 아닐지를 분석한 것이다. 그러나 저자들의 논문 어디에서도 진화 기전을 전혀 고려하지 않는다. 그 대신 미래의 전염병에 대한 전망은 단지 과거의 전염병에 대한 유추에 의해 만들어진다. 예를 들어 그 논문은 6개월 동안 펜실베이니아에서 닭 1,700만 마리 이상을 폐사시킨 인플루엔자 유행을 묘사하면서 시작하고, 인간 집단 역시 펜실베이니아 닭 집단들과 유사하다는 저명한 바이러스 학자의 말을 인용하고 있다. 이는 1983년 펜실베이니아 닭들이 쉽게 전염된 것처럼 많은 인간도 폭발적이고 치명적인 전염병에 전염되기 쉽다는 것이다. 이 주장이 암시하는 가정은 정교한 돌연변이가 일어나면 다수의 숙주가 고도로 치명적인 전염병에 공격을 받기 쉽다는 것이다. 돌연변이가 일어난 집단 내에서 치명적인 변종들이 (증식과 감염에) 더 성공적일지 혹은 그 반대일지에 대한 고려 없이, 새로운 전염병들을 그저 모두 돌연변이 탓으로 돌리고 있다. 전통적인 접근은 진화 과정의 첫 번째 단계—유전 가능한 변종이 형성되는 것—는 고려하지만, 두 번째 단계—자연선택에 의한 걸러짐—는 고려하지 않는다. 그래서 연구자들은 매우 치명적인 유행병이 미래에 발생할 것이라고 결론지었다. 그러나 돌연변이에 대한 그들의 초점은 어떤 기생체가 치명적인 대역병의 원조가 될지, 얼마나 치명적이 될지, 혹은 우리가 병독성을 증강시키는 진화를 어떻게 억제하여 대역병의 치명성을 감소시킬 수 있는지를 예측하기 위한 아무런 근거도 마련하지 못한 채 문제를 그대로 남겨두었다.

1983년에 일어난 닭 유행병과 유사한 인간 사례로는 1918년 말에 발발하여 1년 후 진정되기까지 약 2,000만 명의 목숨을 앗아간 인플루엔자 대유행이 있다. 그러나 병독성이 덜한 변종보다 병독성이 강한 인플루엔자 변종이 왜 1918년에 우리 인간에게 퍼졌을까(펜실베이니아의 닭들에게도 같은 문제가 있을까?)? 반대로, 왜 그 이후로 모든 인플루엔자 유행병은 훨씬 덜 치명적이었을까? 내 생각에는 진화생물학의 기본 원리들을 우리의 역학 지식과 통합하면 그러한 질문들에 합당한 답을 찾을 수 있을 것 같다. 이 책에서 말하고자 하는 것이 대부분 바로 그런 시도이다.

더욱 일반적으로, 나는 이 책을 통해 보건과학계에 있으면서 현재 규정된 자신들의 영역 너머에도 관심이 있는 사람들에게 접근하고자 노력한다. 그러나 다른 한편으로는 보건과학에 관심이 있는 생물학자들, 그리고 왜 그 길이 우리가 가야 할 길인지를 배우려는 열정을 공유하는 그 누구에게라도 접근하기 위해 이 책을 쓴다. 나는 사람들이 진화가 단지 교육을 많이 받기 위해 배워야 할 그 무엇이 아님을 이해하기 바란다. 진화는 우리 주위에서 항상 일어나고 있으며, 우리와 우리가 사랑하는 사람들의 생사를 좌우할 만큼 거대한 관련 효과들을 가지고 있다. 어떤 생명체도 우리 사이에 존재하는 기생체들보다 더 심대한 결과를 동반하면서 빠르게 진화하지는 않는다. 이들은 농업 자원의 기생체들은 물론 우리에게 치명적인 질병의 매개체들[7], 원생동물, 세균, 바이러스를 총망라

7) vector. 생명체는 중간 숙주로, 주사 바늘과 같은 무생명체는 매개체로 나눠서 번역함이 옳

하며 올해에도 수많은 사람을 살상할 것이다. 만약 세상을 더 잘 이해하고 관리하기를 원한다면, 감염성 질병의 진화를 이해하기 위해 더욱 노력해야만 한다.

을 듯하지만, 현재 의학 분야에서는 구분없이 매개체로 사용함.

차례

일러두기

1. 내용에 대해 면역학과 역학 자료를 수집·분석하여 번역, 원본과의 차이점 혹은 최신 학계 주장 등과의 비교를 수행했다.
2. 관련 분야의 최신 학설을 역자 주와 해제에 추가했다.
3. 책은 『 』, 논문은 「 」, 잡지와 신문 등은 〈 〉으로 표기했다.
4. 번역 과정에서 고유명사 등을 옮길 때, 뜻이 모호해지는 경우 원어를 그대로 사용했다.
5. 인명, 지명 등을 비롯한 외국어 고유명사는 현행 외래어 표기법을 따랐다.

제1장
대증요법(對症療法)
–어떻게 하면 '종의 기원'을 의사의 일상적인 참고도서로 만들 수 있을까?

증상들이 가진 진화적 기능

"당신은 지금 단지 증상만을 치료하고 있습니다." 이 경고는 근본 원인이 진짜 문제이며, 병을 완전히 치료하려면 반드시 근본 원인을 제거해야 한다는 발상에서 나왔다. 이 발상을 감염병들에 적용하면, 20세기 의사들은 질병의 증상들을 치료함으로써 환자에게 약간의 편안함을 줄 수는 있지만 조만간 일어날 병의 진행(악화) 상황에는 거의 영향을 주지 못한다고 말할 수 있다.

진화의 원리를 꿰뚫고 있는 의사들은 동의하지 않을 것이다. 증상 치료의 결과는 증상이 왜 진화해왔는가에 따라 달라진다. "당신은 지금 단지 증상만을 치료하고 있습니다."라고 주장하는 측은 암묵적으로 증상은 감염의 부작용이라고 추정한다. 진화학에 대한 이해가 빠른 관찰자는 증상이 단순히 부작용일지도 모르지만, 숙주나 기생체에게 이익이 되는 적응을 나타낼지도 모른다고 인식한다. 쉽게 말해, 나는 전자를 숙주에 의한 방어(*defense*), 후자를 숙주의 조종(*manipulation*)이라고 말할 것이며, 질병의 객관적 또는 주관적 징후를 모두 아우르기 위해 증상(*symptom*)이란 용어를 많이 사용할 것이다.

숙주 방어는 행동학적, 형태학적, 생리학적, 혹은 생화학적일 수 있다. 방어는 숙주 조직의 재건, 침입에 대한 방어막, 독소에 대한 보호, 기생체 파괴, 기생체 증식 억제를 포함한다. 기생체에 의한 조종은 숙주의 행동이나 생리작용을 대체하여 기생체의 생장과 증식에 적합하도록 또는 새로운 숙주로 전염되기 편리하도록 숙주 조직을 변환시키는 데 도움을 준다. 예를 들어 만약 변화가 숙주 방어를 회피하거나 무력화시키는 맞방어(counterdefense)를 포함하고 있다면, 이는 조작을 통해 기생체에게 유리한 경로로 멀리 우회하는 것일 수 있다(윌리엄스와 네시는 비슷한 붕괴를 이해하기 위한, 그리고 하트는 행동학적 방어들의 범위를 이해하기 위한 논리적 기틀을 제공했다.).

어떤 증상을 치료하느냐 마느냐를 결정하는 것은 그 증상이 방어인지, 조종인지 또는 부작용인지에 달려 있다. 만약 증상이 침입한 생물체에 대항하는 방어라면, 대증요법은 숙주가 질병을 극복할 능력을 감소시킬 것이다. 반면, 증상이 기생체의 숙주 조종이라면 대증요법은 숙주 회복이나 다른 숙주로 질병이 확산되도록 조절하는 데 도움이 될 것이다.

방어 증상들과 열

감염병에서 나타나는 사실상 모든 증상은 이론적으로 방어라고 할 수 있는데, 열은 가장 흔하게 인용되는 예이다. 열에 대한 대응은 역사상 늘 논쟁거리였다. 그리스 문헌에서는 열을 질병의 일부, 즉 체액(體液)[1] 사이

1) humours. 고대 그리스에서 통용된 체액설에 따르면 인간에게는 4가지의 체액, 곧 혈액, 점액, 황담즙, 흑담즙이 있는데, 이 체액들이 서로 적당한 비례를 이루지 못하고 어느 하

의 불균형한 상태로 보았다. 중세에서 근대에 이르는 수세기 동안에도, 의료 전문가들은 그 시대에 나타난 증거보다는 과거 전문가들이 해온 상담 자료에 더 의존했다. 지난 세기 20년 이상 논쟁이 계속되면서, 논쟁의 초점은 '전문가'의 견해에서 실험을 통해 나온 증거들로 바뀌었다. 이런 초점이 이동하도록, 사막이구아나(*Dipsosaurus dorsalis*)를 연구 대상으로 선택한 통찰력 있는 매튜 클루거(Matthew Kluger)에게 감사한다. 클루거의 통찰 이전에는 사람들이 체내에서 열을 발생시키는 동물들[2]에 대해 집중하고 있었다. 열을 떨어뜨리려면 실험자들은 동물의 생리 상태를 상당히 교란시켜야 했다. 예를 들어 아스피린을 투여한다고 생각해보자. 아스피린으로 열이 떨어지면서 통증과 염증 반응 그리고 기생체에 대항하여 동물 스스로 방어할 수 있도록 만드는 여러 과정들 또한 감소한다. 만약 아스피린이 질병을 악화시킨다면, 그것이 열이 떨어지기 때문인지, 혹은 감염을 통제하는 다른 과정들을 제대로 작동하지 못하게 했기 때문인지 알 수 없다. 클루거는 사막이구아나가 춥거나 따뜻한 서식 환경을 오가면서 자신의 체온을 일정하게 유지한다는 것을 알고, 이구아나가 무언가에 감염되면 더 따뜻한 곳으로 움직여 열을 발생시킬 것으로 추정했다. 클루거는 이구아나에 에로모나스-하이드로필라(*Aeromonas hydrophila*)균을 감염시키자 열이 발생한다는 것을 알아냈다. 그리고 그는 결정적인 실험을 수행하였는데, 감염된 이구아나가 평소에 자신이 좋아하는 온도에 계속 머무르면 더 악화된다는 것을 보여주었다.

그러나 증상은 단지 한 종류의 기생체에 대한 방어이기 때문에 다른

나가 많거나 모자라면 병이 생김.

2) 정온동물.

종의 기생체, 혹은 심지어 같은 종이지만 유전적으로 약간 다른 기생체에게도 효과적이라는 의미는 아니다. 사실 "발열이 항상 방어 기능을 하지는 않는다."는 가정에는 이론적 근거가 있다. 가장 확실한 근거는 몇몇 병원체가 다른 병원체들보다 고열에 대한 저항력이 있다는 것이다. 왜냐하면 이런 병원체들에게 숙주의 고열 반응을 꺼버리는 것은 특정 병원체에 대응하는 숙주의 변화에 오랜 시간이 걸릴 것이고, 분명히 그것에 적응하기에는 시간이 부족하기 때문일 것이다. 그러나 시간이 충분하게 주어지더라도 숙주의 선택에는 제한이 따른다. 어떤 병원체에 대한 고열 반응을 꺼버리는 것은 같은 기전에 의해 열을 발생시키는 다른 병원체들에 대한 반응 역시 꺼버리는 것이다. 숙주가 갖는 이러한 선택의 제한은 병원체에게 자신이 선호하는 쪽으로 시스템을 조종하게끔 한다.

열에 의해 억제되지 않는 병원체를 고려해보자. 일반적으로 물질대사 과정은 체온이 올라갈수록 더 활발해지기 때문에, 짐작컨대 그런 병원체는 체온이 높을 때 이익을 취해서 주어진 시간 안에 더 많은 후손을 생산할 것이다. 이런 위협에 대항하는 숙주의 선택은 제한적일 것이다. 이 병원체에 대응하기 위해 고열 반응을 멈추게 하면 그때까지 억제되어 있던 다른 병원체들이 활발해면서 숙주의 몸 상태는 더 악화될 것이다. 충분한 시간이 주어지면 숙주가 열—저항성 그리고 열—민감성 병원체들을 구분하는 기전을 진화시키리라고 예측할 수 있지만, 시간은 훨씬 더 빨리 진화할 수 있는 병원체들 편을 든다. 예를 들어 폴리오바이러스[3]의 실

---

3) poliovirus. 소아마비의 병원체로 바이러스 중에서 가장 작고(지름 27nm이며), 정이십면체 동물바이러스로서는 최초로 결정화됨. 내부의 리보핵산과 외피인 60개의 단백질 소단위로 이루어진 리보핵산 RNA형 바이러스. 신경세포에서 증식하여 신경세포를 파괴하는데, 주로 수족을 마비시키거나, 호흡 마비를 일으킴.

험실 변이체는 전형적으로 고열에 의해 성장이 억제되지만, 만약 이 바이러스가 실험실의 고열 조건에서 계속 성장하게 되면 고열에 저항하는 능력을 향상시키는 쪽으로 급격하게 진화할 것이다.

진화론의 논리는 열에 의해 이익을 얻는 병원체를 어디에서 찾을 수 있을지 그 실마리를 제공한다. 열을 촉발하는 감염 비율은 많은 병원체 종들에서 아주 다양하다. 실험실의 고온에서 성장하는 병원체들처럼, 사실상 항상 열을 촉발하는 병원체들은 고열에서 증식 능력을 향상시키는 쪽으로 강한 선택적 압력을 받게 될 것이다. 열에 의해 이익을 얻는 병원체들이 있다면, 시종일관 열과 관련이 있는 병원체들이 최종 후보자가 될 것이다.

열과 증식과 연관된 스펙트럼의 중간 부분은 열에 의해 억제되지도 촉진되지도 않는 병원균들을 아우를 것이다. 이 경우 열을 내는 것이 숙주에게 해롭기 때문에 이 그룹의 병원균들이 열을 촉발하는 것은 기대하기 어렵다.

지금까지 알려진 열과 관련된 정보들을 조사하면 아주 다양한 결과들이 나온다. 도마뱀 말라리아 병원체의 일종인 *Plasmodium mexicanum*은 고열에서도 평균 체온에서만큼 잘 자란다. 그런데 주요 숙주인 서양울타리도마뱀[4]의 몸에서는 열을 발생시키지 않는다. 하지만 이 도마뱀이 다른 어떤 병원체에 대응하여 발열반응을 일으키는지의 여부는 알려져 있지 않다.

메뚜기와 그들의 병원체들은 이런 모호함을 설명할 뿐만 아니라 이를 해결하는 것이 농사에 얼마나 중요한 영향을 미치는가를 잘 보여준다. 메

---

4) western fence lizard. 학명 *Sceloporus occidentalis*.

뚜기는 폭발적으로 번식하는 동안, 풍성한 농작물들에 기생하여 며칠 만에 그 농작물들을 밑동만 남겨놓는다. 그러나 메뚜기들 역시 병원체에 의해 피해를 입을 수 있다. 특히 *Nosema* 원생동물과 *Entomophaga* 곰팡이는 치명적이다. 이들은 '앉아서 기다리기 식'의 기생체 그룹들(4장 참조)로, 메뚜기 체내에서 급속히 증식하여 종종 1~2주 안에 숙주를 죽인다.

해로운 메뚜기 종에 속하는 *Melanoplus sanquinipes*는 *Nosema arcidophagus*균에 감염되었을 때 일어나는 고열에 대응할 수 있다. 이런 고열을 견디는 메뚜기들은 감염되지 않은 메뚜기들이 선호하는 체온을 유지할 때보다 더 오래 살아남을 수 있고 더 빨리 살이 오른다. 그러나 아주 밀접하게 연관된 *Nosema locustea* 병원균은 같은 종의 메뚜기에서 열을 발생시키지 않는다.

이런 다양한 반응들 때문에 기생체를 이용한 생물학적 방제 프로그램[5] 개발에서 효용성에 차이가 나게 된다. 만약 *Nosema* 균을 생물학적 방제 프로그램에 사용한다면, 그 효용성은 *Nosema* 속의 어떤 종을 사용했는지와 메뚜기들이 서식하는 주변 온도에 달려 있다. 뜨거운 여름날 *M. sanquinipes* 메뚜기는 *N. arcidophagus* 균 감염에 대항하는 고열을 견뎌내야 생존할 수 있을 것이다. 기생체의 발열 유도 능력에 따라 전체 메뚜기 개체수는 조금 감소할 것으로 예상된다. 날이 흐리고 시원할 때에도 방제가 가능할지도 모른다. 과거의 데이터들은 이 아이디어와 부합한다. 북반구 지역에서는 *Melanoplus*과 다른 메뚜기 종들이 무덥고 볕이 쨍쨍한 해

5) biological control program. 살충제 등 화학약품을 사용하는 기존의 방제(chemical control) 대신 살아 있는 생물이나 생물 유래 물질을 이용하는 방제법. 화학적 방제에 비해 환경 파괴나 공해가 적은 것이 특징.

에 기승을 부린다.

심지어 증상으로 나타나는 방어가 유전적으로 밀접히 연관된 두 기생체들에 의해 촉발될 때, 각각에 대한 방어의 민감성이 다를 수도 있다. 진균 *Entomophga grylli*의 미국 변종에 감염된 메뚜기는 스스로 햇볕을 쪼여서 체온을 약 38°C도까지 올려 진균을 죽였다. 그러나 이 진균의 호주 변종은 그런 열에 저항성을 나타냈다.

포유류의 열은 병원체를 효과적으로 조종하거나 억제할 수 있는 다양한 면역학적 변화들과 관련이 있다. 포유류 체내의 열 발생과 이런 다양한 연관성 때문에 포유류 체열의 방어적인 역할에 대한 찬반 증거들은 해석하기가 매우 어렵다. 토끼와 쥐들은 따뜻한 환경에서 체온이 높아지고 목숨을 위협하는 감염에서 더 오래 살아남을 수 있다. 그러나 이 실험에서 바이러스 감염에 대응하는 발열의 부정적인 영향과 평상시 높은 체온과의 상관관계를 상쇄하지는 않는다. 포유류는 추운 환경에서 쉽게 사망할 수 있는데, 그것은 추운 환경에서는 에너지 대사율을 더욱 높여야 하므로 바이러스와 싸울 항체와 같은 무기를 생산할 자원이 고갈되기 때문이다.

아스피린으로 토끼의 적당한 열(미열)을 억제하는 것은 세균 *Pasteaurella multocida* 감염에 대한 생존 기회를 낮추는 것처럼 보였지만, 높은 열을 억제하면 이런 해로운 효과가 나타나지 않았다. 그러나 아스피린이 미열이건 고열이건 간에 모두 억제하였기 때문에 토끼 체내에서 아스피린으로 유도된 다른 효과들과 열의 효과를 구별할 수는 없다. 이를 규명하기 위한 실험은 열의 방어 역할을 지지하는 증거를 추가로 제공했는데, 바로 해열제를 투여한 토끼들이 인위적으로 열을 올렸을 때 *Hemophilus influenzae*와 *Streptococcus pneumoniae* 세균 감염을 좀 더 잘 통제할 수 있다는 것이었다. 뇌의 온도 조절 중추에 anti-fib를 직접 투여해도 토끼의 사망률은 유사하게 증가했다. 연구에 대해 형평성을 유지하고 숙고하면 데이터는 열이 종종 병원체에 대항하여 포유동물을 방어한다는 관점을 지지하지만, 항상 그런 것은 아니다.

열이 세균을 억제하는 경향은, 적어도 부분적으로는 체내 철분 이용을 감소시킴과 동시에 세균의 철분 필요성을 끌어올림으로써 세균을 억제하는 것처럼 보인다. 그러나 철분 제한이 바이러스를 억제할지도 모르지만, 사실 많은 세균들이 철분이 모자랄 때 더 심한 병을 일으킨다. 예를 들어 철분 결핍은 *Escherichia coli*(설사 원인 대장균), *Vibrio cholerae*(콜레라의 원인균), *Corynebacterium diphtheriae*(디프테리아의 원인균)과 병원에 입원한 환자에게 치명적인 녹농균(*Pseudomonas aeruginosa*)의 독소 생산을 자극한다. 만약 열이 철분 가용성을 줄인다면, 이는 더 많은 독소를 발생시킬 것이고 감염을 악화시킬 수 있다. 이 경우 열은 발열 증상없이 나타나는 질병보다 더 심한 질병을 일으키는 실패한 방어 무기가 될 것이다.

따라서 진화학 및 생화학적 원리들은 열의 총체적 효과가 병원체와 숙주 사이의 특별한 연관에 따라 긍정적일 수도 부정적일 수도 있음을 암시한다. 이런 대안적인 진화론적 시나리오는 널리 인지되지 않았기 때문에, 이 둘을 구별하는 결정적인 실험들은 아직 이루어지지 않았다. 이런 이유로 우리는 열을 내게 하는 많은 병원체들에 대해 열이 방어인지 조종인지를 나타내는 정도를 극히 초보 수준에서 이해하고 있을 뿐이다.

방어의 치료

그렇다면 감기약을 먹어야 할까, 먹지 말아야 할까? 텔레비전 광고들은 "12가지 감기 증상을 모두" 멈추는 약들로 우리를 공략한다. 이는 사실 방어를 방해하고 동시에 조종을 무효화할 수 있는 열두 번의 기회이다! 이보다 덜 종합적인 감기 처방조차도 사람들을 진퇴양난에 빠지게 한다. 감기에 아스피린을 사용한 대증요법은 총 감염 기간을 연장시킨다. 한 연구에서는 아스피린 치료가 바이러스의 방출 밀도를 높였지만, 병이 가벼워진 정도를 인지할 만큼 변화시키지는 못했다. 다른 연구에서는 치료가 바이러스가 퍼지는 속도를 증가시키지는 않았지만 코막힘 증상은 더 악화시켰다. 아마도 이런 결과들은 고열 방어가 방해될 때의 직접적인 증거는 아닐 것인데, 감기를 일으키는 리노바이러스[6]—드물게 폐렴을 유발—는 열을 거의 발생시키지 않으며, 심지어 고열인 환자들의 콧속 온도도 바이러스가 증식하기에 가장 좋은 온도 이상으로 올라가지 않기 때문이다. 또 다른 연구에서, 감염 초기에 아스피린을 투여해도 전체 감염 기간은 변하지 않았다. 아스피린이 방해한 그 어떤 방어도 분명히 감염 후 하루 동안은 사람들을 보호한다.

그러면 어떤 방어를 방해하였을까? 아스피린은 염증, 열 그리고 통증을 줄인다. 아세트아미노펜(타이레놀이라는 이름으로 팔림)은 열과 통증을 줄인다. 만약 염증 감소가 리노바이러스 감염을 연장시키는 유일한 이유라면, 감기를 치료하는 데 아세트아미노펜을 사용하는 것을 용인할 수 있을 것이다. 그러나 아세트아미노펜은 염증과 무관하게 아스피린처럼 바이러스의 증식 기간을 연장시켰다. 위에서 언급한 것처럼, 발열 방해 역시 해법이 아닌 것 같다. 이는 통증을 남긴다. 대증요법은 질병과 연관

6) rhinovirus. 감기의 50%를 일으킴. 혈청형이 다양하여 예방 백신을 만들기 매우 힘듦. 가끔 만성기관지염과 천식을 악화시킴.

된 통증을 줄임으로써 환자들을 더 활기차게 만들고, 그 결과 바이러스를 견제하는 면역 시스템의 기능을 조정할 것이다. 만약 통증 감소가 문제였다면 이부프로펜[7] 같은 다른 진통제들도 있지만 이 역시 감염을 악화시킬 것이다. 이부프로펜을 투여한 환자들은 증상 악화되고 바이러스의 증식(viral shedding, 바이러스가 숙주세포를 감염시키고 증식하여 재생산됨)이 있었지만, 각 그룹에 속한 환자들의 수가 적었기 때문에 그 차이가 통계적으로 유의하지는 않았다. 그러므로 방어적 고통을 방해함으로써 리노바이러스의 감염을 악화시킨다는 것은 여전히 유효한 설명이 된다. 다른 한편으로, 아스피린은 직접적으로 면역계를 교란할 것이다. 실제 기전에 관계없이, 감기에 대한 대증요법은 감기 바이러스가 내재적으로 병독성이 매우 약하기 때문에 상대적으로 효과가 적다고 여겨진다.

대증요법이 지닌 더 큰 위험성은 병원체가 내재적으로 훨씬 위험할 때에 발생한다. 예를 들어 수두[8]는 감기보다 약간 더 위험하고, 인플루엔자는 수두보다 훨씬 더 위험하다. 아세트아미노펜으로 수두를 치료하면 가려운 기간, 그리고 바이러스 증식 확산의 종료를 나타내는 딱지가 마를 때까지 걸리는 기간이 늘어난다.

수두와 인플루엔자가 발생했을 때, 사실상 모든 감염자는 치료하지 않아도 회복된다(각각 99.95%와 99.997%). 그러나 회복 과정에 있는 사람들 가운데 드물게 반복적으로 구토를 하고, 얼마 지나지 않아 의식이 혼미

---

7) ibuprofen. 비스테로이드성 소염진통제(nonsteroidal anti-inflammatory drugs ; NSAIDs)의 대표적 성분. 체내 통증 유발 물질인 프로스타글란딘을 만드는 COX-2 효소를 억제하여 통증을 줄여줌.

8) cjickenpox. 급성 바이러스성 질환. 증상은 급성 미열로 시작되고 신체 전반이 가렵고 발진성 수포(물집)가 생김. 잠복 기간은 2~3주. 수두나 대상포진 수포에서 나오는 액에 직접 접촉 또는 공기를 통해서 전파.

해지기도 한다. 그리고 며칠 안에 그중 4분의 1 정도가 사망한다. 이것은 라이증후군[9]에서 나타나는 대표적 양상이며, 이는 대증요법의 위험성을 잘 설명한다. 라이증후군은 아스피린으로 대증요법 치료를 받은 아이들에서 일차적으로 발생한다. 비록 이 증후군이 일반적으로 인플루엔자와 관련이 있고 수두보다는 덜 하지만, 홍역(measles), 풍진[10], 소아마비(polio), 파라인플루엔자[11], 뎅기열[12]과 콕사키바이러스[13]로 인한 질병 등 다른 많은 바이러스성 질병과도 연관이 있을지도 모른다.

그러나 이런 대증요법의 비극적 결과가 분명히 방어적 증상을 무력화

---

9) Reye's syndrome. 인플루엔자나 수두 등 바이러스성 질환에 걸린 어린이에게서만 일어나는 드문 병. 급성 뇌증과 함께 간의 지방 변성을 수반하는 질환으로서, 혈중 암모니아 상승, 간 효소의 상승, 저혈당, 뇌압 상승 등의 임상 소견을 보임. 원인은 밝혀지지 않았으나 바이러스 감염, 특히 인플루엔자 B, 수두 유행 후 발생률이 높다는 것이 확인됨. 아스피린 등 살리실산 제제의 복용과 관련이 있다고 추측됨.

10) rubella. 증세가 가볍고 2~3일 안에 발진이 없어짐. 홍역보다 증세가 훨씬 가볍고, 3~10살 어린이에게 많이 발병하며, 평생 면역이 생김. 병원체는 바이러스의 하나로 비말감염(飛沫感染) 하는데, 잠복기는 9~18일임. 증세는 가벼운 발열과 더불어 작은 반상(斑狀)의 발진이 얼굴을 비롯하여 전신에 조밀하게 나타나는데, 홍역보다 작고 2일쯤 지나면 껍질이 벗겨지지도 않고 없어지며, 색소침착(色素沈着)도 남지 않음. 치료에는 유효한 항바이러스제가 없고 안정과 대증요법만 실시됨.

11) parainfluenza. 파라인플루엔자 바이러스에 의해 일어남. 젖먹이에게 많은 병. 가벼운 열과 함께 콧물·인두통(咽頭痛) 등의 증세만 나타나는 수도 있고, 고열과 기침 등의 기관지염 증세를 보이기도 하지만 폐렴이 되는 일은 드묾.

12) dengue fever. 주로 인도·이집트·이란·서인도제도·남태평양 등에서 유행성 및 산발적으로 발생함. 바이러스성 감염이고 황열 모기로 알려진 이집트숲모기(*Aedes aegypti*)가 매개하며 아시아호랑이모기로 알려진 흰줄숲모기(*A. albopictus*)도 중요한 매개체임. 머리·눈·근육·관절 등의 심한 동통이나 인후염, 카타르성 증세 그리고 때로는 피부 발진 및 각 부분의 유통성 종창(有痛性腫脹)이 특징임. 3~6일의 잠복 기간 후 발병함.

13) Coxsackie virus. *Picornaviridae*과 *Enterovirus*속에 속하는 바이러스. 미국 뉴욕 주 콕사키 지구의 소아마비와 같은 마비 환자의 변에서 분리됨. 경구 감염되며 무균성 수막염, 헤르판지나(herpangina), 유행성 근통증, 수족구병(hand, foot and mouthdisease; HFM disease) 등을 일으킴.

시킨 데서 기인한 것일까? 이 질문에 답하려면 반드시 열, 고통, 감염과 같이 아스피린으로 억제되는 세 가지 증상에 대해 다시 숙고해야만 한다. 만약 열이 신체가 바이러스에 대항하여 방어하도록 도왔다면, 아스피린으로 열을 낮추는 것은 바이러스에게 대규모로 증식할 기회를 허락하여 조직을 더욱 파괴시키고 일부 환자들이 궁극적으로 라이증후군에 이르게 하는 일련의 사건 촉발을 용인하는 것이다. 리노바이러스와는 달리 인플루엔자바이러스는 감염된 세포들이 고열에 덜 손상되는 것처럼 보인다. 만약 아스피린에 의한 해열과 진통 억제가 라이증후군의 결정적인 원인 제공자라면, 아세트아미노펜과 같은 다른 해열 진통제로 치료하는 것 역시 라이증후군을 발생시킬 것이다. 그러나 아세트아미노펜 투여는 라이증후군과 관련이 없었다. 그러므로 라이증후군이 단순히 신체의 방어용 발열, 혹은 방어용 통증을 방해한 것에서 기인한다는 가설을 배제할 수 있다.

그러나 아스피린과 달리, 아세트아미노펜은 염증을 감소시키지 않는다. 염증 반응은 두 가지 경로로 바이러스에 대항하여 방어할 것이다. (1) 면역학적 방어 작용을 염증 부위에 동원하는 것과 (2) 감염 부위에서 혈액과 바이러스의 흐름을 늦추는 것이다. 그러므로 아스피린에 의한 염증 반응 저해는 감염과 라이증후군의 관계에 대한 확실한 설명일 수 있다. 만약 이 가설이 옳다면, 라이증후군은 아스피린을 사용하지는 않았지만 약화된 면역 시스템, 심한 바이러스 감염, 특히 파괴적 바이러스들 때문에 방어 체계에 구멍이 뚫린 사람들에서도 일어나야만 한다. 실제로 라이증후군은 아스피린으로 치료받은 환자들에게만 국한되지는 않는다. 인체 면역 반응들 역시 바이러스 증식이 증가하면서 라이증후군의 발생 위험도 함께 증가한다. 인플루엔자와 수두에 대한 면역반응은 라이증후군이 없는 사람들보다 라이증후군을 가진 사람들에게서 더 높게 나타난다. 쥐 실험 역시 숙주의 방어 작용이 돌파당하는 것이 라이증후군 발달에 중요한 단계라는 아이디어를 뒷받침한다. 인플루엔자를 직접 혈류에 대량 투여한 쥐들 대다수에서 라이증후군과 동일한 증상들이 촉발되었다. 마찬가지로 인체에서 인플루엔자 바이러스는 라이증후군과 연관되었을 경우 혈류에 더 자주 침투하는 것으로 보인다. 라이증후군으로 인한 사망은 뇌의 압력 증가로 초래된다. 바이러스 감염으로 뇌압이 상승하는 생화학적 기전은 아직 불분명하지만, 조직과 세포 기구의 손상은 궁극적으로 뇌압을 상승시키는 불균형한 상태의 출발점이다.

쥐의 콕사키바이러스 감염에 관한 실험 연구들도 염증 반응의 중화가 감염을 악화시킨다는 견해를 뒷받침한다. 감염되고 10일 이내에 소염제(아스피린과 유사한 소디움살리실산, 인도메타신[14], 또는 이부프로펜)로 치료하면 바이러스 밀도, 사망률, 조직의 손상 정도가 증가했다. 감염 10일 이후에 소염제 치료를 하는 경우에는 부정적 효과가 사라졌다. 감염되지 않은 생쥐에 약을 투여했을 때 아무런 부정적 효과가 없다는 것과 함께, 이러한 시간 의존성은 다른 약제보다 소염제가 직접적인 원인임을 시사한다.

염증 방해 가설은 바이러스에 감염된 동안에는 아스피린 복용을 금지하라는 최근 권고에 강력한 이론적인 뒷받침이 된다. 어쩌면 이 정책은 해마다 수백 명에 달하는 미국 어린이들이 라이증후군으로 사망하는 것을 예방해왔을 것이다. 염증 방해 가설 또한 대증요법에 대한 더 확장된 결론을 도출한다. 이는 다른 소염제들도 라이증후군과 관련된 바이러스

14) indomethacin. 비(非)스테로이드계 항염증제. 진통 효과가 있고 만성 류머티즘성관절염, 통풍 발작에 사용.

의 대증요법으로 사용해서는 안 된다는 것을 시사한다. 이를 평가하려면 추가 실험이 필요하다. 만약 그 결과가 이부프로펜과 같은 다른 소염제 사용이 라이증후군과 관련이 없다고 나온다면, 적어도 위의 염증 방해 가설은 옳지 않다. 라이증후군이 아스피린 이외의 다른 소염제 사용 증가와 연관이 있는지를 체계적으로 조사한 연구는 아직까지 없다고 알고 있다. 관절염을 치료하고자 다량의 인도메타신과 소량의 아스피린을 투여한 어린이 두 명이 바이러스에 감염된 후 라이증후군의 특징인 구토, 무기력함, 혼수상태를 보이다 돌연사했다.

실험동물들이 라이증후군 유사증을 일으키는가를 확인함으로써 이 아이디어를 직접 조사할 수 있을 것이다. 만약 염증 반응을 방해함으로써 라이증후군이 더 많이 발생한다면, 아스피린 이외의 다양한 소염 약물들(예를 들어 이부프로펜, 인도메타신, 페닐부타존[15] 그리고 톨메틴[16])을 투여한 동물에서도 라이증후군 유사증이 더 많이 나타나야 한다. 해열과 진통 작용 없이 염증만을 감소시키는 약(예를 들어 페닐부타존)은 아스피린처럼 염증과 함께 열과 통증을 감소시켰을 때 나타나는 부정적 시너지 효과가 있는지에 대해 평가할 수 있게 할 것이다.

이러한 견해를 검증하기 위한 B형 인플루엔자바이러스로 생쥐에서 라이증후군 유사증을 유도한 연구들은 아직 충분히 진행되지 않았는데, 이것은 바이러스가 생쥐 체내에서 일어나는 자연스러운 증식 사이클을 거쳐 전파되지 않기 때문이다. 염증 방해 가설이 염증 억제에 의한 바이러

---

15) phenylbutazone. 해열진통제. 진통, 해열 작용은 아스피린계보다 약하지만, 항염증과 항류머티즘 작용이 강함.

16) tolmetin. 비스테로이드성 항염증제. 진통 해열 작용도 있음.

스 증식에 달려 있고 생쥐에서 증식 사이클이 일어나지 않음을 고려하면, 정맥을 통해 바이러스를 감염시킨 생쥐가 아스피린 투여로 생긴 라이증후군에 의한 사망이 증가하리라고 기대할 수 없다. 실제로도 그런 양상을 보이지 않는다. A형 인플루엔자에 의한 라이증후군 생쥐 모델은 증식이 일부 한정되어 보이지만, 연구자들은 아스피린의 효과에 대해 조사하지 않았다. 이는 아스피린이 B형 인플루엔자 모델에서 별 효과가 없었기 때문이다.

페럿[17]에서는 인플루엔자 증식 주기가 반복되면 아스피린에 의한 라이증후군과 유사한 증상들이 나타난다. 아스피린을 이부프로펜으로 대체해도, 페럿은 여전히 같은 증상으로 죽는다. 페럿은 라이증후군과 일부 유사한 증상을 보이지만, 라이증후군의 대표적인 간 이상을 보이지 않는다. 인플루엔자 반응에 대한 이부프로펜 효과는 염증 방해 가설에는 부합하지만, 아스피린과 이부프로펜이 효과면에서 차이를 보이는 것은 아마도 이들 약제의 영향을 받는 특정 생화학적 과정들이 달라서 생기는 부정적인 효과들이 포괄적으로 나타나기 때문으로 여겨진다. 이 효과들이 인간의 라이증후군과 어떻게 연관되는지는 아직 명확하지 않지만, 이부프로펜 등의 소염제와 라이증후군 사이에 어떤 관련성이 있는지를 계속 추적하는 노력에 확실한 명분을 제공한다. 적어도 추가 연구들이 끝날 때까지는, 이 효과들과 위에서 제시한 진화학적 논리는 바이러스에 감염된 상태에서는 소염제를 피하는 게 최선임을 조심스럽게 시사한다. 좀 더 일반적인 결론을 내리면, 증상에 맞는 적합한 치료는 치료에 의해 영향을 받는 증상들의 진화학적 기능들에 달려 있다. 현재 상황에서 이 결론은

17) Ferret. 식육목(食肉目) 족제비과의 포유류.

고려해야 할 측면이 있는데, 병독성과 효소의 생화학적 효율에 기반을 둔 해열제들을 유형별로 구분하는 것이다.

이런 결정이 일반인들에게 미치는 영향은 비교적 경미할 것이다. 약 2만 건의 인플루엔자 감염이 일어난다 해도 인플루엔자 관련 라이증후군은 단 한 건에 불과하다. 그러나 보편적인 의료 정책에 따라 10년마다 수천 명이 라이증후군 환자로 바뀔 수도 있다. 이 정도 수치라면 본격적인 연구를 수행하기 전이라도, 관련 주제들을 더 조사하고 대증요법을 좀 더 주의 깊게 적용하는 것이 훨씬 더 타당해 보인다.

조작된 증상들과 콜레라

일부 인간 병원체들은 자신의 이익을 위해 숙주를 조종하는 방향으로 진화해왔다. 콜레라 원인균인 *Vibrio cholerae*가 겪는 어려움에 대해 생각해보자. 누군가가 삼킨 *V. cholera* 집단은 끔찍한 시련을 겪는다. 가장 먼저 이 침입자들은 자신들을 대량으로 살상하는 위산과 마주하게 된다. *V. cholera* 균에게 위산은 중세의 성 망루에서 쏟아 붓는 뜨거운 기름이나 타르와도 같지만 사실은 이보다 더 심하다. 위산은 거의 수백만에 달하는 침입 *V. cholerae* 균들을 잔인하게 살상한다. 간신히 이 장벽을 돌파한 *V. cholerae* 균들은 무시무시한 새로운 과제에 직면한다. 이미 위장관에 적응하면서 다른 침입자들을 억제하거나 죽일지도 모를 기전을 가진 다른 세균 집단과 경쟁을 벌여야 한다. 위장관의 정상세균총[18]을 실

---

18) Normal bacterial flora, 正常細菌叢. 기도, 소화관, 비뇨기, 성기, 피부, 눈 등 외부와 접하는 피부 및 점막에 존재하는 무해한 미생물 집단들. 숙주의 방어 기구로 작용하여 외계 병원균의 감염을 막음.

험적으로 항생제로 그 수를 급격하게 줄이지 않는다면, 침입하는 새로운 균들의 감염 가능성은 매우 낮다. 그러나 이곳은 *V. cholerae* 균이 살아남기에 유리하다. 이들은 프로펠러처럼 생긴 꼬리를 이용하여 우리의 후각과 유사한 방식으로 소장 내벽에 있는 작은 틈을 찾아낸다. 균들은 소장 내벽에 부착한 후 장 세포들에서 생화학적 변화를 일으키는 독소를 분비하는데, 이는 다량의 물과 염 등의 용질을 장내 공간으로 방출하게 만든다. 알칼리성 염분과 다량의 물의 흐름은 경쟁 세균들을 억누르고 *V. cholerae*균의 성장을 도와주며 다른 장내 세균들을 씻어버린다. 심각한 콜레라균은 체내에 들어온 지 몇 시간 만에 변을 물처럼 묽은 배설물로 바꾸며, 여기에는 *V. cholerae* 균이 1리터당 1,000억 마리 이상 존재한다. 마치 성을 공략하기 위해 나선 선봉대가 성벽 맨 꼭대기에 도달하면 도개교를 내릴 수 있고, 열린 문을 통해 쏟아지는 물살이 성 안 거주자들을 휩쓸어 버리는 동안 다른 침략자들은 성벽에 견고히 달라붙을 수 있다. 침략자 자신은 성벽에 달라붙은 동료들과 함께 나중에 성을 차지할 수 있다. 이 침략자들은 성 안의 재물들을 약탈하고 그 자원을 밑천으로, 아마도 몇 조 단위로 후손들을 불려 다른 성들을 공격하도록 성문 밖으로 내보낼 것이다. 성과 그 내부는 철저하게 황폐해지겠지만, 전체 침략자들의 수가 증가하거나 유지되는 동안 이 전략은 계속될 것이다.

*V. cholerae*균을 독자적으로 연구한 미생물학자들은 콜레라 독소의 기능에 대해 비슷한 설명을 했다. 그러나 인정받지 못하는 설명 가운데 하나가 진화학적 과정이 포함된 복잡성이다. 그 설명은 침입에 성공한 후에 독소를 덜 생산함으로써 다른 균들을 '속이는' 특정 *V. cholerae*균이 경쟁에서 우위를 차지할 것임을 암시한다. 독소는 장내에서 다른 병원체 종이 물의 흐름에 견딜 수 없는 동안에 *V. cholerae*균이 퍼지도록 도와주

지만, 독소를 생산하는 데 비용이 너무 많이 든다. 실험실에서 독소가 제공하는 이익을 알 수 없는 성장 배양액에 균들이 존재할 때, 독소를 조금 생산하거나 생산하지 않는 변종은 더 많은 독소를 생산하는 변종보다 더 증식한다. *V. cholerae*균 그룹이 소화관 안에 자리를 잡으면, 그룹에서 독소를 덜 생산하는 세균들은 남은 자원들을 생존과 증식에 돌릴 수 있다.

이 논쟁은 콜레라 독소가 일종의 그룹 선택을 통해 생산된다고 제안한다. 장에 들어간 *V. cholerae*균 그룹에서 독소 생산자들이 조금이라도 섞여 침입한 그룹만이 장을 성공적으로 감염시키는 것으로 보인다. 사실 독소를 생산하지 않는 돌연변이들로만 구성된 그룹에서는 감염이 일어나지 않는다. 이들은 주입되고 몇 시간 만에 그 수가 급속하게 줄어든다. 마찬가지로 섭취한 콜레라 균 그룹들은 독소가 어느 정도 생산되면 감염을 개시한다.

대부분의 병원체들에서는 아마도 이처럼 상반된 선택적 압력이 크게 중요하지 않을 것이다. 그것은 소량이라도 환경적으로 섞이면 체내에서 병원체들이 가깝게 연관되기 때문이다. 그래서 숙주 안의 병원체 그룹에서 일어나는 이해관계는 우리 체내에 있는 세포들 간의 작은 이해관계와 마찬가지로 크지 않다. 그러나 *V. cholerae*균은 대개 물에 의해서 전염되기 때문에, 한 지역의 인간 집단을 감염시키는 *V. cholera*균은 자주 섞이게 된다. 그러므로 지역 사회에서 발견되는 *V. cholerae*균의 표본은 대체로 유전적으로 이질적이다. 그리고 이것은 집단의 성공에 기여하는 특징들을 자연선택이 선호하도록, 자주 섞이고 다시 작은 그룹으로 나뉘고 있다.

만약 이러한 주장이 옳다면, 한 숙주 내에서 감염이 진행되면서 독소를 덜 만드는 *V. cholerae* 개체들이 더 많은 독소를 만드는 개체들을 대체한다는 것을 보여야 한다. 결과적으로, 감염 초기에 *V. cholerae*균들은 감염 후에 존재하는 균들보다 독소를 더 많이 생산해야 하고, 특히 콜로니를 형성하는 그룹들은 독소를 왕성하게 만든다. 새끼 생쥐는 인간에게 질병을 일으키는 *V. cholerae* 변종들에 대한 잠재력 조사에서 훌륭한 실험 지표를 제공하므로 이 예측을 평가하는 데 유용하다. 대표적인 *V. cholerae* 균주에 감염된 동물에서 초기에 분리한 균들은 감염 2~4일 후 분리한 균들보다 독소 생산의 중요한 징후로 알려진 체액을 더 많이 축적한다는 것을 알아냈다. 흥미롭게도 이런 결과는 실험을 수행한 연구자들의 예측과는 상반되는 것이다. 이는 분명히 연구자들이 그룹 안에서 군체가 경쟁적으로 형성되면서 일어나는 선택적 압력의 변화보다는 감염에 성공하는 데 필요한 병독성 요인들에 관한 문제에 더 매달렸기 때문이다. 고전적인 균주들은 감염 이후 독소 생산을 감소하는 쪽으로 변화하는 데 비해 독소 생산이 적은 엘토르(el tor) 유형 균주들에서는 그런 변화가 보이지 않았다. 독소를 많이 생산한다는 것은 숙주에 균주가 쉽게 감염되도록 해 주지만 일단 감염 이후에는 골칫거리가 된다. 독소를 분비하여 설사를 일으키는 다른 세균들도 이와 마찬가지로 독소를 덜 생산한다.

이런 상황에서 *V. cholerae*균이 스스로 독소를 미세하게 조정하여 생산하는 능력을 진화시킨다고 예측할 수 있을 것이다. 실제로 그들은 그렇게 한다. *V. cholerae*균이 공간을 접수하는 데 도움이 되는 몇몇 변화들과 함께, 독소는 소화관에서의 삶에 특유한 신호들에 대응하는 작동 스위치가 켜짐으로써 생산된다. 그러나 독소 생산이 복잡한 조절 시스템에 의해 특혜적으로 조절되기는 하지만, 다른 *V. cholera*균들에서는 독소 생산의 작동 스위치가 다른 방식으로 켜진다. 예를 들어 대표적인 *V. cholerae*균은 전형적인 독소 복제 유전자들이 염색체의 다른 부위에 있다. 이 배열은 독소를 많이 생산하게 한다. 엘토르형들은 조절 부위가 단 한 개이다. 그러나 서로 다른 엘토르 균주들은 이 부위에 각각 서로 다른 수준으로 발현하는 유전정보를 반복하여 가지고 있기 때문에 생산되는 독소의 양이 다르다. 비록 이런 엘토르 균주들은 대개 고전적인 *V. cholerae*균보다 독소를 덜 생산하지만, 이들은 생쥐 체내에서 감염 주기를 거치면서 독소 생산을 증가시키는 진화를 할 수도 있다. 병독성 범위 안에서 일어나는 유전적 변이를 규명하는 또 다른 증거에 따르면, 독소 생산을 조절하는 유전자의 전달 또는 중화에 의해 독소의 생산량이 달라진다. 그런 변이들은 독소 생산량을 몇 배에서 약 10배까지 바꿀 수 있다.

독소에 의해 일어나는 설사는 방어적 분비 활동처럼 보이지 않는다. 감염자들이 심한 설사로 체액을 너무 많이 잃게 되면 목숨을 잃을 수도 있기 때문이다. 만약 이런 독소의 간접 효과를 차단한다면, 사망 위험은 제거될 수 있다. 사실, 수분을 충분히 보충하여 체액의 손실을 보상하면 콜레라로 인한 사망은 거의 모두 방지할 수 있다.

만약 콜레라 독소에 대한 분비 반응이 조종이라면, 우리는 이런 조종에 대항하는 숙주의 방어를 돕는 자연선택을 예상할 수 있을 것이다. 그러나 그런 방어가 없을 수도 있다. 왜냐하면 분비 반응이 자연계에 널리 퍼져 있는 각종 독소들에 대항하는 보편적인 방어 수단일지도 모르기 때문이다. 설사 반응에서 분비가 갖는 의미는 분명히 독소들이 조직이나 세포 기구에 해를 끼치기 전에 희석하거나 제거하는 것을 돕는 데에 있다. 분비 작용이 일단 일부 독소들에 대한 방어로서 작용하면, 콜레라 독소에만 무감각해지도록 진화하기는 매우 어려울 것이다. 왜냐하면 콜레라 독소에 대한 감수성 둔화로 얻게 될 손해가 다른 독소들에 대한 취약성 증가로 얻을 이익보다 훨씬 클 것이기 때문이다.

이런 사실들은 *V. cholerae*균이 일으키는 설사가 이 세균의 전파를 촉진하는 숙주의 '조종'임을 시사한다. 결론은 치료에 영향을 준다는 것이다. 설사를 줄이는 대증요법은 감염된 사람을 돕고 *V. cholerae*균이 확산되지 않도록 해야 한다. 예를 들어 인도메타신 또는 다른 항설사약(지사제)으로 치료하면 체액을 유출시키는 생화학적 반응들의 연결 고리를 끊을 수 있을 것이다. 이 방식으로 이들 약은 탈수를 막아 환자를 보호하고 증상을 완화시키면서 병독성이 가장 강한 세균들의 확산을 줄일 것이다.

대증요법에서 치중하는 한 가지 중요한 치료는 경구수분보충치료(經口水分補充治療, oral rehydration therapy), 즉 물에 포도당과 소금, 베이킹소다 등을 섞어 마심으로써 체액의 손실을 보충하는 것이다. 그러나 이런 치료는 *V. cholerae*균의 방출을 줄이기보다는 오히려 증가시킬 수도 있다. 이 치료를 통해 설사병으로부터 생존한 환자는 감염 초기에 사망한 사람보다 훨씬 많은 병원체들을 방출할 것이다. 더욱이 일부 생존 환자들은 표준적인 경구수분보충치료로 설사 기간이나 양이 줄지 않을 수도 있다. 그러나 경구수분보충치료와 체액 분비를 줄이는 약 또는 물질을 함께 사용하면, 환자에게 큰 도움이 될 것이며 동시에 환자로부터의 전파를 줄일 수 있을 것이다. 연구자들이 최근 그런 성분을 발견했는데, 바로 전분(starch)이다. 예를 들어 쌀의 전분은 장의 액체 방출을 줄여 설사 기간과 배변 횟수를 줄이는 것 같다. 장의 액체 방출이 줄어드는 것이 설사 횟수 감소와 연관되어 있는지 여부는 자세한 조사가 필요하다. 만약 그렇다면 이런 종류의 대증요법은 환자와 *V. cholerae*균 확산을 동시에 조절할 수 있다.

설사와 발열 질병은 종종 식욕부진(anorexia)으로 이어진다. 설사와 고열처럼, 식욕부진이 만약 숙주가 병원체를 굶기기 위해 음식 섭취를 줄이는 것이라면 이론적으로 방어라고 할 수 있다. 그러나 숙주의 음식 섭취 변화가 병원체에 대항하는 면역학적 또는 생리적 방어를 유도하는 숙주의 능력을 감소시키는 것이라면 이는 조종일 수 있다. 마지막으로, 숙주와 병원체에게 모두 이롭지 않은 부작용일 수도 있다. 현재까지 알려진 바에 따르면 적어도 일부 설사병에서 세 가설 중 첫 번째는 배제할 수 있다. 감염 기간 내내 환자에게 식사를 제공하면 질병의 심각성과 유병 기간이 줄어든다. 설사병에 대해, 조종 가설과 부작용 가설은 여전히 유효하다. 식욕부진이 조종이라면, 환자에게 식사를 제공하는 것은 환자에게 행복감을 증진시킬 뿐만 아니라 병이 확산되지 않도록 도울 수 있다. 이처럼 일거양득의 효과를 거둘 수 있다면, 이런 방식의 중재에 투자를 크게 확대해도 좋을 듯하다.

질병의 생화학적 기전들을 진화학적으로 접근하다보면 때때로 질병과 연관된 화학적 사실들이 겉으로 드러난 것과는 사뭇 다를 수 있다. 에드먼드 르그랑(Edmund LeGrand)은 지질다당체(lipopolysaccaride, LPS)에 대해 다음과 같은 결론에 도달했다. 즉 이 물질은 지질과 다당체의 화합물로서 세균의 막에서 튀어나와 있으며, 발열과 혈액응고, 식욕부진, 염증을 일으킨다. 따라서 광범위한 체내 손상을 주는 독소로 추정되었다. 이와 반대로 몇몇 연구들은 이들 지질다당체가 세균 침입자들을 인식하고 파괴하는 우리의 면역 능력을 촉진시킨다는 것을 보여주었다. 르그랑이 강조한 바처럼, 지질다당체에 대한 각 반응들은 세균 침입에 대항하는 방어를 제공할지 모른다. 만약 이 반응들을 제대로 조절하지 못한다면 해로울 수도 있지만, 지질다당체는 이 증상들을 억누르는 물질 합성도 동시에 촉발한다.

지질다당체는 틀림없이 세균의 침입이나 숙주 조종을 위한 도구는 아닐 것인데, 그것은 지질다당체가 기생성이든 아니든 모든 세균의 기초 구성 성분이며 모든 종에 공통적이기 때문이다. 오히려 이들은 세균의 세포막을 이루는 필수 성분으로 보이며, 세균 입장에서는 우리 몸을 잘 움직일 수 있게 하는 일종의 아킬레스건 같은 물질이다.

동시 조종과 방어

앞의 설명들은 증상들에 대한 적응을 해석하는 것이 얼마나 복잡한가를 보여준다. 그러나 또 다른 중요한 문제가 있다. 어떤 증상은 숙주나 숙주를 감염시키는 병원체에게 모두 이로울 수 있다.

시겔라[19]는 장에 줄지어 배열된 세포들에 침입하여 이질-혈변을 일으키는 세균이다. 시겔라 침입은 그것이 유도한 설사가 방어이면서 동시에 조종이 될 가능성을 제시한다. 이때 설사는 환자에게 이로울 수 있는데, 시겔라를 씻어 내려 세균과 장 내부가 접촉할 시간을 줄이기 때문이다. 접촉 기회가 줄어듦으로써 다른 조직으로의 침입뿐만 아니라 장 내부 조직도 덜 파괴된다. 이 설사 방어 가설은 디페닐옥살레이트 하이드로클로라이드(diphenyloxalate hydrochloride)를 아트로핀과 함께 실험적으로 투여하는 연구로 검증하였다. 이 약은 로모틸(Lomotil)이라는 상표로 판매 중인데, 장 운동을 감소시켜 설사를 줄인다. 만약 장 운동이 위험한 시겔라균을 씻어 내린다면, 이 대증요법은 숙주에게 해로울 것이다. 이런 일은 실제로도 일어났다. 치료를 받은 환자들은 치료를 받지 않은 환자들이 회

19) Shigella. Enterobacteriaceae과의 1속(屬). A군 1형은 카탈라아제를 생산하지 않고, 강력한 외독소(Shiga 독소)를 생산하여, 이 속에 의한 이질 중에서 가장 심한 증상을 일으킴. 세균성 위소장염의 원인균.

복된 후에도 여전히 아팠다.

그런데 설사는 타인으로의 전파를 용이하게 함으로써 시겔라균에게도 이로울 수 있다. 이런 점을 염두에 두고, 내가 여러 번 시행한 간단한 실험을 해보기를 권한다. 다음에 공중화장실에 가면 휴지를 조금 뜯어 변기의 앉는 부분에 깔아 놓고 물을 내려보라. 휴지 위로 물방울이 얼마나 많이 튀는지를 주목하라. 그러고는 변 1ml 당 수백만 개의 세균이 있음을 생각하라. 만약 누군가가 앞서 설사를 했다면, 물을 내리기 직전 10억 마리의 세균이 변기 안에 퍼져 있었을 것이다. 물을 내리면 수천 마리의 세균이 변기 좌석으로 사출되었을 것인데, 겨우 200마리 이하의 세균이 몸 안에 들어와도 병을 일으킬 수 있다. 변기 좌석을 손으로 건드리거나 몸의 일부가 좌석에 닿지 않도록 여러분은 얼마나 주의를 기울이는가? 여러분은 화장실을 나오기 전에 손을 꼼꼼하게 씻음으로써 세균보다 똑똑하다고 의기양양해 할 것이지만, 손을 씻고나서 수도꼭지를 만져야 한다. 이전 사용자를 생각해보라. 이전 사용자들의 손가락은 수도꼭지를 만지기 전에 다공성(多孔性) 화장실 휴지의 한쪽 면에 있었다. 특히 공중화장실의 화장지 질을 고려하면 결코 편안한 기분이 아니다.

삶의 질을 증진시키기 위해 화장실 세균 전파를 방지해야 할 잠재적 중요성에도 불구하고, 극소수의 과학적 연구들만이 그런 현상에 대해 발표하였다. 인정하는 바이지만, 그것은 결코 화려한 연구 성과는 아니다. 헌신적인 영국 과학자인 허친슨(R. I. Hutchinson)이 *Shigella sonnei*에 의한 설사병이 발병한 기간에 공중화장실 4곳과 개인 주택을 대상으로 과학적 연구를 수행하였다. 그녀는 좌변기 샘플의 대략 3분의 1에서 *S. sonnei* 균을 발견했으며, 고형 변이 아닌 묽은 변이 변기 좌석을 오염시킴을 실험으로 증명했다. 유치원에서 절반가량의 어린이들이 화장실에 앉아서 변기 좌석을 만졌다. 이 어린이들 중 3분의 1이 손을 씻기 전에 자신의 얼굴이나 입을 만졌다. 손가락 오염은 묽은 변일 때 시험한 다섯 종류의 화장지 모두, 그리고 고형변일 때는 네 종류를 통해 일어났다. *S. sonnei* 균은 낮은 습도, 높은 온도 그리고 자연조명인 화장실에서는 며칠간 생존했으나 높은 습도, 낮은 온도, 그리고 약한 자연조명에서는 수주일 동안이나 생존했다. 따라서 이 균은 후자의 조건이 일상적인 겨울철 수개월간에 걸쳐 발생했다.

그러므로 *시겔라균* 감염으로 일어나는 설사는 숙주와 기생체에게 모두 이롭다는 것이 가장 알맞은 해석이다. 이처럼 공동으로 이로운 증상들은 흔해야 하는데, 이들이 비교적 진화적으로 안정되어 있기 때문이다. 방어적이지 않고 단지 조종적인 증상들은 조종을 모면하기 위해 숙주들에게 선택적 압력을 가할 것이다. 단지 방어적인 증상들은 방어를 극복하기 위해 기생체들에게 선택적 압력을 가할 것이다. 증상이 기생체와 감염된 숙주 모두에게 도움을 줄 때, 이런 압력들은 사라진다. 패자는 설사의 결과로 감염된 사람들이다. 그러나 그 패배는 그들이 감염된 때부터 기생체와 숙주가 진행하는 진화학의 게임에는 영향을 미치지 않는다(수령인이 감염자들의 친척들이 아닌 한).

그들의 패배는 정책 입안과도 관련이 있다. 증상이 숙주와 기생체를 모두 이롭게 한다면 대증요법은 어렵고도 민감한 사회적 이슈가 될 것이다. 증상을 무력화하는 것은 환자를 해롭게 하겠지만, 질병의 확산을 막는 데는 도움을 줄 것이다. 치료하지 않을 경우 새로 질병에 걸릴 다른 사람들로부터 예상되는 이로움에 반하기 때문에, 치료를 할지 말지에 대한 어려운 결정을 내려야 한다. 이를 위해 환자에게 예상되는 해로움의 경중을 확인해야만 한다. 감염된 사람들에게 위생적인 수단들을 적용하기가 여의치 않으면, 거래의 추는 대증요법 쪽으로 쏠린다. 감염된 사람들을 다른 사람들로부터 격리할 때, 거래의 추는 치료 유보 쪽으로 쏠린다.

또한 이런 결정을 내릴 때는 대증요법 이외의 수단으로 조절될 수 있는 질병의 경중을 반드시 고려해야만 한다. 모든 것을 감안할 때 비록 방어적인 증상들이 환자에게 도움이 된다 할지라도, 어느 정도의 비용 지불은 감수해야 한다. 예를 들어 열은 조직을 손상시키고, 설사는 귀중한 염분과 영양소를 손실시킨다. 만약 방어적 증상들의 무력화를 항생제 치료와 효과적으로 병행한다면, 이런 대가를 지불하지 않아도 병원균을 제거할 수 있다. 항생제가 방어적 증상의 전체 효과보다 더 이익일 때에는 항생제 치료를 선호한다. 한 가지 문제점은 우리가 아직 대증요법에 비용이 얼마나 드는지 정확히 모른다는 것이다. 다른 문제는 병원체들이 방어 증상들의 이점을 대체하는 항생제의 가치를 감소시키는 항생제 내성이 생기는 방향으로 진화한다는 것이다. 또는 동일한 수준으로 보호하기 위해 항생제 사용량을 늘려서 환자에게 초과로 부과되는 비용들(예, 항생제의 부작용들)이다. 증상의 순기능에 대한 관심 부족은 이런 순기능에 대한 현재의 지식 부족과 동반되어왔다. 이는 다시 의사들과 환자들에게 자신이 행할 결정으로 초래될 타협에 대한 적절한 지식이 부족한 상태에서 치료 여부를 결정하게 만든다.

대증요법의 전면적인 일반화, 즉 표준 치료법으로 설정하기보다는 모든 숙주-기생체 조합을 각각의 경우로 놓고 분석하는 것이 필요하다. 이에 대한 예시를 설사와 관련해서 사용한 정보들을 통해 얻을 수 있다. 특정 기생체와 연관된 특정 증상을 고려하는 것이 여의치 않을 때, 단일한 약제로 증상을 치료하는 것은 유해할 수 있지만 다른 약제로 치료하는 것은 수용할 수도 있다. 위에서도 언급했듯이, 시겔라 감염에서 장의 운동성을 억제하여 설사를 치료하는 것은 오히려 감염을, 병세를 악화시켰다. 그러나 비스무스(bismuth subsalicylate, 상품명 펩토비스몰로 판매되는 약의 유효 성분)로 설사를 치료하면 부정적 효과가 가시적으로 나타나지 않는다. 이런 대증요법들의 차이점은 약의 코팅 상태와 비스무스 제재의 항균 작용 덕분일 수 있는데, 이는 설사의 방어 작용을 바꿀 수 있다는 의미이다. 그러나 다른 차이점들은 더욱 근본적인 원리를 반영한다. 특정 증상은 분리 가능한 요소들로 구성될 것이다. 시겔라균으로 유도되는 설사는 장 내용물의 높은 운동성과 장 도관에 배열된 세포들의 분비 증가로 일어난다. 증가된 운동성을 거스르는 방식으로 시겔라 설사를 억제하는 것은 증상적인 방어를 고의로 방해하는 것처럼 보이지만, 비스무스를 사용하여 장내 액체 흐름을 감소시키는 것은 예후를 악화시키지 않는다. 그러므로 시겔라 감염에서, 액체 분비는 콜레라에서처럼 전염을 위한 숙주의 생리적 조종일 것이다. 대증요법으로 분비 활성을 억제하는 것은 효과적인 감염을 위해 필요한 분변의 유동성을 감소시킴으로써 병원체에게 해로울 수 있다. 그러나 탈수현상은 틀림없이 시겔라와 – 그리고 *V. cholerae* – 숙주 모두에게 해로운 부작용일 것이다. 그것은 감염자가 물리적으로 다른 사람들에게 병원체를 감염시킬 수 있는 기회를 감소시켜(예, 만약 사람이 죽거나 혹은 심하게 정상생활을 못할 경우) 병원체에게 해를 끼칠 수 있다. 또한 신체 조직의 부피와 용질 농도를 낮춤으로써 감염자에게도 해로울 수 있다.

앞서 논의된 것들은 주로 설사에 초점을 맞췄지만 모든 증상에서도 비슷한 논쟁을 이끌어낼 수 있다. 예를 들어 기침은 기도에서 병원체를 외부로 방출함으로써 예비 감염자들에게 새로 전파되는 것을 돕는다. 반면 기침은 체내 잔류 병원체를 계속 배출함으로써 병원체에 의한 조직 손상을 줄여 감염자를 보호할 것이다. 후자의 가능성을 평가하는 데 따른 어려움은 열에 관한 앞선 언급과 유사하다. 예를 들어 병원에서 바르비트루산염[20]으로 치료를 받은 폐렴 환자들이 급속도로 악화되는 경우가 많다. 이 효과는 바르비트루산염이 기침을 억제시켰기 때문이거나, 바르비트루산염이 백혈구의 이동을 억제했기 때문이거나, 혹은 둘 모두에 기인한 것일 수 있다.

비감염성 질병들의 증상들

질병이 감염성 병원체에 의해 일어나지 않는다면 설명은 훨씬 쉬워진다. 만약 질병이 어떤 생명체에 의해 발생하는 것이 아니라면, 증상은 그 생명체에 의한 조종일 수 없다. 이런 상황에서 대증요법의 전반적인 효과는 훨씬 부정적일 수 있는데, 거기에는 방어 작용이 없기 때문이다. 다소 불분명하지만, 방어 작용에 대한 인식은 증상들이 덜 뚜렷한 사람들에 대한 주의와 관심을 환기시킬 것이다.

마지 프로펫(Marge Prophet)은 이와 관련된 두 가지 탁월한 설명을 제시했다. 아버지나 어머니라면 누구나 부모 노릇이 어렵고 힘들다고 말할 수 있지만, 대개 어머니들이 그것을 먼저 경험한다. 종종 임신을 하고 한 달 즈음하여 메스꺼움, 구토, 여러 음식에 대한 혐오감을 나타낸다. 프로펫은 이 문제에 진화의 관점을 적용하면서 이 증상들이 환경에 있는 독소로부터 발달 과정에 있는 태아를 보호하는 방어 작용일 가능성에 대해 연구했다. 발달 과정에 있는 태아는 독소들에 특히 취약한데, 그것은 이

20) barbituric acid. 피리미딘 헤테로 고리 모양 골격을 토대로 한 유기화합물로, 냄새가 없으며 수면제로 사용.

기간 태아의 세포들이 나중에 성체를 구성할 주요 조직들의 기원이 되기 때문이다. 만약 독소가 성체 내의 세포에 돌연변이를 일으킨다면 그 세포는 약간 손상되었다가 사라지는 것이 일반적이다. 그런데 독소가 배아나 어린 태아의 세포에 돌연변이를 일으킨다면, 그 변화는 발달 과정에 있는 태아에서 수많은 자손 세포들로 전달되어 심각한 기형들을 일으킬 수 있다. 프로펫은 처음으로 메스꺼움을 일으키는 음식에 돌연변이를 일으키는 화합물이 들어 있음을 보여주었다. 다음 그녀는 유산과 관련해서 이러한 메스꺼움의 장점을 분석했다. 입덧이 덜하거나 거의 하지 않은 여성들은 구토를 일으킬 정도로 입덧이 심한 여성들에 비해 유산율이 두 배 가량 높다. 메스꺼움이 유해한 물질의 체내 유입에 따른 증상적 방어일지도 모른다. 일부 여성들에게는 이런 방어 시스템이 부족하므로 산부인과 개업의들은 산전 상담 내용을 다양하게 개선해야 한다. 임신한 여성들에게 메스꺼움을 무시하거나 참도록 가르치는 것은 해로울지도 모른다. 진화학적 관점을 지닌 영리한 의사들은 임신부들에게 이런 감각들에 있음직한 보호 기능을 알려주고, 가장 문제가 되는 물질들이 들어 있는 음식을 피하도록 조언할 것이다.

프로펫은 일반적으로 별 도움이 안 되는 부작용으로만 여겨온 다른 확산 반응(예, 알레르기 반응)에도 이런 진화학적 사고를 유사하게 적용했다. 알레르기 반응의 구성 요소들과 대단히 복잡한 작용 과정을 고려해 볼 때, 우리는 알레르기 반응이 왜 진화해왔고 수많은 종들에 남아 있는지를 평가해야 한다. 간혹 알레르기에 대한 과민반응으로 목숨이 위태로워지기도 하지만, 알레르기는 일반적으로 방어 수단에 가깝다. 왜냐하면 알레르기 반응 기구의 역할이 없다면, 아주 사소한 것일지라도 그 숙주에게 심각한 피해를 입히거나 죽게 할 수도 있기 때문이다. 알레르기는 아직까지 기능이 명확하게 밝혀지지 않은 항체의 일종인 면역 글로불린E(IgE)가 일으킨다. 프로펫은 IgE가 잠재적 발암물질과 결합하게 되면 알레르기 반응을 일으킨다는 것을 인지하고, 알레르기 반응들이 이런 유해 화학물질을 재채기를 통해 배출하거나 유해물질이 일단 몸 안에 들어오면 염증반응을 일으켜 느려지게 하거나 격리시킴으로써 도움을 준다고 주장했다.

이 주장과 일맥상통하는 연구로, 알레르기 감수성이 서로 다른 사람들은 암 발생에 대한 위험도 역시 다르다는 보고가 있다. 그러나 암과 알레르기 사이의 관계를 예측하기는 매우 어렵다. 역설적으로 알레르기가 심할수록 알레르기 반응을 일으키는 더 강한 유전적 능력이 생긴다. 강한 알레르기 반응은 큰 알레르기 반응들 이끌어낼 내재적 능력에서 유래하는데, 이 경우 강한 알레르기 반응을 보이는 사람들에서 암이 덜 발생한다고 예상할 수 있다. 그 대신 강한 알레르기 반응은 유해한 화학물질에 더 많이 노출된 사람에게서 더 강력하게 일어나야 한다. 다른 측면에서 보면, 더 강한 알레르기 반응은 환경에 있는 더 높은 수준의 알레르기 유발 물질들에서, 또는 훨씬 안전하게 해독하는 과정에서 이런 물질들을 중화시키는 신체 능력이 감소함으로써 일어난다. 이러한 배경에서 혹자는 더 강한 알레르기 반응을 나타내는 사람들 사이에서 암이 더 많이 발생하리라고 예상할 것이다.

알레르기와 암의 상관관계를 조사한 연구 논문이 20편 이상 있다. 그 가운데 다수의 연구에서 알레르기가 있는 사람들에서 암이 훨씬 적게 발생하였고, 몇몇 연구에서는 암이 더 발생했으며, 또 다른 몇몇 연구에서는 연관이 없었다. 알레르기와 암의 상관관계를 찾으려는 연구 동향은 알레르기가 방어적인 반응이라는 생각을 기반으로 한다. 만약 이런 연구들의 상당 부분이 연관이 없음을 보였다면, 그 가설은 설득력을 잃었을 것이다. 하지만 단지 몇 개의 연구에서만 연관이 없었다. 이 연구들에서는 앞에서 언급한 강한 알레르기의 두 가지 측면이 서로를 상쇄한 것이었을지도 모른다. 일부 사람들은 강한 알레르기 반응과 암 발생에 대한 높은 위험성을 동시에 나타내는데, 이는 그들이 높은 수준의 발암물질에 노출되어 있기 때문이다. 다른 사람들은 강한 알레르기 반응과 암 발생의 위험성이 낮은데, 그들의 강한 알레르기 방어들이 특정 수준의 발암물질에 대항하여 훨씬 효과적으로 그들을 보호하고 있기 때문이라고 해석할 수 있다.

이러한 통찰력들이 의료 정책에 어떻게 영향을 주어야 하고 어떤 영향을 미칠까? 이 질문에 대한 답을 찾기 위해 외계인이 지구의 수송 체계를 조사하기 위해 1940년대 전형적인 미국 도시를 방문했다고 상상해 보자. 경찰차, 소방차, 택시 그리고 트럭을 연구하고 나서, 외계인들은 그런 차량들이 사회에서 서로 다른 기능을 하고 있음을 쉽게 이해할 것이다. 어떤 외계인은 일부 공장에서 분명한 기능도 없으면서 그저 급속 연소만 일으켜서 때때로 사람을 다치게 하는 차(탱크)를 만드는 모습을 볼 것이다. 그 외계인은 사람들이 이 차량을 만드느라 열심히 일하지만, 기본적으로 이 차량은 가치가 없다고 판단한다. 이 차량이 지구의 외딴 지역에서 불분명한 목적(전투)으로 사용될 때, 조금 흥미를 가질 것이다. 외계인은 지구인들에게 선행을 베풀기 위해 이들 기계(탱크)들을 바꾸기로 결정한다. 곧 탱크는 멋진 폭발음을 내긴 하지만 아무도 해칠 수 없게 되었다. 제대로 작동하는 미국 탱크들이 없어지자 히틀러가 제2차 세계대전에서 승리하게 된다. 나는 많은 알레르기 연구자들이 이런 아이디어를 쉽게 수용하지 않으리라고 예상한다. 결국 논리적인 추론은 알레르기에 관한 주류 과학자들의 연구가 그릇된 길로 가고 있다는 것이다. 알레르기 연구에 대한 현재의 투자는 알레르기와 관계가 있는 특정 면역학적 체계를 비기능적으로 만드는 혁신적인 접근에 집중 지원하고 있다. 예를 들어 몸을 IgE에 결합하는 인공 화합물(일종의 항알레르기 약물)로 가득 채움으로써 IgE의 활성을 무력화하는 것에 목표를 둔다. 일단 이런 화합물과 결합하면 IgE는 더 이상 알레르기 반응에 시동을 거는 백혈구 세포와 결합할 수 없다. 그러므로 알레르기 반응을 무력화하는 것은 환자를 돕는 대신 암으로 인한 죽음과 같은 더 큰 위험에 빠뜨리게 된다. 이 분야에 종사하는 많은 연구자들의 태도는 아마도 우리의 인정 많은 외계인 관찰자와 매우 비슷할 것이다. 알레르기 반응을 보이지 않는 쥐들이 뚜렷한 면역 결핍을 보이지 않음에 주목하고는, 미국국립보건원(NIH)의 연구자들은 흔히 자신들의 관점을 이렇게 요약한다. "아마 이 세포들은 면역학적 방어에 어느 정도 관련은 있지만, 그다지 결정적이지는 않을 것이다. 만약 여러분이 알레르기 반응과 관련된 수용체를 억제한다면, 여러분에게 진짜 문제가 생길 것이다." 아마도 이 연구자들은 적당한 시기와 장소를 보지 못하는 것 같다. 외계인이 미국에서만 탱크를 봤다면 제2차 세계대전 때 유럽에서의 가치를 목격할 수 없었을 것이다. 면역 체계의 알레르기 구성 요소들을 무력화시킬 때 면역학적 위험이 즉시 나타나지 않을지도 모른다. 그러나 수년 안에 암과 다른 돌연변이에 의해 유도된 질병들의 발생이 증가할지도 모른다.

경제적인 고려와 관심들로 한정해 보면, 현재의 알레르기 연구와 임상 결과에 즉각적인 반향을 이끌어내지 못한다면, 프로펫의 논문은 논란의 여지가 많을 것이다. 즉, 단기간에 긍정적인 효과가 없다면, 그 논문에 대한 과학자들의 관심은 곧 식을 것이다. 그러나 만약 광범위한 알레르기 반응을 계속해서 억제한다면, 기존의 결과와 함께 새로이 가치 있는 연구를 개시할 기회가 생길 것이다. 그녀의 가설이 기반을 둔 견고한 진화론적 토대와 잠재적 결과들이 사실이라면 알레르기 반응을 약으로 억제하는 사람들이 암 발생률이 더 높다는 것을 찾기 위한 과학자들에게 장기적인 연구 투자가 보장될 것이다.

만약 프로펫의 견해가 옳다면, 적절한 치료법을 찾는 데 꼭 필요한 질문에 답하기 위해 부가적인 연구가 상당히 필요해질 것이다. 사람들 간에 타고난 감수성의 차이와는 달리, 알레르기 반응에서는 얼마나 많은 변이가 알레르기-유발 물질들의 다양한 위협에 대비해 나타날까? 어느 정도 강한 반응이 과민 반응일까? 분명히, 누군가 과민성 쇼크(anaphylactic shock)로 사망한다면 알레르기 반응의 비용은 반응이 없을 경우 생명을 구하는 이익보다 더 클 것이다. 치료를 하지 않았을 때와 함께 치료했을 때 발생하는 손해를 예상할 수 있어야 한다.

이 장의 서두에서 나는 질병이 기생 생명체에 의해 일어나지 않을 때는 설명이 간단해진다고 언급했다. 왜냐하면 조종 가설은 종종 실용적이지 않기 때문이다. 하지만 일부 알레르기 반응은 조종할 수 있거나 또는 조종과 방어가 동시에 가능하다. 그 실례가 벌침이다. 벌에 쏘인 독은 알레르기 반응을 일으키는 부정적 영향 말고는 해로운 효과가 없다고 생각할 수 있다. 만약 그렇다면 알레르기 반응은 엄밀히 조종이며, 반응 억제는 이로워야만 한다. 그러나 만약 벌독이 직접적으로 해로운 영향을 미친다면 어떻게 될까? 벌독이 조직을 조금 파괴시킨다고 하자. 이 경우에 알레르기 반응은 여전히 조종이다. 벌들은 희생양의 행동을 조종하기 위해 벌독을 진화시켰는데, 이는 벌의 군집을 해치는 일을 막기 위해서다. 그러나 독성물질을 사용함으로써, 벌들의 위협은 실제적이며 알레르기 반응은 나름 이로울지도 모른다. 우리가 답해야 할 새로운 질문은 모든 알레르기 반응에 대해 반드시 필요한 일반적인 질문을 약간 변형시킨 것이다. 만약 알레르기 반응을 억제한다면, 언제부터 알레르기 반응의 부정적 효과가 벌독의 부정적 효과를 압도하고 이로워지는 것일까?

알레르기 반응은 대부분 조종일 수 있다. 식물 조직에서 합성되는 2차 화합물에 대한 알레르기 반응은 식물이 자신을 짓밟거나 먹어치우는 척추동물에 대한 조종일 수 있다. 먼지 진드기나 그들의 부산물에 대한 알레르기 반응은 사람들이 먼지가 많은 곳을 피하게 할 수 있다. 또는 알레르기에 의한 재채기로 콧속 이물질 구덩이에서 먼지 진드기를 배출할 수 있다. 알레르기 반응에 대한 일반적인 진화학적 이론은 그런 질문들을 확인하고 해결하는 데 확실한 논리적 틀을 제공한다.

귀무가설[21] : 부작용으로 나타나는 증상들

이 장을 시작할 때 나는 증상들이 숙주에 대항하여 일어나는 방어도 기생체에 의한 조종도 아니고, 오히려 부작용들인 경우를 언급했다. 이것은 감염이 숙주나 기생체 모두에게 이익을 주지 않음을 의미한다. 많은 사람들이 증상을 치료할 필요가 없다고 믿고 있음에도 증상이 부작용의 증거라는 것은 증상이 방어나 조종이 되고 있다는 증거라는 것보다 더 말이 안 된다.

가장 덜 애매한 부작용은 죽음이다. 죽음은 너무나 격렬한 수단이기

---

21) 歸無假說, null hypothesis. 통계적 가설 검정에서 쓰는 수리통계학 용어. 검정을 할 때 비교되는 2개의 표본 집단(標本集團)의 결과차(結果差)에 확실한 조건차(條件差)가 있다고 생각되는 경우 또는 동일 모집단(母集團)에 귀속하고 있지 않다고 생각되는 경우 그 추측과는 반대의 가설을 설정하는 것임.

때문에 4장에서 서술한 극한 환경에서의 경우를 제외하고는 방어로 간주된다. 유사하게, 죽음이 전파를 어렵게 만든다면 죽음은 병원체에게 별로 이롭지 않게 될 것이다. 반면 전파가 썩은 고기를 먹는 행위나 포식에 의해 일어나면 병원체에게 이로울 것이다(4장 참조).

부작용 설명에 대한 증거 부족은 놀라운 것이 아니다. 과학계의 은어로 그것은 귀무가설이다. 귀무가설을 수용하려면 유효한 가설을 폐기해야 하는데, 이 경우는 방어와 조종 가설이다. 유효한 가설들에 대한 제한된 연구는 귀무가설이 현재 극히 제한된 상황에서만 정수용될 수 있음을 의미한다. 그리고 "당신은 지금 단지 증상들만을 치료하고 있습니다."라는 비난을 정당화하려면 이 귀무가설이 필요하다.

제2장
매개체들, 수직 전파 그리고 병독성(病毒性)의 진화

매개체 전파 기생체들의 병독성

가설에 근거한 상반 관계 또는 균형 유지를 위한 거래[1)]

감기는 증상이 가벼운데 팔시파룸(*PLasmodium. falciparum*) 말라리아는 왜 그토록 치명적일까? 정답에 도달하기 위해서는 우선 서로 수준이 다른 병독성과 관련된 '균형 유지를 위한 거래'를 확인해야 한다. 전파를 위해 숙주의 이동성에 의존하는 기생체를 먼저 생각해보자. 예를 들어 리노바이러스는 콧속 통로에 줄지어 있는 세포 안에서 증식하여 '감기'를 일으킨다. 이 바이러스는 세포에서 떨어져 나와 코의 분비물과 섞이는데, 콧물이 흐르거나 재채기를 할 때 작은 방울들로 뿜어져 나오게 된다. 콧물은 손가락으로 막기도 하므로, 악수를 하거나 펜 등을 함께 사용함으로써 다른 사람의 손가락으로 옮겨갈 수 있다. 이렇게 접촉한 손가락

1) tradeoff 또는 trade-off. 매우 독특한 뉘앙스의 단어로 '양자간 균형 유지를 위한 거래'로 해석하고자 함. 흔히 말하는 give and take와 유사함.

으로 자신의 코를 만지거나 재채기할 때 뿜어져 나온 작은 방울들을 들이마시면, 운 좋은 리노바이러스들이 비옥한 새 땅으로 이주하게 된다. 어떤 방법으로 일어나든 간에 숙주의 이동성은 중요하다. 만약 이 바이러스가 매우 광범위하게 증식하면 감염자는 집에서 나오지 못할 정도로 아프게 되고, 그날 코에서 나온 수천 개의 리노바이러스는 외부에 노출되어 죽는다. 그중 몇몇 바이러스는 아마도 감염자의 배우자를 감염시킴으로써 생명을 조금 더 이어갈 수 있지만, 그런 전파가 매우 성공적이라고 할 수는 없다. 특히 그 배우자도 거동할 수 없는 경우에 그러하다. 리노바이러스 입장에서 보면 사람의 이동성은 전파 가능성을 높여준다.

따라서 우리 콧속에서 리노바이러스는 매우 제한적으로 번식한다. 우리 코 통로의 안쪽 벽에 정렬된 많은 세포들에서 일부만이 감염된다. 한 부분에서 몇몇 세포들이 감염되어도 그 옆 세포들은 감염되지 않을 수도 있다. 거리상으로 떨어져 있는 세포들이 그 패턴을 반복하고, 이런 식으로 코 통로 안쪽 벽 전체가 감염된다. 현미경으로 보면 감염된 세포들이 뚜렷한 손상을 입지는 않는다. 이처럼 극히 제한적 증식으로, 리노바이러스 감염은 인간에게 가장 해가 없는 감염에 속한다. 리노바이러스에 의한 사망은 아직까지 보고된 바 없다.

그러나 만약 바이러스를 모기가 전파한다면 어떻게 될까? 만약 모기 매개성 바이러스가 광범위하게 증식하여 숙주가 움직일 수 없게 되면, 그 기생체는 아무런 수고도 하지 않고 증식을 통해 적응 이익을 얻는다. 매개체(모기)는 아픈 사람과 접촉할 수 있을 때에만 병원체를 움직이지 못하는 숙주에서 민감한 예비 숙주들에게 운반할 수 있다. 실제로 토끼와 생쥐를 대상으로 한 실험에서 모기에 의한 전염은 그들이 질병을 앓고 있을 때 쉬운데, 아픈 숙주는 모기에게 물리는 것에 대한 방어를 제대로 하지 못하기 때문이다. 윤리적 문제로 사람을 대상으로 하는 연구는 쉽지 않지만, 일부 데이터는 비슷한 효과를 제안한다. 사람들이 팔을 움직이지 않고 있을 때 모기들은 좀 더 오랫동안 피를 빨 수 있다. 그러므로 이 자세 고정을 숙주 안에서 일어나는 광범위한 증식과 연관시켜보면, 기생체로서는 비용이 들기보다는 이익인 셈이다. 그뿐만 아니라 만약 기생체가 매개체 전파 유형이라면 신체를 통해 엄청나게 증식하고 퍼져 나가는 것은 이익이 된다. 병독성이 강한 매개체 전파 병원체들은 약한 병원체들보다 혈액이나 세포배양에서 고밀도를 나타내며, 모기들이 병원체를 더 많이 흡수했을 때 더 잘 감염되는 것 같다. 따라서 척추동물 숙주 안에서 대량 증식과 확산이 일어나면 병원체를 매개하는 중간 숙주에 물리는 것이 감염으로 이어질 가능성이 높다. 조직적인 확산 없이 매개체는 문 곳 근처를 또다시 물 것이고, 이렇게 하여 최종 숙주가 감염된다. 요약하면, 척추동물 숙주 안에서 대량 증식하는 매개체 전파 기생체들은 숙주 안에서 크게 번성해야만 한다. 그래야만 적합 비용을 적게 들이고 거대한 적합 이익을 얻는다.

인간 질병의 병원성 매개 동물과 치사율

이 가설은 손쉽게 검증 할 수 있는 예상을 제공한다. 육상 절지동물들에게 물려서 전파된 기생체들은 특히 인간이나 다른 척추동물 숙주에게 유해할 수 있다. 나는 이 예상을 인간에 감염되는 바이러스, 세균 그리고 원생동물들을 가지고 가상 실험을 했다. 예상을 인간에게 적용시킴에 있어서, 이 병원체들이 인간을 통해 전파됨으로써 진화해왔다고 가정한다. 그러므로 이 실험에서는 인간에서 인간으로 거의, 또는 전혀 전염되지 않는 병원균들은 제외한다. 이를 토대로 토양이나 물 같은 외부 환경에서 광범위하게 증식하는 병원체들 그리고 오직 상처나 수술과 같이 부자연스러운 상황에서만 일어나는 병원체들도 제외한다. 실험은 위장관에 서식하는 병원체들도 제외하는데, 그것은 이들이 숙주 조직보다는 소화관에 있는 음식물에 더 의존하기 때문이다. 다음 장에서 논의하겠지만, 설사를 일으키는 이들 일부 병원체는 절지동물 매개체와 그 유사체들에 의해 전파되는데, 이것이 그들의 병독성에 영향을 줄 것이다. 대부분의 매개체 전파 또는 비매개체 전파 병원체들의 범주는 비교적 간단하다. 하지만 대표적인 전염병인 흑사병[2]은 예외다. 이 세균은 벼룩과 호흡할 때 발생하는 분비물 둘 다에 의해서 전파되므로 나는 이를 분석에서 제외했다.

병독성에 의한 범주는 좀 더 복잡한데, 특정 증상들의 경중이 반드시 감염 정도를 반영하는 신뢰할 만한 지표가 아니기 때문이다. 때때로 고열과 같은 심한 증상은 병원체가 효율적으로 처리되고 있다는 의미이기도 하다. 이와 대조적으로, 만약 누군가 감염으로 사망한다면 그 감염은 말 그대로 치명적이라고 할 수 있다. 그래서 나는 병독성을 판단하는 지표로서 치료받지 않은 감염 100건 당 발생하는 사망자 수(사망률 %)를 이용했다. 죽음을 병독성의 지표로서 사용함으로써, 죽음이 병원체에 이익이 된다고 생각하지는 않는다. 오히려 죽음을 기생체와 숙주 모두에게 거의 언제나 큰 희생을 요구하는, 자주 일어나는 부작용으로 보고 있다. 숙주를 광범위하게 이용하는 병원체들은 훨씬 더 자주 숙주를 죽음에 이

---

2) Yersinia pestis. 페스트균은 주로 아시아, 아프리카, 아메리카 대륙에 부분적으로 분포함. 숙주 동물인 쥐에 기생하는 벼룩에 의해 사람에게 전파되어, 급성 열성 전염병인 흑사병을 일으킴. 흑사병의 주요 형태는 가래톳 흑사병(bubonic plague), 패혈증형 흑사병(septicemic plague), 폐렴형 흑사병(pneumonic plague) 등이며, 중세 유럽에서 크게 유행하여 희생자가 많았음.

르게 하지만, 빈도가 낮다 해도 여전히 죽음을 초래할 수 있다. 그러나 감염이 살아남은 숙주 체내에서 기생체를 제거하는 강력한 면역반응을 일으킬 때, 치명적인 병원체들이 숙주의 죽음에 대해 상대적으로 훨씬 적은 비용을 지불할 것이다. 병원체의 관점에서 보면 죽은 숙주와 면역이 있는 숙주는 별반 다르지 않다—둘 다 별로 쓸모가 없다.

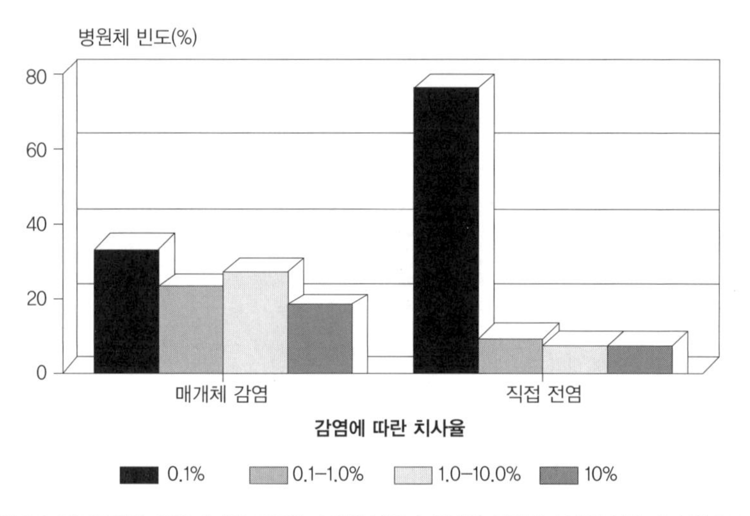

그림 2.1. 절지동물에 의해 매개된 치료하지 않은 감염과 연관된 사망률과 직접 사람 대 사람으로 전파된 감염 사망률. 절지동물 매개에 의한 치사율이 병원체가 직접 전파된 경우의 치사율보다 두드러지게 높다($p<0.01$; chisquare test).

그림 2.1에서 보는 바와 같이, 이 가상 실험의 결과에서 인간의 매개체 전파 병원체들은 비매개체 전파 병원체들보다 더 가혹함을 알 수 있다. 이렇게 매개체 전파 병원체들은 점점 더 강력해지고 있다. 예를 들어, 만약 병원체들을 속(屬)에 따라 분류하면 쉽게 알 수 있다. 치사율이 낮은 범주에 속하는 병원체들 사이의 비이동성(非移動性)에 대해 생각해 보면, 병독성과 매개체 전파 사이의 연관성을 더 강화시킬 수 있다. 낮은

범주에 속하는 비매개체 전파 병원체는 대부분 최종 숙주를 쇠약하게 만들지 않는 반면, 매개체 전파 병원체들은 대부분 주기적으로 숙주를 쇠약하게 만든다. 치쿤구니야[3]와 뎅기열[4] 바이러스를 예로 들면 치사율이 100명 가운데 1명도 안 된다. 치쿤구니야는 스와힐리어의 '반으로 접는'이라는 뜻에서 붙여진 이름이다. 희생자들은 고문당하는 느낌, 즉 위를 보고 누웠을 때 팔과 다리가 등쪽으로 접히는 듯한 사지 관절들의 고통을 느낀다. 마찬가지로, 뎅기열은 '부러진—뼈' 열병으로 알려졌는데, 이 병은 뼈가 부러지는 느낌이 든다고 한다.

레빈과 스바보그 에덴(Levin & Svanborg Eden)은 기생체들이 지닌 고유한 병독성 이외의 다른 이유들로 사망률이 더 높은 열대지방에서는 매개체 전파 질병들이 훨씬 흔하다고 주장하면서, 치명성과 매개체 전파 사이의 연관을 평가절하했다. 그러나 온난한 지역의 매개체 전파 병원체들만을 조사하더라도, 그림 2.1에서 본 절지동물 매개성 병원체들의 평균 사망률은 감소하지 않는다. 그들은 또한 절지동물 매개성 기생체들이 훨씬 더 심각하다고 주장하는데, 절지동물에게 물리는 것만으로도 이들 기생체들이 신체의 첫 번째 방어선인 피부를 통해 체내로 들어가기 때문이다. 하지만 이 주장은 두 번째 실험을 무시한 것인데, 오직 피부를 통해 감염된 병원체들만 포함하고 있기 때문이다. 그 실험은 다음 절에 묘사

3) chikungunya virus. 모기 감염에 의해서 인체에 전염되는 바이러스. 감염시 고열과 관절통을 주요 증상으로 하는 질환을 일으킴. 대개 3~7일 사이에 자연적으로 사라지나 관절통은 수개월 심지어는 수년 이상 지속될 수 있음. 현재까지 치쿤구니아 병에 대한 특별한 치료법과 백신은 없으며, 열대 지역 특히 인도나 인도양의 섬 나라를 방문할 때 특히 주의해야 함.

4) dengue virus. 사람의 뎅기열을 일으키는 바이러스. 뎅기열은 고열을 동반하는 급성 열성 질환임. 뎅기 바이러스를 가지고 있는 모기가 사람을 무는 과정에서 전파되는데, 이 모기는 아시아, 남태평양 지역, 아프리카, 아메리카 대륙의 열대지방과 아열대지방에 분포함.

되어 있다.

적응된 가혹성 또는 제한된 적응?

그림 2.1에 의해 지지되는 이 이론은 더 큰 병독성을 지닌 매개체 전파 병원체들이 인간에 적응한 결과라고 가정한다. 치사율에서 인간의 매개체 전파 병원체와 비매개체 전파 병원체들 간에 큰 차이가 있음에도, 의학 문헌에서는 이 차이에 대해 거의 다루지 않았다. 흥미롭게도 한 역사가가 일부 매개체 전파 병원체들 사이에서 나타나는 높은 병독성에 관한 설명을 제안했다. 1976년 맥닐(W.H. McNill)은 이제까지의 전제들에 기반을 둔 설명을 제시했다. 병원체들의 숙주에 대한 진화 적응은 그들의 관계가 무해한 쪽으로 가도록 압박한다. 그리고 그는 기생체는 절지동물 중간 숙주와 척추동물 중간 숙주 모두에게 무해한 쪽으로 진화할 능력이 없다고 제안했다. 따라서 그의 '제한된 적응 가설'에 따르면, 양성으로의 진화는 두 숙주들 가운데 하나에만 국한된다. 맥닐은 양성으로의 진화가 척추동물 숙주보다는 중간 숙주(매개체)에서 일어난다고 합리적으로 제안했는데, 전파를 위해서는 사람(최종 숙주)보다 건강한 매개체가 훨씬 더 중요하기 때문이다.

제한된 적응 가설과 내가 앞에서 제안한 '적응된 가혹 가설'은 다음과 같은 조사로 구분할 수 있다. 사람들에게 적응하기 위해 다른 기회들을 경험한 바 있는 기생체 집단에서 감염의 가혹성이 어떻게 변화하는가를 조사하는 것이다. 적응된 가혹 가설에 따르면, 주로 인간과 매개체 사이를 오가는 기생체들은 인간 외의 척추동물과 매개체 사이를 오가는 기생체들보다 인체 내에 있을 때 훨씬 더 치명적이다. 제한된 적응 가설로는 이러한 예측을 이끌어낼 수 없다.

이들 가설의 차이는 한 번도 겪어본 적이 없는 사실상 모든 유기체에 대응할 수 있는 인체 면역 시스템의 특성에 기인한다. 예를 들어, 척추동물 숙주로 주로 원숭이류를 사용하는 말라리아 기생체들을 생각해보자. 이들 기생체들은 원숭이와 모기에 특화된 환경에 모두 적응해야만 한다. 만약 일부 기생체들이 인체에 들어가면, 지금까지 적응해왔던 원숭이와는 다른 생화학적 환경에 직면하게 될 것이다. 반면 숙주인 인체에서는 면역 시스템을 작동하여 스스로 생존하기 위해서 새롭거나 익숙한 모든 유기체의 잇단 침입을 중화시켜야 한다. 그러므로 인체는 인간이 아닌 숙주들에 적응해온 기생체들에 맞서 싸울 때 유리할 것이다. 그 결과는 비교적 양호한 기생체-인체의 만남이 될 것이다. 이어 기생체들이 반복적으로 인체-모기-인체로 순환 전파된다면, 인체의 무기 창고를 가장 잘 공략하고 체내의 풍부한 영양물질 속에서 자라난 변이체들이 우선적으로 모기들에 전파되고, 곧이어 인체 숙주들로 전파될 것이다. 적응가혹 가설은 인체 내의 왕성한 증식이 전파를 위태롭게 하지는 않는다고 추정하기 때문에, 좀 더 증식을 잘 하는 후손들은 적은 비용으로 증식하는 특혜를 누릴 것이다. 그러므로 이들의 치명성은 원숭이에서 인체로 전파된 최초의 병원체들보다 훨씬 클 것이다.

제한적 적응 가설을 통한 예측 결과는 척추동물 숙주 내에서 과연 무해한 방향으로 진화를 할 수 있는가에 달려 있다. 만약 적어도 일부만이라도 양성으로 진화할 수 있다면, 제한된 적응 가설은 인간과 중간 숙주 사이에서 병원체가 더 많은 주기를 반복하면 더 약한 병독성이 인체 내에서 시작될 것으로 예측한다. 만약 척추동물 숙주에서 양성 쪽으로 진화할 수 없다면, 인간에서의 병독성은 변하지 않은 채 남는다고 예측할 것이다.

이러한 예상들을 실험하려면 정보가 필요한데, 지난 세기 동안 유용한 정보들을 우연히 모아왔고 역학 관련 문헌들에 기록되었다. 이 정보들 덕분에 매개체 전파 병원체들을 비교할 수 있게 되었는데, 병원체들은 서로 밀접하게 연관되어 있지만 인체 내에서 순환된 정도는 달랐다. 이 같은 비교가 13개 병원체에서 가능하다. 하나를 제외한 모두에서, 인체 내에서 더 많이 순환할수록 질병은 더 심각해진다. 그러므로 현재까지 모은 증거들은 제한적 적응 가설보다는 적응 가혹 가설을 지지한다.

예외적으로 수면병[5]이 있다. 병독성이 덜한 갬비아 유형이 병독성이 강한 로디지아 유형보다 인체 내에서 더 많이 순환한다. 이 예외는 단지 한 시기에 나타난 우세한 관점 때문에 과학자들의 관찰이 왜곡된다는 것을 잘 설명해준다. 1980년대까지는 양성으로의 무조건적 진화가 우세한 관점이었다. 따라서 갬비아 수면병의 취약한 특성들은 인체에 적응하면 기생체들이 일반적으로 양성으로 진화한다는 증거로서 반복적으로 인용되었다. 개략적인 교훈은 명백하다. 생명·의학 분야의 문헌은 매우 풍부하고, 숙주-기생체 관계는 매우 다양하기 때문에 어떤 가설이든 그에 부합하는 예는 얼마든지 찾을 수 있다(설사 정반대의 가설이더라도 그러하다). 가설의 보편적 타당성을 조사하기 위해서는 특정 가설을 지지하기보다

---

5) sleeping sickness. 트리파노소마증(trypanosomiasis)이라고도 함. 체체파리가 서식하는 열대 아프리카에서 발생하는데, 체체파리에게 물리거나 원충을 보유한 혈액을 흡입하여 감염이 일어남. 갬비아형(서아프리카 수면병)과 로디지아형(동아프리카 수면병)이 있음. 갬비아형은 인간이 병원소이고 로디지아형은 야생동물과 가축, 특히 소가 병원소임. 증세는 체체파리에 물린 부위에 구진이 형성되어 결절이 일어나고 통증이 있는 작은 궤양이 형성되며, 발열과 심한 두통, 불면증, 무통성 림프절 종창, 빈혈, 부종, 발진, 식욕부진이 일어남. 시간이 경과하면 기운이 없어지고, 기면증 및 중추신경계 증세와 함께 낮에는 자고 밤에는 깨어 있는 증세가 나타남. 적절한 치료가 없으면 뇌수막염이 생겨서 갬비아형은 수년 안에, 로디지아형은 수주일에서 수개월 안에 사망함.

는 편견없이 숙주-기생체 관련 증거들을 수집해야 한다. 따라서 여러 집단에서 좀 더 정확한 자료들을 수집하려면 미세하게 조정된 연구와 실험동물들을 사용한 연구가 이루어져야 한다는 경각심이 필요하다. 실험 연구는 기생체들이 불과 수개월 동안에도 잠재적으로 진화할 수 있으므로 실행할 수 있는 제안이다.

이 실행 가능성에 대한 증거는 지난 세기 전반 동안 *Plasmodium knowlesi*라는 말라리아 기생원충을 의학적으로 이용한 것에서 찾을 수 있다. 영장류에서 쉽게 발견되는 거의 모든 말라리아 원충들처럼, *P. knowlesi*는 원숭이에서 인간으로 처음 전파되었을 때 비교적 경미한 말라리아를 일으킨다. 혈액 1ml당 1,000개 정도의 원충이 검출되는데, 이는 가장 가벼운 인간 말라리아를 일으키는 세 종류에서 일반적으로 검출되는 원충 수의 1/10에 불과하다. 고열이 매독 원인균을 억제하는 것처럼 보이고 *P. knowlesi*는 고열을 일으킨다. 그래서 효과적인 매독 치료제가 나오기 전에는 *P. knowlesi*를 신경매독 환자들에게 주입했다. 그러면 주사기와 바늘을 통해 *P. knowlesi*가 환자에서 환자로 다시 전파되었는데, 실제로 주사기는 기술적으로 모기 역할을 했다. 170건의 전파가 일어난 후, 말라리아는 신경매독만큼이나 위험해졌다. 말라리아 원충의 밀도는 1ml 당 50만 개로 높아졌고 목숨을 위협할 정도가 되었다. 비록 일부 전파가 모호하게 나타나긴 했지만, 실험적인 모기—매개 전파 역시 유사한 결과를 보였다.

불충분한 시간 가설

역사적인 변화와 발진티푸스 일반적으로 질병들이 양성 방향으로 진화한다고 제안한 문헌들의 저자들은 과거에는 치명적이었으나 현재는 치사율이 별로 높지 않은 몇몇 병원균들의 역사적인 예를 무척 많이 사용해왔다. 그 목록에는 디프테리아, 백일해, 홍역을 일으키는 병원체들이 포함된다. 그러나 저자들은 이 특정 병원체들로 인한 사망률의 역사적 변화 패턴을 제대로 읽지 못했다. 세월이 지나면서 병독성이 감소해온 이들 병원체들은 특징적으로 매개체가 없는 유형들이다. 절지동물이 전파한 병원체들이 특정 지역에서 감소하거나 박멸되었을 수는 있지만, 일단 병원체들이 존재하는 지역에서는 심각한 질병들이 지속되었다. 예를 들어 인간 말라리아는 최초의 문명으로까지 거슬러 추적할 수 있다.

지금 내가 '*불충분한 시간 가설*'이라 부르는 병독성의 진화에 대한 설명으로 1972년 버넷과 화이트(Burnet & White)의 연구를 들 수 있다. 그들은 발진티푸스[6]와 같은 리케차[7]성 질병을 그 가설의 예로 소개하였다. 그들은 다음과 같은 결론에 도달하였다. "리케차 생태계로 인간이 침범하는 이런 사례들은 '사실상 모든 치사성 인간 감염증들은 생태학적으로 다른 척추동물들 또는 곤충들의 감염이 우연히 인간에게 전해진 것'이라는 흔한 발견들을 실증한다……. 심지어 누군가는 극히 치명적인 인간 감염, 예를 들어 고전적인 천연두가 (생물학적인 의미로) 단지 최근에서야 인간에게 질병을 일으키는 병원균들에 의해 초래된 것이라고 주장할 것

6) epidemic typhus. 발진티푸스 리케차(Rickettsia prowazekii)에 감염되어 발생하는 급성 열성 질환으로, 한랭 지역의 이(louse)가 많이 서식하는 비위생적인 환경에서 거주하는 사람들 사이에서 발생하며 역사적으로는 전쟁이나 기근 등이 생길 때 유행하였음. 멕시코의 산악지대나 중앙아메리카, 남아메리카, 중앙아프리카, 아시아 지역의 여러 나라에서 풍토병으로 존재함. 발진티푸스 리케차의 병원소는 사람이지만, 감염원은 리케차균을 가지고 있는 환자의 피를 빨아먹은 이(louse)임.

7) Rickettsia. 발진티푸스, 양충병, 큐열 등을 일으키는 병원체. 리케차과에 속하는 세균류를 총칭.

이다."

이제 발진티푸스에 대해 좀 더 자세히 살펴보자. 1935년 한스 진서(Hans Zinsser's)의 추측을 기반으로, 버넷과 화이트는 유행성 발진티푸스가 아마도 16세기 유럽에서 시작되었으리라고 추론했다. 그들은 "어떤 발진티푸스 열병도 이 시기 이전에 발견되었다는 확실한 증거가 없다."고 서술했다. 그러나 그들은 그것에 대한 추가 설명을 간과했다. 발진티푸스 발병은 16세기에 처음 기술된 것 같은데, 당시에 통찰력 있는 이탈리아 의사 지롤라모 프라카스토로[8]가 있었기 때문이다(10장 참조). 프라카스토로가 이룩한 한 가지 업적은 서로 다른 질병들을 각각 독립적으로 기술한 것인데, 그의 상세한 기술 대상의 하나가 발진티푸스였다. 과거에도 여러 권위자들이 매우 제한된 문헌들을 뒤져 가장 오래된 발진티푸스 기록을 추적하였다. 사실 버넷과 화이트의 책과 같은 시기에 출판된 『진서 미생물학(*Zinsser's Microbiology*)』은 유럽 발진티푸스의 기원을 두 배로 건너뛰어 1083년 살레르노 수도원으로 지목하였다. 16세기 이전의 수준 낮은 의학 기록들에는 그 질병이 없었음을 증명할 극히 간단한 언급조차도 하지 않았다. 이러한 기록 부재는 발진티푸스에서 특히 심한데, 19세기 초까지도 발진티푸스는 장티푸스와 의학적으로 명확하게 구분되지 않았다.

버넷과 화이트는 '이(louse)'와 연관된 발진티푸스 리케차의 높은 병독성과 설치류 발진티푸스가 사람에게 전파된다는 것에 주목하여, 자신들보다 앞선 한스 진서와 마찬가지로 "전형적으로 '이'가 전파하는 발진티

---

8) Girolamo fracastoro(1478~1553). 이탈리아의 의사. 시인, 파도바대학 출신으로 전염병의 원리를 발견.

푸스는 현대에 와서 발전했다."라고 결론지었다. 그러나 이제 우리는 높은 병독성과 이전 기간과의 상호 관련에 대해 조금이나마 알고 있다. 유행성 발진티푸스는 최근에 진화한 질병일 것이다. 다른 한편, '이'를 통한 감염이 높은 병독성을 나타내는 것은 이를 매개로 하는 일부 전파의 독특한 측면들이 조합된 결과라고 할 수 있다. 가장 먼저, '이'는 수직적으로 발진티푸스 리케차를 전파할 수 없다. 즉 부모에서 자식에게 전달되는 수직 전파[9]가 없다. 일부 매개체 전파 병원체가 매개체 안에 있을 때 보이는 낮은 병독성이 수직 전파에 기인한 것일 수 있기 때문에, '이'에 의한 감염도 수직 전파되는 병원체들 혹은 통상 매개체에 있는 병원체들처럼 무해하리라고 예상하지 못할 것이다(이 장의 아래 **매개체에서의 감염**을 참조).

두 번째, '이'는 벼룩 같은 매개체들에서 볼 수 있는 소화관의 내벽 보호막처럼 일차 방어선 역할을 하는 조직이 없다. 그러므로 일정 수준의 병원체 증식은 벼룩보다는 '이'에서 더 독성 효과가 있다. 따라서 벼룩-매개 발진티푸스가 '이'에서는 치명적이다.

셋째로, '이'는 숙주가 열을 내면 숙주를 떠난다. 감염된 '이'에 물리면 보통 5~21일 후에 38~41℃까지 열이 오르고, 사망할 때까지 또는 운 좋게 1~2주일 후 회복될 때까지 고열이 지속된다. '이'는 리케차를 흡수한 뒤 4~6일 동안 전파시킬 능력이 있다. 감염에 의해 '이'가 1~3주일 안에 죽을 수도 있지만, 숙주의 고열에 대한 '이'의 강한 혐오감은 '이'가 발진

9) 垂直傳播, vertical transmission. 모체로부터 아기에게 직접 이행하는 감염을 말하는데, 감염 경로에는 경태반 감염(經胎盤感染)·산도 감염(産道感染)·모유 감염 등이 있으나 사람의 경우는 주로 산도 감염됨. 산도 감염의 예로는 분만시 신생아가 산도에서 세균이나 바이러스에 감염되는 것인데, 신생아의 임균성 결막염이 대표적임.

티푸스 감염자에 오래 머무르지 않을 것임을 의미한다. 비감염자들이 많으면, 감염된 '이'들은 고열의 감염자가 사망하기 전에 적어도 한 번은 다른 숙주로 이동할 것이 거의 확실하다. 이런 조건에서 저주받은 '이'들은 모기가 말라리아를 전파하는 것만큼이나 효과적으로 발진티푸스를 전파할 것이다.

버넷과 화이트는 계속해서, "쥐 유형 발진티푸스와 '이' 유형 발진티푸스 감염을 일으키는 서로 다른 리케차들은 차이가 약간 있지만, 같은 종들의 국지적 변종 차이 이상은 아니다."라고 언급한다. 사실, '이' 유형 발진티푸스에 의한 인간 치사율은 쥐 유형에 의한 것보다 10배 정도 높으며, 생화학적 비교에 따르면 '이'에 의해 전염되는 발진티푸스 리케차는 쥐 유형의 '국지적 변종'도 '최근 진화한 변종'도 아님을 시사한다. 1980년 마이어스와 비세만(Myers and Wisseman)은 서로 다른 유형의 리케차 유전자들을 상보적으로 교잡, 즉 섞었는데, 교잡률[10]이 높을수록 이들 유형의 진화적인 유사성은 높다. 모든 '이' 유형의 교잡은 유사성이 100%였지만, '이'와 '쥐' 유형의 교잡은 단지 70~77%였다. 이러한 차이가 얼마나 중요한가를 알아보기 위해 리케차 속(屬) 전체 개체들의 교잡을 고려해보자. 로칼리메아 퀸타나(*Rochamlimaea quintana*)는 제1차 세계대전 때 보병들 사이에 퍼진 참호열[11]을 일으킨 '이' 매개 리케차로 심신을 약화시키지만 치명적이지는 않다. 이것과 '이' 유형 또는 쥐 유형과

10) 두 가닥의 DNA가 결합하는 정도이며, 염기 서열이 동일할수록 교잡률이 커짐

11) trench fever. 병원체가 로칼리메아 퀸타나(Rochalimaea quintana)인 열성 질환. 제1, 2차 세계대전 중 유럽 동부전선에서 유행. 두통, 근육통을 수반하여 발열하며, 2~3일의 계류열이 약 5일 간격으로 반복. 일시적으로 발진이 나며, 역학적으로 발진티푸스와 유사하지만 경증임.

의 교잡률은 25~33%였다. 이러한 비율은 '이' 발진티푸스와 '쥐' 발진티푸스 병원체들이 진서 그리고 버넷과 화이트가 시사한 것보다 훨씬 오래 전에 분기되고 차이가 큰 서로 다른 종들로 볼 수 있다.

팔시파룸 말라리아: 불충분한 시간 또는 적응된 가혹성

거의 매년 3억 건의 신규 말라리아 감염을 일으키는 4개 플라스모디움 종들은 다른 어떤 매개체 전파 기생체보다도 인간에게 많은 질병과 죽음을 초래한다. 불충분한 시간 가설은 이 종들 가운데 하나인 *Plasmodium falciparum*이 왜 다른 종들보다 더 치명적인지를 설명하기 위해 최근에 와서 사용되기 시작했다. 비록 종간 도약이 조류(鳥類)에서 인간, 혹은 인간에서 조류인지는 분명하지 않지만 *P. falciparum*은 다른 영장류 플라스모디움 종들보다는 조류와 더 밀접하게 연관되어 있다. 이 밀접한 연관을 발견한 연구자들은 이런 조류 기원이 왜 다른 인간 말라리아보다 *P. falciparum*에 의한 말라리아가 증상이 몹시 심한지를 설명한다고 주장했다. 기생관계가 공생관계로 진화한다고 가정하고, 그들은 *P. falciparum*이 인체 내에서 적어도 1만 년 동안 진화해왔으며, 비교적 최근에 기원되었음이 특히 왜 위험한지를 설명할 수 있으리라 시사했다. 그러나 1만 년은 긴 세월이다!

다른 플라스모디움 종들과 비교하면, *P. falciparum*은 번식률이 매우 빠르고 감염에서 증상이 발현하는 데까지 걸리는 기간이 매우 짧다. *P. falciparum*은 한 사람의 적혈구 전체를 60%까지 감염시키는데, 다른 종들은 대체로 2% 이하이다. *P. falciparum*이 번식률이 낮아지게 진화시키는 데는 얼마나 많은 시간이 필요할까? 위에서 언급한 바처럼 *P. knowlesi*는 수년에 걸쳐 번식률이 증가하도록 진화시켰다. 만약 자연선택이 번식률 저하를 선호하였다면 *P. falciparum*은 특히 급속히 저하시킬 수 있어야 한다. 왜냐하면 다른 계통의 개체들은 자신의 유전자들을 짧은 세대 동안 유성생식 방식으로 재조합하기 때문에, 진화적 변화에 필요한 가변성을 만드는 것은 대단한 잠재력이다. 따라서 *P. falciparum*의 분리 병원체들은 지리적으로 제한되었을 때조차 엄청난 수준의 유전적 변이가 있음을 나타낸다.

1만 년은 *P. falciparum*과 같은 원생동물성 기생체들이 진화하기에 충분한 시간이다. 더욱이 다른 인간 말라리아들은 시간적으로 좀 더 여유가 있었을 것이며, 인간에서의 진화에는 아마도 시간이 더 적게 걸렸을 것이다. 1991년 워터스(Waters) 등이 제시한 진화계통수는 *P. falciparum*이 조류 플라스모디움 류와 밀접하게 연관되듯이 다른 인간 플라스모디움 류도 원숭이 플라스모디움 종들과 긴밀하게 연관되어 있음을 보여준다. 그러나 이들 각각 다른 인간 플라스모디움 종들은 다른 원숭이 플라스모디움 종들과는 달리 워터스 등이 연구한 원숭이 플라스모디움 종들과 덜 밀접하게 연관되었다. 만약 계통수에 이들 원숭이 플라스모디움들과 *P. falciparum*과 비슷하면서 침팬지에서 분리한 종인 *P. reichnowi*를 포함시켰다면, 인체 내에서 진화하는 상대적 기간에 대한 해석은 상당히 달라졌을 것이다.

계절성과 매개체 매개 병독성

만약 불충분한 시간 가설이 근거가 없다면, *P. falciparum*은 왜 다른 인간 플라스모디움들보다 더 심한 질병을 일으킬까? 나는 독성 적소(賊巢, niche) 가설이 불충분한 시간 가설에 비해 너무 지나치게 엄격하다고 설명한다. 예비 감염자들이 많고 모기 개체수가 일 년 내내 충분할 때

*P. falciparum*의 높은 번식률은 가장 유리할 것이다. 수학적 모델들은 *P. falciparum*이 비록 숙주를 높은 비율로 사망시키지만 다른 인간 플라스모디움 종들보다는 훨씬 더 빨리 예비 감염자 집단 안에서 퍼질 수 있음을 보여준다. 더욱이 빈번하고 연속적인 전파는 유전적으로 서로 다른 기생체들의 동시 감염을 촉진하며, 이러한 동시 감염은 병독성을 상승시킬 것이다. 높은 빈도로 빨리 번식하는 변이체는 경쟁에서 유리하게 될 것이다. 이들은 선제적으로 숙주 체내의 자원을 사용할 뿐만 아니라 이들에 의해 유도되는 어떤 면역이든 번식이 느린 후발 경쟁자들을 억제할 것이다. 이런 까닭에 *P. falciparum*의 중심 영역[12]에서는 동시 감염이 아주 흔하다.

그러나 만약 모기들이 장기간 존재하지 않으면, *P. falciparum*의 전략은 인체 내에서 훨씬 더 오래 생존할 수 있는 세 종류의 훨씬 순한 플라스모디움보다 덜 성공적일 것이다. 이들 중 삼일열 말라리아*P. ovale*와 난형열 말라리아*P. vivax*는 감염자 체내에 장기간 잠복할 수 있는데, 수년 후 되살아나 매개체인 모기를 충분히 감염시킬 수 있다. 세 번째인 *P. malariae*는 수십년 간 감염성을 나타낼 수도 있다. *P. vivax* 류 그리고 아마도 *P. ovale* 류 중 원숭이에 감염되는 일부 플라스모디움들 중 잠복기를 거친 후 새롭게 감염시키는 이런 능력은 숙주에 대한 공격과 공격 사이의 휴면 상태에 있는 수면소체(睡眠小體, hypnozoite, sleeping animalcule)라 불리는 특수한 형태의 기생체 덕분이다. 일부 *P. vivax* 유형들도 잠복기를 갖는다. 사람들은 여름에 감염되지만, 다음 해 봄에야 말라리아로 쓰러지게 된다. 세 종류의 순한 플라스모디움 종들의 연장

---

12) 감염 빈도가 가장 높은 지역.

된 전염성은 잠시 모기 또는 예비 감염자들이 없을 때 유리했을 것이다. 그런 조건에서 *P. falciparum*은 이들 순한 종들보다 훨씬 빨리 사멸할 것이다.

이 주장은 *P. falciparum*이 다른 세 종이 차지한 것과는 다른 생태학적 위치를 차지하기 위해 진화해왔음을 시사한다. 그리고 지리적 분포는 이런 견해를 지지한다. *P. falciparum*은 모기들과 예비 감염자들이 비교적 연중 장기간 존재하는 지역에서만 볼 수 있다. 예를 들어, 역사적으로 보면 위도가 올라갈수록 플라스모디움 감염률이 점점 감소한다. 이 아이디어를 더욱 지지하는 것은 *P. vivax* 류에 의한 말라리아가 재발하는 기간의 변이에서 도출되었다. 감염이 비교적 지속적으로 이루어지는 지역들로부터 격리된 곳에서는 잠복기가 늘어나고 재발이 줄어드는 것으로 나타났다. 예를 들어 뉴기니에서 기원된 *P. vivax*의 변종 가운데 하나는 휴지기와 재발의 순서를 보이지 않는다. 베네수엘라와 니카라과, 엘살바도르의 변종들은 간혹 잠복기가 수개월 이내로 짧고 재발하지만, 온대지방의 변종들은 최초의 발병과 재발 사이에 긴 잠복기 내지 휴지기를 나타낸다. 북한의 변종은 오랜 잠복기 때문에 *P. vivax hibernans*라 명명되었다. 이것은 명백히 수면소체 생성의 상대적 능력이라는 변종들 간의 차이에 기인한다.

비슷한 주장으로 거머리에 의해 영원[13] 사이에 전염되는 트리파노소마[14]가 지닌 중간 수준의 병독성을 설명할 수 있을 것이다. 거머리가 나

---

13) newt. 양서강 유미목 영원과의 양서류. Newt라는 이름은 eft에서 유래했는데 이는 '작은 도마뱀 같은 동물'이라는 뜻임.

14) Trypanozoma. 많은 기생성 편모충 원생동물로 구성된 속. 인간과 가축들의 중요한 기생성 병원균을 포함함.

타내는 매우 엄격한 계절적 흡혈 행동은 영원 체내에서 거의 연중 내내 생존하도록 충분히 제한적으로만 번식하는 트리파노소마를 선호하게 만든다. 이 주장은 또한 도마뱀 말라리아를 일으키는 *P. mexicana*나 때때로 오리를 죽이기도 하는 플라스모디움-양(樣) 류코시토조아[15]와 같이 계절적으로 제한되는 다른 많은 매개체 전파 기생체들의 중간 수준의 병독성을 설명하는 데도 도움이 될 것이다. 사실, 오리 체내에서 잠복기의 활동성 류코시토조아 밀도는 대체로 낮고 감염은 그다지 심하지 않다. 그러나 자연 상태에서 나타나는 간헐적인 전파 잠재력이 가축화 등에 의해 훨씬 지속적으로 전파되도록 바뀌면 류코시토조아 감염의 심한 정도는 진화적인 변화 과정을 겪을 것이다. 그럴 경우 새로운 오리들이 계속 들어오는 오리 농장에서는 100% 가까운 높은 치사율을 나타낸다.

점액종증[16] : 시간과 병독성

양성으로의 절대적인 진화를 옹호하는 사람들은 자주 프랭크 페너(Frank Fenner)의 점액종증 연구에 대해 언급한다. 점액종증 바이러스는 남아메리카 토끼(Sylvilagus) 사이에서 모기에 의해 자연적으로 전파된다. 19세기 후반 호주의 목장 지대에서는 토지를 황폐하게 만드는 토끼에게 천적이 없어서 그 개체수가 급격하게 증가하였다. 그래서 이들을 제어하고자 20세기 중반 호주에서는 남아메리카 토끼를 들여왔다. 이 토끼들에 의해 점액종증 바이러스가 처음으로 호주에 들어오자 감염된 거의 모든 '토종' 토끼가 죽었다. 이후 몇 해가 지나자 토끼들 중 일부는 저항성

---

15) Plasmodium-like leucocytozoon.

16) 粘液腫症. Myxomatosis. 토끼의 바이러스 감염증.

이 증가하고 바이러스의 병독성이 감소하면서 마침내 치사율이 크게 낮아졌다.

비록 과학자들이 진화가 양성 방향으로 일어난다는 모델로 이 점액종증 사례를 자주 인용하지만, 아마도 토끼들은 다른 이야기를 하고 싶을 것이다. 바이러스 병독성의 진화적인 감소와 토끼들의 저항성이 증가했음에도 토끼들 사이에서 나타난 치사율은 병독성이 가장 강한 매개체 전파 인간 질병들의 치사율과 견줄 만했다. 이것은 예를 들어 *P. falciparum*이나 황열병[17]과 연관된 치사율보다도 높았다. 더 중요한 것은 초기 10년 간 연구에서 기록된 병독성의 감소 추세가 지속되지 않았다는 것이다. 사실 바이러스 본래의 병독성은 이후 수십 년 동안 증가하였다. 이러한 역전은 바이러스의 병독성과 토끼의 저항성 사이의 군비경쟁과도 같은 문제를 판단하는 현재의 이론에 잘 부합한다.

질병들이 궁극적으로 무해한 방향으로 진화한다는 주장을 뒷받침하기 위해 이러한 토끼의 치사율 감소를 인용하는 사람들은 자주 남아메리카 토끼에게 점액종증이 무해하다는 사실을 강조한다. 그러나 이 결론은 불완전한 증거에 기반을 두고 있다. 한 예로, 자연 상태의 집단에서 얻은 결과들은 심각하게 왜곡될 수 있다. 야생토끼는 심한 질병에도 오래 앓는 것 같지 않다. 병든 토끼는 며칠 만에 질병으로 죽거나 회복되거나 아니면 포식자에게 잡아먹힌다. 더욱이 토끼 집단 내에서 일단 질병이 퍼지게 되면 아주 어린 토끼들이 감염되는데, 이는 어린 토끼들이 면역학적으로

---

17) yellow fever. 이 병에 걸린 환자의 일부에서 황달로 피부가 누렇게 변하는 증상이 나타나기 때문에 황열이라고 부르게 됨.아프리카와 남아메리카 지역에서 유행하는 바이러스성 출혈열. 아르보 바이러스(arbovirus)가 모기에 의해 전파되므로, 모기의 서식지가 주요 황열 발병 지역과 일치함.

병에 훨씬 잘 걸리기 때문이다. 그러므로 중간 정도로 심한 병원체에 의해 병든 야생토끼를 볼 기회는 토끼 집단이 개체수가 아주 많고 병원체가 단지 최근에야 비로소 그 집단에 전해지지 않고서는 극히 적을 것이다(즉, 최근에 감염된 토끼에 대한 이전에 감염된 토끼의 비율이 매우 큰 경우).

팔시파룸 말라리아가 이에 대한 설명을 뒷받침한다. 풍토병성 팔시파룸 말라리아가 퍼진 지역을 여행하다 보면 지역 주민들은 혈액에서 원충이 검출될 때에도 실질적인 면역성을 지닌 것처럼, 혹은 약간의 가벼운 증상들만을 보일 뿐이다. 양성으로의 절대적 진화를 선호하는 연구자들은 이런 발견들이 궁극적으로 숙주와 기생체가 무해한 균형 상태에 도달한다는 공동 진화(coevolution) 아이디어를 지지한다고 주장해왔다. 하지만 각 연령대별로 일어나는 감염을 자세히 관찰하면 다른 결론에 도달한다. 말라리아에 대한 가장 광범위한 현장 연구 가운데 하나인 가르키 프로젝트(Garki project)에서 나온 결과들은 사실상 나이지리아에서 태어난 아기들은 모두 첫돌 이전에 팔시파룸 말라리아에 감염되고 그중 많은 수가 사망한다는 것을 보여주었다. 그러므로 해당 지역에 들어가서 출생 후 한참 지난 현지인들과 말라리아의 관계에 대한 짧고 피상적인 연구를 수행한 전염병학자들은 그런 상반된 논리를 놓쳤다. 큰 전투를 치루고 수개월이 지나 전쟁으로 피폐한 나라에 들어간 사진작가는 부상, 상흔 그리고 부서진 건물들을 찍을 수 있지만 막상 전투로 사망한 사람들은 별로 찍을 수 없을 것이다. 그러한 사진들을 보고 전투가 치명적이지 않았다고 결론내리는 것은 분명 오류이다.

매개체 내에서의 감염들

병원체들이 매개체에서 양성으로 진화한다는 개념도 위와 유사하게 어림짐작을 기반으로 지속되어왔다. 예를 들어 1972년 버넷과 화이트는 "록키산열[18]을 일으키는 리케차가 진드기 체내에서 일생 동안 지속되는 양성 감염을 일으킨다."고 주장했다. 한편 이 책이 출판될 무렵에 버그돌퍼와 브린턴(Burgdorfer and Brinton)은 올바른 해답에 도달하기 위해 잘 통제된 실험들을 하고 있었다. 그들은 이 병원체가 진드기의 알 낳는 능력을 감소시키고 때로는 진드기를 죽인다는 것을 발견했다.

진화학적 원리들은 병원체들이 자신들의 매개체에서는 비교적 무해해야만 한다고 제안한다. 예를 들어 모기 체내의 플라스모디움 원충이 너무 왕성하게 번식하면 모기가 병에 걸리기 때문에 큰 비용을 지불해야 한다. 광란 상태에 있는 모기는 적당한 숙주를 잘 찾지 못하고 찾는다 하더라도 숙주의 손사래를 잘 피하지 못할 것이다. 매개체 내에서의 왕성한 번식이 주는 이익 역시 상대적으로 적을 것이다. 매개체(모기)는 척추동물 숙주들보다 훨씬 작기 때문에, 기생체가 매개체 조직을 최대로 이용한다고 해도 척추동물의 조직을 광범위하게 이용하는 것보다는 자손이 훨씬 적게 증가할 것이다. 또한 모기 한 마리가 사람을 무는 횟수는 통상 한 사람을 무는 모기들의 전체 수보다는 훨씬 적기 때문에 한 마리의 모기에서 다른 사람들로 전파되는 잠재력은 한 사람으로부터 다른 모기들로 퍼지는 것보다 훨씬 작을 것이다. 이러한 고려들은 매개체 전파 기생체들이 그들의 척추동물 숙주들을 개체 수를 늘리는 데 필요한 자원의 창

18) Rocky Mountain spotted fever. 발진티푸스와 비슷한 급성 발진성 전염병. 록키산 홍반열(紅斑熱)이라고도 하며, 미국 서부 로키산맥 지대에서 처음으로 보고되었고, 캐나다·미국·멕시코·파나마·콜롬비아·브라질 등에 분포. 병원체는 리케차 리케치(*Rickettsia rickettsii*)이며, 진드기에 의해 매개됨. 2~10일 간의 잠복기를 거친 후 오한으로 시작하여 고열이 나고, 3~5일 후에는 점 모양의 발진이 나타나며, 6~10일이 되면 출혈성이 됨. 황달·점막 출혈을 일으키고 구토를 수반하기도 하며, 사망률은 20% 이상임.

고이자 전파의 중개 역할로 특화시킬 것임을 암시한다. 그 결과는 척추동물들에게는 심한 질병 그리고 매개체에게는 무해한 감염일 것이다.

이 장의 전반부는 척추동물 숙주들에서 예상할 수 있는 심각성을 확인하였지만, 두 번째 주제를 다루지는 않았다. 매개체에서의 감염은 비교적 무해한가? 그렇다. 예를 들어 모기가 척추동물로 전파하는 바이러스들은 모기의 알 낳기나 발생은 억제하겠지만 자신들의 숙주인 모기를 죽이는 일은 거의 없다. 반면, 모기에 감염은 되지만 척추동물로 전파되지 않는 바이러스들은 보통 모기가 성체가 되기 전에 죽인다.

매개체 내에서 기생체들의 병독성이 약한 것에 대한 다른 설명도 있다. 이들 기생체는 대부분 모체에서 갓 태어난 자손에게 전달될 수 있는데, 이러한 수직 전파는 양성으로의 진화를 선호하는 것 같다. 숙주 번식을 감소시키는 병원체는 숙주의 자손으로 전파될 잠재력이 감소된다. 병독성을 얻기 위한 이런 추가 비용 때문에 수직 전파에 대한 잠재력이 증가하는 양성을 크게 선호할 것이다.

이런 이론적인 수직 전파의 병독성-감소 효과는 세균을 감염시키는 바이러스들을 사용한 일련의 실험들로 증명되었다. 수평전파[19]의 잠재력이 감소하면서 바이러스들은 훨씬 무해하게 되었다. 수평전파 가능성들이 동시에 제거되자 바이러스들은 수평전파와 파멸적인 숙주 감염에 필요한 유전자들을 빠르게 상실했다. 이에 따라 감염된 세균의 번식률이 증가한다. 수주일 이내에 이 세균들은 감염되지 않은 세균과 비슷한 비

---

19) 水平傳播, horizontal transmission, 불특정 다수의 사람에게 전파되는 일반적인 감염을 말하며 수직 전파와 대비되는 용어. 어머니에게 자식에게로 세로 전파하는 수직 전파에 반하여, 같은 세대 간에 가로로 퍼지는 것을 말함. 특히 전염성 바이러스 질환은 인구밀도가 높은 도시에서는 직·간접 전파에 의해서 수평전파되어 빠른 속도로 쉽게 전염됨.

율로 증가하기 시작한다. 비슷한 실험에서, 플라스미드와 숙주 세균의 관계가 진화학적 예측처럼 상호 연관되는 경로로 진화했다.

수직 전파의 중요성은 무화과장수말벌(fig wasp)에 기생하는 선충류에서 얻은 증거를 통해서도 확인되었다. 이 선충류들은 장수말벌들에게는 심각한 해를 끼치지만, 대체로 수직 전파되는 이들은 장수말벌 숙주의 건강에 경미한 영향만을 준다. 이 결과는 선충류와 무화과장수말벌 사이가 매우 오랫동안 연관되어 왔고, 이는 선충류가 곤충 숙주에 신속하게 적응하는 데 매우 큰 잠재력을 갖고 있음을 보여주는 것이기 때문에 주목할 필요가 있다.

이런 연구들은 매개체 내에서 양성으로 진화하는 데 미치는 수직 전파와 매개체 전파의 영향을 모두 설명할 필요가 있음을 강조한다. 수직감염과 양성 간의 관련은 모기-척추동물 감염 주기에 포함되지 않는 모기 기생체들로 제한한 분석에 의해 매개체 전파와는 독립적으로 평가할 수 있다. 원생동물성 기생체들은 풍부한 자료들을 제공한다. 훨씬 자주 수직 전파되는 원생동물성 기생체들은 드물게 암컷 모기를 죽음에 이르게 한다. 반면, 감염된 암컷 모기에서 거의 혹은 전혀 수직 전파가 되지 않는 기생체는 항상 상당히 높은 빈도로 암컷 모기의 죽음을 야기한다.

확실히, 매개체 전파 기생체의 수직 전파를 고려해야만 한다. 실제로 모기를 매개체로 삼는 바이러스들 가운데 수직 전파가 가장 잘 되는 것이 가장 양성이다. 그러나 이 매개체(모기) 내에 있는 바이러스들은 매개체 없이 수직 전파되는 바이러스들이나 위에서 언급한 매개체가 없는 원생동물들보다 모기에게 훨씬 덜 치명적이다.

모기 세포와 조직의 손상에 대한 연구들에서도 비슷한 차이가 나타났다. 일반적으로 모기 세포들은 세포 손상이 거의 없는 채로 매우 낮은 비율로 바이러스들을 퍼뜨린다. 그리고 그 손상은 흔히 수직 전파되는 매개체 전파 바이러스 중에서 가장 적은 편이다. 반면 매개체가 없는 바이러스들은 대체로 증식이 왕성하며 그 과정에서 모기 세포들과 조직들을 파괴한다.

그러므로 모기-매개 바이러스들에 대한 문헌들은, 수직 전파와는 별개로 매개체 전파와 매개체 내에서의 무독성이 서로 연관됨을 시사한다. 사실 바이러스는 지나치게 자주 증식이 제한되기 때문에, 많은 모기-매개 바이러스는 모기 침샘 안에 인간을 감염시킬 만큼 충분한 바이러스를 갖지 못할 수도 있다. 심지어 바이러스들은 모기 소화관에서 침샘으로 이동하기 힘들 정도로 증식시키지 못하기도 한다. 그러면 매개체에서의 양성(무독성) 선택은 바이러스가 척추동물 안에서 경험하는 것과는 상반된 문제에 봉착하게 만든다. 기생체 특성들과 숙주 저항 사이에서 나타나는 변이는 일부 기생체 계통들이 자신들의 척추동물 숙주와 함께 사멸하도록 하는데, 이는 활발한 증식을 위한 선택이 때때로 숙주를 죽음에 이르게 하기 때문이다. 이와 비슷한 시스템 안에서 이루어지는 '과도함'이 다른 기생체 계통들을 매개체 안에서 죽게 만드는데, 이들은 자손이나 전파에 필요한 질병-유발 물질을 너무 적게 만들기 때문이다. 이들은 너무나 양성이어서 무해하다.

매개체 전파 기생체들이 매개체 안에서 상대적으로 양성이라는 것이 숙주-기생체가 편리공생이나 상리공생 쪽으로 진화할 것이라는 의미는 아니다. 척추동물 숙주 안에서 일어나는 동일한 종류의 거래들이 매개체-기생체 관계가 진화하는 방향으로 병독성의 수준을 결정할 것이다. 숙주에서 발생하는 비용과 이익은 하루하루 심지어 매 순간 바뀔 것이다. 만약 기생체가 진화를 통해 비용과 이익을 맞바꾸는 데 필요한 유연한 전략들을 만들어낸다면, 우리는 특정 시점에 보통 정도의 병독성 혹은 양성인 상호 관계의 징후를 볼 수 있을 것이다.

실례로 모기에 의한 전파와 연관된 사건들을 순차적으로 고려해보자. 모기가 감염자를 물게 되면, 몸 안에 있는 기생체와 모기는 좁은 범위 안에서 같은 목표를 갖게 된다. 만약 모기가 식사(피)를 많이 하고 달아나면 둘 다에게 이익이다. 모기가 목표를 달성하는 데 기생체가 도움을 준다면 기생체 자신에게도 이익이다. 기생체는 아마도 딱 그렇게 할 것이다. 척추동물의 질병이 그러한 예인데, 특히 말라리아는 많은 기생체가 모기에서 생존할 수 있는 단계까지는 결코 변형될 수 없기 때문에 그러하다. 기생체에 기인한 많은 질병은 모기들이 자주 물게 함으로써 기생체 유전자에 이익이 된다. 조금 불확실하지만, 감염에 의한 혈액의 점도 변화도 그러할 것이다. 그러면 모기는 묽어진 피를 잔뜩 마시고 감염자에게서 더 빨리 떠날 수 있으므로 식사를 충분히 하기 전에 죽임을 당하거나 방해받을 가능성이 줄어들 것이다. 그러고 모기는 식사한 피를 소화시킬 것이다. 기생체는 증식하고 침샘이나 다른 조직으로 이동하여 '비행기에서 내리기-다음 숙주로 이동'을 대기한다. 모기가 만만한 사람에게 날아갈 때, 모기와 그 승객인 기생체의 이익은 부합한다. 그러나 착륙 직후, 이해관계가 상충한다.

식사는 모기와 기생체에게 모두 위험하다. 만약 모기가 머뭇거리거나, 식사 시간이 너무 길거나, 또는 엉뚱한 동물에 착륙하면 갑자기 2차원적이 될 것이다.[20] 모기 안에 남겨진 모든 기생체에게도 납작한 세상이 된다. 여기저기 찾아다니는 모기는 짧은 시간 안에 많은 피를 빨아들임으

20) 눌려서 납작해져 죽는다는 의미.

로써 이익을 얻는다. 한곳에 너무 오래 머무르면 갑작스레 죽을 기회가 늘어난다. 식사가 너무 적으면 알을 낳을 잠재력이 감소하고, 또다시 위험하게 다른 사람을 찾아나서야만 할 것이다.

그러나 모기 안의 기생체들은 다른 대차대조표를 갖고 있을 것이다. 감염된 모기가 숙주에 너무 오래 머무르면 기생체에게는 침투할 시간적 여유가 생겨 그 대가가 값지겠지만, 모기는 결코 그렇지 않다. 피하에 박은 모기 주둥이로 이동하지 못한 기생체들은 남아서 모기와 함께 죽게 되겠지만, 이런 재수 없는 기생체들조차도 자신들의 친족이 사람 몸 안으로 들어갔다면 일부 성공했다고 볼 수 있다. 좀 더 일반적으로 생각하면, 기생체는 되도록 많은 새로운 숙주에게 감염됨으로써 이익을 얻는다. 모기의 식사를 방해하면 기생체의 이익은 두 배가 될 것이다. 이는 식사거리를 찾는 비행시간이 늘어날 것이고 사람과 접촉하여 감염시킬 기회가 많아질 것이다. 또한 식사에서 얻는 혈액 양을 줄이면 모기는 죽기 전에 추가로 흡혈하기 위한 방문에 나설 것이다.

이와 같은 부조화가 원생동물성 기생체와 매개체에서 일어난다. 예를 들어 모기는 피를 잔뜩 빨기 위해 규칙적으로 여러 번 물며, 분명히 한 사람 이상에게 말라리아 기생체를 옮긴다. 이런 여러 번의 전파는 명백히 원생동물에 의한 모기 침샘의 병리적인 구조 변화, 즉 동작 빠른 희생자로부터 안전하게 빨아들일 수 있는 피의 양이 줄어든 데 따른 것이다. 수면병을 일으키는 원생동물 역시 매개체인 체체파리[21]와 긴장 관계

21) tsetse fly. '체체'는 보츠와나 원주민의 말에서 유래된 것으로 '소를 죽이는 파리'라는 뜻임. 사하라사막 이남의 아프리카에 분포하며 23종이 알려져 있음. 동작이 민첩하며 암수가 모두 인축(人畜)의 피를 빨고 원충성 질환인 수면병(sleeping disease) 등 트리파노소마증(tripanosomiasis)을 매개. 난태생으로, 알은 암컷의 자궁에서 부화하여 유충이 됨.

를 형성한다. 감염된 체체파리들은 침샘이 손상되었기 때문에 숙주를 찾아다니는 데 훨씬 더 많은 시간이 걸린다. 기생체 입장에서 보면, 인간의 행동은 전파를 조절하는 일부분이다. 환자들은 모기를 잘 쫓지 못하므로 모기가 많은 기생체를 전파하게 하며, 비감염자는 모기를 쫓아냄으로써 모기가 전염시키는 사람의 수가 감소한다.

위의 논쟁은 매개체 전파 기생체는 매개체와는 비교적 무해한, 그리고 척추동물 숙주와는 유해한 기생관계에 이르게 됨을 제시한다. 이런 병독성 패턴은 기생체가 매개체를 새로운 숙주로 이동하는 수단으로 사용하고 척추동물 숙주를 물면 창고처럼 사용하도록 만든다.

매개체 전파 질병들의 조절

유전적 조절

현재까지 나온 매개체 전파 질병들을 공략하는 한 가지 방법은 유전적으로 매개체 전파 병원체에 저항성이 있는 모기 집단을 만드는 것이었다. 그 희망은 병원체들이 침에 도달하지 못하도록 변종 모기들을 만들어 퍼뜨리는 것이다. 그러나 이런 중재가 성공했다고 판명이 나더라도 그것은 오래가지 못할 것 같은데, 병원체들에서 일어날 선택 압력에 의해 중재가 수포로 돌아갈 것이다. 교묘하게 디자인된 저항성을 극복하는 병원체들의 잠재력은 매우 큰데, 변종이 아닌 남아 있는 모기들에 의해 전파된 병원체들이 거대한 진화학적 압력을 받는 병원체 풀을 지속적으로 제공하여 결국 유전자 조작된 변종 집단을 무너뜨릴 것이기 때문이다. 만약 유전적으로 조작된 모기 집단을 방출할 때 병원체 집단의 진화학적 잠재력을 낮춘 정상 모기 집단을 함께 대량으로 죽음에 이르도록 한다면, 이 진화적 돌파구는 늦어질 것이다. 유전적 변이성이 적은 병원체들은 교묘하게 조작된 방어 수단으로 박멸하는 데 시간이 더 오래 걸리며, 다른 모기 종들과 다른 척추동물 종들을 숙주로 사용하는 병원체들도 그러할 것이다.

이러한 생각은 최근의 시도, 즉 황열병 바이러스의 가장 주요한 도시형 매개체 모기 종(*Aedes aegypti*) 안에서 이 바이러스에 저항하도록 유전적으로 조작하는 시도가 조금 성공할 수도 있음을 시사한다. 황열병바이러스는 유별나게 높은 돌연변이율을 나타내지는 않는다. 이 바이러스는 인간이 아닌 다른 포유동물에서도 전염 주기를 가지며 *Aedes aegypti* 이외의 모기도 매개체로 사용한다. 그러나 이런 시도는 팔시파룸 말라리아와 같이 훨씬 더 파괴적인 적들을 조절하는 데는 사실상 아무런 희망도 제공하지 못한다. 이는 *P. falciparum*이 유성생식을 통해 유전적으로 조작된 방어들을 깨는 데 필요한 유전적 변이를 재빨리 만들어 낼 것이기 때문이다.

성공적으로 모기 집단의 주류가 되려면 저항성이 있어야 하지만, 저항성 있는 모기 집단이 커지자마자 저항을 극복하는 병원체들에 대한 선택 압력도 증가한다. 만약 저항성이 있는 모기들에게 유리한 경쟁적인 이익을 제공할 수 있는 기생체가 매개체에게 부정적 영향을 강하게 준다면, 이것을 방어하는 것이 훨씬 더 그럴듯하다. 그러나 위에서 언급한 것처럼, 매개체 전파 기생체들은 일반적으로 자신들의 모기 숙주들 내에서 양성으로 진화한다. 그러므로 저항성이 있는 모기들은 감염이 잘 되는 모기들보다 경쟁적 이익을 적게 취할 것이다. 자연적인 집단들은 이러한 관계에 대한 증거를 제공한다. 일부 모기들은 자연 상태에서 말라리아 원충들을 캡슐화함으로써 억제할 수 있다. 자연 집단에서는 아직까지 이런 저항성이 있는 모기들이 감염이 잘 되는 모기들을 대체하지는 못하고 있다.

화학적 조절

역사적으로 말라리아는 인간에게 심각한 병원체였으며, 양성 방향으로 진화한 흔적이 보이지 않았다. 말라리아는 전염 주기 동안 유성생식을 할 수 있기 때문에, 인체가 진화 경로에 설치한 장벽들을 극복하는 큰 진화 잠재력을 갖고 있다. 이 잠재력은 항말라리아 약제에 말라리아 원충이 내성을 보이는 것으로 잘 알 수 있다.

키니네[22] 사용은 17세기 중반까지 추적할 수 있는데, 잉카 사람들이 키나나무(quina quina) 껍질의 효용성을 발견한 때부터이다. 대영제국의 건설기와 1930~1940년대 전쟁 기간에 항말라리아 약제에 대한 수요가 급증했고, 다양한 종류의 키니네-유형 약제들이 합성되었다. 일본군이 자바섬의 키니네 산지를 점령하자 서방 국가들은 클로로퀸(chloroquine)과 같은 합성 약물을 개발하였다. 1960년대 클로로퀸에 저항하는 플라스모디움(Plasmodium)이 나타났으며, 오늘날에는 아프리카, 동남아시아, 남아메리카 등 광범위한 지역에서 클로로퀸에 내성을 보이는 매우 심각한 말라리아가 유행한다.

클로로퀸 내성 기전의 하나는 약물을 강력히 배출하는 생화학적 펌프의 상승을 포함한다. 약물에 민감한 말라리아가 만약 빌지 펌프(bilge pump; 배 안에 괸 오수를 밖으로 배출하는 펌프)가 충분한 속도로 물을 내버리지 못해 가라앉을 운명에 있는 배라면, 저항성 모기 변종은 훨씬 더 많

22) quinine. 기나나무 껍질에서 얻는 알칼로이드, 말라리아 치료의 특효약.

은 펌프를 갖고 있어서 물에 뜬 채로 남아 있는 배인 셈이다. 내성을 지닌 변종 모기들은 이 펌프의 유전적인 지령 정보(mRNA)를 많이 가짐으로써, 세포 내에서 약물을 치명적이지 않은 수준으로 유지할 수 있을 만큼 충분한 펌프(단백질)를 만들 수 있다. 이 약물 내성을 만들어내는 것이 분명 엄청난 진화학적 도전은 아니다. 포유동물의 암세포는 항암 약물들을 배출하는 비슷한 펌프들을 진화시켜 왔으며, *P. falciparum*은 두 종류의 펌프 지령 세트를 진화시켜왔다.

널리 사용되는 항말라리아 약물에 대한 *P. falciparum*의 내성이 증가하면서 훨씬 더 위험한—심지어 목숨을 위협할 만큼 부작용이 있는—약물들을 어쩔 수 없이 사용해왔다. 또한 내성이 증가하자 다른 부류의 항말라리아 약제를 찾는 탐색에 박차를 가해왔다. 이런 탐색을 통해 발견된 화합물 중 하나는 잉카인들이 키니네를 사용한 것보다도 한 세기 전부터 중국에서 사용된 말라리아 치료용 약초의 유효 성분[23]이다. 키니네처럼 그 유효 성분은 말라리아 치료제 개발에 희망을 건 합성 약품 후보군의 중심이 되어 왔는데, 유감스럽게도 그 역시 약제들에 노출된 말라리아 원충들이 내성을 가지기 전까지만 효과가 있었다. 이런 항말라리아 화합물 후보군이 나타내는 내성의 첫 번째 징후는 이미 상세히 보고되었다. 항말라리아 화합물들에 대한 전체 자료들과 결부되는 유사한 내성 징후들은 연구자들에게 앞으로 개발될 항말라리아 약제들의 (짧은) 성공과 동시에 이들 약제에 대한 새로운 저항이 계속되리라는 결론에 도달하게 하였다.

항말라리아 약제들의 제한성 때문에 연구자들은 오랫동안 일부 세균

---

23) 쑥, *Artemisia Princeps Pampam*.

과 바이러스들에 대해 매우 성공적으로 적용된 백신의 원리를 말라리아에 도입했다. 사실 쓸 만한 선택이 매우 제한적이기 때문에 정책 입안자들은 가장 희망적인 장기 해결책으로 백신에 초점을 맞춰왔다. 의심의 여지없이, 지속적인 시도를 통해 결국 일종의 말라리아 백신을 만들어 낼 것이다. 그러나 *P. falciparum*이 세포 표면 단백질들을 다양하게 만드는 잠재력을 갖고 있으며 과거 항말라리아 화합물들을 겪으면서 진화해 온 과정에서 성공을 거뒀다는 점에서 그런 백신은 장기적이기보다는 단기적인 해결책에 불과할 것임을 시사한다.

진화적 조절

비록 앞서 행한 진화에 대한 고찰들이 백신과 항말라리아 약제를 이용한 장기적인 질병 통제 전망을 어둡게 했지만, 이 장에서 강조하는 진화학적 원리들은 단기와 장기적인 조절을 동시에 달성하려는 접근에 희망을 제공한다. 매개체 전파 질병들이 그렇지 않은 질병들보다 병독성이 더 강해야 한다는 가설은 매개체들이 움직이지 못하는 고정된 숙주들로부터 병원체들을 전파시킬 수 있다는 생각에 근거를 둔다. 이 능력은 우리와 매개체 전파 병원체들의 진화적인 역사를 거슬러 거의 대부분 의심할 여지없는 사실이었다. 그러나 만약 우리가 병원체들이 움직이지 못하는 숙주들에서 더 이상 전파되지 못하게 개입한다면, 우리는 훨씬 무해한 변종들에게 유리하도록 경쟁적 균형을 이룰 수 있다. 집이나 병원에 모기가 없도록 만드는 것은 말라리아처럼 모기를 매개로 하는 병원체들에 대항하는 목표를 달성하는 가장 손쉬운 방법일 것이다.

예를 들어 최근 스리랑카에서 이루어진 연구는 진흙과 야자수로 만든 허술한 벽과 짚으로 지붕을 덮은 집에 사람이 견고한 벽돌과 회반죽 벽 그리고 타일로 된 지붕으로 이루어진 집에, 거주하는 사람보다 말라리아에 두 배 이상 감염되고 그 집 안에 모기가 두 배 더 많음을 보여주었다. 집 안으로 모기가 들어오지 못하도록 방충망을 치는 식으로 집을 더 잘 지으면 매개체 전파 질병들에 훨씬 덜 노출될 수 있다. 태국에서 문이 있고 바깥으로 향하는 쪽에 방충망이 있는 집에 사는 사람들은 모기의 침입을 차단하지 않은 집에 사는 사람들에 비해 불과 1/5만이 뎅기열에 걸렸다. 더욱 중요한 점은, 만약 이러한 개선 작업이 더 큰 규모로 이루어졌다면 감염 시 장기 요양이 필요할 만큼 악영향을 미치는 말라리아 변종들이 감염자들이 병으로 정상적인 생활을 못하는 동안 타인들에게 전파되지 않는 실질적인 효과를 달성할 수 있었을 것이다. 일부 유전되는 차이가 변종들이 병독성을 증가시키는 데 어느 정도 기여한다면, 매개체 전파 병원체 집단은 양성 방향으로 진화할 것이다. 유연관계가 먼 치명적인 병독성 변종들에 비해 비교적 독성이 약한 *P. falciparum* 변종들에 의해 유도된 방어 면역은, 이러한 *P. falciparum* 변종들이 면역학적 저항에 의해 병독성 감소 방향으로 진화하는 힘을 더욱 강화하리라는 것을 보여준다. 이 면역은 이전 생각보다 훨씬 길게 지속되는 것으로 보이기 때문이다. 따라서 인체 내에서 순환되는 병독성이 약한 *P. falciparum* 변종들은 병독성이 훨씬 강한 변종들에 대항하는 백신과도 같은 역할을 할 잠재력을 갖는다.

그러므로 광범위한 주거 개선을 통해 집주인뿐만 아니라 그 지역에서 전염되는 말라리아의 도달 범위에 사는 모두가 잠재적인 이익을 얻을 것이다. 가장 확실한 이익은 병독성이 약한 말라리아 변종들, 즉 *vivax*, *malariae* 그리고 *ovale*의 빈도보다 병독성이 강한 팔시파룸 변종 빈도가 훨씬 크게 감소한다는 것이다. 더 큰 이익으로, 병독성에 대한 생물지표들이 종들—특히 *P. falciparum* 변종들—에서 병독성이 강한 변종들의 감소를 보이게 될 것이다. 이 효과는 오랜 기간 모기가 창궐하는 지역에서 항말라리아 약제들을 쓸 경우 여기에 내성을 보이면서 동시에 훨씬 약독성인 변종들을 압도하는 *P. falciparum*이 나타내는 경향과는 극명한 대조를 이룬다. 예를 들어 1960년대 초 브라질의 미나스 제라이스 지역에서는 *P. falciparum*에 의한 말라리아 발생 빈도가 *P. vivax*에 의한 약한 말라리아의 불과 10분의 1이었다. 1960년대가 지나면서 그 비율은 역전되었다.

P. vivax 감염이 보이는 오랜 잠복 기간과 매개체들로의 계절적인 노출 간의 연관을 통해 다른 전파 기회들에 대한 플라스모디움의 반응을 설명한다. 방충망에 의한 중재는 훨씬 급속히 증식하는 플라스모디움에게 일시적이기보다는 지속적으로 불리한 조건을 부여함으로써 전염 기회에 새로운 방향을 제시하는 것 같다. 그 어떤 플라스모디움이라도 잠복기 초기든 이후든 급속하게 증식하면 자신의 숙주를 무능하게 만들어 고초를 겪게 할 것이다. 이때 방충망 사용과 같이 전파 기회를 획기적으로 줄이면, 진화가 강한 병독성을 포기하는 방향으로 일어날 것이다. 동시에 그러한 방충은 다른 매개체 종들이 집 안에 침투하지 못하게 하므로 뎅기열과 같은 다른 질병들의 병독성도 감소시킬 것이다.

이러한 장기간의 진화적 선택들을 고려할 필요성은 과거 인간과 기생체 간의 전쟁이 실패한 덕분에 명백해진다. '약독성 병원체와의 동거'라는 목표는 지난 세기 중반까지는 받아들일 수 없었다. 그 당시의 목표는 지역적이면서 궁극적으로는 전 세계적인 병원체 박멸이었다. 지난 30년 간 매개체 전파 기생체들이 우리를 가르친 덕분에, 현재의 목표는 훨씬 소박하다. 말라리아와의 전쟁을 예로 들면, 박멸에 대한 희망은 약물에 대한 내성이 증가함에도 말라리아 확산을 통제하는 희망으로 바뀌고 있다.

가장 눈부신 성공담 중 하나는 황열병이다. 20세기 중반 이전 황열병에 승리했다는 느낌은 현재의 노력으로 단지 최소한 황열병을 일부 지역으로 발병을 제한할 수 있겠다는 현실적인 목표로 바뀌어버렸다. 황열병이 유행하기 쉬운 지역들에서 최근 다시 유행하는 각다귀(*Aedes aegypti*)는 이런 낮춰진 목표까지도 장밋빛 시나리오로 만드는 것 같다. 1948년 이후 1988년에서 1990년 사이에 그 어느 때보다도 많은 황열병 발병 사례가 세계보건기구(WHO)에 보고되었는데, 현재 매년 약 20만 건이 발병한다. 살충제 내성이 이런 재유행을 가져온 원인이라고 할 수 있다. 구충 노력이 있었음에도 각다귀는 황열병과 뎅기열을 점점 더 효과적으로 전염시켜왔다. 그나마 황열병이 매개체로 전파되는 적수들(즉, 질병) 중 가장 조절하기 쉬운 상대이기 때문에, 발병률 증가는 정신이 번쩍 들게 한다. *P. falciparum*은 수십 년 간의 노력에도 백신이나 항말라리아 약제들로도 수그러들 기미를 보이지 않는다.

현재로서는 모기에 물리지 않도록 하는 것이 전염을 감소시키는 다면적인 접근 가운데 가장 효과적인 방법으로 받아들여지고 있다. 이러한 움직임 속에서 할 수 있는 선택들 가운데 모기의 접근을 차단한 주거지는 병독성을 가장 강력하게 진화적으로 억제한다. 모기장은 말라리아에 의한 질병과 사망을 감소시키는데, 만약 환자들 개개인이 모두 이를 통합하여 사용한다면 병독성을 진화적으로 비슷하게 억제할 수 있을 것이다. 그러나 모기장과 방충제를 사용하고자 하는 의욕은 감염을 피하려는 비감염자들이 더 강하다. 감염자들은 비교적 이를 덜 사용했을 것인데, 만약 그들이 아프게 되면 모기장이나 방충제를 더욱 덜 꼼꼼하게 살필 것이다. 아픈 사람들은 모기가 접근하지 못하도록 한 자신들만의 주거지를 더 이상 지킬 필요가 없으며, 그렇게 할 동기부여가 되지 않는다.

의심할 여지없이, 매개체를 배제한 거주지의 진화적 효용성은 병원체, 매개체 그리고 지역 공동체의 세부적 특성들에 달려 있다. 어떤 경우 그 효용성은 다른 개입들이 있는가의 여부로 바뀔 것이다. 팔시파룸 말라리아를 치료하지 않았을 때, 심하게 앓는 동안 모기들에 잘 감염되는 생식모세포(gametocyte)라 불리는 기생체 형태들이 혈액에서 나타난다. 심하게 앓고 진정된 다음에 나타나는 생식모세포들은 모기에 잘 감염되지 않는데, 틀림없이 숙주의 활성화된 면역반응이 전파를 억제하기 때문일 것이다. 그러나 팔시파룸 말라리아가 치료되면, 생식모세포들은 병이 진정된 다음에 나타난다. 이러한 사실들은 모기의 접근을 차단한 주거지가 일반적으로 치료 효과가 없는 예를 들어 *P. falciparum*이 항말라리아 약제들에 내성이 있거나 약제 공급이 여의치 않은 지역에서 가장 효과적일 것임을 시사한다.

모기의 접근을 차단한 주거지를 만드는 것이 양성 방향으로의 강력한 진화적 변화를 일으킬 지는 병원체와 매개체 간 전체 상호 교배를 망라할 만큼 큰 거대 규모의 중재를 시도하기 전까지는 알 수 없을 것이다. 그런 시도를 하지 않았을 때 우리는 무엇을 잃게 될까? 우리는 사람들에게 좀 더 나은 생활수준을 제공하기 위해서는 어느 정도 돈을 써야 할 것이다. 사람들은 더 나은 집을 갖게 될 것이고, 집 안 벌레들은 훨씬 줄어들고, 그 결과 매개체 전파 질병이 훨씬 줄어들 것이다. 만약 시도를 한다면, 우리는 모기가 없는 주택 거주자들, 그 지역 방문자들, 매개체 전파 질병들로 경제적 그리고 건강상의 비용을 지불해야 할 모든 사람에게 추가로 보너스를 제공할 수 있을 것이다. 매개체 전파 병원체들은 점점 약해져서 사람들을 덜 괴롭힐 것이고, 치료와 단기간 방역 조치에 들어가는 재정 비용도 줄어들 것이다. 모기들은 DDT에, 그리고 *P. falciparum*은 클로로퀸에 저항하는 진화를 할 수 있다. 이들에게 모기가 없는 주거지를 극복하는 진화를 '시도'하게 해 보자. 그들이 실행할 수 있는 진화적 선택은 숙주를 덜 아프게 하는 것이며, 이는 우리가 목표하는 바이기도 하다.

좀 더 일반적으로 표현하면, 이러한 접근은 병원체들이 숙주를 위해함으로써 발생하는 건강/적합 비용을 우리가 인위적으로 올릴 수 있음을 제안한다. 이러한 비용이 너무 올라가면, 자연선택은 숙주를 아프게 만들어 고정시키지 않는 변이체들을 선호함으로써 비용이 발생하지 않도록 할 것이다. 이론적으로, 감염성 병원체들이 현재보다 영향을 덜 미치도록 직접 유도하는 데 동일한 접근 방법을 사용할 수 있다. 학교와 직장에서 정책적으로 학생과 피고용자가 조금만 아파도 집에서 공부하거나 일할 수 있도록 한다면, 그러한 병을 일으키는 병원체들은 혈액에서 제거되기 쉬울 것이다. 최종 결과로, (매개체 없이) 직접 전파된 감염들의 고유한 유해성도 진화적으로 감소될 것이다. 현재 우리 사회의 사회경제적 압력을 놓고 볼 때, 나는 이러한 이행을 촉진하기에 충분할 만큼 정부 정책이 지금 당장 바뀔 수 있을까 하는 의문이 든다. 그러나 앞으로는 훨씬 더 낙관적이다. 정보 기술이 발전함에 따라, 학생과 피고용자는 자신들의 일을 집에서 훨씬 더 많이 할 수 있게 되고, 그 작업 완성도를 고용자와 선생들에게 증명하게 될 것이다. 집에서 일을 함으로써 사회경제적 비용은 줄어들고 질병을 일으키는 병원체에 의해 초래되는 비용을 줄여 생산성을 향상시킬 것이다. 그리고 이들 직접 전염되는 병원체들이 현재보다 더욱더 약화될 것이다.

제3장

어떻게 질병은 매개체 없이 지독해지는가?

매개체 대신 포식자를 이용하기

매개체 매개 전파는 좀 더 폭넓은 현상에 속하는 특수한 예이다. '매개체'라는 단어를 '소비자'와 '판매자'로 바꿔 넣으면, 우리는 같은 원리를 '육식동물에 의한 전달'에 적용할 수 있다. 포식 행위를 통해 기생체들이 먹이에서 포식자로 전파될 때, 증가된 먹이 조직 사용(즉, 늘어난 포식 행위)은 쇠약하고 기동을 잘 못하는 먹이 몸 안에 있는 기생체들에게는 예외적으로 낮은 적정 비용을 부과한다.

기생체들이 죽은 고기를 먹는 동물에게 전해질 때 소비자 몸 안에서 일어나는 병독성에 대한 자연선택은 한층 더 극단적으로 되는데, 소비자의 죽음은 전파를 촉진시켜 기생체에게 이로울 수 있다. 양과 같은 유제류(有蹄類)[1] 동물에서 늑대로 전염되는 촌충(*Echinococcus granulosus*)을 생각해보자. 기생체는 양을 쇠약하게 만들고 때로는 치명적이기까지 해서 확실히 늑대가 훨씬 쉽게 양을 잡을 수 있게 만든다. 반면 기생체들은 일

1) Ungulata, 발끝에 굽이 있는 포유동물. 양, 소, 말 등.

반적으로 늑대 몸에서는 뚜렷한 증상을 일으키지 않으며, 그들의 대변을 통해 분산된다. 양들이 풀을 뜯는 동안 무심코 그 기생체를 먹으면 기생체 감염 주기는 완성된다. 늑대의 분변이 실수로 사람의 몸 안으로 들어올 때, 예를 들어 늑대를 사냥하면서 사체를 다루거나 늑대 분변이 묻은 손으로 입을 만지면, 기생체 감염 주기에 들어가게 된다.

그러므로 기생체들은 정상적이라면 양의 몸 안에 들어갔을 자신들의 나머지 감염 주기를 사람의 몸 안에서 진행하게 되고, 이 때문에 기생체들은 자신의 생활사에서 혹독한 시기를 맞게 된다. 그 결과 감염자는 광범위한 수포성 질병으로 쇠약해지는데, 흔히 감염자의 간에서 치명적인 낭종이 자란다.

진화적으로, 늑대-양 주기에서 늑대는 거대한 모기와 같다고 할 수 있다. 그것은 큰 몸집 때문에 기생하는 동안 양을 죽인다. 그러나 죽은 양에서는 기생할 수 없기 때문에, 늑대는 모기처럼 '물어뜯기' 방식으로는 기생체를 양에게 전달하지 못한다. 그 대신 늑대는 분변을 통해 기생체를 양이 결국 그들을 섭취하게 되는 환경으로 옮긴다. 먹이 숙주 안에서 일어나는 혹독한 질병과 포식자의 가벼운 질병 사이의 관련은 특별한 일이 아니다. 포식에 의해 먹이 숙주에서 포식자 숙주로 옮겨가야 하는 생활사를 갖는 거의 모든 기생체에서 일어나는 현상이다. 이를 이해하기 위해서는 몇몇 기생충학 교재(예를 들면 올슨, 1974)를 살펴보아야 한다.

매개체를 대신하는 생명의 단계를 이용하기

일부 기생체는 키메라[2]라고 할 수 있는데, 일부는 매개체이고 일부는

---

2) chimera. 그리스 신화에 있는 사자·염소·뱀이 합체한 상상의 동물. 하나의 생명체 속에 유

체내 기생체이다. 이 경우 체내의 기생체는 숙주에서 빠져나가 자신의 새로운 숙주에게 옮아가기 전까지 숙주를 심하게 손상시키거나, 거동 불능 그리고 사망에 이르게 할 수 있다. 이 설명은 영화 〈에일리언〉에 나오는 영상을 연상하게 하는데, 발생하고 있는 기생체가 생활사의 일부로서 존 허트의 복부에서 분출하는 장면이다. 이 장면이 거슬리기는 했지만, 동시에 내가 '진딧물'이 아닌 것을 다행이라고 생각했다. 우리는 대부분 이처럼 무리를 지어 사는 작은 초록 또는 갈색 기생동물을 잘 아는데, 이들은 식물에서 당분이 가득한 수액을 빨아 마시다가 우리가 우연히 가지를 움켜잡으면 끈적거리는 곤충죽처럼 터진다. 몇몇 사람들은 핀의 머리만 한 장수말벌(*Aphelinus jacundus*)에 대해서도 잘 알고 있다. 암컷 장수말벌은 적당한 진딧물은 찾아내서 그 안에 알을 낳고 떠나버린다. 수주일이 지나면 진딧물은 무기력하게 되고, 결국 움직임을 멈춘다. 그러고 나서 진딧물의 복부가 부풀어 오르고, 마침내 거의 진딧물만 한 장수말벌이 복부를 뚫고 나온다. 장수말벌은 숙주들 사이를 날아다니면서 모기가 말라리아 원충을 수송하는 것처럼 새로운 숙주에게 알을 운반한다. 부화한 장수말벌 유충은 죽었거나 죽어가는 진딧물을 떠나 자신을 '숙주 단계'로 변형시킬 수 있는 동안, 진딧물의 조직을 광범위하게 사용하는 데 드는 모든 비용을 진딧물에게 떠넘긴다.

장수말벌에 감염된 진딧물이 지불하는 가장 큰 대가는 분명 가장 극단적인 방어-자신의 죽음-에 이르는 것이다. 제1장에서 나는 통상 죽음이 기생에 대한 방어라고 하기에는 지나치게 극단적인 추정이라고 언급했다. 장수말벌이 기생하는 적어도 한 마리의 진딧물에게는 그렇지 않다.

전자형이 다른 조직이 서로 접촉하여 존재하는 현상.

완두콩진딧물(pea aphid, *Acyrthosiphon pisum*) 체내에서는 *Aphidius ervi* 라 불리는 말벌에 의한 치명적인 기생이 일어난다. 완두콩진딧물은 무성 생식을 하기 때문에, 한 집단에 소속된 개체들은 유전적으로 동일한 일란성 쌍생아와 비슷하다. 완두콩진딧물 한 마리가 *A. ervi*에게 공격을 받으면 곧 자살한다. 말벌 유충이 충분히 자라 나오기 전에 완두콩진딧물은 식물에서 뜨겁고 건조한 지표면으로 뛰어 내림으로써 자신의 자매들을 감염될 운명에서 구한다. 지표면이 뜨겁지 않을 때는 말벌에 감염된 진딧물이 감염되지 않은 진딧물보다 더 많이 뛰어 내리는 것 같지 않다. 따라서 치명적으로 뜨거운 미세 환경으로 몸을 던지는 것은, 감염되지 않은 다른 예비 숙주들을 보호하는 이타적 자살 행위처럼 보인다(그것은 정말 우연히도 〈에일리언〉 시리즈 중 3편의 마지막 장면과 비슷하다!).

비록 숙주 체외에서 기생체의 운동성과 병독성 간의 상관관계를 계통학적으로 조사하지는 않았지만, 치명적인 곤충 기생체들은 거의 대부분 운동성이 뛰어난 단계를 거친다. 이처럼 고도로 적응된 기생체의 가혹함은, 공생주의 방향으로 진화한다는 이제까지의 믿음과는 모순된다. 종래의 관점을 옹호하는 사람들은 이 모순에 대처하기 위해 의미론적인 회피를 시도했다. 그들은 이런 치명적인 기생체들을 '진짜' 기생체[3]들과 구별하여 포식 기생체(*parasitoids*), 또는 기생 포식자(parasitic predators)라고 부른다. 그러나 이런 이동성 기생체들에 의해 일어나는 사망률은 100%부터 매개체 전파 기생체들이 일반적으로 나타내는 매우 낮은 사망률까지 상대적으로 연속적인 범위에 있다. 그들의 치명성을 '진짜' 기생체들의 치열함을 만들어내는 동일한 진화적 힘으로 설명할 수 있다는 것을

3) 공생을 통해 양성화 또는 해가 없어진 기생체를 의미.

염두에 둬야 한다. 그러면 포식 기생체를 왕성한 상리공생(相利共生)[4]에서 치명적 기생까지 펼쳐진 연속선상에서 한쪽 끝으로만 향한 진화하려는 특징을 지닌 기생체들로만 보는 것은 너무 인색하다.

사람들은 그런 유해한 손님으로부터 안전할까? 우리도 비슷한 전략을 사용하는 몇몇 기생체들에 감염된다. 말파리(botfly)들이 상처에 닿으면, 그들은 구더기로 성장할 알을 낳는다. 알들은 역겹긴 하지만 대개 목숨을 위협하지는 않는다. 인체 내에서 그들의 상대적인 약독성은 우리와 비교해 크기가 훨씬 작고, 때리거나 손사래로 쫓아버림으로써 산란 수를 제한할 수 있는 능력이 있기 때문이다. 그러나 새끼새처럼 훨씬 작고 약한 척추동물이 숙주라면, 이런 기생성 파리들은 *A. jacundus*가 진딧물 안에서 그러하듯 손상을 줄 수 있다. 만약 숙주에게 그들을 피할 효과적인 수단이 없다면, 큰 척추동물에서조차 기생체들은 상대적으로 가혹해진다. 예를 들어 사슴은 자신의 코에 알을 낳는 파리들 때문에 고통을 받는다. 사슴의 폐로 이동해 가면서 구더기가 들끓고, 먹어 치우며, 성장한다. 감염된 사슴의 조직에 손상이 오고 불구가 되거나 가끔은 죽음에 이르기까지 한다.

몸의 크기와 병독성에 대한 이 논의를 상리공생으로부터 기생을 거쳐 포식까지의 소비자 관계들의 전체 스펙트럼을 좀 더 확실하게 이해하기 위해서 확대할 수 있다. 소비자들이 그들 숙주의 크기와 가까워질 때, 숙주 내에서 살기 위한 그들의 선택—즉, 기생하는 것이다—은 제약을 받는다. 사자가 먹잇감인 얼룩말을 죽이지 않고도 경쟁적으로 생존하고 번식에 필요한 영양분을 모두 얻을 수 있다면, 그들은 이전보다 더 나은 생

4) mutualism, 종간 상호관계 형태의 일종으로 다른 생물종끼리 서로 이익을 주는 관계.

활을 할 것이다. 죽은 얼룩말은 사자가 먹을 수 있는 것보다 더 많은 음식을 제공할지도 모른다. 게다가 사자의 포식 활동은 가장 약한 얼룩말 개체를 지속적으로 제거함으로써 종종 미래의 습격을 더 어렵게 만든다. 즉, 약한 새끼들을 계속 잡아먹으면 나중에는 건강한 얼룩말만 남아 사냥이 더 어려워진다는 의미이다. 허기를 느낄 때마다 고작 두세 번 물어뜯기 위해 아주 약한 얼룩말에게 다가가기를 반복해야 한다면, 도대체 사자의 생은 언제쯤이나 느긋하고 여유로워지겠는가.

팔시파룸 말라리아로 인한 인간의 사망이 말라리아를 일으키는 원생동물에게 유용하지 않은 것처럼, 얼룩말의 죽음 그 자체도 사자에게는 별로 유용하지 않다. 죽음은 소비자의 생존과 번식을 촉진하는 포식 행위가 너무 심할 때 나타나는 부작용이다. 사자는 얼룩말 조직을 비교적 많이 포식함으로써 이익을 얻는데, 이는 사자가 얼룩말에 비해 크고 이동할 수 있기 때문이다. 사자는 고기를 더 얻기 위해 다른 얼룩말로 이동할 수도 있다.

일반적인 포식자와 기생체 사이에서, 소비자가 아주 작은 스케일로 살아가는 것이 어떤가를 묘사하려면 약간의 상상력이 필요하다. 예를 들어 우리는 진드기가 그 자체로서 인간의 생명을 직접 위협하지는 않음을 알고 있다. 최악의 경우 진드기가 전염병을 옮기거나 아니면 옴이라고 불리는 심하게 가려운 습진을 일으킬지는 모른다. 그런데 우리보다 훨씬 작은 동물에게는 상황이 더 심각할 수 있다. 꿀벌은 호흡하는 기관(氣管)으로 기어들어가 공기 흡입을 크게 감소시키는 진드기(*A. woodi*) 감염으로 죽는다. 폐 조직을 포식하기 위해서 코를 통해 폐로 들어가서 결국은 호흡 통로를 막아 당신을 죽음에 이르게 하는 수십 마리의 거미를 상상해보라. 모기는 우리를 귀찮게 하는 정도의 크기이지만, 생쥐의 피를 빠는 모기는 생쥐에게 흡혈박쥐 크기에 해당한다. 삼색제비(cliff swallows) 둥지 안에 있는 새끼들의 전체 사망 원인 가운데 절반은 벌레를 삼키는 것과 관계가 있다. 둥지 하나당 최대 2,500마리의 벌레가 서식할 것이다. 만약 2,500마리의 흡혈박쥐들가 사람을 공격하고 피를 빨아 죽인다면, 그 박쥐들을 기생체라고 불러야 할까 아니면 포식자라고 불러야 할까? 기생체가 숙주에 비해 점점 더 커지면 포식자와 더욱 비슷하게 되는데, 이는 포식자가 아닌 다른 존재로서의 선택이 좁아지기 때문이다.

소비자가 그들의 수요자와 비교해 작아질 때, 폭넓은 선택의 기회가 주어진다. 크기가 충분히 작다면, 개개의 기생체는 죽지 않고도 숙주를 포식할 수 있으며, 심지어 감지할 수 있는 그 어떤 위해도 일으키지 않을 것이다. 따라서 작은 기생체들은 사자에겐 불가능한 선택을 할 수 있다. 그들은 두세 번 아주 소량씩 '한 모금' 할 수 있다. 그러나 이 선택 가능성은, 그것이 자연선택이 선호하는 선택임을 의미하지 않는다. 또한 작은 소비자들은 숙주 내에서 혹은 바깥에서 번식할 수 있다. 그리고 집단의 개체 수가 기하급수적으로 증가할 수 있으므로, 작은 기생체들은 번식을 통해 마치 공짜 손님이라기보다는 훨씬 포식자처럼 숙주 자원을 다 소진할 수 있다. 숙주 몸 안에서 방대한 수로 증식한 후, 이 작은 소비자들은 한 모금씩이지만 전체적으로는 엄청난 횟수로 먹이를 취할 수 있다. 이 증식은 약간 다르다. 이런 맥락에서, 인체 안에서 *P. falciparum* 집단은 비교적 크다고 할 수 있다. 그들은 사람 적혈구의 거의 절반을 감염시킬 수 있다. 병독성으로 향한 진화적 접근은 기생체의 집단적 몸 크기—그리고 그들이 일으키는 위해—가 흔히 이미 확인할 수 있는 특징들에 의존함을 강조한다. 예를 들어 병들거나 죽은 숙주들로부터의 전파, 수직 전파 그리고 숙주 외부에서 기생체의 기동성이 총체적인 기생체의 크기를 결정한다.

치명적인 기생과 숙주의 조종

치명적인 기생은 숙주를 조종하기 위해 새로운 진화적 접근 수단을 이용할 수 있다. 숙주가 반드시 죽을 것이라면, 숙주가 스스로를 아프게는 하지만 기생체에게는 도움을 주도록 만드는 것, 즉 조종에 대한 장기적인 대가는 거의 없다. *Aphidius nigripes*라고 불리는 말벌이 감자수염진딧물*Macrosiphum euphorbiae*에 기생할 때가 딱 그렇다. 미성숙한 *A. nigripes*는 미성숙한 *Aphelinus jacundus*와 고치벌과의 수염진디벌(*Aphidius ervi*) 처럼, 진딧물이 빈 껍데기가 될 때까지 먹어 치우고 마침내 성체 말벌이 몸을 뚫고 나간다. 그러나 진딧물이 죽기 전에 말벌 유충은 종종 휴지기에 들어가는데, 이때 *A. nigripes*는 가장 큰 위기를 맞는다. 그 오랜 시간 동안에, 숙주인 진딧물이 포식자에게 잡아먹히거나 혹은 물리적 환경에 노출되어 죽게 될지도 모른다. 게다가 *Asaphes vulgaris*라는 또 다른 진디벌이 *A. nigripes*에 치명적으로 기생할 수 있다. 만약 진딧물 숙주가 조용히 안전한 곳에 앉아 있는다면, 휴지 중인 *A. nigripes*는 이전보다 훨씬 안전할 것이다. 이는 정확히 진딧물이 하는 행동이다. 휴지 중인 *A. nigripes*이 기생하면, 진딧물은 결국 자신들이 죽게 될 꼬부라진 잎속이나 다른 안전한 장소로 이동한다. 이렇게 보호된 장소에서는 *A. nigripes*가 *Asaphes vulgaris*의 희생양이 될 기회가 줄어든다. 말벌은 자신을 보호하기 위해서 진딧물 숙주의 바로 그 마지막 행동을 조종해왔다.

보호된 장소에서 *A. nigripes*의 생존 가능성 향상은 이 진딧물이 보이는 변화가 원래 일상적인 행동이 무계획적으로 파행화된 것이라고 하기보다는 오히려 잘 계산된 조종임을 시사한다. 다른 부분의 정보도 그러하다. *A. nigripes*가 휴지 상태에 있지 않을 때, 진딧물은 다른 행동 방식을 보인다. 진딧물은 노출된 위치로 기어 나온다. 그러므로 본질적으로 기생은 숙주가 보호된 장소로 향하도록 하지는 않는다.

피소비자 대 소비자 간의 전파와 관련된 치사성은 특이한 방식의 조종에 대한 진화학적 선택도 향상시켰다. 고전적인 예를 꼽자면, 양이 개미를 먹을 때 개미(매개체)에서 양(최종 숙주)으로 옮아가는 흡충충인 창형흡충[5]을 들 수 있다. 개미 안에서 일부 창형흡충은 뇌로 이동하여 신경망을 교란시켜 행동을 방해함으로써 이러한 전파를 촉진시킨다. 감염된 개미는 풀잎 위로 기어가 턱으로 풀을 물고는 '포식성' 양이 섭취하기를 기다린다. 양의 몸 안에 들어간 후, 창형흡충의 자손들은 양의 분변을 통해 방출되고, 이를 삼킨 개미가 새로운 주기를 시작하도록 한다.[6] 이와 유사한 변이 유형들은 포식에 의해 먹잇감에서 포식자로 전달되는 기생체들 사이에서는 아주 흔하다. 실험실에서 촌충의 일종인 *Echinococcus multilocularus*는 흔히 숙주인 들쥐에게 치명적이지만, 죽기 전에 들쥐를 뚱뚱하게 만든다. 자연 상태에서 느릿느릿한 쥐는 촌충의 생활사에서 또 다른 숙주인 여우에게 쉽고 풍족한 목표가 된다. 흡충류 *Leucochloridium paradoxum*은 자신들이 득실거리는 달팽이를 새들이 먹을 때 그들에게 전파된다. 이 기생체는 달팽이의 움직임을 느리게 할 뿐만 아니라 달팽이의 더듬이를 머리핀처럼 불룩하고 화려한 색깔의 애벌레처럼 바꾼다. *L. paradoxum*의 생활사를 완료하기 위해서 꼭 몸 안

---

5) 槍形吸蟲, *Dicrocoelium dendriticum*.

6) 다른 양에게로의 전염을 의미.

에 들어가야만 하는 새가 도저히 먹지 않을 수 없도록 만들어야 한다.

기생체에 의한 숙주의 행동 조종을 주제로 하는 심포지엄에서, 크롤(N. A. Croll)은 이 분야의 선도적 연구자의 한 사람 홈스(C. H. Holmes)에게 *L. paradoxum*을 잡아먹는 새와 같은 포식성 소비자들이 바보가 아니냐고 질문했다. "왜 그들은 기생체에 감염된 먹이를 피하기 위해 자신들의 행동을 변화시키는 능력을 진화시키지 않는가?" 이에 홈스는 "최종 숙주들은 바보가 아니다. 이 시스템은 먹이를 쉽게 잡는 것과 기생체를 몸에 들이는 거래를 포함한다."고 답했다. 그는 자신의 연구 시스템에서 기생이 포식자의 몸 안에서 조직을 적게 손상시킨다고 언급하였다. 지금까지는 순조롭다. 그러나 곧 그는 "그 시스템에 포함되는 집단의 에너지 균형을 강조해야만 하며, 간혹 개별 숙주들을 잃을 수도 있다."고 덧붙였다. 반면, 이 책에서 제안하는 이론 골격은 진화 과정과 일치하는 훨씬 포괄적인 답변을 제공한다. 이런 시스템은 포식자들을 매개체처럼 사용하기 때문에 대체로 안정적이다. 말라리아 원충들이 모기들이 필요한 것처럼, 기생체들은 새로운 먹잇감인 숙주들로 퍼지기 위해 포식자들이 필요하기 때문에 포식자에게는 경미한 피해만을 입힌다. 포식자 집단이 이익을 보는지, 혹은 고통을 받는지는 문제가 되지 않는다. 오히려 기생체에 감염된 먹잇감을 선택한 포식자가 그렇게 함으로써 이익을 보는지가 문제이다. 포식자들이 감염되는 것 때문에 지불해야 할 적응 비용(fitness cost)이 먹잇감을 쉽게 잡음으로써 얻는 이익보다 작아야 포식자들이 이익을 본다. 이 논란은 포식자가 바보인지 아닌지를 파악하는 데 필요한 테스트가 무엇인지를 말해준다. 이를테면 *Leucochloridium*이 기생하지 않는 달팽이들을 훨씬 쉽게 발견할 수 있다면, 또 이런 정상 달팽이들의 밀도가 아주 높아져서 새의 입장에서 감염될 경우보다 감염된 달팽이들을 포기할 때 생기는 건강상 손실이 더 적다면, 그리고 새가 충분히 영리하다면 감염되지 않은 달팽이를 선택하기 시작할 것이다.

매개체 대신 감염시키기 쉬운 대상의 이동성을 이용하기

앉아서 기다리기 방식의 전파와 병독성

매개체 매개 전파는 대다수 비매개체 전파 병원체들의 증상이 훨씬 가벼운 반면 왜 말라리아, 황열병, 발진티푸스, 그리고 수면병의 병원체들이 위중한지를 잘 설명한다. 그러나 매개체를 이용하지 않는 병원체들에서 발생하는 엄청난 변이는 여전히 설명이 필요한 채로 남아 있다. 쿠루[7]는 매개체를 이용하지 않는 가장 치명적인 질병이다.

쿠루병의 심각한 치사율은 생활사 특성으로 설명할 수 있다. 이 병에 걸려 죽은 사람들을 다른 사람들이 먹었을 때 전염되기 때문에, 죽음은 전염을 촉진한다. 이런 방식의 전염은 (고맙게도) 병원체들 사이에서는 매우 독특하다. 그러므로 쿠루병의 치명성에 관한 질문에 답하려면 다른 병원체들에 대한 다른 각도의 질문들에도 답을 할 수 있어야 한다. 예를 들어, 천연두와 결핵은 매개체를 이용하지 않는 다른 질병들에 비해 왜

---

7) Kuru. 1950년~1960년대 파푸아뉴기니의 동부 고원지대에 살던 포어족에게 나타난 병으로 원인은 포어족의 식인 풍습 때문에 생기는 것으로 알려짐. 쿠루라는 말은 포어족 언어로 '공포에 떨다'라는 뜻임. 포어족은 장례 문화로서 죽은 사람의 뇌를 포함한 조직을 먹는 풍습이 있는데, 특히 뇌 조직은 감염성이 높았으며 식인 풍습과 쿠루에 감염된 사람과의 상처 접촉 등으로도 전염되었음. 증상은 운동장애, 무력증, 두통, 관절 통증, 다리 경련, 온몸을 떨고, 얼굴 근육을 의지대로 움직일 수 없어 마치 웃음을 짓는 듯한 모습을 보이며 사망함. 프리온에 의해 생기는 것으로 크로이츠펠트-야콥병과 관련이 있다고 여겨짐.

훨씬 더 지독할까?

한 가지 가능한 대답은 '앉아서 기다리기(sit—and—wait)' 설이다. 병원체는 두 가지 방법으로 움직이지 못하는 숙주에서 감수성 있는 예비 숙주로 전해진다. 그들은 모기처럼 움직이는 무언가가 옮길 수 있다. 아니면 민감한 예비 숙주가 자신에게 오는 것을 앉아서 기다릴 수 있다. 앉아서 기다리기 전략의 성공 여부는 병원체가 외부 환경에서 생존할 수 있는가에 달려 있다. 매개체 매개 병원체와 마찬가지로 앉아서 기다리는 병원체들은 거동 불능한 숙주를 통해 대가를 조금 지불하고 숙주 몸 안에서 개체 수를 크게 증식하는 이익을 취할 수 있다. 그래서 앉아서 기다리는 기생체들은 특히 병독성이 클 것이다.

간혹 곤충에 감염되는 병원체가 나타내는 높은 병독성을 설명하는 '앉아서 기다리기' 가설을 나오고 나서, 나는 이 가설이 매개체를 이용하지 않는 인간 병원체들에서 볼 수 있는 치사성의 일부 변이를 설명할 수 있을지 궁금했다. 만약 그렇다면, 숙주 외부 환경에서 오래 생존할 수 있는 병원체들은 더 치명적이어야 할 것이다. 브루노 발터(Bruno Walter)와 나는 인간의 호흡기관에 있는 병원체들에서 이런 예측을 확인하는 실험을 이제 막 끝냈다. 매개체를 이용하지 않는 병원체들은 대개 수시간에서 수일 동안 외부 환경에서 생존하며 10만 명당 1~10명의 감염자를 사망시킨다. 그러나 수주일에서 수년 동안 생존하는 종들은 감염자들의 사망을 더 잘 유발한다. 대표적인 천연두 바이러스는 숙주 외부에서 10년 이상 살아남을 수 있으며 10명 가운데 1명꼴로 사망시킨다. 결핵균과 디프테리아균은 수시간에서 수일 동안 살아남을 수 있으며 훨씬 덜 치명적이다. 그래서 앉아서 기다리기 방식의 감염은 천연두균이 왜 그토록 혹독한지를 설명한다.

곤충 병원체들에 대한 유사한 실험이 아직 시행되지는 않았지만, 앉아서 기다리기 가설이 그들에게도 적용될 조짐이 보인다. 곤충에 감염되는 일부 핵다면체병 바이러스[8]들은 천연두 바이러스를 상대적으로 무해하게 보일 만큼 치명적이다. 그들은 감염된 거의 모든 숙주를 죽일 수 있으며, 외부 환경에서 오랫동안 살아남을 수 있다. 앉아서 기다리기 전략이 갖는 한 가지 문제는 그 병원체가 정확한 자리에 앉아서 기다려야 한다는 것이다. 적어도 한 종의 핵다면체병 바이러스는 새로운 숙주 안으로 들어가도록 하기 위해 자신이 가진 치명성을 조절한다. 이 바이러스는 유충에서 성체로 탈피시키는 전흉선호르몬 또는 탈피호르몬을 차단한다. 그래서 미성숙한 곤충은 감염되기 쉬운 유충의 다음 세대들이 존재해야 할 미세 거주지 안에서 죽어간다.

앉아서 기다리기 전략은 숙주가 제한적이고 보호되는 거주지에 있을 때 특히 잘 작동할 것이다. 만약 거주지가 제한적이면 이 전략을 채택한 기생체들은 마지막 숙주가 죽자마자 바로 새로운 숙주를 찾을 것이다. 만약 이 거주지가 빛, 건조 그리고 극단적인 온도에서 보호되고 있다면, 앉아서 기다리기 전파를 숙주 외부에서 장기간 생존함으로써 가능하게 할 것이다. 이런 점에서 특히 꿀벌이 앉아서 기다리기 방식을 구사하는 게걸스러운 기생체들의 피해자라는 것은 별로 놀랄 일도 아니다. 꿀벌 유충이 *Bacillus larvae* 균에 감염되면, 거의 확실히 죽음에 이른다. 외부 환경에서 포자는 50년 이상 쉽게 생존할 수 있기 때문에, *B. larvae*는 파괴된 군집이 감염원이 되는 동안 내내 거대한 감염 시간대를 가진다. 감염을 막으면서, 성체 꿀벌은 자신의 몸 표면으로 포자를 보낼 수 있다.

8) nuclear polyhedrosis virus. 감염 세포의 핵에 다면체를 형성하는 곤충 바이러스병.

그러므로 *B. larvae*는 성체 꿀벌들에 직접 또는 꽃을 통해 간접적으로 접촉하여 새로운 군집으로 이동하거나, 또는 오염된 부위에 형성된 새로운 군집들을 감염시킬 수 있다. 또 다른 전파 경로는 균을 퍼뜨리는 존재를 대신하여 군집들 사이의 꿀, 화분, 또는 육아 소비(育兒巢脾)[9]를 이동시키는 방법이다. 어떤 경로이든 간에 *B. larvae*의 극단적인 내구성은 비록 감염된 유충이 움직여 보기도 전에 소진되지만 효과적으로 전송할 수 있게 한다. 또한 앉아서 기다리기 가설은 척추동물을 대상으로 한 축산업에도 적용할 수 있다.

광우병(Bovine spongiform encephalopathy: BSE)은 앉아서 기다리기 식 전파의 소름끼치는 예이다. '인간 광우병 사례 확인에 대한 공포'는 1986년에 병의 확산이 확인된 영국에서 1만 8,000두 이상의 가축을 폐사시켰다.[10] 쿠루병과 마찬가지로, 감염된 뇌 조직을 소비함으로써 감염되는 이 질병은 신경 손상과 죽음을 초래한다. 맨 처음 이 병은 소에게 사료를 보충하려고 감염된 양의 뇌를 공급했기 때문에 양에서 소로 전해진 것으로 나타났다[양의 질병 유발체는 스크래피(Scrapie)라는 비슷한 질병원이다]. 사료가 오염되지 않은 경우에도, 병원체는 죽은 동물들에서 점차 끊임없이 확산되어온 것 같다. 이들은 흙속에서 수년 간 살아남을 수 있어서, 감염된 동물의 몸 일부로 오염된 사료를 무심코 먹은 초식동물들을 감염시키고 죽일 준비가 되어 있다.

9) brood comb. 밀랍으로 된 구조로, 각 방에 여왕벌이 산란함.
10) 2010년까지 광우병이 의심되어 강제 도축된 소는 19만 건이며 대부분이 영국 소였음.

앉아서 기다리기 전파와 우리의 미래

언뜻 앉아서 기다리기 가설은 주로 역사적으로 유명한 인간 질병들과 관계가 깊은 것처럼 보인다. 천연두는 박멸되었다. 디프테리아는 광범위한 예방접종이 이루어지는 곳에서는 급감했다. 결핵은 지난 세기 후반 동안 영양 상태와 주택 환경을 개선하고 항생제를 사용하면서 꾸준히 감소하고 있다. 반면 AIDS 대유행은 이런 진보를 막는 데 기여해왔다. HIV는 멸종된 천연두를 다시 불러낼 수는 없지만, 현재 미국과 같은 나라들에서 결핵이 증가하는 데 일조하고 있으며, 특히 가난한 나라들에서 오래 지속되어온 결핵 문제를 악화시키고 있다. 선진국과 개도국에서 모두 하향 추세를 보이던 결핵 발병률이 AIDS가 극성을 부리던 1980년대 중반부터 주춤했다. 해마다 약 300만 명의 사망자를 내는 *Mycobacterium tuberculosis* 결핵은 현재 그 어떤 병원체보다도 인간의 목숨을 더 많이 앗아가고 있으며, 그 수는 해마다 늘어날 것으로 보인다.

HIV와 *M. tuberculosis* 결핵은 서로의 위험성을 강화한다. 본질적으로 병독성이 높은 *M. tuberculosis* 결핵은 HIV 감염이 AIDS로 진행되도록 가속화하는 경향이 있다. HIV에 의한 면역 체계의 손상은 결핵의 발생과 전염성을 가속화하고 결핵 검사의 유효성을 떨어뜨린다. 이런 상호작용은 *M. tuberculosis* 감염이 위중한 상태로 기기 전에 탐지할 기회를 떨어뜨리고, 병원, 감옥, 노숙자 보호소에서 결핵이 크게 유행하도록 증폭시키는 효과가 있다.

M. tuberculosis 결핵은 면역 시스템이 정상적인 사람들에게도 위험하고 전염력이 큰 감염을 일으킬 수 있다. 그러므로 AIDS 대유행에 따른 *M. tuberculosis* 결핵의 증폭은 HIV 감염 위험이 매우 낮은 사람들에게도 심각한 영향을 미칠 수 있다. 특히 노인들은 *M. tuberculosis* 결핵에

취약하다. 예를 들어, 아칸소 주의 양로원에서 생활하는 노인들에서 *M. tuberculosis* 결핵 감염은 거의 두 배로 증가해서, 해마다 거주자 25명당 1명꼴로 감염되었다. 뉴욕 시와 같은 AIDS 진원지에서 진료하는 병원들에서의 위험 역시 그 어느 때보다 커졌다. 적절한 감염 제어 절차들이 세워지기 이전 상당 기간 전염성이 매우 높은 결핵 환자들이 종종 사람들로 붐비는 병원에서 방치되곤 했다. 이런 환경에서 병원 근무자들 상당수가, 가끔은 치명적으로 감염되어왔다. HIV에 감염된 근무자들은 *M. tuberculosis* 결핵 감염으로 사망할 가능성이 높을 뿐만 아니라 환자들과의 부적절한 접촉으로 더욱 취약하다. HIV에 감염된 근무자들은 종종 AIDS 환자를 돌보는 자원봉사를 한다. 지난 수십 년 간 대단히 성공적인 것으로 증명된 항생제들에 대한 *M. tuberculosis* 결핵의 내성이 증가하면서 문제가 더욱 복잡하게 되었다. 이런 내성은 회복 가능성을 감소시키고, 따라서 감염자들이 다른 사람들에 대한 감염원의 역할을 할 가능성을 높인다. 내성균은 특히 뉴욕과 같은 대도시 지역과 개발도상국들에 널리 퍼져 있으며, 아직까지 이를 대체할 신약들은 없다.[11] 건강관리를 위한 재원이 부족하고 감염률이 높은 나라들에서 *M. tuberculosis*는 항생제에 민감하든지 아니든지, 곧 주요한 사망유발 원인균으로서 악명을 높일 것이다.

AIDS와 결부된 결핵이 만연하면서 3명 중 1명이 *M. tuberculosis* 결핵

11) 매우 다행스러운 것은 〈*Science*〉가 2011년도 과학계의 첫 번째 성과로 AIDS 감염률을 떨어뜨린 '인체면역 결핍 바이러스 예방 치료 네트워크(HPTN) 052' 프로젝트를 꼽았다는 사실이다. 미국 연구진은 HIV에 감염된 사람에게 항레트로 바이러스 신약을 투여하자 감염률이 96%나 떨어지는 것을 발견했음. 예상보다 결과가 좋아 계획보다 4년이나 앞선 올해 5월 실험 결과를 공개함. 〈*Science*〉는 "HPTN 052가 미칠 영향을 인정해 올해의 첫 번째 과학 뉴스로 선정했다."고 밝힘.

에 감염된 아프리카에서 특히 조짐이 심상치 않다. 예를 들어 AIDS는 코트디부아르에서 첫 번째 사망 원인으로 전체 사망자의 6분의 1에 해당한다. 아비장(Abidjan)[12]에서 결핵은 1980년대 중반부터 상당히 증가하여 세 번째 사망 원인이 되었다. AIDS와 결부된 결핵은 다른 아프리카 국가들뿐 아니라 북미 및 남미와 유럽에서도 확산되고 있다. 결핵은 AIDS 환자 50명당 1명에서 25명까지 지역별로 다르게 발생하는 것 같다. 아프리카에서는 1990년 25만 건 이상의 HIV 연관 결핵 증례가 발생했다. 세계 인구의 3분의 1이 *M. tuberculosis* 결핵에 감염되었고 HIV가 아직 확산 중이므로, 우리는 HIV로 발병된 결핵 문제가 한층 더 악화되리라 확신할 수 있다. 여기서 제시되는 이론은, 궁극적으로 훨씬 더 일반적으로 '앉아서 기다리기식 전파'가 결핵으로 금년, 혹은 가까운 장래에 발생할 수백만 명의 사망 원인이 될 수도 있음을 보여준다.

---

12) 기니만(灣) 연안에서 약 7km 내륙으로 들어간 에브리에 라군 북안(北岸)에 있는 작은 반도와 소(小)바삼섬에 걸쳐 있음. 구(舊)프랑스령 서(西)아프리카의 상공업 중심 도시로 발달. 1903년에 건설되었으며, 1934년부터 코트디부아르의 수도가 되었다가 1983년 야무수크로로 수도를 변경하였으나 현재까지도 경제 중심지로서의 역할을 담당하고 있음.

제4장

물이 모기처럼 움직일 때

수인성(水因性)[1] 전파와 병독성

길거리를 바삐 오가는 사람들에게 세상에서 가장 참기 힘든 고통을 꼽으라고 한다면, 경제적으로 풍족한 나라 사람들 중 상당수는 설사라고 말할 것이다. 20세기 중반부터 지금까지 설사는 가장 큰 사망 원인이었다. 해마다 400만에서 2,000만 명의 1차 사망 원인이 설사이며 그 피해자는 대부분 어린이들이다. 또 설사는 지난 수세기 동안에도 주된 사망 원인이었다.

분명히 설사는 중요한 보건 문제다. 그러나 최근에 들어서 생물학자들은 왜 설사를 일으키는 일부 병원체들은 콜레라와 장티푸스 같이 매우 심한 병을 일으키도록 진화하는지, 그리고 다른 균들은 그저 하루에 몇

1) waterborne은 '물을 매개로'라고 번역함이 개념상으로는 더 적합하지만, 우리 사회에서는 '물이 원인'이라는 개념인 '수인성'이란 용어를 주로 사용한다. 따라서 이 책에서는 수인성으로 번역할 것임.

차례 급히 화장실에 들락날락하는 정도에 그치는지를 설명할 수 있게 되었다.

그 설명 중 하나는 모기의 날개와 인간이 물을 사용하는 방법이 유사하다는 점을 인지하는 것이다. 모기에 의해 전파되는 병원체들처럼, 수인성 병원체들은 우리를 병원체 생산 기계로 바꾸어 이익을 얻을 수 있다. 심한 설사로 거동할 수 없는 사람은 침구와 옷에 병원체를 방출하는데, 이는 액체에 씻겨 나간다. 또 혹은 분변 성분을 간호사들이 화장실에 직접 버리거나 하여 하수도 또는 상수도관으로 흘러들어갈 수도 있다. 그런 분변 성분이 무방비 상태로 음용수와 섞여 오염되었을 때, 감수성이 있는 많은 미감염자들이 거동이 불가능한 단 한 명의 숙주에서 방출된 병원체들에 감염될 수 있다. 이 과정은 물이 부적절하게 공급되던 지난 2세기 동안 반복적으로 기록되었다.

나는 이런 전파와 모기와 같은 절지동물 중간 숙주에 의한 전파에서 나타나는 유사성을 인지하고, 이 과정을 '문화적 매개체에 의한 전파'라고 지칭하려 한다. 구체적으로는 거동이 불가능한 숙주에서 감수성이 있는 사람들에게 전파를 허용하는 여러 특징들 가운데 적어도 하나가 인간 문화의 일부일 때 이를 '문화적 매개체'라고 정의한다. 나는 사람에서 사람으로 비유전적으로 전해지는 인간 활동의 모든 측면과 산물을 망라하는 가장 넓은 범위로 '문화'라는 용어를 사용한다. 문화적 매개체는 (1) 병원체를 감염된 사람에서 감수성 있는 예비 감염자에게, (2) 감염된 개인을 감수성 있는 예비 감염자에게, (3) 감수성 있는 예비 감염자들을 감염된 사람들에게 옮길 수 있다. 수인성 전파에서 문화적 매개체는 거동이 불가능한 숙주에 의해서 오염된 물질들, 분변과 오염된 물질들을 제거하는 사람들, 급수, 오염된 물을 음용수 공급장으로 보내는 모든 상·

하수 시스템, 음용수를 오염시키는 모든 비문화적 변수(예를 들어, 물의 흐름), 오염된 음용수를 감수성 있는 예비 감염자들에게 전달하는 모든 장치를 포함한다. 종종 수인성 병원체에 민감한 사람들의 잠재적 풀이 매우 크기 때문에, 병원체들은 자신들을 전파시키기 위해 숙주 자원들을 더 많이 사용함으로써 거대한 진화학적 적응 이익을 얻을 것이다.

이와 대조적으로 전파가 사람 대 사람의 접촉으로 일어난다면, 환자의 거동 불능은 감염시킬 수 있는 사람들의 수를 크게 줄일 것이다. 게다가 직접 전파된 병원체들은 희석되지 않기 때문에 증식이 활발해지면 접촉한 예비 감염자들을 감염시킬 확률은 빠르게 안정 수준에 도달할 것이다. 따라서 사람 대 사람의 전파는 수인성 전파보다 병독성이 덜한 변이체를 선호할 것이다. 그러므로 이 문화적 매개체 가설은 설사를 일으키는 병원체들의 병독성이 수인성으로 전파되는 성향과 명백하게 연관되어 있음을 예측하게 한다. 관련 문헌에 대한 검토는 이 예측(표 4.1)이 사실임을 보여준다.

레빈과 스밴보리 에덴(Levine & Svanborg Eden)은 이 연관에 대해서 다르게 설명했다. 그들은 물속의 병원체들을 먹거나 마시거나 하는 것이 전염력을 갖도록 투여량을 늘려서 더 심각한 질병을 일으킨다고 했다. 그러나 심각한 병원체에 의해 발생한 수인성 전염병이 동일한 병원체에 의한 비수인성 전염병보다 더 치명적이지 않기 때문에, 이들의 주장은 거부당할 수 있다. 그리고 수인성 전파와 사망률 간의 강력한 정(正)의 상관관계는 다른 변수(예를 들어 파리에 의한 전파, 역사적 기간 또는 건조에 대한 저항력)들의 연관으로 설명할 수 없다. 그러므로 지금까지의 증거는 수인성 전파가 병독성을 진화학적으로 증가시킨다는 의견을 지지한다.

표. 4.1. 수인성 전파와 치사성 설사증

병원체	치사율 (%)	수인성 (%)
Vibrio cholerae, classical biotype	15.2	83.3
Shigella dysenteriae, type 1	7.5	80.0
Salmonell typhi	6.2	74.0
Vibrio cholerae, el tor biotype	1.42	50.0
Shigella flexneri	1.35	48.3
Shigella sonnei	0.45	27.8
Enterotoxigenic *Escherichia coli*	<0.1	20.0
Campylobacter jejuni	<0.1	10.7
Nontyphoid *Salmonella*	<0.1	1.6

주 : 이 결과들은 수인성 전파와 사망률을 충분히 정량화할 수 있었던 지역 공동체에서 주민들 사이에 정기적으로 전파되는 소화관 내 모든 병원성 세균에 대한 것이다. 사망률은 매 100회 감염당 효과적인 치료가 없을 경우 일어나는 사망자 수를 나타낸다. 수인성의 비율은 전파 방식이 확인된 문헌에 있는 매 100회의 수인성 전파 발생을 포함하는 평균을 나타낸다. 사망률은 수인성 전파의 정도와 유의한 상관관계가 있다($p < 0.01$, Spearman rank test). 인용 문헌들, 선택 순서와 계산은 저자에 의해 제시되었다.

지리적 패턴들

병독성과 수인성 전파 사이의 진화적인 연결은 병원체들이 수백 년에서 수천 년에 걸쳐서 현재 상태의 병독성을 진화시킬 수 있었음을 가정한다. 이 가정은 병원체들이 문화적 변화에 대응하여 자신들의 생존에 결정적으로 중요한 특징들을 진화시킬 수 있는 시간적 척도를 측정하는 것으로 평가될 수 있다. 현재의 의학 문헌들은 그와 같은 특징에서 왕성하게 연구된 오직 한 가지의 예—항생제 내성—만을 제공한다. 병원체는 수주일에서 수개월에 걸친 시간적 척도에서 항생제 내성을 발전시킬 수 있다. 수인성 전파가 유사한 시간적 기간 동안 매우 유독한 병원체들을 선호한다면, 오염되지 않은 음용수를 도입함으로써 병독성이 진화학적으로 감소한다고 나타나야 할 것이다. 고생물학자가 화석 기록을 사용하듯이, 이 예측을 평가하는 데에는 공중위생 기록들이 포함된다. 이상적으로는 순수한 음용수를 도입하기 이전, 중간, 이후의 빈도를 추적할 수 있는, 즉 산업화된 나라들에서는 19세기 중반부터 유전적으로 다르면서 서로 경쟁해온 동종의 병원체 아형들을 대상으로 연구하면 좋을 듯하다. 유감스럽게도, 20세기 전반까지도 같은 종 안에서 일어나는 변이들을 상세히 식별하기 어려웠기 때문에 이 목표를 달성하기는 어렵지만, 두 가지 접근 방법이 가능하다.

1. 20세기를 지나오며 밀접하게 연관된 세균의 종들 즉, 같은 속(屬)에 속하는 종들이 구분되었으므로, 그들의 유행 변화를 감시할 수 있다. 같은 속 안에서 일어나는 종간 경쟁은 같은 종 안에서의 경쟁보다 약해야 한다. 그럼에도 불구하고, 비록 같은 종 안에서보다는 느슨한 추세인 것 같지만, 같은 속 안에서 종들의 혈청학적, 영양적, 생태학적인 유사성들에 대해 예측할 수 있게 만들어야 한다.
2. 종 안에서 변이체들의 빈도는 일부 기간 동안 정량화할 수 있다.

정수(淨水) 체계가 대체로 수십 년에 걸쳐서 완성되고 많은 나라에서는 아직도 불완전하기 때문에, 위에서 서술한 일반적인 예측은 여전히 과거 50~60년 동안에만 유효한 것이다. 같은 속 안에서의 비교는 급수(給水)의 정화와 혹독한 종에서 무해한 종으로의 이행 간 상관관계를 보여준다. 예를 들어 20세기의 일사분기 동안 미국에서는 대규모 정수 개선 사업이 이루어졌다. 1930년대에 들어서자 가장 치명적인 이질균(*Shigella dysenteriae* type 1)이 덜 지독한 *Shigella flexneri*균으로 바뀌었다. 정수는 20세기 중반까지 꾸준히 개선되었는데, 그동안 *S. flexneri*는 더욱 무해한 *S. sonnei*로 점차 바뀌었다.

살모넬라균도 유사한 움직임을 보였다. 가장 치명적인 살모넬라균(*Salmonella typhi*)이 감소하는 동안 훨씬 무해한 살모넬라균 종들이 절대적인 빈도로 증가했다. 이러한 지리적 영역들을 뛰어넘어 이행하는 시기는 급수 환경이 개선되는 시기와 상관관계가 있을 것이다. 먼저 정화가 일어난 지역들을 '실험군(experimental group)'으로 놓으면, 나중에 정화가 이루어진 지역들은 '대조군(control group)'이라고 생각할 수 있다. 실제 움직임은 이 예측과 일치한다. 예를 들어 영국은 미국보다 수십 년 앞서 급수를 정화했다. 미국에서는 영국에 비해 대략 30년이 지난 후에 치명적인 *S. dysenteriae* 유형 1에서 보통의 병독성을 보이는 *S. flexneri*로, 다시 비교적 무해한 *S. sonnei*로 이행했다. 또 미국은 폴란드보다 약 25년 앞서 급수를 정화했는데, *S. dysenteriae*는 폴란드에서보다 25년 정도 빨리 *S. flexneri*로 바뀌었다. 일본과 서유럽은 미국과 거의 같은 시기에 급수를 정화했는데, 이들 나라에서는 미국과 동시에 *S. dysenteriae*에서 *S. flexneri*로, 다음 *S. sonnei*로 대체된 것으로 확인되었다. 중국에서는 대부분의 지역에서 급수 개선을 하지 못해 이런 대체 움직임을 볼 수 없었다. 일본과 미국에서 *S. dysenteriae*가 사라진지 40년이 지난 후에도, 중국에서는 흔하게 발견되었다. 그러나 홍콩과 상하이는 일본과 미국이 정수에서 큰 진척을 보인 직후인 20세기 초에 급수 개선에 나섰다. 따라서 실질적으로 *S. dysenteriae*는 미국과 일본에서 사라진 직후 상하이와 홍콩에서도 사라졌다. 비슷한 차이가 20세기 전반 뉴욕과 뉴욕 주변 농촌에서도 일어났는데, 정수 개선이 농촌 지역보다 도심에서 훨씬 앞서 이루어졌기 때문이다.

인도에서는 비록 일부 지역에서 상당한 급수 개선을 이루었지만 깨끗한 물의 가용성은 대부분 중국과 비슷하였고, 시겔라균(이질균)의 조성도 이와 비슷하였다. *S. dysenteriae*와 *S. flexneri*는 한 세기 동안 흔했고 *S. sonnei*로 바뀌는 징후를 나타내지 않았다. 일반적으로 방글라데시는 인도보다 수질이 더 나쁘며, *S. sonnei*은 더 낮은 빈도로 유행했다. 과테말라는 아메리카 대륙에서 가장 오염된 급수 시설을 갖추고 있는데, 이 나라는 아메리카 대륙에서 *S. dysenteriae*의 마지막 대유행을 일으킨 진원지였다. 이 유행은 미국에 도달할 때까지 전혀 수그러들지 않고 북쪽으로 확산되었는데, 짐작컨대 수인성 전파 없이는 유지될 수 없었기 때문에 미국에 와서 끝난 것 같다. 그 전파는 사람 대 사람을 기초로 로스앤젤레스의 스페인어 사용 구역(barrio)에서 검출되었다. 오염되지 않은 급수 환경을 갖춘 그 지역에서는 평균 10건의 감염당 새로운 감염은 단지 4건만이 일어났다. 즉 과테말라 원산의 *S. dysenteriae* 감염이 전체 시겔라 감염 평균 10건당 4건에 불과했다는 의미이다. 전파가 이렇게 매번 몇 건 이하로 떨어지면서, 살모넬라는 마침내 사멸했다. 과테말라 남부의 상황도 비슷했다. 살모넬라는 코스타리카에서 차단되었는데, 그곳의 급수 사정 또한 비교적 깨끗했다. 과테말라 남부에서 *S. flexneri*의 순한 친척인 *S. sonnei*의 유행 역시 정수를 조기에 시행한 다른 나라들에서와 유사했다. 지난 세기 중반 코스타리카와 파나마의 도심에서는 정수와 *S. sonnei* 유병률이 동시에 증가했다. 특히 시겔라 종들의 구성에 영향을 줄 수 있는 다른 요인들을 모두 고려할 때, 이런 균일한 경향은 주목할 만하다. 또한 이는 다른 종들이 서로에게 부정적인 영향을 미치고 있음을 시사하기 때문에 관심을 가질 만하다. 예를 들어 미국에서 *S. flexneri*에서 *S. sonnei*로 바뀌었다 해도 이것이 시겔라 감염의 전체 빈도 저하로 이어지지는 않았다. 그런 경쟁은 주로 후천적 면역을 통해 일어날 것이다. 이질을 일으키는 시겔라 종은 세포 감염과 같은 기본적 과정과 연계된 구성 요소들을 공유한다. 이런 구성 요소들은 구조적으로 유사하기 때문에, 특정 시겔라균의 요소들에 대항하여 유도된 면역은 다른 시겔라균 종도 무력화시킬 수 있다. 이와 같은 교차 면역은 확실히 억제 효과가 어느 정도 있기는 하지만, 현재까지 밝혀진 바에 따르면 이런 종간 면역이 같은 종 내의 면역보다는 상당히 미약하다. 한 종의 시겔라균에서 만들어진 백신은 다른 종에 의한 질병을 단지 몇몇 사례에서만 방어했다.

다른 종들 사이의 상호작용에 대한 세세한 내용과는 상관없이, 지리적 패턴들과 시간이 경과하는 동안 구성 요소의 변화는 정수가 시겔라균 종들의 구성 변화와 연관되어 있음을 보여준다. 물이 정화되면, 균종 구성은 병독성이 훨씬 덜한 시겔라균 쪽을 선호하여 옮겨간다.

유사한 변화가 콜레라를 일으키는 *Vibrio cholerae* 사이에서도 일어났다. 비교적 병독성이 덜한 엘토르(El tor)형 콜레라균은 1960년대와 1970년대 전 세계를 휩쓴 병독성이 훨씬 강한 고전적인 유형을 대체했다. 이런 대체는 태평양의 여러 섬들과 남부 아시아에 걸쳐 확산되는 갑작스럽고 격렬한 파동으로 자주 특징을 부여 받는다. 이 특징 묘사가 폭넓은 지리적 스케일에서는 유효하겠지만, 이런 폭넓은 경향의 원인에 대한 실마리를 제공하는 소규모의 변이들을 간과하는 경향이 있다. 엘토르형의 *V. cholerae* 균이 최초로 침입한 나라들은 일반적으로 음용수의 정화 시설을 개선한 상태였다. 예를 들어 방글라데시 다카는 1970년대 중반부터 급수 개선에 나서 단지 부분적인 효과만을 거뒀지만, 인도의 캘커타에서는 그보다 적어도 10년 전부터 이미 상당히 오염되지 않은 급수를 실시했다. 1964년까지 캘커타의 콜레라균은 고전적인 유형에서 엘토르형으로 바뀌었다. 그 당시 방글라데시에서도 엘토르형이 보이기는 했지만,

다카에서 고전적인 유형이 엘토르형으로 교체된 것은 대략 10년이 지나고부터였고 그나마도 완전히 교체되지도 않았다. 방글라데시는 주변 국가들에 비해 여전히 물이 깨끗하지 못해 고전적인 *V. cholera* 균이 풍토병으로 지속되고 있는 유일한 나라다.

문화적인 매개체 가설은 전염병 학자를 난처하게 만든 다음 질문들에 답할 수 있다. 왜 엘토르형의 파동이 전 세계로 퍼져나가 1960년대 고전적인 *V. cholerae* 균을 대체하였을까? 엘토르형 *V. cholerae* 균은 1906년에 홍해 연안 사우디아라비아에 있는 엘토르 지방 검역소에서 병에 걸린 메카로 가는 병든 순례자들 가운데서 처음으로 확인되었다. 반세기 동안 고전적인 *V. cholerae* 균과의 경쟁에서 아주 더디게 발전하던 엘토르 *V. cholerae* 균이 어떻게 최근 10년도 안 되어 거의 완벽하게 고전적인 균을 대체했을까? 문화적 매개체 가설은 20세기 중반 수십 년 동안 남부아시아에서 이루어진 광범위한 정수 프로젝트에 의해 두 유형의 경쟁적 균형이 병독성이 덜한 엘토르형 쪽으로 기울었음을 시사한다. 병독성과 숙주 면역 그리고 경쟁적 이점들의 관계가 매우 복잡하기 때문에, 이 문화적 매개체 가설을 *V. cholerae* 균에 적용하기는 쉽지 않다. *V. cholerae* 균은 독소 방출을 통해 설사를 일으켜 장에서 경쟁자를 확실하게 내쫓는데, 이때 콜레라를 일으킨다(1장 참조). 고전적인 *V. cholerae* 균은 대체로 병독성이 훨씬 덜한 엘토르형보다 독소를 많이 생산한다. 독소의 양이 더 많은 만큼, 설사 양은 더 많다. 따라서 고전적인 *V. cholerae* 균의 광범위한 독소 생산은 경쟁자들을 훨씬 더 빨리 내쫓고, 결국 더 많은 *V. cholerae* 균이 장에서 흘러나오게 만든다.

측정치들은 이 독소를 어마어마한 정도로 생산할 수 있음을 시사한다. 증상을 보이는 감염에 의해 유출된 *V. cholerae* 균의 밀도는 증상이 아주 가볍거나 거의 없는 감염으로 유출된 균의 밀도보다 대략 100배 또는 심지어 1,000배나 더 높다. 유사하게 전형적인 콜레라 감염으로 유출되는 밀도는 비교적 경미한 콜레라성 설사에 의한 밀도보다 대략 10배 크다. 그리고 전형적이고 고전적인 *V. cholerae* 감염은 전형적인 엘토르형 감염보다 평균적으로 훨씬 많은 병원체를 환경으로 방출한다고 예상할 수 있다. 각 유형의 *V. cholerae* 감염 범위에서 일어나는 병독성 변이는 *V. cholerae* 균 증식이 이 두 유형의 다른 특징들보다는 병독성과 더 잘 연관된다는 주장에 대한 추가 증거가 된다. 특히 병독성이 강한 엘토르 변종을 훨씬 덜한 고전적인 변종과 비교했을 때, 결과는 반대였다. 엘토르 변종은 적은 개체 수로 인체에 침입하고, 예후가 더 나쁜 병을 일으키며, 순수 배양에서 고전적인 변종보다 더 많은 후손을 생산했다.

재정적인 한계와 급격하게 늘어나는 인구 때문에 방글라데시에서는 급수 개선 목표를 달성하지 못했다. 결과적으로 상당수의 인구가 여전히 분변에 오염된 물을 사용한다. 1980년경 방글라데시에서 고전적인 *V. cholerae* 균이 다시 급증했다. 이 부활은 엘토르 확산에 관한 '해일 모델(tidal wave model)'이 부적당함을 분명하게 보여주었는데, 특히 전염병학자의 설명을 무색하게 만들었다.

일반적으로 엘토르 변종이 고전적인 *V. cholerae* 변종을 대체하는 것은 이들을 공동 배양했을 때 엘토르 변종이 경쟁에서 우월하다는 점, 감염된 숙주들에서 훨씬 더 오랫동안 배출된다는 점, 분뇨 속과 겉에서 생존 능력이 뛰어나다 등의 개념으로 설명해왔다. 그러나 이런 주장들은 신속한 독소 생산으로 생기는 폭넓은 이해득실을 고려하지 않았다. 수인성 전파가 우세한 지역에서 전체 감염 주기를 고려한다면, 수인성 전파가 없을 때 초기에는 엘토르 변종이 우월하다 해도 결국 고전적인 *V.*

cholerae 변종이 엘토르 변종을 누르고 경쟁적인 우월성을 이룰 것이다. 고전적인 유형이 이 우월성을 획득하기 위해 지불했을 대가는 경쟁에서 다른 *V. cholerae* 균보다 성장이 더디다는 것이다. 독소를 대량으로 생산하려면 증식에 쓸 자원을 전용해야 하기 때문이다.

외부 환경에서의 경쟁적 우월성이 필요하다는 주장 또한 시간 문제를 무시했다. 심각한 *V. cholerae* 균은 수세기 동안 줄곧 순한 유형들을 압도해왔는데 왜 불과 25년 전에 빠르게 대체되었을까? 대장 환경 밖에서 엘토르 변종이 보이는 더 강한 경쟁 능력은 분명 공존을 선호하지만, 이것만으로는 최근 방글라데시에서 발생한 엘토르 변종의 일시적인 치환을 설명할 수 없다. 이 가설을 지지하기 위해 후크(Huq) 등은 되살아난 고전적인 *V. cholerae* 균이 예전의 고전적인 변종보다도 공동 배양액에서 엘토르 변종과 훨씬 잘 경쟁할 수 있을 가능성에 주목했다. 하지만 되살아난 고전적인 *V. cholerae* 균은 엘토르 변종에 비해 여전히 저조하게 증식했는데, 고전적인 변종과 엘토르 변종의 비율은 24시간 후 90%, 즉 1:9로 떨어졌다.

정수 정책 시행에 의해 엘토르 변종이 고전적인 유형을 대체했다면, 어떻게 고전적인 유형이 방글라데시에서 부활했을까? 일시적인 면역 형성을 고려한다면, 문화적 매개체 가설로 이 부활을 설명할 수 있다. 엘토르 변종과 고전적인 *V. cholerae* 균은 혈청학적으로 교차 반응한다. 한 유형에 심하게 감염된 사람은 다른 유형들에 대해서도 상당한 면역을 나타낼 수 있다. 이 교차 보호가 부분적으로 콜레라 독소에 대한 면역의 결과임을 백신 연구를 통해 알 수 있다. 백신의 효용성은 실질적으로 고전적 변종과 엘토르 변종의 동일한 독소 부분을 포함함으로써 향상될 수 있다. 면역이 약화되기 전까지, 이런 백신들은 수년 동안 양쪽 유형 모두에 대항하여 접종자를 보호해 온 것처럼 보인다. 비록 동시 감염 가능성은 적지만, 교차 보호는 한 종류의 *V. cholerae* 균이 면역계를 통해 오랫동안 다른 유형을 방해했음을 알려준다. 그러나 두 유형의 구조적 차이는 한 유형에 의한 면역-매개 억제가 다른 유형보다는 자신의 유형에서 더 강하게 나타날 것임을 의미한다. 더 강력한 동일 유형 내 억제 덕분에 방글라데시에서 두 유형의 상대적인 우세가 교대로 일어날 수 있었다. 엘토르 변종 균에 대한 면역이 낮았을 때, 1970년대 중반에 정수 시스템을 부분적으로 개선한 덕분에 고전적인 *V. cholerae* 균보다 엘토르 변종을 더 선호하게 되었을 것이다. 고전적 유형에 대한 면역이 감소해 갔지만, 급수 개선이 여전히 크게 부족하자, 고전적인 *V. cholerae* 균이 곧바로 부활했을 것이다. 사실 과거 콜레라 유행으로 나타난 특징은 질병에서 회복되면서 인구 집단의 전체적인 면역이 향상되었고 따라서 주기적으로 병독성이 약해졌는데, 이후 출생과 노화와 연관된 면역이 감소하여 예비 감염자들이 증가하자 더 이상 그런 특징을 볼 수 없게 되었다.

문화적 매개체 가설의 관점에서 볼 때, 이런 *V. cholera* 균의 주기성은 대유행병으로서의 엘토르 변종이 가진 다른 측면을 이해하도록 돕는다. 고전적인 콜레라 대유행병은 대체로 수년 동안 엄청난 피해를 가져다주고 물러났지만, 가장 최근에 일어난 엘토르 변종 대유행병은 침범한 지역에 남아 풍토병으로 자리를 잡고 있는 것 같다. 이 차이는 고전적인 유형의 수인성 전파에 대한 의존성으로 설명할 수 있다. *V. cholera* 균은 새로운 지역에 침범하면 폭발적으로 퍼지는데, 일시적으로 면역이 생긴 생존자들이 빠르고 엄청나게 늘어난다. 그 지역 사람들이 모두 감염자가 되고 나면, 대유행병은 해당 지역에서 사라진다. 비수인성 전파 경로에 주로 의존하는 엘토르형은 오염된 물을 사용하는 인구 집단에서는 덜 제한적이고 덜 폭발적으로 퍼질 것이다. 훨씬 천천히 퍼지는 엘토르형이 상당수의 인구 집단을 감염시킬 무렵, 맨 처음 감염된 사람들은 면역력이 감소할 것이다. 이런 면역력 저하는 출생과 이민으로 새로운 미감염자들이 생겨남으로써 일어나는데, 이는 고전적인 유형을 지속할 수 없는 지역에서 뚜렷하게 엘토르형이 지속되도록 할 것이다.

이 설명은 앞으로 수십 년 동안 일어날 현상을 예측할 수 있게 해 준다. 방글라데시의 급수 시스템을 개선한다면, 고전적인 *V. cholerae* 균은 부활할 가능성이 크게 줄어들거나, 또는 엘토르형 수준으로 소량의 독소를 생산하도록 진화할 것이다. 만약 급수 시스템이 악화된다면, *V. cholerae* 균은 과거를 그리워하듯이 한층 더 해로운 상태로 돌아갈 것이다. 개선도 악화도 일어나지 않는다면, 혹독한 변종과 병독성이 덜한 변종은 교대로 우세한 주기를 반복할 것이다.

이와 유사하게 어떤 지역에서 방글라데시보다 깨끗한 물을 사용한다면, 병독성이 매우 강한 고전적인 유형 또는 새로운 돌연변이 유형 *V. cholerae* 균은 조금 혹은 전혀 나타나지 않을 것이다. 어떤 지역이 방글라데시보다 심하거나 혹은 비슷하게 오염된 급수 시스템을 가졌다면, 우리는 병독성이 매우 강한 *V. cholerae* 균이 주기적으로 부활할 것을 예상할 수 있다. 정확히 그런 유행이 1992년과 1993년 사이에 인도와 방글라데시에서 확실하게 일어났다. 병원균은 제3유형의 *V. cholerae* 균이었으며, 이는 과거에 분리된 대부분의 *V. cholerae* 균보다 더 많은 독소를 생산했다. 앞서 소개된 이론적인 틀은 물이 깨끗한 지방에 침투하여 지속되는 균은 어떤 유형에 속하더라도 독소를 덜 생산하도록 진화할 것으로 예측한다.

마찬가지로, 비교적 병독성이 덜한 *V. cholerae* 균이 급수 시스템이 낙후된 새로운 지역으로 퍼진다면, 그 병독성은 커질 것이다. 지난 20년 간 인구가 급격하게 증가한 페루 리마에서는 대부분 염소 처리를 하지 않은 물을 공급하였기 때문에, 콜레라균의 진화는 분변 오염에 대처 가능한 시의 형편없는 정수 능력을 추월했다. 엘토르형 *V. cholerae* 균이 1991년 초 중국 화물선의 뱃바닥에 괸 더러운 물을 통해 페루에 도착한 뒤 주로 수인성 경로로 퍼져 페루에서만 대략 30만 건의 콜레라를 일으켰다. 발생 건수에 비해 전체 사망률이 낮은 것은 새로 침입한 이 *V. cholerae* 균이 비교적 병독성이 약했음을 시사한다. 위에서 제시한 수인성 전파에 대한 견해가 옳다면, 수개월 동안에 걸친 유행 기간에 광범위한 수인성 전파는 그 균의 병독성을 증가시켜야만 했다. 이 견해에 대한 엄격한 검증은 없었지만, 나와 있는 데이터와는 잘 부합한다. 전염병이 도시 지역에서 농촌 지역들로 옮겨갔을 때, 발병 환자의 거의 5%가 사망했다. 반면 유행이 시작된 연안 지역에서는 사망률이 1% 미만이었다. 페루에서 유행한 처음 6개월 동안에 분리한 *V. cholerae* 균의 독소 생산에 대한 정밀한 조사가 이루어진다면, 이런 사망률 차이가 병독성이 증가했기 때문인지 아니면 상대적 농촌 지역에서 치료가 부실했기 때문인지를 판단하는 데 도움이 될 것이다.

도시와 농촌 사이의 문화적 차이를 비교함으로써, 설사 병원체 유행의 역사적 변화와 정수와의 일치 여부에 대한 시간적 인과관계(posthoc, 사후 설명)를 명확하게 할 수 있다. 그러나 현재로서는 이것에 대한 보편 타당한 다른 설명이 없다. 사실 전염병학자들은 고전적인 *V. cholerae* 균이 엘토르형 *V. cholerae* 균으로 큰 범위에서 교체되는 현상을 근본적으로 미해결 문제라고 인식해왔다.

또한 문화적 매개체 가설은 일부 명백한 비정상적 현상을 설명하는 데 도움을 줄 것이다. 병독성이 덜한 엘토르형이 유행 과정에서 증가하기 시작하면서, 1965년 매켄지(Mackenize)는 깨끗한 물의 가용성 증가가 "높은 치사율을 가진 콜레라의 폭발적인 유행이 덜 나타나게 하지만, 유행 지역들에서 콜레라 발병률을 산발적이라고 인지할 만큼 줄어들지는 않았다."고 언급했다. 그는 수인성 전파가 섭취된 *V. cholerae* 균이 고밀도 증식을 하게 되므로, 감염이 더욱 가혹했다고 제안했다. 그러나 특정 *V. cholerae* 균이 물을 통해 전파되었다고 더 치명적으로 보이지는 않는다. 맥켄지의 관찰은 *V. cholerae* 균 집단의 유전적 구성에서 생긴 진화적 변화에서 나온 결과일 수 있다. 그것은 정확히 문화적 매개체 가설을 통해 예상되는 것이다. 수인성 전파의 확산을 줄임으로써 병독성이 훨씬 덜한 변종들의 비율을 증가시켜 병독성이 가장 강한 변종들에 대한 강력한 조절 효과를 볼 수 있을 것이다.

수인성 전파와 설사병 사이의 연관성을 이해하면, 진화의 원칙이 어떻게 병독성 진화에 대한 통찰을 제공할 수 있는지를 알 수 있다. 그러나 이런 비교는 조작 불가능하기 때문에 일반적인 위생 기준 같은 수인성 전파와 잠재적으로 연결된 관련 사안들을 조절하지는 않는다. 그러므로 정확한 결과를 얻기 위해서는 두 종류의 연구가 필요함을 강조한다. 첫 번째 연구는 주로 수인성 병원체들을 포함한 3개 속(비브리오, 시겔라, 살모넬라)에 대한 관련 사안들과 병원체 유행을 비교 분석한다. 두 번째 연구는 정수 일정이 잡힌 실험 지역과 그 대조군 지역에서 정수 이전과 이후에 병독성 유전자들을 동시에 조사하는 것이다.

콜레라의 기원

병독성의 진화를 이해하기 위한 기존의 논리적 틀이 보편적으로 적절하다면, 우리는 병독성이 매우 강한 질병들이 인간의 역사에서 왜 그리고 어떻게 진화했는가를 설명할 수 있어야 한다. 이 결론에서 암시하는 진화적인 변화율은 만약 일부 문화적 특징에 대응해서 문헌에 남아 잇는 빠른 진화율을 고려한다면 합리적으로 보인다. 예를 들어, 탄자니아에서 *V. cholerae* 균이 유행한 처음 5개월 동안 테트라사이클린에 저항하는 분리 균주는 0%에서 76%로 바뀌었다. 그와 같은 급속한 진화는 병독성 증가를 선호하는 문화적 상황이 존재할 때 수주일에서 수십 주일까지의 짧은 시간적 척도 상에서도 높은 수준의 병독성이 진화했음을 시사한다.

따라서 수인성 전파에 관해서, 증가한 병독성의 진화는 분변으로 오염된 물이 상당수의 도시 거주자에게 공급되기 시작한 최초의 문명으로까지 거슬러 올라간다고 예상할 수 있다. 내가 알기로 파키스탄과 인도에서 기원전 3,000년부터 기원전 1,800년까지 존재했던 하라판 문명(Harappan culture)[2]은 아마도 광범위한 수인성 전파가 일어난 최초의 문명일 것이다.

하라판 도시의 주민들은 밀집된 주택들 안에 있는 개인 우물이나 거리의 공동 우물에서 물을 얻었다. 이런 개방된 우물은 대개 길에서 몇 cm 안쪽 또는 주택의 바닥에 있었다. 물이 새는 배수관들로 인해 하수처리망 내에 병원체들이 존재했을 것이고, 이것들이 역류를 일으켜 지표면

2) 이 문명은 인더스와 갠지스강 유역에서 B.C. 2,700년에서 B.C. 700년경에 번성했음. 환경과 기후가 아주 좋아서 중요 무역도시(모헨조다로)가 생겨나고 농업 기술이 발달했음.

을 오염시킬 때 수인성 질병이 확산되었을 것이다. 하라판 도시들은 개방된 우물들을 둘러싸고 있는 이와 같은 폐수 네트워크가 있었다. 이 네트워크는 대개 도로 표면에서 몇 cm에서 약 60cm 아래에 벽돌들을 세운 배수관 파이프들로 이루어져 있었다. 폐수는 배수관 내의 흡수 구멍들(대략 2.8m^3)을 통과해 땅속으로 서서히 깊이 스며들었을 것이다. 종종 우물 근처에도 하수구가 위치한 이 배수 시스템은 개방된 우물들을 싸고 있는 네트워크를 형성했다. 주택 외벽에는 구멍이 하나 또는 두 개가 있었는데, 이를 통해 폐수가 도로의 하수 시스템, 흡수 구덩이 또는 큰 항아리 중 하나로 흘러들었다. 항아리에서 폐수는 바닥에 있는 구덩이들을 통해 땅속으로 스며들었을 것이다. 구멍이 없는 항아리는 명백히 폐수를 받는 기능을 했고, 거리의 배수 시스템으로 옮겨지거나 그냥 넘치게 놔두었다. 특히 범람했을 때, 이 급수 시스템은 틀림없이 오염되기 쉬웠을 것이다. 사실 초기 연구자들은 배설물이 배수관을 막히게 하고 근처 우물들을 오염시키기 때문에, 이런 배수 시스템들이 대개는 배설물을 위해서 사용되지는 않았으리라고 주장했다. 그러나 몇몇 발견들은 이런 육상 시설물들의 기능에서 배설물 수송을 무시할 수 없음을 보여준다. 유적 발굴을 통해 화장실이 직접 배수 시스템에 이어져 있음이 밝혀졌는데, 고형물을 폐수로부터 분리하기 위해 배수관을 따라서 나무로 된 그물채로 막아 놓았다. 거리에 남은 쓰레기 퇴적물은 정기적으로 거리의 맨홀을 통과해 이 배수 시스템을 청소한 청소부가 쌓아놓은 것이었다.

수세기 동안 세계에서 가장 훌륭한 도시 몇 개를 유지해온 주민들이 기원전 2000년대 초에 도시를 버렸다. 이 탈도시화(deurbanization)는 지난 반세기에 걸쳐서 학자들의 큰 주목을 받았다. 전쟁, 지진, 삼림 벌채, 기후 변화와 교역 감소에 기초를 둔 다양한 가설들이 제기되어왔지만, 대부분은 제시된 증거에 근거해 배제시킬 수 있다. 또 어떤 가설도 한 세기 이내에 벌어진 주요 도시들의 탈도시화를 설명하는 데는 충분하지 않다. 연구자들은 '지나치게 성장한 문명의 피로'라는 막연한 주장에 머물러왔다. 아마도 가장 널리 수용된 마지막 가설은 일종의 생태학적 파괴를 포함한다. 그러나 수백km 떨어진 다른 도시들 역시 비교적 짧은 시간 안에 다른 종류의 생태학적 재앙(예를 들어 한 지역의 침수, 다른 지역의 건조, 그리고 또 다른 지역의 삼림 벌채, 염화와 침식)들로 최후를 맞이했다고 제안해야 하기 때문에, 이 설명 역시 만족스럽지 않다. 문헌들을 통해 이끌어낼 수 있는 유일하게 확고한 결론이 오히려 더 일반적이다. 도시 생활의 여러 측면들이 이 문명의 마지막 수세기 동안 덜 매력적이거나 더 불쾌하게 되었다.

무엇이 그토록 도시 문명을 존중한 사람들에게 도시 전체를 버려야만 하게 만들었을까? 문화적 매개체들의 개념은 우리가 갖고 있는 정보와 일치할 뿐만 아니라, 내가 믿는 바로는, 이전에 나온 그 어떤 설명보다도 소박한 새로운 가설을 제공한다. 하라판 문화의 기술적 향상은 콜레라나 이와 유사하게 엄청난 손상을 주는 수인성 질병을 진화시켰다.

역사적으로 보면, 하수로 오염된 물에 의해 콜레라가 전염되면 곧 폭발적으로 퍼져 처음 징후가 있고 수일 이내에 상당수의 감염자들이 사망했다. 수백 명에 달하는 도시 거주자가 일시에 돌연사하는 반면, 농촌 지역에서는 그런 사망률이 나타나지 않는다는 것을 깨닫는 데 굳이 통계학자가 필요하지 않다. 전통적으로 유행병들을 둘러싼 과잉 대응과 역병을 나쁜 조짐 또는 신의 분노로 해석한다는 점을 고려한다면, 아무리 그곳이 문화적으로 매우 중요하다고 하더라도 도시를 떠나는 대규모 이주를 쉽게 상상할 수 있을 것이다.

일단 그런 치사성 병원체가 진화한다면, 병원체에 감염된 사람들의 비율은 가장 광범위하게 오염된 우물이 있는 도시들에서 가장 높게 나타나야 한다. 더 크고 오래된 도시들은 훨씬 새롭고 작은 정착지들보다 이런 상황에 더 자주 마주쳤을 것이다. 오래된 배수관과 우물은 훨씬 더 교차 연결이 쉬웠을 것이다. 또 큰 도시는 잠재적으로 신입 주민들을 거부하는 감염율과 사망률을 거의 안정적으로 유지할 수 있었을 것이다. 수십 년 간에 걸친 탈도시화 과정에서 몇 군데 하라판 도시들에서 발생한 광범위한 홍수는 수인성 전파 기회와 그에 따라 병독성이 향상된 병원체들이 유지되도록 더욱 강화시켰을 것이다. 병독성이 있는 변종들의 존재 여부, 도시에서 도시로 이동, 그리고 도시 내 하수도와 우물 사이의 연결에 따라, 도시마다 아마도 각기 다른 시기에 질병이 유행했을 것이다. 결과적으로 도시별로 다른 달, 혹은 다른 해 아니면 수십 년 후 탈도시화하였을 것이다. 도시로 돌아온 이들은 여전히 오수로 오염된 급수 상황에 직면했을 것이다. 그러므로 수인성 질병이 주기적으로 발생하고, 다른 곳에서라면 잘 살 수 있는 사람들이 내몰려, 도시가 병원체라는 불법 점거자들 손에 넘어갔음을 예측할 수 있다. 탈도시화 동안의 임시 건설은 이 시나리오를 지지한다. 이 기간에 상업 거래의 붕괴 또한 문화적 매개체 가설과도 부합한다. 하라판 도심이 버려지고 있었을 때 원거리 거래에 필요한 기반 시설을 유지할 수 없었다면, 상업 거래는 간접적으로 위축되었을 것이다. 또 그 역병이 특히 한 도시에서 다른 도시로 이동한 기록이 있다면, 예를 들어 메소포타미아 주민들이 무서운 역병으로 고통받는 하라판 사람들과의 거래를 피한다면 거래는 위축되었을 것이다.

이 예측과는 별개로, 일반적인 설사증과 특히 *V. cholerae* 균을 주도적으로 연구하고 있는 그리너프 3세(W.B. Greenough III)는 산스크리

트어로 된 베다 문헌에서 콜레라와 구별되지 않는 병의 기록이 기원전 2000~3000년까지 거슬러 올라갈 수 있다고 결론을 내렸다. 만약 콜레라가 이 기간에 존재하지 않았다면 다른 심한 설사증들이 존재했을 것이고, 인간의 심한 설사증은 대체로 수인성이다(표 4.1).

이 정황 증거는 지구 최초의 위대한 문명의 하나가 붕괴한 것이 그 문화의 기술 혁신이 자신의 몰락에 시동을 건—이 경우 콜레라 또는 콜레라 유사 질병의 진화를 선호한 문화적인 매개체를 만들어냄으로써—최초의 예였을 가능성을 제기한다. 다른 학자들도 전염성 질병들이 하라판 문명을 몰락시키는 데 관여했을지도 모른다고 주장해왔지만, 문화적 매개체 가설과는 달리 그 어떤 주장도 구체적으로 거명할 수 있는 질병(예, 말라리아)이 어떻게 특히 하라판 도시 문명과 연관되어 있는지를 설명하지 못했다.

다른 초기 문명의 도시들이 왜 똑같은 불운을 겪지 않았는지를 질문할 수 있을 것이다. 이 질문에 대한 완전한 대답은 틀림없이 사회과학자, 고고학자, 역사학자와 생물학자들이 오랜 세월 공동으로 노력해야만 찾을 수 있을 것이다. 그 대답들이 병독성의 진화적 증가를 다른 문명의 파괴에 관여하고 있는 요인에 연루시킬지 혹은 시키지 않을지 알 수 없다. 그러나 적어도 다른 일부 고대문명에 수인성 전파를 선호하는 동일한 특징들이 없었던 것은 주목할 만하다. 이집트에서는 배수관을 거의 사용하지 않았고, 메소포타미아에서는 훨씬 덜 광범위하게 사용했다. 로마의 물 관리 시스템은 사용자들의 인구 밀도가 높은 데 비해서 비교적 오염되지 않은 채로 있었는데, 물을 비교적 사람들이 드문 고지대 지역에서 수도(水道, aquaduct)로 운반하였고, 분변에 오염된 폐수는 그들의 하수 시스템에 의해 인구 밀도가 높은 지역들에서 효과적으로 제거되었다.

문화적 매개체 가설은 또한 콜레라의 역사에 대한 논의에 다른 차원을 추가한다. 오랜 세월 동안, 전문가들은 콜레라가 수천 년 이전부터 발생했다고 믿어왔다. 최근에 일부 과학자들이 콜레라가 200년이 채 못 되는 시점에 처음 발생했다고 주장했다. 이 최근 기원설의 지지자들은 *V. cholerae* 균이 다양한 종임을 강조했다. 사람들 사이에서 지속적으로 전파되었다는 증거가 거의 없고, 많은 *V. cholerae* 균은 해양 환경에서 생존하고 자유롭게 증식한다. 그러나 기존에 나와 있는 모든 증거는 콜레라를 일으키는 *V. cholerae* 변종들과 고대 인간 사이의 연관성을 부정하지 않는다. 독립생활을 하는 *V. cholerae* 균의 존재는 개에 미치는 인간의 중요한 진화적 영향에 불리하게 작용하는 늑대의 존재 증거만큼, 콜레라를 일으키는 비브리오균에 미치는 인간의 중요한 진화적 영향에 불리한 증거는 아니다. 오히려 중요한 문제는 개와 늑대의 차이가 사람들과의 연관에 의한 진화 효과인가 하는 것이다.

독립생활을 하는 *V. cholerae* 균과 콜레라를 일으키는 변종들 간의 중대한 차이에는 독소 생산이 포함된다. 일반적으로 물 표본에서 분리되는 변종들은 인간에 의한 감염으로 상당히 오염된 지역이 아니라면 콜레라 독소를 거의 생산하지 않는다. 그리고 *V. cholerae* 균이 인간에 적응하여 병독성이 증가했다는 것에 대한 모든 논의의 중심에는 콜레라 독소가 있다. 독소를 생산하지 않는 유형들은 일반적으로 독소 유전자도 동시에 가지고 있지 않다. 독립생활을 하는 유형의 *V. cholerae* 균들이 소화관에 들어가 설사를 일으킨다 해도 그 증상은 대체로 가벼운 편이다. 따라서 독립생활을 하는 유형의 풍부한 개체 수 변동은 지역 주민들의 콜레라 증상 정도와 거의 연관이 없으며, 콜레라를 일으키는 유형들은 감염이 가까운 거리에서 발생했을 때만 물에서 분리되는 것 같다.

1983년 맥니콜과 됫츠(McNicol & Doetsch)는 중세의 십자군 전쟁, 카라반 또는 선박 항로들을 통해 이전부터 접촉해왔음에도 18세기 전반 이전에는 유럽에 콜레라가 없었음에 근거하여 콜레라의 최근 기원을 제안한다. 문화적 매개체 가설은 콜레라가 어떻게 이러한 상황에서조차 남아시아에 남아 그곳에 한정될 수 있었는지를 설명할 수 있다. 병독성이 매우 강한 *V. cholerae* 균은 수인성 문화적 매개가 많이 일어나는 인구 집단에서만 유지될 수 있다. 육상의 통상로 또는 먼거리를 항해하는 소수의 선원들 사이에서 이런 전파가 있었을 것 같지는 않다. 다른 유독한 병원체들이 소수의 고립된 집단에서 자취를 감추듯이, 그런 그룹 안에서는 아무리 병독성이 강한 *V. cholerae* 균 집단도 사라져버린다. 콜레라가 아닌 다른 질병들은 특징이 달랐으므로 그런 환경에서도 전파될 수 있었다. 예를 들어 천연두는 오랜 세월 동안 외부 환경에서 살아남을 수 있다. 그러나 *V. cholerae* 균의 고전적인 유형은 일반적으로 수일에서 수주일 안에 물속에서 사멸하고 1주일 이상 표면에서 분리되는 경우는 드물다.

맥니콜과 됫츠는 *V. cholerae* 균이 약 200년 전 갑자기 콜레라를 일으키는 능력을 얻었다고 제안한다. 그에 비해 나는 독소 생산을 강화하는 조건들이 분명 4,000년 전 남아시아에도 존재했고, 콜레라와 구분할 수 없는 질병으로 진화하였다고 생각한다. 그것이 같은 생명체였는가는 중요한 문제가 아닐 것이다. 이 질문에 대한 통찰은 인간 면역 결핍 바이러스(HIV)에 적용한 것처럼 *V. cholerae* 균 고유의 생화학적 시계가 갖는 경과율을 균 진화의 계통수 성장률을 추정하는 데 사용할 때 얻게 될지도 모른다. 더 매력적인 질문은 이런 종류의 병독성 생명체가 왜 진화했고, 미래에 어떤 조건에서 그 병독성을 선호하게 될 것인가 하는 점이다.

문화적 매개체 가설은 독소 생산의 다양한 수준이 수인성, 또는 비수인성 전파를 위한 기회에 적응할지의 여부를 나타낸다고 주장한다. 이 주장은 수중 환경에서 독립생활을 하는 *V. cholerae* 균이 광범위하게 존재한다는 사실을 기반으로 만든 최근의 해석과는 크게 다르다. 육지 가까이에 있는 바닷물에서 분리된 일부 *V. cholerae* 균과 인간에게 감염된 일부 균주들의 유사성은 일부 연구자들에게 *V. cholerae* 균은 '본래 진정한 삶의 터전인 바다에서 독립생활을 하는 유기체이고 현재는 그저 부수적인 병원체'라는 정의가 특징을 가장 잘 설명한다고 주장하게 하였다. 단지 우연히 인간에게 기생하는 것일 뿐이며, 따라서 콜레라균은 인간에게 형편없이 적응했다고 판단할 수 있다.

자연 환경에서 콜레라 독소가 어떤 역할을 하는지 알려진 바가 전혀 없고, 사람들과 인분으로 오염된 환경에서 분리된 변종이 더 많은 독소를 생산하는 것은 이 가설에 배치된다. 다양한 원천에서 분리된 260개의 *V. cholerae* 균 변종들 전체에 걸친 생화학적 변이 역시 그러하다. 인간의 콜레라 원인균인 엘토르 변종들과 고전적인 변종들은 *V. cholerae* 균 계통수에서 뻗어나온 가지이다. 일반적으로 인간의 질병과 연관되지 않은 변종들은 진화 계통수의 나머지 부분들을 이룬다. 미국의 엘토르 변종들은 또 다른 병원체 가설을 수립하는 데 필요한 대부분의 정보를 제공한 엘토르 본 가지에서 나온 작은 단일 가지를 총괄하여 형성한다. 독소를 생산하는 미국의 변종들은 모두 밀접하게 연관되어 있고, 독소를 생산하지 않는 미국의 변종들과는 별개이다. 사실 이들은 엘토르 변종균과 다른 그룹으로 취급하는 것이 더 타당하다. 만약 *V. cholerae* 균이 얼마간 비기생성을 목적으로 독소를 생산하는 독립생활 유기체였다면, 진화 계통수의 이 분기는 그다지 분명하게 확정되지 않았을 것이다. 또 독소를 생산하고 콜레라를 일으키는 *V. cholerae* 균이 다른 *V. cholerae*

균에서 그만큼 명확하게 분리되지도 않았을 것이다.

아래의 설명은 가용 증거와 더 잘 부합하는 것으로 보인다. 미국에서 발견되는 독소를 생산하는 변종들은, 동쪽의 유행 지역에서 우연히 미국에 눌러앉은 클론에서 이루어졌다. 사람들 사이에서 간헐적으로 증폭·보충되는 것을 축적해가면서, 수중 환경에서 중간 수준의 생존에 성공하면서 간신히 자신을 유지해올 수 있었다. 이 설명이 올바르다면, 이 미국의 미미한 수중 병원체들의 존재는 인도나 방글라데시 같은 유행 지역에서 독소를 생산하는 *V. cholerae* 균이 어떻게 유지되는가를 이해하는 데 별로 유용한 모델은 아닐 것이다. 이들 유행 지역들에서 콜레라는 비록 종종 제한적이기는 하지만 아마도 사람들끼리 지속적으로 전파해 갈 것이다. 수인성 전파가 가능한 지역들에서, 독소를 다량으로 생산하는 *V. cholerae* 균은 인간에게 침투하고 증식할 수 있는 큰 잠재력 덕분에 유지된다. 수인성 전파가 덜 가능한 지역에서는 낮은 수준의 독소 생산을 선호한다. 발병시키기 좋은 두 곳에서, 독소를 거의 생산하지 않는 일부 병원체들은 감염이 이루어지고 나서 장점이 있기 때문에 유지될 것이다(1장 참조). 그러나 어떤 경우이든 이들의 생활 주기는 유전적으로 다른, 즉 독소를 생산하는 유전자를 좀처럼 갖지 않고 독립생활을 하는 *V. cholerae* 균의 생활 주기와는 큰 차이가 있다. 전자의 변종들은 자주 전파되는 동안 일시적인 생존을 포함해 발병시키기 좋은 곳을 채운다. 훨씬 이질적인 후자의 변종들은 주로 비병원성인 물속에서 사는데, 우연히 인간 위장관(gastrointestinal tract)으로 들어가면 생활 주기가 중단된다.

수인성 전파, 연구와 공중 보건 정책

모순의 해결 : 증거와 해석

문화적인 매개체 가설은 교차-특이적 연구들에서 나오는 명백한 모순을 해결하는 데 도움을 주고, 역학 연구에서 해결해야 할 목표를 명확히 해 준다. 현재의 연구들은 일반적인 위험 인자들과 설사증 사이의 직접적인 연관만을 찾고 있으며, 어떤 설사 병원체가 그런 연관을 보여야 하는지에 대해서는 거의 주의를 기울이지 않는다. 놀랄 것도 없이, 그런 연구들은 서로 상충되는 결과를 낳는다. 이런 애매함은 대부분 조사하고 있는 병원체의 종류와 관련이 있는 것 같다. 예를 들어 〈설사병 연구(*Journal of Diarrheal Diseases Research*)〉 최신 호에 게재된 중국 남동부에서 행해진 연구는 더러운 물 소비와 설사 사이의 연관을 찾아냈지만, 미얀마 국경에 걸친 연구는 그렇지 않았다. 중국인들의 연구에서 발견되는 병원체는 *Shigella* 균을 포함하는데 이는 표 4.1에 나타난 것처럼 종종 수인성이며, 특히 중국에는 *S. dysenteriae* I와 *S. flezneri*가 널리 퍼져 있다. 미얀마에서 얻은 분리 균주는 대장균과 비티푸스성(nontyphoid) 살모네라균을 포함했지만, 표 4.1에 나타난 일반 수인성 병원체는 아무것도 포함되지 않았다. 수인성 전파와 병독성의 관계를 인식함으로써, 연구자들은 다양한 시기에 특정한 지역들에서 더욱 효율적으로 위험 요인들을 찾고 확인할 수 있었다. 중재 프로그램을 병원체의 지역적 구성에 맞춰 짜고 있기 때문에, 궁극적으로 연구 결과는 해마다 발생하는 수백만의 설사 사망자를 크게 줄일 수 있을 것이다.

20세기 후반 동안 *V. cholerae* 균을 중재하기 위한 프로그램들은 논란의 중심에 있었다. 한 가지 큰 의견 차이는 콜레라가 주된 수인성 질병인가에 관한 것이었다. 오랜 연구 역사에 의거하여, 1960년대와 1970년대 초기에 널리 수용된 관점은 콜레라가 거의 배타적으로 수인성이었다는 것이다. 피켐(Feachem)이 이 관점에 도전장을 내밀었는데 그는 많은 연구들이 비수인성 전파 가능성들을 매끄럽게 가공하였다고 지적했다. 즉, 비수인성 전파 가능성을 배제했다는 의미이다. 그러나 피켐은 대부분 고전적인 유형 변종들에 근거한 일반화를 거부하기 위해 주로 엘토르형에서 얻은 데이터를 사용해 분석했다. 예를 들어, 모즐리와 칸(Mosley & Khan)은 '단순히 깨끗한 물을 공급함으로써 온 세상에서 질병이 제거되고 있다는 용이함'은 *V. cholerae* 균이 수인성 병원체라는 증거라고 말했다. 반면 피켐은 엘토르 *V. cholerae.* 균의 발발을 인용하면서 이 주장을 의심했다. 문화적 매개체 가설은 이처럼 언뜻 모순으로 보이는 양쪽 주장을 어떻게 올바르게 정리할 수 있는지를 보여준다. 모즐리와 칸의 주장은 만약 그 서술을 고전적인 *V. cholerae* 균에만 한정한다면 결과에 잘 부합한다. 피켐의 염려는 사실이기는 하지만, 깨끗한 물을 공급함으로써 고전적인 콜레라가 제거된 사실을 인정하지 않았다. 논란의 중심인 *V. cholerae* 콜레라균은 가끔 유행병의 원인이면서도 콜레라 유행의 전통적인 서술과 잘 부합되지 않았기 때문에 큰 혼동을 일으켜왔다. 예를 들어 건(Gunn) 등은 "바레인과 사우디아라비아에서 병독성이 덜한 질병 패턴이 관찰되는 이유는 알려져 있지 않다."고 언급했다. 문화적 매개체 가설에 의하면, 수인성 전파는 그런 지리적 위치(예, 사막지대)에서 일어나서는 안 된다. 실제로 그들은 자신들의 역학 조사에 근거하여, 전파가 공중음용수의 오염으로 일어나지 않는다는 결론을 내렸다.

그러므로 문화적 매개체 가설은 병독성의 변이를 수인성 전파의 변이로 설명할 수 있음을 강조함으로써 콜레라 역학을 분명하게 해준다. 매우 심각한 수인성 병원체로서 콜레라에 대해 묘사된 일반적인 특징은 고전적인 유형에서는 대부분 정확했지만, 엘토르형에서는 그렇지 않았다. 공급되는 수질이 향상됨에 따라 고전적인 균들이 엘토르형의 균들로 교체되는데, 이로써 *V. cholerae* 균에 대한 전통적인 이해와 최신의 데이터들이 일치하지 않게 되었다. 그러므로 증상의 심각함과 전파에 대한 혼란스러운 논란은 급수 정화로 시작되어 선택적인 결과가 바뀌는 것에 기인한 것이다.

다른 정책들

이에 대한 해답은 중재 전략들에 대한 평가에 또 다른 변수를 추가한다. 중재 효과에 대한 평가는 현재 진화적의 영향을 고려하지 않은 채 감염과 질병의 빈도에만 초점을 맞춘다. 예를 들어 드 조이사와 피켐(de Zoysa & Feachem)은 *V. cholerae* 균과 로타바이러스[3]로 인한 설사증에 대항하는 백신 프로그램의 비용 효과를 조사했다. 그들은 *V. cholerae* 균이 5살 미만 방글라데시 어린이들에서 일어나는 전체 설사의 0.4%와 전체 사망의 8%를 차지하며, 콜레라 백신은 이 비율을 5분의 1 이하로 낮출 것으로 추정했다. 그들은 2살에 각 설사증을 방지하는 백신을 접종하는 데 매년 대략 500달러가 들고, 한 건의 사망을 방지하는 데 매년 1만 달러가 든다고 계산한다(1993년 미 달러화 기준). 이 예상 경비는 *V. cholerae* 균 감염 빈도에 비교적 미미한 영향을 주는 것으로 알려진 정수 비용보다 적게 든다고 알려졌다. 그러나 이 추정에는 정수에 의해 일어나는 *V.*

3) rotavirus. 장염을 유발하는 바이러스. 전 세계 영유아에서 발생하는 위장관염의 가장 흔한 원인 바이러스.

cholerae 균 병독성의 진화적 변화를 통해 멈춘 설사병 발병 건수와 사망 건수를 포함시켜야 한다. 만약 방글라데시의 모든 주민에게 안전한 물이 공급된다면, 고전적인 *V. cholerae* 균에 맞먹는 병독성을 지닌 변종들은 자취를 감춰야만 한다. 1980년 이후부터 방글라데시에서 *V. cholerae* 균 감염은 대략 4분의 1이 고전적인 유형에 속한 것이었다. 감염에 따른 사망률은 엘토르형보다 고전적 유형에 의한 감염이 약 10배나 높다. 그러므로 방글라데시 사람들에게 깨끗한 물을 공급하면 콜레라로 인한 사망을 절반 이상 줄일 수 있으며, 이런 감소는 철저한 백신 접종 프로그램으로 예상되는 효과의 약 2배에 해당한다. 정수한 물을 받는 데 드는 개인당 연간 비용은 농촌 지역에서 25달러이고 도시 지역들에서는 약 75달러이다(도시 지역의 하수 처리 비용 포함).

비진화학의 분석들은 급수와 공중위생 시설이 함께 개선되면 모든 설사 병원체에 의한 발병과 사망을 거의 3분의 1로 줄일 수 있음을 시사한다. 사실 급수보다는 공중위생을 개선함으로써 훨씬 더 큰 효과를 얻을 수 있지만, 그 예상은 병독성에 미치는 급수의 진화적 효과들을 전혀 포함하지 않고 있다. 이들 효과가 얼마나 클까? 지역으로 공급되는 물을 정화시키자, 가장 병독성이 큰 살인자들—고전적인 *V. cholerae.*, 살모넬라, 티푸스와 *S. dysenteriae* type 1—이 실질적으로 사라졌다. 방글라데시에서 이들 세 병원체는 설사증에 기인하는 사망률의 대략 절반에 해당하는 원인이다. 그 다음으로 강력한 수인성 병원체들(엘토르 *V. cholerae*와 *S. flexneri*)의 평균적인 병독성 또한 정수에 의해 줄어들 것을 고려하면, 우리는 지역적으로 수인성 전파를 종료시킬 경우 설사병에 의한 사망을 적어도 50% 줄일 수 있음을 예측할 수 있다.

이것이 사실이라면, 그 순비용은 백신 접종으로 생명을 구하는 1인 당

비용의 10분의 1에 불과할 것이다. 진화학적 공격은 콜레라로부터 1명의 생명을 구하는 데 드는 비용을 즉시 인하하는 것만큼이나 중요한 부가 이익이 있다. 무해한 양성 감염은 장차 어린이들에게 여타 병독성 변종들까지도 대항하는 일종의 예방접종을 '면역화당' 0.00달러의 비용으로 자연적으로 제공할 것이다. 상설 저수지들을 사용하는 것에서 지하수 또는 관을 통해 나온 물을 사용하도록 전환하면 설사병 이외의 질병도 줄일 수 있다. 저수지와 같은 모기의 온상을 제거하면 절지동물을 매개로 하는 질병이 줄어들 것이다. 벌레가 붙어 있는 기생체는 일부는 물에 의해 전파되고 일부는 잦은 세탁으로 떨어져 나갈 수 있기 때문에 덜 유해하게 될 것이다.

해외여행자의 예방접종은 비용 대비 효과가 크지 않다. 또한 진화학적 접근은 상당한 국제적인 이익을 제공한다. 북아메리카 여행자들을 위한 일상적인 콜레라 예방접종을 통해 한 명의 생명을 구하는 데 드는 비용은 대략 2,000만 달러이다. *V. cholerae* 균과 다른 설사 병원체들을 무독성/양성으로 진화하도록 몰아붙이면, *V. cholerae* 균이 존재하는 지역을 방문한 여행자들은 물론 이 지역을 떠나고 나서 이들과 접촉한 사람들도 심한 질병으로부터 보호할 수 있다. 이런 인명 구조 이익에 더해 깨끗한 물은 미용상의 이익도 있다.

많은 변수들이 위에서 제시된 대략적인 추정을 바꿀 수 있다. 예를 들어 진화학의 원칙들을 기초로 예상하면 방글라데시의 엘토르 변종들은 다른 지역들의 엘토르 변종들보다 더 병독성이 있는 것으로 보인다. 급수가 점차 정화되면서 그들 역시 개선된 급수의 비용 효과를 높이면서 무독성 방향으로 진화해야 한다.

경구 수분 보충 요법은 설사성 질병과 싸우는 노력의 '기함(旗艦)'[4]이라고 할 수 있다. 이는 확실히 비용 대비 효과가 가장 좋은 의학적 성취의 하나이다. 즉시 그리고 지속적으로 제공할 수 있다면, 그 요법은 탈수를 일으키는 설사 병원체들로 인한 사실상 모든 사망 가능성을 값싸게 간단히 배제할 수 있다. 경구수분보충치료법이 훌륭한 성공 사례이기는 하지만, 결정적인 제한이 있다. 이 치료법은 농촌 지역에서는 효과가 떨어지기도 하는데, 그것은 이것이 간호자들의 신속한 접근과 인내가 필요하기 때문이다. 그리고 비록 생명을 구하기는 하지만, 여전히 환자를 조직 손상에 취약한 채로 방치한다. 경구수분보충치료법이 *V. cholera*에 의한 사망을 크게 감소시키지만, 시겔라와 살모넬라균의 가장 유해한 증상은 탈수보다는 오히려 장의 내벽 세포들을 공격함으로써 나타나므로 경구 수분 보충 요법이 이들에 의한 사망률에 미치는 영향은 비교적 적다. 물의 정화는 치명적인 설사증에 가장 책임이 있는 이들 3개 속 세균들의 병독성을 동시에 줄임으로써 경구 수분 보충 요법을 보완한다. 또한 정수는 더욱 직접적인 방향으로 경구 수분 보충 요법의 전체적인 가치를 올릴 것이다. 경구 수분 보충 용액을 준비하는 과정에서 오염된 물을 사용하면, 침투한 병원체들이 더욱 증식할 수 있다.

실질적으로 어떤 중재라도 병독성에 약간의 진화적인 영향을 미칠 수 있기 때문에, 다른 중재들을 진화학적으로 평가한다는 것은 쉬운 일이 아니다. 콜레라 독소를 포함하는 백신은 콜레라 병원체들이 양성으로 진화하도록 할 수 있다(9장 참조). 일반적인 경구 수분 보충 요법은 병독성이 매우 강한 변종들에 감염된 사람들이 환경으로 균들을 많이 배출함으로써, 병독성이 증가하는 방향으로 진화하도록 유도할 것이다. 예를 들

4) flagship, 사령관이 승선하여 함대를 지휘하는 전투함.

어 누군가 탈수로 사망한다면, 변 안에 있는 *V. cholerae* 균을 퍼뜨리는 일은 분명히 줄어들 것이다(제1장 참조). 생존자들에 대한 전통적인 경구 수분 보충 요법은 배변 횟수나 설사 지속 기간을 줄어들게 하지는 않지만, 최근 개발된 쌀을 주재료로 하는 조제물은 장으로부터 흘러나오는 유체를 줄임으로써 배변 횟수와 설사 지속 기간을 확실히 줄인다. 그러므로 쌀을 주재료로 하는 조제물은 예전 조제물에 비하여 아직 인지되지 않은 진화학의 이익을 가져올지도 모른다.

장기적인 평가 역시 질병의 지리적, 사회적 전후관계에 집중해야 한다. 백신 접종 프로그램은 재원이 한정된 탓에 지방 주민들까지 혜택을 받지 못할지도 모르며, 그 주민들은 또한 감염과 사망에 이르는 짧은 기간 안에 신속한 치료를 받을 기회가 적을 수도 있다. 급수 프로그램은 일단 자리를 잡으면, 그런 취약한 기간 없이 항상 보호한다. 따라서 지방 주민들은 급수 시스템을 통해 각별한 보호를 받을 것이다. 다른 투자들의 상대적인 비용 대비 효과에 대한 평가를 바꿈으로써, 우리는 진화학적 고려들을 통해 궁극적으로 어떤 중재를 언제 그리고 어디에 사용해야 할지 포괄적으로 이해하게 될 것이다.

제5장
병원 관계자–매개 전파
(또는 어떻게 의사들과 간호사들이 모기, 마체테* 그리고 흐르는 물과 비슷해지는가?)

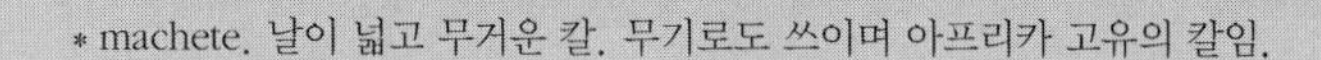

* machete. 날이 넓고 무거운 칼. 무기로도 쓰이며 아프리카 고유의 칼임.

문화적 매개체로서의 의료인들

소수의 전문 의료 인력들이 실제로 간호가 필요한 사람들을 돌보는 병원과 이와 유사한 시설에서 다른 형태의 문화적 매개를 한다. 환자들을 돌보는 동안, 의료인들은 자신들은 감염되지 않으면서 부주의하게 한 환자에서 다른 환자들로 병원체들을 옮길지도 모른다. 주로 직접적인 접촉, 또는 병원용 기기 사용을 통해 간접적으로 옮길 것이다. 물과 모기에 의한 전파처럼 의료인 매개 전파는 증식이 매우 빠르기 때문에, 아주 강한 병독성 병원체들을 선호한다. 병원 신생아실에서 일어나는 설사병을 생각해 보자. 병원체 입장에서 보면, 신생아는 간호사와 많이 다르다.

신생아는 장과 피부에서 보호 역할을 하는 장 박테리아들이 아직 없고, 병원체가 장에 들어가기 전에 이들을 죽이는 강한 산성을 띤 위 분비액 같은 성인의 후천적 면역 장치들이 부족하다. 따라서 신생아는 감염에 매우 민감하다. 건강한 의료인들은 감염에 비교적 잘 저항하지만, 설사 병원체들 중 병원성 변종들은 심지어 멸균제로 철저히 씻은 후에도 의료인들의 손에 남아 있을 뿐만 아니라 증식도 한다. 아기들에서 나타나는 변종들은 의료인들에 의해서도 정기적으로 옮겨지므로 종종 병원 내 후천적 감염을 일으키는 즉각적인 원천으로 이어진다. 이 변종들은 일반적으로 의료인들의 소화관에서 분리되지 않는다. 그러나 의료인들은 가끔 병으로 거동하지 못하더라도 자신들의 임무를 다른 의료인에게 넘기므로 의료인 매개 전파는 계속된다. 신생아 병동 아기들에서 일어나는 광범위한 병원체 증식은 병원체에게 높은 적응 이익을 제공할 것이다. 간호사들은 대체로 하루 20~25회 아기들을 만지는데, 이 정도 접촉 횟수라면 의료인 매개 전이가 일어나기에 충분하다. 의료인들은 넓게 퍼지는 설사 분변보다 고형의 분변을 훨씬 쉽게 피할 수 있기 때문에, 설사는 병원체의 전파를 촉진할 것이다. 오염된 손으로 부주의하게 환자를 접촉하면 손을 씻은 후에도 다시 오염시킬 수 있다. 이 문제를 악화시키는 것은 특히 감염이 심한 아기들을 훨씬 더 자주 간호해야 하는 상황이다. 위생 기준을 유지하는 노력을 배가하지 않으면, 이 잦은 접촉은 의료인들의 진피에 병원체 군집들을 늘어나게 할 것이다. 아기들의 부모와는 달리, 의료인들은 식사와 같은 활동을 하기 전에 더욱 세심하게 손을 씻음으로써 장내 감염이 일어나지 않도록 조심할 것이다. 이런 고려 사항과 일치하도록 역학(疫學) 연구들은 비록 의료인 자신들은 감염으로 고통받지 않지만 병원에서 생긴 설사 병원체들의 주요한 감염원으로 의료인들의 오염된 손을 지목했다.

의료인 매개가 일어날 수 있는 시간대(時間帶) 또한 병원 감염의 병독성에 한 원인이 될 것이다. 어머니가 아기를 병원에서 집에 데리고 가면, 감염되기 쉬운 숙주의 풀은 크게 줄어든다. 병원 의료인들과 마찬가지로, 아기와 접촉하는 집에 있는 어른들과 아이들은 감염에 비교적 잘 저항한다. 그러나 병원 의료인들과는 달리 이 가족은 병원체들을 거동이 힘든 환자들에서 감염되기 쉬운 사람들에게 전파시킬 가능성이 거의 없다. 병독성이 약화된 덕분에 감염성이 길어진 병원 감염 병원체들도 장기간 전파로 인한 이익이 적어진다. 반대로 의사들은 중증인 아기들을 계속 병원에서 치료하므로, 심각한 질병은 병원 내 전파가 일어날 수 있는 시간을 늘릴 것이다.

그러므로 모기-매개 병원체들에서처럼, 위생 기준이 낮을 때 나타나는 심각한 증상들은 의료인-매개 전파를 억제하기보다는 촉진할 것이다. 병에 걸리기 쉬운 많은 사람들 가운데 병든 아기들은 전염성이 있는 분변을 통해 병원체를 고밀도로 방출하여 확산시키고, 병원에 더 자주 가고 오래 입원한다. 훨씬 큰 전파 가능성은 차치하고, 왕성한 병원체 증식과 그로 인한 심각한 증상 때문에 의료인-매개 병원체는 비교적 적응 비용이 낮을 것이다. 가벼운 감염증에 걸렸다고 해도, 신생아가 다른 신생아들의 침대 주변을 걸어 다니지는 않을 것이다.

만약 의료 기관에서 발생하는 의료인 매개 전파가 병독성을 진화적으로 증가시킨다면, 이러한 진화의 증거가 의학 문헌으로 존재해야만 한다. 구체적으로, 병원 내의 의료인 매개 병원체 균주들은 병원 밖에서 일어나는 직접적인 접촉에 의해 감염되는 균주들보다 병독성이 강해야 한다. 그리고 병원 감염이 지속되면서 병독성도 증가해야 한다.

이 예측은 병원체가 병원 환경에서 수개월에서 수년에 걸친 시간적인 척도에서 진화할 수 있음을 가정한다. 신생아실에서 나타나는 항생제에 대한 진화학의 반응은 그 가능성을 더 신뢰하게 해준다. 예를 들어 신생아에 대한 3주일 간의 페니실린 예방 치료는 황색포도상구균(*Staphylococcus aureus*)의 페니실린 내성을 미미한 수준에서 100%까지 급속하게 증가시킨다.

병원 내의 의료인 매개 세균

대장균에 의한 신생아 설사

대장균은 이런 예측을 평가하기에 적당한 자료를 제공한다. 이 세균은 인간 숙주에게 부정적인 영향을 전혀 혹은 있더라도 미약하게 끼치지만, 일부 균주는 상당히 많은 감염자들을 병상에 눕게 하거나 죽음에 이르게 할 수 있다.

병독성과 관련된 적응 이익에 대한 이전의 논의에 따르면, 특히 중증 환자들은 대체로 순수한 세균 배양물들을 배설한다. 무증상으로 감염된 사람들은 일반적으로 훨씬 농도가 낮은 병원균을 배설하며, 신생아실을 전염시키는 주범으로는 아직까지 확인되지 않았다. 유아를 수용하고 있는 병실에서 대장균 설사병에 그대로 노출된 접촉 대상들은 대부분 하루만에 심하게 감염될 수 있다.

문화적 매개체 가설에 따르면 병독성 발생은 대체로 병원 또는 그와 유사한 시설들에서 일어난다. 대규모 공동체 범위로 퍼지는 유행이 일어날 경우, 자주 병원 내 전파가 강하게 연루되었다. 예를 들어 1953년 10월부터 1954년 2월 사이에 미국 동해안 지역에서 발생한 대유행병은 "폭발적인 발병은 기관, 병동과 그리고 신생아 보육 시설들로 한정되었다." 이와 유사한, 1961년 겨울에 발생한 유행은 시카고와 인접한 인디애나주 주민들 사이에서 일어났다. 이 지역 주민들 중 유아 20명당 약 1명이 감염되었으며, 이들은 거의 절반이 병이 나기 직전에 29개 관련 병원들 중 한 곳과 직·간접적으로 접촉했다. 병원에서 직접 전파되었다고 추정하였지만, 갑작스러운 발병은 종종 외부 공동체에서 병원으로 들어오기도 한다.

병원 내에서 증식한 균주들이 지역 공동체에서 증식한 균주들보다 병독성이 더 강할까? 균주들이 병원 바깥에서 감염된 어머니에게 유래했을 때, 신생아 감염은 실제로 병독성이 덜한 것 같다. 예를 들어 신시내티 병원에서 모성 유래 신생아 감염은 거의 모두 증상이 없었다. 반면 3년 전 같은 병원에서 갑작스럽게 발병했을 때는 병원 감염 유아 33명 가운데 32명이 증상을 나타냈으며 그중 3명은 치명적이었다. 불행하게도, 제시된 데이터는 분유 수유와 같은 다른 요인들이 이런 차이에 기여했는지를 평가하는 데는 불충분했다.

병원 내 대장균 균주들의 높은 내재적인 병독성에 대한 추가 증거는 실험 연구들에서 나왔는데, 이는 비록 높은 농도가 필요하긴 하지만 그 균주들이 어른들에서도 중등도에서 심각한 수준까지의 설사증을 일으킬 수 있음을 보여주었다.

만약 의료인 매개 전파가 병독성을 높인다면, 의료기관 내 전파 정도가 증가함에 따라 감염의 위중도 또한 증가할 것이다. 연구자들이 대장균을 병원 감염성 병원체로 인식하기 시작한 1940년대 무렵부터 신생아실에서 기록한 대장균 발생 데이터를 사용하여 나는 이 예측을 평가했다. 이 조사를 통해 예측된 연관성을 확인했다. 병원성 대장균의 신생아실 발생이 1, 2주일 안에 끝났을 때, 감염된 아기들의 극히 일부만 사망했다. 그러나 대장균이 수주일 또는 수개월 동안 발생했을 때, 감염된 아기들 10명당 대략 1명이 사망했다. 1946년에서 1955년까지 뉴욕 주 북부에서 보고된 신생아실 설사병 발생에 대한 개요는 훨씬 제한된 지역에서 이와 유사한 경향을 확인할 수 있다. 최초 발병 사례와 주 보건당국에 보고된 발병 사례 사이의 시간이 지연되면서 사망률이 증가했다.

언뜻 보면 치사율과 설사병 발생 사이의 연관이 낙후된 위생에 기인한 진화와는 무관한 결과였다고 추측할 수도 있다. 설사병 발생을 완화하는 데 노력을 덜 기울인 병원들은 위생에도 노력을 덜 쏟았을 것이므로 훨씬 심한 감염이 있었을 것인데, 이는 각 환자들이 훨씬 많은 병원체들에 감염되기 때문이다. 그러나 설사병 발생의 상세한 내용은 이 해석과 모순된다. 설사병 발병을 종식시키기 위해 해당 병원의 의료인들은 일반적으로 환경으로부터 오염을 제거하여 전파 주기를 파괴하는 격렬하고도 지루한 대응을 시도했다. 확실히 이런 노력을 기울이는 동안 체내로 들어간 병원체 수는 크게 줄었음이 틀림없다. 그런데도 심각한 감염들은 지속되었다. 감염된 병동들을 폐쇄하고 살균제로 철저히 소독한 이후에야 비로소 심각한 발병이 최종적으로 끝이 났다.

이런 사실들은 높은 세균 침투량이 병원에서의 발병 기간과 치사율 사이의 연관에 대한 설명으로는 부족하다는 것을 시사한다. 그리고 이 연관을 항생제 사용의 차이로 설명할 수도 없다. 지난 세기 중반부터 병독성에서 변이가 관찰되고 심각한 전염병의 발생이 갑작스럽게 줄어들면서 전염병학자들 사이에서 큰 혼란이 일어났다. 대장균이 주요한 병인으로 확인되기 이전에, 신생아 설사병은 경이적인 사망률의 주원인이었다. 예를 들어 1930년대 중반 뉴욕 시내 15군데의 병원에서 태어난 아기 14명당 대략 1명이 설사로 사망했다.

오늘날 그러한 병독성 대장균 발생은 드물다. 문화적 매개체 가설이 이에 대한 설명을 제공한다. 1950년대 중반까지 대장균은 신생아 설사병을 일으키는 병원 감염의 주요 원인이었지만, 그런 병원 감염이 격리 순서와 항생제로 통제할 수 있음이 공중위생 관계자들 사이에서 광범위하게 인식되었다. 따라서 장기적인 의료 종사자 매개 발병들은 비록 일어난다면 여전히 심각하겠지만 훨씬 드물어졌다. 만약 장기적인 의료 종사자 매개 전파가 병독성을 진화적으로 증가시킨다면, 그런 전파의 희소성은 병독성이 있는 병원 대장균 균주들의 희소성으로 설명할 수 있어야만 한다.

연쇄상구균, 포도상구균과 그 밖의 세균들

의료인 매개 전파에 대한 이런 논의는 소화관 내 대장균 이외의 병원체들에게도 잘 들어맞는다. 예를 들어 비장티푸스성(nontyphoid) 살모네라균의 장기적인 발생이 가끔 병원에서 일어난다. 병원 바깥에서 생긴 비장티푸스성 살모네라균은 좀처럼 치사성이 없지만, 병원에서 발생한 것들은 종종 심각하다. 예를 들어 호주의 병원에서는 1946년과 1947년 사이에 비장티푸스성 살모네라균의 의료인 매개 증식이 두 건이나 발생했다. 이 살모넬라는 대략 8개월 동안 지속적으로 발생했다. 발생 중 한 건에서 감염자 7명당 1명이 사망했고, 다른 한 건에서는 감염자 3명당 1명이 사망했다. 이와 대조적으로, 항생제가 없었을 때조차도 의료인 매개 전파가 없거나 있어도 미미한 병원 감염 발생은 일반적으로 치사성이 없거나 미미했다.

또한 의료인 매개 전파는 소화관 이외의 조직에 감염되는 병원체들에게 영향을 줄지도 모른다. 대장균처럼 황색포도상구균은 주로 신생아실에서 의료인 매개로 전파된다. 황색포도상구균은 출생 첫해 동안 약 20%의 유아들, 지역사회 주민들의 최대 40%, 그리고 병원 내 모든 사람의 70%에 존재한다. 간혹 지역사회에서 감염된 균주들에 의해서도 유아 또는 어머니에게서 심각한 감염이 일어나지만, 대개 병원 균주들이 주기적으로 심각한 감염을 일으킨다. 삼출성 고름이 찬 피부 병변들(농가진, impetigo[1]), 어머니의 유방 감염과 가끔 치명적인 화상피부증후군이 그 예이다.

1980년경 호주 빅토리아주에 있는 병원들에서 '등짚고 뛰어넘기 놀이(leapfrogging)'처럼 일어난 발병을 통해 병원 균주들의 수용력이 얼마나 파괴적인지 알 수 있다. 항생제 내성 황색포도상구균은 왕립 멜버른병원에서만 500명 이상의 환자에 감염되었다. 감염자는 약 절반에서 뚜렷한 증상이 있었고 3분의 1이 사망했다. 전체 병원들에서 대략 1,000명이 사망했을 것이다. 지역 내 병원들 상당수는 환자 사례들을 보고할 의지가 없거나 불가능했기 때문에, 정확한 수를 헤아리기는 어렵다. 증상이 있는 감염을 환자들에서뿐만 아니라 의료 관계인들에서도 발견할 수 있었는데, 그들 중 일부는 심각한 질병에 걸려 있었다. 황색포도상구균 발생은 마침내 단 하나 남은 효과적인 항생제인 반코마이신(vancomycin)[2]을 사용하여 통제되었다.

대장균 사례처럼, 위생을 상당히 개선한 후에도 비교적 높은 병독성을 유지하였다. 예를 들어 스웨덴 말뫼(Malmo)에서 심각한 황색포도상구균이 발생했을 때, 병원의 황색포도상구균 농도를 감소시키기 위해 광범위한 중재에 나섰지만, 의료인들 사이에서조차 증상이 있는 감염 빈도는 2년이나 지속되었다. 손씻기와 장갑 사용에 대한 엄격한 지침이 시행되자 감염 빈도가 감소하기 시작했다. 그런데 그 시점에조차도 황색포도상

---

1) 농가진. 주로 여름철에 소아나 영유아의 피부에 잘 발생하는 얕은 화농성 감염을 말하며, 물집 농가진(포도상균 농가진, bullous impetigo)과 비수포 농가진(접촉감염 농가진, impetigo contagiosa)의 두 가지 형태임. 황색포도상균이 주 원인균이나 화농성사슬상균(*Streptococcus pyogenes*)에 의해서도 발생.

2) vancomycin. *Streptomyces orientalis*에서 분리된 항생물질. 주로 그람양성균에 작용함. 소화관에서 흡수되지 않기 때문에 정맥 안으로 투여함. 주로 다른 항생물질에 내성을 가진 포도상구균의 감염에 사용함.

구균에 감염된 사람들은 대부분 질병 증상들을 보였다. 따라서 병원 감염성 황색포도상구균 감염의 위험성은 단순히 높은 감염 농도의 결과로만 보이지 않는다.

세균이 혈류로 직접 흘러들어 생기는 감염들은 특히 병원에서 심각한 발생 경향을 보인다. 심내막염(endocarditis)[3]은 심장 내벽의 염증으로서, 주사 또는 외과적 수술 과정에서 황색포도상구균 같은 세균이 혈액을 오염시킬 때 일어난다. 헤로인 중독자가 포도상구균성 심내막염에 걸리면 대개 3분의 1 미만이 사망하지만, 병원 감염성 심내막염 환자는 절반 이상이 사망한다. 나는 여기서 포도상구균이 심내막염에 조금 이롭다거나 치사성의 차이가 병원 균주들이 병독성이 더 높음을 증명한다고 주장하는 것은 아니다. 오히려 나는 감염성 심내막증의 심각함이 어떤 포도상구균 균주의 병독성이 어느 정도 강렬한가를 보여주는 지표임을 주장하고 있다. 이 지표에 따르면 병원 균주들이 특히 병독성이 강한 것처럼 보인다.

이 문제를 확실히 이해하기 위해서는 병원 감염성 균주들과 지역사회 균주들의 유전적인 차이에 대한 연구가 좀 더 필요하다. 이에 관한 일부 정보는 이미 사용하고 있다. 병원 감염성 포도상구균 감염이 일으키는 가장 극심한 한 가지 증상은 화상피부증후군[4]으로, 19세기부터 병원에서

---

3) 心內膜炎. 감염의 유무에 따라 비감염성과 감염성으로 나뉨. 비감염성은 판막의 염증 부위에 혈전이 부착함으로써 일종의 혹이 생겨 판의 기능에 장애를 일으키며, 감염성은 포도상구균이나 연쇄구균 등이 발치나 산부인과적 처치에 의해 혈류에 유입되어 판막 또는 심내막의 염증 조직에 부착하여 증식하고 변화하여 혹을 형성함. 증상은 전신적으로 발열, 오한, 발한, 권태감으로 이어지고 피부나 점막의 점상 출혈이 나타나기도 함.

4) scalded skin syndrome. 포도상구균 외독소로 생기는 피부염으로, 영아기에서 사춘기 전까지 아이들에서 주로 발생.

감염되어 종종 사망에까지 이르는 질병이다. 감염으로 고통받는 아기의 피부는 마치 심한 화상을 입은 것처럼 빨갛다가 피부 껍질에 벗겨지는데 대략 5명 가운데 1명이 사망한다. 피부의 파편은 마치 설사처럼 의료 관계자들을 오염시키고 결국 감염되지 않은 감수성 있는 아기를 감염시킨다. 피부가 떨어져 나가는 것은 독소에 기인하는데, 그 근원은 세균의 유전자로 거슬러 올라간다. 따라서 피부화상증후군의 데이터는 적어도 일부 병원 감염의 병독성이 부분적으로 병원 환경 안에 있는 병독성 병원체가 가진 유전자형들이 변화한 결과임을 나타낸다.

1970년대에 연쇄상구균(*Streptococcus agalactiae* 또는 B군 연쇄상구균으로 불림)은 신생아에서 흔한 두 종의 치사성 감염의 원인균으로 알려졌다. 하나는 세균성 혈류감염증[5]이고 다른 하나는 척수와 뇌에 감염되는 수막염[6]이다. 이 세균은 보통 성인 인구의 2~50%까지 무증상으로 감염된다. 병원 감염성 감염들은 신생아실 근무자들을 통해 전파되며 많은 신생아들이 있는 병동에서 특히 크게 유행한다. 유형III으로 분류되는 연쇄상구균들이 특히 위험한데, 이는 미국 내 병원들에서 불균등하게 채취할 수 있다. 이와 대조적으로, 어머니에서 유아로 자주 전파되지만 좀처럼 치

---

5) bacteremia. 병원체가 신체 한 부분의 1차 병소에서 2차적으로 혈액 내로 이동하는 증세. 몸의 한 곳 또는 여러 곳에 염증이 심해서 세균이 많아지면 혈관을 타고 돌아다니는데 이런 상태가 균혈증임. 흐르는 혈액 속에서 균이 증식하고 일종의 중독 증상을 동반하는 경우를 패혈증이라고 함.

6) 髓膜炎, Meningitis. 뇌의 수막에 생기는 염증으로 원인은 바이러스, 세균, 결핵으로 구별됨. 이 가운데 세균성 뇌수막염이 가장 치명적임. 비교적 병세가 더디게 진행하며 인플루엔자균·수막염균·폐렴균·대장균 등 화농균의 침투로 발생하며 심한 후유증을 남기기도 함. 바이러스성 수막염은 여름과 가을에 주로 발병하고 가장 흔한 편인데, 증상이 가벼운 편이라 대개는 저절로 나음. 수막염의 증상은 열 감기와 비슷하여 고열이 나고 두통과 구토를 일으키며 심하면 피부에 발진이 생기며 뇌염이나 척수염으로 번질 수 있음.

명적이지 않다. 출생할 때 감염되는 100명의 유아 가운데 불과 1명에서 만 증상이 나타난다.

연쇄상구균에 감염된 건강한 사람들 중 일부만이 질병으로 이어지기 때문에, 병원에서 감염된 병원체들이 병독성을 갖는 쪽으로 바뀌는 경향을 놓치기 쉽다. 예를 들어 플로리다 주의 병원 내 신생아 감염에 대한 연구에서는 병원 외부에서 어머니에게서 전파된 45명의 아기들은 아무도 질병에 대한 소견을 보이지 않았는데, 병원 세균에 감염된 약 30명의 아기들에서는 한 건의 심한 질병이 일어났다. 이런 차이는 전반적으로 예상할 수 있기는 하지만, 연구 표본이 너무 적기 때문에 그 중요성에 관해 아직은 성급한 결론을 이끌어내서는 안 된다.

이스라엘의 병원에서, 이주해온 어머니에서 아기로의 연쇄상구균 전파는 미국의 병원들에서 발견되는 것과 유사했으나, 의료인-매개 전파에 해당하는 감염 빈도는 상당히 낮았다. 앞서 제기한 진화학적 논의와 부합하게, 감염된 유아당 치사율도 훨씬 낮았다. 대략 1,000명의 감염 유아 가운데 심한 감염 증례는 단 한 건만 일어났다. 미국의 병원들에서 그 비율은 10배나 더 높았다. 이와 유사한 낮은 수준의 의료인 매개 연쇄상구균 감염과 발병 사례가 덴마크에서도 나타났다. 만일 의료인-매개 전파를 차단할 수 있다면 그로 인한 사망률이 낮아질 것으로 기대할 수 있기 때문에, 이런 차이들은 매우 유익한 정보이다. 즉 치사율은 2분의 1에서 10분의 1까지 차이가 난다.

성인의 치사율 패턴 또한 병원 감염성 연쇄상구균 균주들이 특히 병독성이 강한 경향과 일치한다. 하와이의 병원에서, 내원 후 처음 2일 간 머물 때와 훨씬 오래 머무른 뒤 균을 분리하여 비교하였더니 감염된 성인의 사망 확률은 후자가 50% 정도 더 높았다. 이렇게 나중에 분리된 연쇄상구균이 일찍 분리된 균주들보다 훨씬 더 병원 감염성을 가져야 하기 때문에, 이러한 경향은 문화적 매개체 가설과 일치한다. 유사한 경향이 다른 병원들에서도 보고되었다.

감염의 심각성을 나타내는 한 가지 지표는 감염된 병원체가 혈액에 침입했는지의 여부이다. 일단 이 같은 침입이 일어났다면, 사망률은 전체 환자의 3분의 1에서 절반으로까지 급증한다. 병원 바깥에 엄청나게 인구가 많은 데도 불구하고, 병원체가 혈액으로 침입한 환자들은 대체로 병원이나 유사한 기관 환경에서 감염된 것이다. 예를 들어 클렙시엘라[7] K라는 폐렴 원인균은 병원에서 일어나는 대략 50%에서 98%의 기도 또는 요로를 통한 혈류 감염에서 나타난다. 그리고 병원 감염성 감염과 연관된 사망률은 지역사회에서 발생하는 감염에 의한 사망률의 두 배였다. 예를 들어 세라티아(*Serratia*)속이나 엔테로박터(*Enterobacter*)속의 세균들은 병원에서 심각한 혈류 감염을 일으키지만, 병원 바깥에서는 좀처럼 심한 질병을 일으키지 않는다.

병원 감염과 지역사회 감염 간에 보이는 위험성의 차이는 일반적으로 입원 환자들의 면역 기능이 잘 작동하지 않는 상태에 있고 수술처럼 침습한 처치에 훨씬 많이 노출되는 것에 기인한다. 이런 요인들은 의심할 여지없이 위험성의 차이에 기여하지만, 추측컨대 의료인 매개 전파의 진화적인 결과를 고려하지 않았기 때문에 연구자들은 병원체의 더 강력한 병독성이 그런 차이에 기여하는지의 여부를 적절하게 조사하지 않았다.

---

7) lebsiella. 장내세균(腸內細菌)과의 한 속명으로 편모가 없는 그람음성간균(陰性桿菌). 자연계에 널리 존재하며, 사람의 호흡기, 장관(腸管), 비뇨기에서 검출됨. 급성폐렴, 심내막염, 복막염, 담낭염, 요로감염증 그리고 유아, 노인, 쇠약자에서 패혈증을 일으킴. 항생물질에 내성이 있으며, 균 교대 현상에 중요한 역할을 함.

과거의 분석은 의료인 매개 전파가 병독성을 진화적으로 강화시킨다는 주장에 신뢰를 더해주기는 했지만 문제를 해결하지는 못한다. 그 대신 그것은 의료인 매개 전파의 주기를 파괴하기 위해 엄격한 위생 조치를 준수하는 실험적인 병원들에 대한 연구를 중재하는 장을 제공한다. 그러면 수주일에서 수년에 걸친 기간에 병원체성 균주들의 빈도와 그들이 미치는 영향을 모니터링할 수 있다. 의료인 매개 전파가 감소하면 병독성 유전자들의 빈도, 감염에 수반된 질병의 수준이 낮아져야 하고, 만일 감염증이 종종 치명적이라면 의료인 매개 전파 감소는 사망률을 낮출 것이다. 손씻기가 특정 병원 감염성 병원체들의 유행에 미치는 영향을 조사하기 위해 장기적인 연구들을 수행하였다. 이는 병독성 유전자들의 유행을 정량화하기 위한 연구 관점을 확장시키는 것으로서, 의료인 매개 전파의 진화적 영향을 분명하게 보여줄 것이다. 병독성 유전자들의 빈도는 손씻기가 철저한 병원들에서 낮아지지만, 엄격한 위생 조치들이 취하지 않은 대조군 병원들에서는 낮아지지 않을 것이다. 다른 사람들로부터의 무해한 병원체 전파가 증가하면 병독성 병원체들의 의료인 매개 전파가 감소하게 된다. 의료인 매개 전파를 차단함에 따라 병독성이 감소해야 하지만 특정 병원체는 감소하더라도 그저 조금뿐임을 인식하는 것이 중요하다. 그것은 다른 사람들로부터의 무해한 병원체 전파가 변수가 될 수 있기 때문이다.

만약 이런 의견들이 올바르다면, 병원 감염은 의료인 매개 전파를 인지하고 통제하기 전에는 특히 위험했을 것이다. 실제로 그런 감염들은 그러했다. 병원 감염성 감염들의 높은 치사율은 심지어 병원 자체의 기원으로까지 거슬러 올라갈 수 있다. 18세기와 19세기 초 사이에 대도시 지역의 병원에서는 일반적으로 5회 입원당 1명이 사망했다. 덜 혼잡한 시골 병원들에서는 사망률이 이보다 훨씬 낮았다.

비록 병원에서의 높은 사망률이 특히 유해한 병원체들에 기인하는지의 여부는 아직까지 결론을 내리지 못했지만, 병원 감염성 질병에 대한 가장 오래된 연구는 의료인 매개 전파를 원인으로 지목하고 있다. 19세기 중반 헝가리의 외과의사 이그나스 제멜바이스[8]는 빈대학의 산부인과 클리닉에서 갓 출산한 산모들 사이에서 일어나는 오싹할 만큼 높은 사망률을 통제하고자 애썼다. 그는 의사들이 출산을 도운 산모들이 조산사들이 도운 산모보다 치사율이 3배 정도 높음을 인지하고 출산 직후 사망한 여성들을 부검했다. 그리고 바로 출산할 산모들을 검진한 의사와 의학생들에 의해 감염된다고 가정했다. 이 주기를 차단하기 위해 그는 환자와 접촉하기 전에 비누로 손을 씻고 염소 소독액으로 헹구기를 일상화하도록 했다. 이 일상적인 소독 과정을 거치도록 한 후 사망률은 수주일 만에 대략 12%에서 3%까지 떨어졌다.

우리는 현재 사체에서 환자로의 의료 매개 전파의 중요성을 제멜바이스의 환자에서 환자로의 의료인 매개 전파와 비교해 평가할 수는 없다. 그러나 사후의 의료인 매개 전파가 살아있는 환자들에 한정된 의료인 매개 전파가 일어날 때보다 훨씬 병독성 진화를 높여야 하기 때문에, 사후

---

8) Ignaz Philipp Semmelweis(1818~1865) 헝가리의 산부인과 의학자. 페스트대학에서 법률을 수학한 후, 1840년 오스트리아의 빈대학 의학과를 졸업하였음. 빈 종합병원에서 일하면서, 당시 제1산과에 유행하고 있던 산욕열의 원인을 구명하기 시작하여 진찰 횟수와 산욕열 발생률이 거의 비례함을 발견하고, 그 원인으로서 시체를 들고, 시체를 만진 의사의 손에 묻은 유기 분해 물질의 흡수에 의한 일종의 흡수열로 단정하여, 이를 예방하기 위해서는 조산에 임하는 사람의 손을 염화칼슘액으로 씻어야 한다고 주장하였음. 1847~1849년에는 염화칼슘액 소독으로 산욕열 발생률을 1/10로 감소시키는 데에 성공하였음. 반대론자들에게 밀려나 1855년에 귀국한 후 부다페스트대학 산과학 교수를 역임하고, 빈 교외의 정신병원에서 사망.

전파에 대한 그의 고찰은 주목할 만하다. 만약 사후에 의료인 매개 전파가 일어난다면, 숙주를 죽일 정도로 병독성이 강한 병원체 균주는 숙주가 죽은 후에도 여전히 예비 감염자들에게 전파될 수 있을 것이다.

안타깝게도 제멜바이스는 스스로 제 발등을 찍고 있었다. 그는 사람들에게 가장 훌륭한 의료 기관들이 자신들이 도우려고 애쓰는 사람들을 죽이고 있다고 말한 것이었다. 그 결과 그는 빈대학과 당시 의료계의 유력 인사들에 의해 쫓겨나고 말았다. 이런 추방과 관련한 스트레스는 그를 정신적인 불안정과 끝없는 추락으로 이끌었을 것이다. 그를 향한 신랄한 비난은 그가 생애를 바쳐가며 타인들에게 일어나지 않도록 애쓴 감염사를 검시하는 도중에 부주의하게 스스로를 베었다는 것이다.

의료인 매개 전파와 항생물질들

의학 교과서를 살펴보면, 현대의학이 발병 정도의 변화를 숙주 저항의 변이, 항생제 내성, 또는 병원체 병독성의 무작위한 변이 관점에서 분석하고 있음을 확인할 수 있다. 병원 감염이 죽음을 초래하는 시대임에도 나는 병원 환경이 병원체의 고유한 병독성을 증강시킬지도 모를 가능성에 대해 기술한 교과서를 한 번도 본 적이 없다. 주요 의학 교과서에서 포도상구균 감염들을 기술한 저자들은 예를 들어 "포도상구균이 사람들에서는 대부분 무해하게 공생하는데 일부 사람들에서 유해한 병원체인 이유는 미스터리로 남아 있다."는 식으로 기술했다. 그들은 병원 감염성 포도상구균 감염이 일상적이며 지역사회에서 걸린 감염보다 훨씬 위중한 것에 대한 몇 가지 설명을 제안했다. 예를 들어 저자들은 입원 환자들에게는 이미 다른 병증이 있었고 자주 쇠약해진다고 언급했지만, 병원 환경에 예외적으로 병독성이 강한 병원체 균주들이 있을 가능성은 고려하지 않았다.

병원 환경에서 항생제 내성 진화가 이루어졌다는 것을 무리 없이 받아들였다는 것을 생각하면, 이런 부주의는 놀랄 만한 일이다. 병원체 병독성의 진화와는 달리 항생제 내성의 진화를 무시한다는 것은 사실상 불가능하다. 이전에 효과를 보이던 항생물질이 이젠 더 이상 작용하지 않는다. 항생제는 이전과 동일한 것이었고 환자들 역시 본질적으로 동일했다. 따라서 병원체들이 바뀐 것이 틀림없었다. 한편 사람들을 좀처럼 사망에 이르게 하지 않던 병원체가 병원에서 상당수의 사람들을 사망시켰다면, 이런 병독성 증가는 환자의 상태가 악화되었기 때문일 수 있다. 환자들이 바뀌었다. 따라서 연구자들은 더 이상 해답을 찾도록 강요받지 않았다. 심각한 질병은 몇 가지 이유에서 환자의 위험한 상태에 폭넓게 기인해왔을 것이다. 첫째로 입원 환자들은 상처, 외과적 처치, 기존의 감염들과 면역억제제 치료로 감염에 특히 자주 취약해진다. 이런 취약성의 차이를 확인하고 정량화하는 것은 질병의 심각함에 대한 차이를 이해하고 수준 높은 치료를 보장하기 위해서 매우 중요하다. 그러나 입원 환자들이 면역 반응을 제대로 작동하지 못한다는 것이 병원 감염증들이 더욱 심각해지도록 하는 유일한 요인이라는 결론을 정당화하지는 않는다. 의식적으로 또는 잠재의식적으로, 강력한 기득권을 가진 사람들은 자신들이 그들의 환자를 죽이고 있던 '벌레'가 예외적으로 높은 병독성을 갖도록 만드는 역할을 했을 가능성을 무시할 것이다. 소송은 말할 필요도 없고, 왜 자신을 나쁜 홍보에 노출시키겠는가? 동료 병원 연구자들이 현지 병원에서 작성된 미생물 기록에서 정보를 얻을 때 겪는 어려움은 병원

직원들 사이에 존재하는 생존 메커니즘의 힘을 잘 보여준다. 질병의 진화에 관한 라디오 프로그램을 위해 보스턴 병원의 신생아실을 방문했을 때, 나는 비슷한 저항에 마주쳤다. 병원의 대외홍보 담당자는 마치 둥지에 있는 새끼들을 지키는 매와 같은 방어 자세를 취하였다. 담당자는 자신이 근무하는 병원의 신생아 관리가 의료인 매개 전파를 방지하는 우수한 모델이라 해도 병원 이름을 방송에 소개해서는 안 된다고 주장했다. '문제'가 있는 병원들은 우리를 아예 문 안으로 들이지도 않곤 했다.

환자의 위중한 상태에 책임을 돌리는 근본적인 이유는 아마도 의학 연구자들이 진화적인 과정과 이들 과정을 병원 환경에 적용시키는 것에 대한 이해가 부족한 탓일 것이다. 병원에서 일어나는 급속한 항생제 내성 발달, 즉 의학 연구자에게 병원체 병독성이 보여주는 진화적 변화의 실현 가능성에 대한 경종을 울린 내성 발달 현상은 '물'을 깨끗하게 하기보다는 오히려 흙탕물로 만드는 것처럼 보인다. 항생제는 병원에서만 사용하므로, 비교적 많은 병원 균주들이 항생제 내성을 나타낸다. 병독성과 항생제 내성 간의 연관은 일부 연구자들에게 항생제 내성 균주들이 본질적으로 병독성이 훨씬 강할 것이라고 확실하게 주장하게 만들었다. 그러나 병원 환경에서 분리한 균주들에 대한 한 연구는 항생제 내성 균주들과 항생제 민감성 균주들이 본질적으로 다른 병독성을 갖지 않음을 보여준다.

진화학적 접근은 이런 명백한 모순에 해결책을 제공한다. 의료인 매개 전파가 높은 병독성을 선호하기 때문에 병원 균주들은 훨씬 병독성이 강할 수 있다. 병원 균주들은 병원에 만연해 온 항생제 사용으로 항생제 내성을 더 잘 나타낼 것이다. 따라서 병원 균주들과 지역사회 균주들을 비교한다면, 항생제 내성과 병원체 병독성은 공간적으로 이어져 있을 것이다. 그러나 항생제 내성 병원 균주들을 항생제에 민감한 병원 균주들과 비교한다면, 있더라도 아주 작은 차이만을 발견할 수 있을 것이다.

비록 항생제 내성이 병원체 병독성의 증가와 절대적으로 관련이 있다고 믿을 만한 이유는 없지만, 항생제 내성은 균주들이 정기적으로 사용한 항생제들 모두에 대한 내성이 생기도록 진화했을 때 간접적으로 병독성을 함께 증가시켰을 것이다. 심각한 감염증은 병원 담당자의 주의를 끌기 때문에, 항생제 치료는 유해한 항생제 민감 균주들에게 적응 비용을 강요할 것이다. 그러나 항생제 내성 균주들은 그들의 병독성이 그들 자신을 향해 벌을 내리지 않기 때문에, 광범위한 항생제 사용이 존재하는 상황에서 비교적 낮은 병독성에 대한 적응 비용을 발생시킬 것이다. 비록 그들의 병독성이 항생제 처방을 남발하는 의료인들의 주의를 끌겠지만, 그들의 항생제 내성은 결과적으로 의료인들의 무기를 무력하게 만든다. 그 결과 일반적으로 사용되는 모든 항생제에 대한 내성이 의료인 매개 전파가 있는 데서 진화할 때, 병독성이 진화적으로 증가해야 한다. 지금까지 나와 있는 자료는 아직 이 주장을 실험하기에 충분하지 않다. 그러나 항생제 내성과 병원체—아마도 병원 현지에서 사용한 항생제들에 대한 폭넓은 내성을 진화시킨 후에 많은 주기의 의료인 매개 전파를 경험한 병원체—에서 유래된 병독성이 서로 연루되어 있음을 보이는 연구들은 주목할 만하다. 항생제의 시대를 거치는 동안에도 포도상구균은 많은 환자를 살상하고, 의료인들에게 질병을 일으켜왔다. 광범위한 항생제 내성이 진화적으로 병독성과 연관이 있든 없든, 항생제 내성의 범위가 확장된 만큼 이에 대처할 효과적인 항생물질의 종류가 증가하지 못하면서 이 위협은 더욱 불길하게 되었다. 그리고 문제는 포도상구균에만 제한되지 않는다. 내성이 있는 병원 감염성 세균은 현재 분류학적인 균 그룹

전체에 걸쳐, 그리고 사실상 미국에 있는 모든 병원에서 발견되었다.

항생제 내성은 반복해서 자주 일어나는데, 심지어 하나의 항생제에 반응하는 한 종의 병원체에서조차도 그러하다. 페니실린 내성은 병원 감염성 폐렴의 일반적인 원인균인 *Strep. pneumoniae*에 의해 예시된다. 페니실린 내성은 효소 구조가 변화하면서 발생하는데, 이는 효소 활성을 방해하는 페니실린의 결합 능력을 감소시킨다. 이 효소들에 대한 변이 비교는 페니실린 내성이 독립적으로 여러 번 진화해왔음을 나타낸다.

만약 이 현상을 병원 감염성 병원체들에 일반적으로 적용하고 감염과의 싸움에서 의료인 매개 전파를 방지하기보다는 감염 증상을 치료하는 데만 집중하도록 계속 강조한다면, 우리는 유해한 병원 감염성 병원체들에 관한 문제들이 계속해서 재발할 것임을 예상할 수 있다. 항생제에 의해 부분적으로 통제되는 병원체 집단은 내성을 진화시키고 해독성도 증가시킬 것이다. 항생제를 사용하여 균을 완벽하게 통제하려는 시도는 오히려 새로운 종류의 병원체가 병독성이 큰 의료인 매개 감염의 소굴로 이동하도록 길을 열어주는 것인지도 모른다. 만약 항생제를 사용하여 질병을 완벽하게 통제할 수 없다면, 적당한 항생제를 나올 때까지 심각한 질병은 계속 일어날 것이다.

이런 논의와 일치하게, 위험한 의료인 매개 병원체들은 대부분 병원 밖에서는 별로 심각하지 않다. 그들은 일반 집단에서 100명당 몇 사람만을 숙주로 삼지만, 좀처럼 위중한 감염을 일으키지 않는다. 또한 인간을 숙주로 이용하지 않고도 종종 자신들의 증식 주기를 완료한다. 예를 들어 클로스트리디움 디피실(*Clostridium difficile*)[9]은 비록 성인 50명 중 1

---

9) 아포를 형성하는 혐기성 그람양성간균으로 항균제 관련 설사의 주 원인균.

명을 숙주로 삼지만 일반 집단에서는 좀처럼 심각한 질병을 일으키지 않는다. 이 균은 일반적으로 병원 내 특히 모유 수유를 하지 않는 유아들과 양로원에서 검출되는데, 이는 의료인 매개이며 때때로 치명적이다. 포도상구균과 *Staph. aureus*와 대장균처럼, *C. difficile*는 심지어 일상적으로 손씻기를 한 의료인의 손에서도 분리하여 배양할 수 있다. 이 균은 특히 항생제 치료 이후에 침투하기 쉬우며, 문화적 매개체 가설로 예상되는 바처럼 무증상 감염보다는 증상이 확실한 감염에서 전면적으로 확산된다. 병원 내 그리고 병원 간 의료인 매개 전파는 예를 들어 세라티아[10], 슈도모나[11], 프로테우스[12], 엔테로박터[13]와 엔테로코커스[14]처럼 위험한 세균들에 광범위하게 적용된다. 특히 이들 병원체에서 일부는 최근에 와서야 인간에서 인간으로 정기적으로 순환하는 병원체가 된 자유생활 세균으로 추정하고 있다. 월리스(Wallace)가 주목한 바처럼, 매우 취약한 환자들은 이들 종이 완전히 성숙한 인간 병원체로 진화하는 데 디딤돌 역할을 할 것이다.

항생제가 광범위하게 사용되고 최근 인지된 이 병원체들이 새로 부상

---

10) *Serratia*. 주로 병원 내 감염을 일으키는 엔테로박터속 세균으로 *Serratia Marcescens*이 대표적임.

11) *Pseudomonas*. 녹농균(*Pseudomonas aeruginosa*)은 슈도모나스속 가운데 사람 감염증과 가장 밀접한 관계가 있는 균종으로 자연계에 널리 분포되어 있으며, 농, 객담, 분변, 소변, 담즙, 자궁 분비물, 혈액, 척수액 등에서 자주 분리됨. 병원 내 감염의 주요 원인균.

12) *Proteus*. 알레르기성 식중독의 주요 원인균.

13) *Enterobacter*. 장내세균과 균속으로 대부분 비병원균이나, 엔테로박터 사카자키(*Enterobacter sakazakii*)는 장염 또는 수막염을 유발하는 고위험균이며 주로 건강한 성인보다는 면역력이 약한 신생아와 저체중아에 감염됨. 분말 유아식 또는 조제분유가 오염된 경우 식중독을 유발함.

14) *Enterococcus*. 장(내)구균. 그람염색 양성인 세균으로 사람 및 동물의 장 안에 존재하는 균으로 식중독 원인균. 대장균과 함께 분변 오염의 지표로 사용됨.

한 골칫거리로 되고 있는 상황에서, 사람들은 특히 이들이 항생제 내성을 나타낼 것으로 예상했다. 사실 그렇다. *C. difficile*처럼 몇몇은 본질적으로 저항성이다. 세라티아, 엔테로박터 그리고 엔테로코커스 같은 다른 종들은 새로운 항생제들에 대한 내성을 빠르게 진화시킬 수 있다. 이러한 상황은 엄격한 통제 없이는 앞으로 병원 환경이 계속 위험한 장소로 남을 것임을 의미한다.

AIDS 환자에게 병원은 특히 위험한데, 그들의 면역계는 병원체에 대한 대응 능력이 떨어져 위태롭기 때문에 의료인을 매개로 하는 세균 감염에 매우 취약하다. 예를 들어 AIDS 환자들은 지역사회에서의 폐렴구균성 폐렴 발병률이 일반 집단에 비해 7배 정도 높다. 병원에서 AIDS 환자는 치명적으로 감염될 가능성이 폐렴 발병률만큼 높아질 위험에 직면한다. 항생제 시대에 보고된 폐렴구균성 폐렴에 의한 가장 높은 사망률이 최근 입원한 AIDS 환자들에서도 나타나고 있다. 비록 관련 포도상구균인 *Strep. pneumoniae*가 현재 사용 중인 항생제들에 민감했지만, AIDS 환자들은 절반 이상이 사망했다. 면역학적으로 위태로워진 *Strep. pneumoniae* 감염 폐렴 환자들은 훨씬 쉽게 재발하기 때문에, 미감염자들이 보기에 그 환자들은 장기간 존속하는 감염원이 될 것이다. 병원 감염성이며 항생제 내성인 결핵 또한 도시지역 병원에서 특히 AIDS 환자들에게 점점 더 큰 문제로 부상하고 있다.

고위험은 이미 AIDS에 걸린 HIV 감염 환자들에게만 국한되지 않는다. AIDS 증상에 앞서 나타나는 비교적 경미한 면역 억제마저도 녹농균과 결핵에 의한 치명적인 감염 위험을 상승시키는 것으로 보인다.

HIV에 감염된 신생아들은 신생아 자체로서도 감염에 대한 취약성이 큰데 HIV에 의해 더욱 심화되므로 더욱 악영향을 받기 쉽다. 신생아들은 포도상구균 *Staph. aureus* 또는 다른 병원 감염성 병원체 감염으로 태어나 2~3주일 안에 자주 사망한다. 만약 의료인 매개 전파가 병원 감염성 병원체의 병독성을 특히 강화한다면, AIDS 환자들과 HIV에 감염된 신생아들은 퇴원해 집에 있는 것이 더 나을지도 모른다.

병원 감염성 병원체들의 진화 경로를 바꾸기

세 방면의 접근

이 장에서 고려할 내용들은 의료 기관 내의 환경에서 병독성 진화를 피하거나 줄이기 위한 세 가지 접근 방법을 제안한다. (1) 엄격한 위생 표준을 병원체를 옮길 수 있는 모든 의료인을 위해 유지해야 한다. (2) 무해한 보호성 세균의 전파를 허용하기 위해 건강한 어머니와 아기 사이의 모유 수유와 여타 피부-피부 접촉은 권장해야 한다. 그리고 (3) 항생제는 모든 병동의 예방적인 치료보다는 병든 아기들을 위해서만 선택적으로 사용해야 한다. 이 세 가지 행동은 각각 의료인 매개 전파 주기의 일부를 방해하는 것을 포함한다.

위생 표준 의료인들의 위생 표준을 개선하는 것은 의료인 매개 전파를 방해하는 검증된 방법이다. 병원 환경에서 의료인 매개 전파를 보여주는 엄청난 증거와 의료인 매개 전파를 억제하기 위한 가이드라인을 광범위하게 수용했음에도, 이 가이드라인은 종종 잘 지켜지지 않는다. 예를 들어, 시카고병원의 신생아 병동에 대한 최근 연구는 아기와 접촉한 간호사들의 절반 그리고 친밀한 대상들과 접촉한 후 3분의 1만이 손씻기 가이드라인을 잘 준수함을 보여주었다. 의사들은 더 형편없어서 양쪽 모두와 접촉한 후 불과 3분의 1만이 가이드라인을 따랐다. 이런 저조한 실천은 가이드라인을 더욱 강력하게 유지하자 극적으로 향상되었다. 의료진 대비 높은 환자 비율 또한 가이드라인에 부합하도록 개선될 것이며, 심지어 장기적으로 보면 비용 효과도 좋아질 것이다.

비록 손씻기가 종종 손에서 병원체를 완벽하게 제거할 수는 없지만, 특별히 살균 비누로 씻는다면 병원체 밀도를 크게 낮출 수 있다. 손에 있는 병원체의 밀도가 낮아졌기 때문에 의료인과 접촉한 환자가 의료인 매개 병원체에 의해 감염될 가능성은 줄어들게 될 것이다. 비록 일부 병원체가 의료인에게서 옮겨진다고 해도, 환자의 체내 혹은 피부에 있는 무해한 경쟁자들, 즉 양성 세균들이 전파된 병원체들을 수적으로 압도할 가능성이 크다. 너무 손씻기를 자주 하는 것은 피부의 자연적인 또는 수동적 방어 체계를 위태롭게 하기 때문에 역효과가 난다. 잦은 손씻기 대신 일회용 장갑으로 보완하는 것은 의료인 매개 전파를 한층 더 줄일 수 있다. 예를 들어, 모든 개인적인 접촉에 일회용 장갑을 사용한 경우 *C. difficile* 감염률을 대략 80%나 줄였다. 물론 일회용 장갑은 병원체들의 잠재적인 원천과 접촉하고 나면 그 즉시 폐기 처분해야 한다. 장갑을 매개로 한 전염병 대발생을 피하도록 하려면 의료인들이 장갑을 단순히 자신을 보호하기보다는 자신들의 환자들을 보호하는 장비로 보아야 할 것이다.

어머니와의 접촉 두 번째 보완적인 선택 사안은 무독성(양성) 세균들을 적극적으로 전파하고 선호함으로써 그들의 경쟁 능력을 강화하는 것이다. 이를 완수하는 간단한 방법은 의료인 매개 전파의 주기 바깥에 있는 사람들로부터 유래되는 무해한 전파를 방해하는 위생 기준을 낮추는 것이다. 예를 들어 어머니로부터 아기들로의 무해한 전파는 오히려 촉진시키는 것이 유리하다. 어머니의 몸은 지역사회 안에서 마주친 세균들이 대량으로 머무르는 장소일 확률이 높다. 지역사회의 상황이 무해한 변이를 선호한다면, 모계 전파를 촉진하는 것은 훨씬 유해한 병원 균주의 감염을 방해하는 무해한 세균이 신생아의 몸에 자리 잡도록 돕는 것이다.

어머니의 위생 기준을 낮춰야 한다는 주장은 황당하고 이단적으로 들릴지도 모르지만, 실제로는 성공적임이 증명된 다른 중재들과 매우 유사한 것이다. 예를 들어 신생아실에서 위험한 포도상구균 대발생은 신생아에게 무해한 균주들을 접종함으로써 통제해왔다. 어머니에서 아기에게 전파되도록 허용하는 것은 이런 직접 접종 방식보다 두 가지 장점이 더 있다. 모유를 먹는 아기는 어머니에게서 그녀가 가진 세균들에 특유한 항체들을 받는다. 이 항체는 어머니가 가진 적당히 병원성을 가진 모든 종류의 세균들로부터 아기를 보호할 것이다. 모계 전파는 저렴하고 무기한으로 영구화하기가 쉽기 때문에, 의료인 매개 전파는 지속적으로 선호하지 않을 것이며 의료인이 매개가 된 세균의 병독성이 우선 진화할 가능성을 줄일 것이다.

이러한 의미에서 의료인 매개 전파의 진화학적 분석은 현재 많은 전염병학자들이 옹호하는 모유 수유 방침을 지지하는 또 다른 이유이기도 하다. 현재까지 이러한 지지는 신생아 설사에 의한 사망률과 질병에 관한 모유 수유의 단기적인 영향을 근거로 형성되었다. 경제적으로 덜 풍요한 국가들에 대한 연구는 분유로 키우는 비율이 높을수록 유아의 사망률이 더 높아지는 상관관계를 보여주었다. 예를 들어 브라질에서 실시한 연구는 생후 2개월까지만 모유 수유한 아이들보다 그렇지 않은 아이들의 설사로 인한 사망 위험성이 거의 25배나 높음을 보여주었다. 부분적인 모유 수유는 이에 비례한 사망률 감소와 연관되었다. 비록 경제적으로 번영한 나라들에서는 사망률이 훨씬 낮지만, 비슷한 이익 역시 명백하다. 뉴욕 주 버팔로에서 로타바이러스 설사(rotavirus diarrhea)를 앓는 아기들에 대한 연구 논문은 분유로만 자란 아기들의 절반 이상에서 보통 또는 중증의 설사증이 나타났음을 보였다. 모유 수유한 아기들에서는 중증 설사가 없었으며, 불과 10%만이 보통 정도의 설사증이 있었다. 그러한 발견들은 모유 수유에 의해 제공되는 보호를 강화하기 위해 계획된 추천들로 연결되었다. (1) 출생 후 되도록 빨리 자주 또 친밀하게 어머니의 가슴과 접촉한다. (2) 물, 설탕 용액, 우유 또는 분유 그 어떤 것도 보조 식품으로 사용하지 않는 모유 수유를 한다. 그리고 (3) 모유 수유가 용이하도록 어머니와 아기를 한 방에 둔다. 이러한 활동들은 각각 병독성 균주들을 선호하지 않을 것이다. 장점으로는 (1) 어머니의 비교적 무해한 세균총(normal flora)이 제공되어 아기에게 처음으로 자리를 잡음으로써 얻는 경쟁적 장점이 있다. (2) 병원 의료인들과의 접촉을 줄임으로써 전이 가능한 해독성 균주들의 양을 줄인다. (3) 아기에게 침투하는 어떤 해독성 균주들이라도 직접 방해한다(예를 들어 소화관 표면에 달라붙은 병원성 대장균은 초유와 모유가 억제할 수 있다). 어머니와 아기를 한방에 두는 것은 어머니에서 아기로의 전파가 훨씬 우세해지는 것과 연관이 있다. 어머니와 아기를 한방에 두기를 열심히 실천한 뉴욕 시의 장로교 메디컬센터에서는 신생아들에서 분리되는 포도상구균의 대략 95%가 어머니에게서 전파되어 자리를 잡았다.

일부 감염 통제 가이드라인의 존폐 여부를 단기적 평가에만 기반을 두고 고려하고 있다. 관련 연구들은 가운 사용이 증가하면서 감염 빈도가 낮아졌다는 연관을 보여주지는 못했다. 이 정보를 근거로 개당 약 30센트를 절약하고자 가운 사용을 줄일 생각을 하고 있다. 이 결론은 단기간의 연구들을 근거로 했기 때문에 가운 사용 감소로 일어날 수 있는 진화학적 결과들은 고려하지 않았다. 진화학적 이론들은 가운을 사용하지 않았을 때 병원체 병독성의 진화적인 증가 여부를 찾기 위해 설계된 장기간의 연구가 없이는 가운 사용을 완전히 포기해서는 안 된다는 것을 보여준다. 신생아 병동에서 병원체 병독성을 억제하기 위한 장기간 연구에는 건강한 어머니에 의한 모계 전파 이외에도 의료인에 대한 가운 착용을 포함시켜야 한다.

선택적인 항생제 사용 항생제의 선택적 사용 역시 의료 기관에서 무해한 양성 균주들을 선호하는 경쟁적인 균형 이동을 도울 것이다. 만약 위험한 감염을 통제하기 위해 항생제를 선택적으로 사용한다면, 훨씬 순한 균주들은 의료 기관에 존재하는 미생물체의 풀에 균형이 맞지 않은 채 더 많이 남게 된다. 이와 대조적으로, 병동에 만연한 무분별한 항생제 치료는 무해한 병원체들과 병독성 병원체들을 비슷하게 줄일 것이다. 의료인 매개 전파가 계속 일어나면 병동 내 환자들의 정상적인 보호 세균을 대량으로 죽게 하는 병독성 증가가 선호되고, 그에 따라 예비 감염자들의 풀이 늘어난다. 게다가 병동 안에 만연한 항생제 남용은 의료인 매개 전파가 일어나는 상황에서 통제하기 어렵거나 더 이상 통제할 수 없는 병독성을 지닌 병원체를 창조하는 항생제 내성 진화를 훨씬 강력하게 일어날 것이다. 심지어 선택적인 항생제 사용은 평범한 지역사회에서는 드문 질병마저도 단기간에 순화시키는 효과가 있음이 증명되었다. 가벼운 병독성을 지닌 균주들이 크게 유행하고 이들에 의한 보호와 직결된 장기적 이익을 고려하고 실천한다면, 예측 수준을 훨씬 뛰어넘는 효과를 얻게 될 것이다.

병독성 억제는 감시와 통제 프로그램 확립을 통해 가장 잘 달성되기 때문에, 이 같은 항생제의 선택적인 사용을 통한 최후의 병독성-억제 수단은 경비가 가장 많이 든다. 그러나 이런 프로그램들은 병원 감염에 의한 발병률에 미치는 효과에 근거해서 정당화될 수 있다. 법률로 제정하면 감염률은 절반 수준까지 감소시킬 수 있다. 장기간의 연구들은 그런 정책들에 내성 균주들에 대한 정밀한 추적은 물론이고 항생제의 주의 깊은 선택, 제한적 사용, 항생제 내성을 낮고 안정적으로 유지하는 것을 모두 포함시켜야 함을 시사한다. 항생제를 선택적으로 사용함으로써 병독성이 진화하는 데 제동을 걸면, 이런 정책들은 비용 대비 효과가 한층 더 커질 것이다.

중재의 평가

비록 이런 제안에 대한 평가가 쉽지 않고 현존하는 문헌들에 있는 것보다 훨씬 더 잘 설계된 연구들이 필요하지만, 다른 목적으로 설계된 연구들이 의외로 희망적인 결과를 제공해왔다. 대발병을 선제적으로 막기 위해서 엄격한 전파 방지안들이 입법화된 지역에서는 무증상 경향이 우위를 차지한다. 예를 들어 의료인들이 면밀한 손씻기에 충실하고 잠재적 병원체들의 존재에 대응하여 장갑과 가운을 자주 사용한 뉴욕의 병원에서는 의료인 매개 전파 비율이 매우 낮고 *Staph. aureus* 균을 가진 30명의 아기에서 불과 1명만이 증상을 보였다. 이와 대조적으로, 심각한 병원 발병이 빈번한 곳에서는 유증상 감염은 일반적으로 포도상구균을 보유한 모든 환자의 3분의 1에서 절반까지 발생했다.

병원 환경에서 항생제 내성이 항생제의 효용성을 감소시킴에 따라, 병원 감염성 감염들에 대한 진화학적 접근을 구체화하는 것은 향후 경제적으로 번영한 나라들에서 훨씬 더 중요하게 될 것이다. 빈곤한 국가들에서도 모든 종류의 항생제를 신속하게 사용하기 어렵기 때문에 진화학적 접근이 더욱 중요해질 수 있다. 예를 들어 미얀마 양곤에 있는 한 산부인과 병원에서 신생아 설사병은 중환자 신생아 병동으로 이동하게 되는 주요 원인이자 이 병동에서 가장 큰 사인이었다. 1980년대에 시행한 병원 방침에 따라 위생 상태가 개선되었으며 어머니와 아기를 한방에 두기와 모유 수유의 규모를 늘렸다. 병원에서 설사병에 걸린 전체 아기들 중 12%가 사망했지만, 자연분만한 아이들에서 심한 설사병에 걸린 비율은 거의 3분의 2 수준으로 서서히 감소했다. 반면 의료진에 의해 균들이 대부분 전파되고 모유 수유를 덜 하는 제왕절개로 태어난 아기들에게서는 감소하지 않았다. 1980년대 초에 제왕절개로 태어난 아기들은 자연분만으로 출산한 아기들에 비해 거의 4배 정도 더 치명적인 설사병에 걸렸으며, 1980년대 말에는 7배 이상 더 많이 걸렸다. 이 연구는 진화학적 관점에서 이루어지지 않았기 때문에 병원체 병독성의 진화적 변화에 의한 기여에 대해서는 다루지 않았다. 그러나 사망률이 눈에 띄게 낮아졌기 때문에, 진화적 영향들을 평가하기 위해 그런 변화를 도입하는 것을 윤리적으로 용인할 가능성을 보였다.

이런 연구들이 보여주는 바처럼, 위생 기준의 제정은 종종 의료인 매개 전파를 감소시킨다. 이런 활동의 목표는 일단 새로운 감염의 빈도를 줄이는 것이지만, 의료인 매개 전파는 우선 무해성 또는 양성 방향으로의 진화를 선호하고 높은 병독성 방향으로의 진화를 억제하는 쪽으로 변해야만 한다. 따라서 진화학적으로 생각하면, 의료인 매개 전파의 주기를 파괴하는 것에 대한 투자는 현재 생각하는 것을 훨씬 뛰어넘는 비용 대비 효과를 가져올 것임을 나타낸다.

미국에서 내원 환자 20명당 1명 이상 그리고 중환자실 환자 7명당 1명이 입원해 있는 동안 감염된다. 폐렴만을 고려한다 해도, 그 수치는 놀랄 정도이다. 폐렴은 항생제 시대에 전염병에 의한 사인 중 선두였다. 폐렴은 대략 3분의 1이 병원 감염이고, 환자는 대략 3분의 1이 사망했다. 일부 예상에 의하면 병원 감염은 미국에서 10대 사망 원인에도 들어간다. 따라서 병원 감염성 병원체의 병독성을 어느 정도 감소시키는 것만으로도 해마다 수천 명의 목숨을 구할 수 있을 것이다.

병원 바깥에서 일어나는 의료인 매개 전파

노인들을 위한 요양 시설들

의료인 매개 전파의 진화적인 영향은 병원 내 의료인들의 특정 사례를 훨씬 뛰어넘어 적용할 수도 있을 것이다. 더욱 강해진 병독성은 병원체를 감염자들에서 감수성이 있는 예비 감염자들에게 기계적으로 옮기는 의료인들이 존재하는 어떤 기관 환경들이라도 좋아할 것이다.

중증의 바이러스성 및 세균성 전염병들이 의료인 매개 전파가 흔한 노인들을 위한 장기 요양 시설들에서 발생했다. 요양 시설 감염 폐렴의 발병률은 위에서 언급한 병원 감염성 폐렴 발병률에 필적한다. 심각한 혈액 감염들 또한 널리 퍼져 있다. 1980년대 오하이오 주의 병원에서 클렙시엘라(*Klebsiella*)에 의한 혈액 감염은 43%가 병원 감염이었고 16%가 요양 시설에서 감염된 것이었다.

전국적으로 미국 내 요양 시설에서 해마다 일어나는 150만 건의 감염은 병원 감염 200만 건에 비해 충격이 약간 덜할 뿐 매우 심각한 상황임에 틀림없다. 병원에서 병원체를 보유한 환자들처럼 요양 시설 거주자들 역시 특히 전염병에 걸리기 쉽기 때문에, 요양 시설에서 병독성이 증가한 병원체가 그 원인임을 고려하지 않았을 수도 있다. 예를 들어 설사병에 대응하여 체액 균형을 유지하기 위한 생리적, 행동적 매커니즘은 노인들에게 덜 효과적일 것이다. 의심의 여지없이 이런 사람들의 취약성 증가는 감염 병독성을 증가시키는 주요 요인이지만, 현재 가용한 데이터들은 이 병독성 전체를 그들이 취약한 탓이라는 것을 인정하지 않는다. 병원체 특성들에 대한 신중한 조사가 현재 요양 시설에 돌고 있는 균주들이 더욱 강력한 병독성을 가질지 여부와 그 균주들의 병독성 증가가 의료인 매개 전파에 기인하는지 여부를 판단하기 위해서 필요하다.

애완견 사육장에서의 동물 의료인 매개 전파

문화적 매개체 가설은 인간 이외의 숙주에서 일어나는 의료인 매개 전파에도 적용할 수 있다. 예를 들어 개의 파보바이러스(Parbovirus)는 개에게 설사병을 일으키는데, 동물 의료인의 신발과 의류를 통해 개 사육장의 한 케이지에서 다른 케이지로 전파된다. 파보바이러스는 열, 살균제와 환경 노출에 강한 내성이 있고, 체외에서 1년 이상 생존할 수 있다. 애완견 사육장, 개 농장, 동물병원에서 대체로 가장 치명적인 감염이 발생한다. 따라서 병독성과 동물 의료인 매개 전파의 연관은 문화적 매개체 가설과 일치한다.

콜로라도 주립대학의 협동 방사선 보건연구실(Collaborative Radiological Health Laboratory)에서 장기간 동물 질병 발생에 관해 조사한 논문은 또 다른 증거가 된다. 1978년 11월부터 1980년 12월까지 대략 1,200마리의 개들에서 전염병이 발생했다. 전염병 발생 초기에 감염된 개들은 대부분 임상적인 질병으로 발전하지 않았지만, 발병이 끝날 무렵의 감염은 자주 증상을 나타냈다. 발생 후 마지막으로 보고된 151건의 유증상 감염 가운데 17건은 치명적이었다.

농업 관계자 매개 전파

비록 식물은 이동하지 못하지만, 관계자 매개 전파에 대한 이 장의 논의들을 적용할 수 있을 것이다. 적어도 식물에서 생의 주기 중 착근한 시기에는 명백하게, 숙주가 고정되어 있기 때문에 병원체의 증식 증가가 병원체들에 적응 비용을 부과하지는 않는다. 그러나 병원체에 감염될 때 식물은 성장을 크게 줄이는 거대한 잠재 능력이 있다. 병원체 증식에 사용할 수 있는 조직이 줄어들고 이 성장 감소로 감염된 식물의 경쟁적 생존 능력에 어떤 불이익 혹은 감소가 일어나면, 이것이 식물 병원체들을 위한 병독성의 적응 비용이라 할 수 있다.

병원체들은 씨앗이나 꽃가루를 통해 전파될 때, 높은 병독성에 대한 추가적인 적응 비용이 발생한다. 일반적으로 식물의 배우자(配偶子)와 씨앗은 바람 또는 동물을 이용한 이동성이 매우 뛰어나다. 만약 감염된 식물이 죽거나 증식이 크게 줄었다면, 병원체 전파의 주요 경로가 막힐 수 있다. 좀 더 일반적으로는 제2장에서 논의한 것처럼, 이런 종류의 부모-자손간 수직 전파는 무독성 또는 양성 방향으로 진화해야만 한다.

늘어난 증식을 진화적으로 선호할 것인지 여부는 단기와 장기적인 결과들의 거래 균형에 달려 있다. 장기적인 결과는 식물의 성장, 생존과 증식에 끼치는 부정적인 영향 때문에 병원체 전파를 감소시킨다. 이런 감소는 늘어난 증식의 결과인 가까운 장래의 전파 증가와 비교 검토된다.

이 거래에서 관계자 매개 전파가 끼치는 가상의 영향은 병원 내 의료인 매개 전파 또는 모기에 의한 전파의 영향과 유사하다. 곤충 매개체가 존재하면 단기적인 전파와 확산 기회를 얻게 되므로 증식 증가와 연관된 적응 이익이 증가하게 된다. 더욱이 식물 내에서의 증식 증가와 확산은 매개체가 다른 식물을 감염시키기에 충분한 용량을 얻을 가능성을 증가시켜야 한다. 만약 식물 내에서 다른 병원성 유전자형들이 나타난다면, 증식 증가는 경쟁을 대비해 매개체 내 유전자형의 대표 비율을 증가시켜야만 한다. 그러므로 매개체 전파 식물 병원체는 비매개체 전파 병원체보다 훨씬 병독성이 강한데, 특히 비매개체 전파 병원체가 꽃가루나 씨앗에 의해 전파될 경우이다(꽃가루나 씨앗이 형성될 때까지는 병원체 증식이 억제되어야 하는 경우이다). 이런 예측은 충분히 검증되지는 않았지만, 네덜란드느릅나무마름병[15]을 일으키는 진균류 같은 많은 매개체 전파 식물 병원체의 높은 병독성과 부합한다.

그러나 모든 식물 병원체가 농업 관계자 매개인가? 경작 중, 수확 중 또는 가지치기를 하는 동안 농사용 기구나 손에 의한 전파되는 문화적이고 물리적 특징들은 문화적인 매개체의 정의에 부합한다. 비록 장비와 활동은 완전히 다르지만, 이런 작업을 수행하는 사람들은 간호사가 신생아 병동에서 아기들을 돌보는 것과 매우 비슷하게 식물들을 다룬다. 그러므로 작업자들은 병원 관계자들과 마찬가지로 병원체 병독성에 진화

15) Dutch elm disease. 곰팡이 케라토키스티스 울미(*Ceratocystis ulmi*)에 감염된 나무의 잎들이 갑자기 시들어서 흐릿한 녹색이 노란색이나 갈색으로 변하며, 잎이 마르고 일찍 떨어져버림.

적 영향을 끼친다. 농업 관계자 매개 식물 병원체 중 한 그룹이 바이로이드(viroid)인데, 이는 염기수 300개 길이의 전염성이 있는 고리형 RNA이다. 일부 바이로이드는 파괴적인 전염병을 일으켰다. 다른 일부는 약한 병원성이거나 무증상성 감염을 일으킨다. 만약 혹독함에서의 이런 변이가 농업 관계자 매개 전파의 상대적인 정도에 의해 생긴다면, 이들 두 특징 간의 긍정적인 연관을 찾아내야 할 것이다.

이런 긍정적인 연관은 실제로 일어난다. 한 가지 극단적인 예는 아보카도바이로이드(avocado sunblotch viroid, ASBVd)인데, 자료는 조직의 접붙이기와 씨앗에 의해서만 전파될 수 있음을 암시한다. 나무에서 나무로의 확산은 자연적 경로, 즉 농업 관계자들의 작업을 통하거나 수액 접종(sap inoculations)에 의한 야외 옮겨심기로 잘 일어난다. 접붙이기에 의한 감염은 병든 나무에서 건강한 나무로 전파되지 않기 때문에, 효과적인 문화적 매개체가 아니다. 요양원에서 늘상 일어나는 것처럼, 접붙이기는 감염된 나무를 나누거나 감염된 나무를 단순히 한 장소에서 다른 곳으로 옮기는 것과 유사하다. 예를 들어 어린 묘목의 끝을 다른 묘목의 몸통 위에 접붙이기를 할 때이다. 더욱이 접붙이기를 하기 위한 재료를 고를 때는 보통 병든 나무들은 피한다. 꽃가루를 통한 전파는 무증상 그리고 증상이 있는 나무들에서 실험으로 입증되었다. 무증상으로 감염된 나무들에서 꽃가루와 씨앗을 통한 수직 전파는 100%에 가까울 수 있다. 잎보다는 꽃눈의 바이로이드 밀도가 훨씬 높은 것은 꽃가루/씨앗 전파의 상대적인 중요성을 반영한다.

아보카도바이로이드는 건강한 싹을 무증상성 나무에 접목할 때와 증상이 있는 감염된 묘목을 접목한 나무에서 병을 일으킨다. 보통 증상은 줄기와 과일의 줄이 간 부분과 오목한 곳에서 거칠어진 나무껍질과 가벼운 잎이 기형으로 나타난다. 증상이 있는 나무들은 종종 무증상성 싹(순)을 만들거나 완전히 증상이 사라지기도 할 것이다.

또 다른 극단적인 병독성 사례는 코코야자 카당카당바이로이드[16]인데, 농업 관계자에 의해 거의 배타적으로 전파된다. 농장 노동자들은 마체테로 코코넛을 자르고 수액을 모으기 위해서 꽃을 떼려고 이 나무에서 저 나무로 옮겨다닌다. 농업 관계자 매개 전파에 연관된 이 바이로이드의 의존성은 필리핀 루손섬에서 감염된 나무들의 패턴을 통해 알 수 있다. 종족 간의 문제로 노동자들은 다른 종족이 일하는 농장에서는 일하지 않기 때문에 이동하지 않는다. 카당카당병은 한 종족 집단의 농장에는 퍼졌지만 다른 농장에는 영향을 주지 않았는데, 심지어 두 그룹의 농장이 서로 인접해 있을 때도 그러했다.

카당카당은 죽어가는 상태를 의미한다. 1920년대에 처음으로 관찰된 이후 이 병은 '알려져 있는 가장 비참한 식물병의 하나'로 여겨졌으며 필리핀의 코코넛 산업을 괴멸시켰다. 나머지 식물 바이로이드는 농업 관계자 매개 전파와 병독성 범위에 따라서 상당히 골고루 분포하는데, 한쪽 끝은 아보카도바이로이드 그리고 반대쪽 끝은 카당카당바이로이드이다. 농업 관계자 매개 전파가 늘어나면서 병독성도 증가한다.

만약 바이로이드에 있는 한정된 유전정보가 농업 관계자 매개 전파에 진화적으로 반응할 수 있다면, 다른 모든 병원체는 이런 반응을 위해 충분한 유전질을 가져야만 한다. 비(非)바이로이드성 농업 병원체들의 농업 관계자 매개 전파와 병독성에 대한 광범위한 분석은 아직 이루어지지 않았지만, 다음의 예는 농업 관계자 매개 전파가 식물 병원체들의 병독성

---

16) cadang-cadang. 코코야자에 걸리는 병으로, 죽어 넘어가는 모습을 묘사한 이름.

에 널리 관련될 수 있음을 시사한다.

알팔파마름병(*alfalfa wilt*)을 일으키는 세균(*Corynebacterium michiganense* subsp. *insidiosum*)은 트랙터에 의한 토양 변형과 예초기 사용으로 전파된다. 알팔파마름병은 1925년 이전에는 알려져 있지 않았다. 이 균은 점차 대단히 파괴적으로 되었고, 결국 가장 심각한 알팔파 질병으로 발전했다. 이와 유사하게, 세균성잎마름병[17]을 일으키는 세균(*Xanthomonas phaseoli*)은 콩을 딸 때 전파되는데, 상당한 또는 전체적으로 수확을 포기해야 할 정도이다. 그에 반해서 슈도모나스(*Pseudomonas syringae*) 관련 세균은 콩과식물에 감염되어 잎, 줄기 그리고 깍지에 점을 만든다. 병독성이 덜한 바이로이드처럼 이 슈도모나스 균은 부모에서 자손으로 전파된다.

사탕무씨스트선충(*sugar beet nematode, Heterodera schachtii*)은 농업용 기계들에 의해 전파된다. 이 선충은 작은 뿌리를 죽여서 사탕무를 죽이거나 크기를 크게 줄인다. 이와는 대조적으로, 밀과 호밀의 선충(*Anguina tritici*)은 자신들이 우글거리는 씨앗으로 새로운 경작지들에 들어가 비교적 작은 손실만을 일으킨다. 예를 들어 담배모자이크병바이러스(Tobacco mosaic virus)는 초목 손질, 말뚝박기, 매기, 덮기, 수확과 손다듬기와 같은 활동들을 통해 담배와 토마토 식물에 퍼진다. 곤충 매개체(진디), 씨앗 또는 토양을 통한 전파는 드물게 일어난다. 이 병은 때때로 치명적이며, 조직 손상과 성장 지체로 감염된 경작지 1 에이커당 소득 가치를 절반 이상 축소시킬 수 있다.

---

17) bean blight. 세균에 의해 발생하는 식물병의 일종. 세계 각지의 벼농사 지대에 널리 분포하여, 큰 피해를 일으키고 있다.

이런 예들은 농업 관계자 매개 전파 가설의 넓고 잠재적인 적용 가능성을 보여준다. 몇몇 대안 가설들을 평가하기 위해서는 엄격한 조사가 필요한데, 이들은 바이로이드들에 적용할 수 없다. 예를 들어 병원성 진균류는 대부분 내구성이 있고 바람에 의해 퍼질 수 있다. 세균 역시 대개 내구성이 있고 수인성이다. 그리고 바이러스는 곤충 매개체에 의해 종종 전파된다. 이러한 방식은 각각 감염된 식물에서 다수의 예비 감염체로 전파될 수 있으므로, 각각은 병독성을 높이는 선택적인 압력으로 작용할 수 있을 것이다.

제6장

전쟁과 병독성

통제 불능인 존재를 신중하게 이용하기

냉혹한 사람들이 냉혹한 목적을 위해서 과학 지식을 사용한다는 것이 너무나도 분명하게 밝혀졌다. 대부분의 중요한 과학적 발견이 사람들의 생활을 풍요롭게 하지만, 유감스럽게도 동시에 생활의 질을 떨어뜨리기도 한다. 이 책에서 발전시킨 통찰 역시 예외는 아니다. 이 지식을 인간을 파괴하고 괴롭힐 목적으로 사용하는 것을 우리 모두 힘을 합쳐 금지시켜야 한다고 믿는다. 비록 이런 전망은 여러 강대국이 탄저균 같은 미생물 무기를 제작하던 지난 세기 대부분의 기간에는 순진한 것이었겠지만, 현재는 훨씬 현실적이 되었다. 첫째로, 우리는 이제 미생물 무기가 질적으로 떨어진다는 것을 깨닫고 있다. 무기용 미생물들은 사용자 입장에서는 전파되지 않기를 원하는 인구 집단에도 퍼질 수 있다. 그 미생물들은 서서히 작용하며, 자기 편이 오염시킨 전투 지역에 들어가는 병사들처럼 자신들에게 면역이 된 사람들을 감염시키기 위해 돌연변이를 일으킬 수 있다. 또한 유효한 무기가 되기 위해서, 특히 폭발에 의해서 방출되기 위해 미생물들은 자주 환경적인 파괴에 저항해야 한다. 그러나 이런 저항은 전투 지역을 여러 세대에 걸쳐서 사람이 살 수 없도록 만들 수 있다. 그뤼나드(Gruinard)가 그 증거이다.

1942년 여름 영국군은 스코틀랜드 북서쪽 해안에 있는 이 작은 섬에서 실험을 실시하였다. 실험에서는 밧줄로 서로 연결한 약 30마리의 양을 제외하고는 모두 대피시키고, 탄저균 포자들이 담긴 작은 폭탄을 근처에서 폭파시켰다. 탄저균에 노출된 양은 그 다음 날부터 죽기 시작했다. 반세기 이상이 지난 지금도 양이나 사람들이 무방비 상태로 섬을 방문한다면 같은 운명에 처할지 모른다. 1942년과 1943년에 시험한 무기들에 의해 퍼진 포자들은 휴지(休止) 중인 채로 남아 있으며, 이들은 지금부터 한 세기가 지나도 여전히 살아 있을 것이다. 그런 미생물 무기를 사용하여 얻은 상이 바로 이 '탄저균 섬'이었다.

통제 불능인 존재의 부주의한 진화

문화적 매개체, 숙주의 밀도와 인플루엔자

미생물 무기의 개발과 사용에 따른 죽음과 질병의 규모는 전쟁 상태에서 일어난 자연적인 각종 병원체가 일으킨 죽음과 질병에 비하면 형편없이 작다. 지난 세기(20세기) 초 세균에 대한 지식을 질병 통제에 적용시키기 전까지, 전염병은 주기적으로 무기에 의해서보다 훨씬 많은 병사들의 목숨을 앗아갔다. 비록 질병과 전쟁 사이의 연관이 오래 전부터 인식되었지만, 이는 그저 병원체의 확산이 늘어나고 숙주의 취약성이 증가한 탓으로만 여겨왔다. 전쟁이 병원체의 진화에 미치는 가능한 영향을 간과

해왔다.

병독성의 진화적 증가에 대한 가장 놀라운 예는 1918년에 일어난 인플루엔자 대유행이다. 이 대유행이 일어난 이후부터 지금까지도 전염병학자들은 그 병독성에 당혹해하고 있으며, 이와 견줄 만한 병독성의 대유행이 재발할 것을 염려하고 있다. 지난 세기 중반 맥팔레인 버넷(Macfarlance Burnet)은 다음과 같이 썼다. "1918~1919년 대유행으로 예시되는 심각한 유형의 인플루엔자는 여전히 이론 역학과 공중 보건 업무에서 해결하지 못한 가장 큰 문제로 남아 있다." 그는 인플루엔자 연구의 가장 중요한 목표를 "1918년에 일어난 유형의 인플루엔자 대유행에 책임 있는 조건들을 이해하는 것, 그리고 그 재현을 방지하는 데 필요한 조건들을 확립하는 것"이라고 하였다. 이 '중요한 목표'에 도달하기 위한 과정에서 거둔 성과는 주로 바이러스의 외부 항원(우리의 항체에게 공격받는 바이러스의 부분들)의 변화에 대한 측면, 그리고 이러한 변화들과 숙주 면역이 유행 확산에 미치는 잠재적 영향력에 대한 향상된 지식들로 한정되어 있었다. '1918년 유형'의 극단적인 병독성을 결정하는 조건들 또는 '그 재현을 방지하는 데 필요한 조건들'에 대한 이해 측면에서는 조금 진척이 있었을 뿐이다. 질병의 병독성에 대한 진화학적 접근은 우리를 이러한 목표로 향하게 할 수 있다.

인플루엔자처럼 공기를 매개로 하는 병원체 병독성 증가의 진화에서, 제1차 세계대전의 참호전과 연관된 환경 조건들보다 더 적합한 것은 거의 없었을 것이다. 참호 속의 병사들은 움직일 수 없는 감염자들까지도 병원체를 전파할 수 있을 만큼 빽빽하게 모여 있었다. 어떤 병사가 싸우지 못할 정도로 병세가 심하면, 그 병사는 대개 참호 속의 동료들로부터 격리되었다. 그러나 그때쯤에는 같은 참호 안에 있던 동료들도 대부분 감염되곤 하였는데, 바이러스에 감염된 후 대체로 2~3일이 지나 증상이 나타나기 시작하는 시점에 가장 높은 비율로 바이러스를 내뿜기 때문이다.

환자 개개인들은 대개 환자들로 가득찬 병원 차량에 실려, 또 환자들로 꽉 찬 병실들 사이를 계속해서 이동하였다. 중증의 병사들은 부상자들과 함께 야전병원으로 수송되었으며, 거기서는 그들을 보통 천막 안에 모포로 감싼 짚더미에 눕힌다. 이후 병이 위중한 병사들과 심한 부상자들은 몇 시간 안에 한 군데 이상의 후송병원들로 보내졌다가 마지막에는 열차 편으로 큰 기지 병원으로 옮겨졌다. 많은 환자들이 이동하였다는 것은 이런 활동이 어떻게 움직일 수 없는 감염자들과 접촉한 예비 감염자들의 수를 증가시켰는지에 대한 정보를 제공한다. 프랑스 보베꾸르(Vaubecourt)에 있는 1,300개 병상 규모의 후송병원에는 인플루엔자 또는 가벼운 호흡기 질환 환자를 위해 360개의 병상이 마련되었다. 24시간을 주기로 이 병상에 824명이 수용되었다가 이동했다. 전쟁의 마지막 6주일 동안 이 병원은 대략 3만 4,000명의 환자를 수용하였는데, 2만 4,000명이 부상 아닌 질병 때문이었으며 그중 절반은 호흡기 질환이었다. 인플루엔자가 대유행했을 때, 전염성이 있는 환자들을 분리하려는 시도는 성공하지 못했다. 거동하지 못하는 환자들로부터의 전파 잠재력을 아마도 환자들은 잘 이해할 수 있을 것이다. 구급차 운전기사 가이 에머슨 바워맨(Guy Emerson Bowerman Jr)은 1918년 8월 이질에 걸렸다. 그는 일기에 자신이 수송되는 과정을 기술했다.

……그들은 우리를 3, 4일 간 대피시키기로 결정했다. 우리는 오용(Hoyon) 공격을 위한 일제 포격이 시작된 바로 그때인 06시에 바쉬 노아르(Vashe Noire)를 떠났다. 허브가 우리를 빌리에르(Villiers)로 데려다 주

었는데, 나는 끔직한 몸 상태 덕에 그가 코너를 거칠게 돌 때조차 죽을 만큼 겁나지 않았다. 너무 허약해진 나는 간이 의자에 앉을 수도 없어서 바닥에 길게 드러누웠다. 후송병원(큰 텐트)에 도착했다. ……나는 그날 밤 괴로웠다고 생각했지만, 그곳에서 다른 후송병원까지 가기 위해 군용 트럭에 실린 20km짜리 짧은 여행은 이루 말할 수 없이 끔찍했다. 병원에 도착하기도 전에 죽을 것 같았다. 우리는 여기서 4시간 머문 다음 다시 구급차를 타고 크레피(Crepy)로 갔으며, 그곳에서 병원 열차를 타고 스페인과의 국경에서 약 112km 떨어진 툴루즈(Toulouse)까지 이틀 낮, 이틀 밤을 여행하게 되었다. 병원 열차는 각각 3개의 운반용 들것이 4단으로 붙어 있는 유개 화물차들이 이어진 것이었다……. 툴루즈에서 우리는 여성 구급차 운전기사에 의해 제1부속병원으로 옮겨졌는데, 그곳에서 수아송(Soissons)과 샤토티에리(Chateau Thierry)에서 부상당한 20명의 보병들이 있는 병실에 배정되었다…….

이런 혼잡한 조건에서 공기를 매개로 한 호흡기 바이러스의 전파 잠재력은 엄청난데, 20세기 중반의 덜 붐비고 훨씬 위생적인 조건을 갖춘 병원 상황과 비교하면 분명해진다.

새로운 예비 감염자들이 후송된 환자들 대신 참호에 추가로 배치되었을 것이다. 이미 후송된 병사들에게서 감염된 참호 동료들이 발병하기 시작하면서 이 과정은 계속 되풀이된다. 참호에서 멀리 떨어진 캠프에서 바이러스가 높은 밀도로 존재하는 병사들에게 병들거나 병들기 쉬운 병사들을 수송하는 것은 유사한 기전으로 병독성을 증가시키는 데 기여했을 것이다.

감염자와 예비 감염자를 참호에서 병원, 병원에서 참호로 수송하는 사람들과 차량은 문화적 매개체의 구성 요소인데, 이는 그들이 움직이지 못하는 사람에서 감수성이 있는 예비 감염자들에게 병원체가 전파되도록 허용하기 때문이다. 이런 특수한 관계자 매개 전파(attendant-borne transmission)의 예에서, 관계자(예를 들어 구급차 운전자, 병원과 수송 차량 안팎을 이동하는 환자들)들은 그저 병원체만을 수송하기보다 병원체들과 이들을 보유한 움직이지 못하는 숙주들을 한데 묶어 수송하는 방식으로 움직이지 못하는 감염 숙주에서 예비 감염자들로 전염시킨다.

일반적으로 전쟁 중에 나타나는 다른 전염병들에 의한 참호 내의 치사율 증가 또한 높은 수준의 병독성을 선호했다. 회복되어 면역력이 생긴 병사가 어떤 방식으로건 사망하게 되면, 결국 참호 안에서 돌아다니던 균주에 전염되기 쉬운 보충병들이 곧 참호를 채우게 된다. 덧붙여서, 매우 신속한 증식이 일어날 병원체가 지불해야 할 적응 비용은 훨씬 빨라진 면역반응 또는 숙주의 죽음에 기인한 짧아진 감염 지속 기간이다. 다른 원인에 의한 숙주 사망이 증가하면, 병독성의 이런 적응 비용은 낮아져야 한다. 여러분의 배가 적에게 포격당해 침몰하기 직전이라면, 비록 배를 포기하는 것이 배가 가진 미래의 유용성을 없애는 것이라 해도 지금 바로 배(여러분이 할 수 있는 한 최대로 배의 자원을 사용하고)를 포기하는 것이 나중에 하는 것보다 나을 것이다[액슬로드(Axelrod)와 해밀턴(Hamilton)은 이것을 훨씬 격식을 갖춘 '죄수의 딜레마(prisoner's dilemma)'라는 표현으로 설명했다. 두 공범자가 서로 협력해 범죄 사실을 숨기면 증거 불충분으로 형량이 낮아지는 '최선'의 결과를 누릴 수 있지만 상대방이 먼저 자백할까 두려워 결국 둘 다 죄를 실토하게 된다. 그들은 이러한 비유로 유사한 경우를 표현했다.] 서부전선에서 벌어진 상황과 활동이 1918년 대유행병의 강화된 병독성의 근본 원인이었다면, 유해한 질병의 시·공간적 패턴은 서부전선에서의 병독성 강화와 일치해야 한다. 이는 기동성과 무관한 전파가 일어날 때, 병독성 강화가 서부전선에 배치된 부대들에서만 일어났어야만 했다. 이러한 전파를 허용하는 활동이 전쟁이 끝나고 사라졌을 때, 기동성에 의존하는 전파가 병독성이 덜한 균주들을 선호하면서 병독성은 서서히 감소했어야 했다.

1918년 대유행 바이러스의 기원을 과거로 거슬러 올라가 정확하게 적시하기는 대단히 어렵지만, 상응하는 특징들을 갖춘 인플루엔자의 최초 출현은 프랑스 쪽 서부전선 가까이 배치된 부대들로까지 추적할 수 있다. 인플루엔자 대유행은 일반적으로 동아시아에서 퍼지기 때문에, 이 기원설은 주목할 만하다. 일반적인 인플루엔자 대유행에서는 1,000명의 감염자 중 1명 이하가 사망한다. 제1차 세계대전이 끝나기 직전과 직후 수개월 동안 감염당 사망률은 이보다 10배 정도 높았다. 종전 이후 3년 동안 병독성은 정상 수준으로 서서히 떨어졌다. 따라서 세계적 대유행병의 시·공간적 패턴에 대한 우리의 지식은 서부전선에서 나타난 병독성 강화와 잘 맞아떨어진다.

1928년 세계적 대유행병의 연령 분포 또한 다른 인플루엔자 유행과는 달랐다. 일반적으로 인플루엔자 바이러스에 의한 감염은 아주 어리거나 늙은 사람들에게 훨씬 치명적이다. 1918년 대유행병은 젊은이에서 중년까지의 어른들에게 가장 치명적이었는데, 이 주요 연령층에서 증강된 병독성이 진화했기 때문으로 추정되었다. 연령에 따라 생리 및 조직 특성들과 병원체 증식 간에 연관되는 방식들이 달라진다면, 주어진 연령층에서 진화한 균주들이 그 연령층에서 상대적으로 높은 병독성을 갖게 되리라고 예상할 수 있다. 예를 들어 발열과 면역반응들은 연령에 따라 바뀌고 병원체 증식에도 영향을 줄 것이다. 따라서 비전형적인 연령 특이적 발병률은 1918년 대유행 균주의 높은 병독성이 서부전선 병사들에서 진화했다는 아이디어와 일치한다.

인플루엔자 바이러스에 대한 분자생물학 연구를 통해, 단순한 돌연변이가 어떻게 바이러스의 증식률과 병독성을 바꿀 수 있는지를 확실히 알 수 있다. 바이러스는 외피로 돌출한 혈구 응집소(hemagglutinin)라는 분자를 갖고 있는데, 이 물질의 일부는 당이고 다른 일부는 단백질이며 바이러스를 세포에 부착시키고 뚫고 들어가게 한다. 혈구 응집소 유전자의 돌연변이는 그 분자 끝부분에 몇몇 당 구조 성분이 없는 혈구 응집소 합성을 일으켜 바이러스가 세포배양에서 훨씬 많이 증식하게 해준다. 이와 반대로, 혈구 응집소의 단백질 부분에서 하나의 구조 성분이 변화하면 숙주세포에 대한 부착력이 떨어질 수 있다.

1918년 대유행병에 대한 다른 설명

인체 내로 최근에 침투했는가? 1918년 대유행병의 경이로운 병독성에 대해서는 여전히 관심과 논쟁거리이다. 현재의 설명은 계속해서 높은 병독성을 인플루엔자가 최근에 사람에게 침투했기 때문이라는 이유를 들고 있다. 이런 설명은 핵심 주제에 대한 답변으로는 부족하기 때문에 만족스럽지 않다. 예를 들어 1991년 고어만(Gorman) 등은 조류, 포유류와 돼지에서 분리한 인플루엔자 바이러스들 간의 분자 데이터를 가지고 진화학적 상관관계를 구축했다. 그들의 분석은 인간과 돼지에서의 균주들이 20세기의 두 번째 10년 간, 즉 1910년대에 공통 조상을 가졌음을 보여준다. 그들은 이 공통 조상이 1918년 대유행 직전에 인간에게 침투할 수 있었으리라고 제안했다. 자신들의 일부 주장에서 인플루엔자 바이러스가 돼지보다 인간에서 훨씬 더 잘 유지된다고 강조했다. 그러나, 그들은 1918년 대유행 직전 수년 동안 유지된 바이러스가 돼지형 조상을 선호하는 것으로 보았다. 이 선호는 분명히 대유행병의 높은 병독성을 균주가 최근에 인간으로 침투한 탓으로 돌리고자 한 그들의 의도에 따른 결과이다. 인플루엔자의 근원으로 돼지를 사용하는 이런 모순은 차치하고, 그들은 핵심 주제를 미해결로 남겨두었다. 인간 인플루엔자 유행은 1918년 이전 약 반세기 동안 일어났지만, 이는 인플루엔자 바이러스의 조상이 19세기 동안 조류와 인간 계통으로 분지된 다음이다. 만약 인간 인플루엔자의 모든 균주가 1918년 즈음에 인간에서 새로 확립된 계통에서 시작되었다면, 1918년 이전에 인간들에서 유행한 인플루엔자 균주들은 과연 어디에서 유래했을까? 모든 균주가 멸종했을 것 같지는 않은데, 특히 1918년 이전의 낙후된 감염 조절 통제들과 1918년 이후 계통들의 매우 낮은 멸종률을 고려하면 더욱 그러하다. 이들 1918년 이전과 1918년 이후의 인플루엔자 유행들 사이에 드러난 유사성은 이전의 유행이 모두 두 개의 주요 인플루엔자 바이러스 그룹에서 유래하였다는 주장을 미심쩍게 만든다.

전쟁에 의한 해독성 강화 가설은 훨씬 알뜰한 설명을 제공한다. 인간 및 조류 인플루엔자 바이러스 계통들은 20세기 이전에 공통 조상에서 갈라졌다. 결정적인 쟁점은 돼지에서 인간으로의 전파가 인간에서 특히 높은 병독성과 연관이 있어야 한다는 가정에 대한 진화학적 근거가 없다는 것이다. 이와 반대로 새로운 숙주로 전파하는 것은 종종 새로운 숙주에서의 낮은 병독성과 연관되어야만 하는데, 이는 새로운 병원체를 차단하는 우리 면역계의 능력이 새로운 병원체가 새로운 숙주 종을 정복하는 능력보다 더 크기 때문이다.

다른 병원체? 1981년에 스티븐스(Stevens)는 1918년 대유행에서 높은 병독성을 나타낸 또 다른 이유에 대해 설명했다. 그는 높은 사망률이 헤모필루스 인플루엔자(*Hemophilus influenzae*) 세균과 동시에 감염되었기 때문이라고 여겼다. 그는 후기 유행에서 세균이 사라졌다고 언급하기는 했지만, 그의 분석은 동시에 출현하는 병독성 헤모필루스 인플루엔자 균주들이 왜 후기 유행 시기부터는 사라졌는지를 설명하지 못한다.

헤모필루스 인플루엔자균의 낮은 분리율 또한 골치 아픈 일이다. 스티븐스는 인플루엔자성 폐렴이 공동 감염의 중요한 징후이며 사망률을 상승시킨다고 믿었다. 현재까지도 인플루엔자성 폐렴 환자의 절반만이 헤모필루스 인플루엔자균에 양성이다.

마지막 관심사는 타이밍이다. 이 헤모필루스 인플루엔자균의 독성 유형이 왜 제1차 세계대전 끝 무렵에 나타났다가 종전 후 1년 동안 서서히 사라졌을까? 스티븐스의 설명이 적어도 부분적으로 옳다면, 전쟁으로 인플루엔자 바이러스의 병독성이 강화되었다는 진화학적인 설명을 헤모필루스 인플루엔자균에게도 적용할 수 있으며 타이밍에 대한 의문을 풀 수 있을 것이다.

관계자-매개 전파와 빠른 계대(passage) 제1차 세계대전 직후 미국 공중위생국 장관의 공식 기록은 연역적이라기보다는 오히려 귀납적인 추리에 근거한 진화학적인 설명을 제공했다. 병독성은 '빠른 계대'에 의해 강화되었는데, 이는 신속한 인수인계(병든 군인과 보충병 간의 교체)가 이루어지는 동안 많은 보충병들 사이에서 전파된 것을 의미한다. 훗날의 학자들도 이 주장을 되풀이한다. 그러나 이것은 진화학적 메커니즘에 대해서는 설명하지 않는다. 오히려 그것은 실험동물 사이에서 병원체의 빠른 계대가 종종 병원체의 병독성을 증가시킨다는 관찰을 근거로 한다. 반면 문화적 매개체 가설은 자연선택의 기본 원리들에서 추론할 수 있는 진화학적 기전에 대해 설명한다.

실험동물에서 병원체의 빠른 계대는 제1차 세계대전 때 병사들 간의 병원체 계대와 마찬가지로 병독성을 증가시키는 데 유리할 것이다. 이는 숙주들이 자신들의 감염증을 전파하기 위해 이동할 필요가 없기 때문이다. 연구실에서 연구자와 접종 도구는 매우 높은 증식률을 보장하기 때문에 병독성이 더 강한 병원체를 선호하는 문화적 매개체 역할을 한다. 움직이지 못하는 숙주들로부터의 전파를 허용함으로써, 이 문화적 매개체는 실험실에서 급속히 세대를 거친 균주들의 병독성을 증가시켰을 것이다.

그러나 신속한 이동도 병독성을 직접적으로 증강시킬 수 있다. 감염이 시작되자마자 바로 이동하는 방식은 감염 초기에 빠르게 증식하는 병원체 균주들에 의해 자연선택된다. 감염 후기에 일어나는 손상은 이런 초기의 급속한 증식에 의한 직접적인 결과일 것이다.

이런 직간접적인 두 선택 사항은 실험을 통해 일반화된 의미로 식별할 수 있다. 문화적 매개체 가설은 무작위로 선발된 실험군의 숙주 동물들에서 병원체를 전파하는 것, 그리고 이동하는 대조군 동물만을 대상으로 같은 비율로 전파되는지의 여부를 조사함으로써 검증할 수 있다. 문화적 매개체 가설에 따르면, 전자는 후자보다 병독성이 더 강해야만 한다. 이 계대율 가설은 이동하는 동물들에서 다른 비율로 병원체들을 옮기는 것을 조사함으로써 직접 검증받을 수 있다.

답변의 타당성 1918년 대유행에서 나타난 사망률 수치들은 이들 선별적인 기전을 구별지을 필요성, 그리고 좀 더 일반적으로는 병독성을 선호하는 진화의 힘을 이해할 필요성을 단적으로 보여준다. 우리는 제1차 세계대전 4년 동안 벌어진 전투에서 1,000만 명이 전사한 것에 오싹한 기분을 느낀다. 그러나 전쟁 후 2년 동안 전 세계에 퍼진 인플루엔자 대유행으로 그 두 배에 달하는 사람이 죽었다. 문화적 매개체 가설은 이 인플루엔자에 의한 사망이 단지 전쟁과 우연의 일치로 일어난 것이 아니라 전쟁에 의해 진화적으로 야기되었다고 제안한다. 부주의한 우리의 활동이 일으키는 병원체 병독성의 진화적인 변화를 일으킨다는 것을 미처 깨닫지 못한다면, 인정할 수 없다면, 단지 병독성이 약한 유형들을 선호하는 상태로 회귀하도록 환경을 변화시킬 때까지뿐만 아니라 무해한 양성 방향으로 진화적인 변화가 완료될 때까지 우리는 그 대가로 질병과 죽음을 맞이할 것이다.

긍정적인 측면에서 보면 숙주의 기동성에 근거하는 비용/편익(cost/benefit) 주장은 1918년 인플루엔자 병독성이 서부전선에서와 같은 조건들이 없는 경우에는 반복되지 않을 것임을 의미한다. 이제 우리는 항원 조합들에 대한 면역성을 상실했기 때문에 1918년 인플루엔자의 항원 유형이 또 다른 세계적 대유행병을 일으킬 수 있는 시간대를 지나고 있다. 1976년의 '돼지 인플루엔자(swine influenza)'는 그것이 처음으로 재현된 사례였을지도 모른다. 이 균주의 항원은 1918년의 대유행 인플루엔자의 항원과 매우 유사하였다. 1976년에 발생한 돼지 인플루엔자의 낮은 사망률은 1918년 대유행 인플루엔자의 병독성이 단순히 이 항원 유형의 경직된 특징이라기보다는 오히려 전시 상황에 대한 진화적 반응이었다는 의견과 일치한다.

그러나 이 책의 서두에서 언급한 닭들에서는 어떠한가? 1918년 대유행을 이해하기 위한 개념상의 기반을 일반화할 수 있다면, 이는 1983년 펜실베이니아 주의 닭 유행병을 이해하기 위한 기반도 제공한다. 분자 수준의 증거는 이 병독성 닭 바이러스가 오랜 세월 북아메리카를 돌아다니던 훨씬 약한 바이러스에서 진화한 것임을 보여준다. 유행한 닭 바이러스는 자신의 이익을 위해서 매우 높은 병독성을 가진 그저 우연한 돌연변이체가 아니었다. 그 균주는 감염된 닭을 거의 100% 죽였지만, 이를 통제하는 데는 더 극단의 처치가 필요했다. 결국 1,700만 마리 이상의 조류를 살처분했다. 그러나 더 결정적인 것은 양계장이 서부전선과 공통점을 갖는다는 것이다. 많은 숙주들, 심지어 움직일 수 없는 숙주마저도 바이러스를 예비 감염자들에게 전파시킬 수 있을 정도로 밀집 사육되고 있었다.

세균 병원설[1] 이전 전쟁에서의 병독성

병독성의 강화 주기가 좀처럼 차단되지 않았기 때문에, 병독성에 미치는 전쟁의 영향은 세균 병원설 정립 이전에도 명확히 알려졌어야 했다. 비록 그 시대에 세균에 대한 지식이 없었기 때문에 이 생각을 평가하기가 어렵기는 하지만, 세균 병원설 제창 이전에 관찰된 경향들은 병독성의 진화에 미치는 전쟁의 가설적인 영향들과 일치한다.

예를 들어 남북전쟁 당시, 양쪽 군대는 깨끗한 물과 충분한 공중위생 없이 수개월 동안 수십만 명이 캠프에 높은 밀도로 모여 있었다. 남북전쟁은 다른 어느 전쟁보다도 많은 미국 병사들을 죽음으로 내몰았는데,

1) germ theory. 생명의 근원이 되는 배종(胚種)이 존재하며 그것을 중심으로 물질이 조직되어 생물 개체가 성립된다는 학설. 여기서는 좁은 의미에서 세균설로 이해함이 좋겠음.

사망 원인은 대부분 설사증이었다. 그러나 좀 더 정확히 말하면 시간이 흐를수록 설사증의 치사율이 점점 증가했다. 처음 한 해 동안에는 1,000명당 4명의 북군 병사가 설사증으로 목숨을 잃었다. 전쟁의 마지막 해에는 설사증으로 인한 사망률이 1,000명당 21명까지 증가했다. 만성 환자들의 사망률은 1862년 환자 100명당 3명의 사망에서 1865년과 1866년에는 100명당 20명 이상으로 서서히 증가했다. 유사한 사망률 상승이 급성 설사 감염증에서도 일어났다. 분명히 이 증가는 비위생적 환경에서 인체로 들어온 병원체가 증가했기 때문은 아니었다. 만약 무엇인가 있다면, 위생과 관련된 상황은 전쟁이 끝나갈 무렵에는 조금씩 개선되고 있었다. 캠프 내 위생을 개선하기 위한 지침을 배포하기는 했지만 잘 이행되지 않았으며, 수인성 전파를 끝까지 효과적으로 통제하지 못했다. 그와 같은 환경에서 병원체를 장기간 축적할 수 있을 것 같지 않은데, 그것은 이런 질병을 일으키는 병원체들이 외부 환경에서는 대체로 수일 안에 사멸하고 수주일 동안 장기 생존하는 경우는 거의 없기 때문이다. 또한 혹자는 사망률 상승이 전쟁이 길어지면서 감염성 질병들에 대한 취약성이 증가했기 때문이라고 주장하지만, 이런 주장은 다른 비설사성 질병들의 데이터와 일치하지 않는다. 말라리아 증례당 사망률은 전쟁 기간에 눈에 띄게 증가하지 않았다. 말라리아의 매개체는 모기에 의해서 전파되므로, 그 고유한 병독성이 전쟁시 조건들의 결과로서 증가하지는 않을 것이다. 이런 여러 상황은 설사증으로 인한 사망이 병사들의 면역 방어 체계가 제대로 작동하지 않았거나 병원체를 다량으로 섭취했기 때문이라기보다는 설사증 병원체들의 고유한 병독성이 증가했기 때문이라고 보는 것이 더 타당하다는 것을 시사한다.

의무 장교였던 제임스 틸턴(James Tilton)은 미국 독립전쟁이 발발한

지 2년과 3년째에 주로 설사증과 폐렴에 의한 사망이 비슷하게 증가했다고 기록했다. 틸턴은 병원 내 병사들의 집중화와 이 기간 중 군대 내 '캠프병(camp disease)'에 의한 죽음과 연관이 있음을 인식했다. 미군은 프랑스군보다 훨씬 더 큰 집중화와 죽음을 경험했는데, 프랑스군은 영국군보다 그리고 독일군은 영국군보다 그것을 더 많이 경험했다. 그는 전투에서 한 명이 사망할 때마다 10~20명의 병사들이 캠프병으로 죽고, 적어도 군대의 절반이 종합병원에서 질병들에 의해 '삼켜졌다'고 추정했다.

상황을 개선하기 위해 틸턴은 분산 치료를 하도록 법률로 제정했다. 환자들은 마차 바퀴살처럼 머리를 주변으로 향하고 발을 중심부 화로 쪽에 두는 방식으로 작은 원형(wigwams) 텐트 오두막에 배치되었다. 따라서 환자들의 머리 부분은 서로 멀리 떨어지게 되었고, 화로는 신선한 공기를 환자들에게 충분히 가져다주면서 오래된 공기는 지붕을 통해 배출하였다. 이 작은 규모의 일방 기류가 공기를 매개로 하는 병원체들의 확산 가능성을 줄인 것이 틀림없다. 군대는 침구용 짚의 소각, 침구 세탁 그리고 침구의 일광 소독을 규율로 정했다. 이런 절차들은 틀림없이 직접적으로 전파되는 설사증 병원체들과 침구 용품들의 먼지들에서 공기로 떠돌아다녔을 공기 매개 병독성 병원체들의 전파 가능성을 모두 줄였을 것이다. 이 무렵 특히 이질이 발생하는 동안, 의료 당국은 분변을 매우 주의해서 파묻도록 규정하였다. 큰 병원으로 환자를 잔뜩 모으는 관례가 이런 절차들로 바뀌게 되자, 병원 내 감염성 질병에 의한 사망률이 서서히 감소했다. 이 기간에 물 사용에 대한 지침 역시 배포되었지만, 수인성 질병들이 발병에 미친 영향은 불분명하다. 지침들은 아마도 대부분의 오염된 급수 사용을 줄였을 것이지만, 의무 장교들은 차가운 우물물이 병을 일으킨다고 생각했기 때문에 우물물보다 시냇물을 사용하도록 권장했다.

병원의 조건들은 병독성 증가를 선호했거나, 혹은 캠프나 병원 양쪽 모두에서 강화된 병독성 병원체들의 확산을 허용했을 것이다. 병원 감염들과 연관된 높은 치사성은 병원 전파가 주요한 요인임을 시사한다. 병원에서와 캠프에서의 절차를 개선하고 나서의 사망률 저하는 의사와 간호사들이 보인 높은 치사율이 그러한 것처럼 대다수 사망 원인이 단순히 일반 병사들의 형편없는 위생 상태와 스트레스의 결과가 아님을 시사한다.

이질 창궐에 대한 상세한 기록은 병사들의 상태가 사망률을 증가시킨 근본 원인이 아니었다는 추가 증거를 제공하다. 병원에 환자를 남겨두고, 워싱턴의 군대는 1776년 4월 1일에 보스턴에서 뉴욕까지 행군했다. 4월 중순 도착할 무렵, "전군은 모두 완벽한 건강 상태였다." 도착과 함께 많은 병사들이 한방에 머물렀던 1개 연대를 제외하고 나머지 부대는 민가와 병영 막사에서 지내다가 5월 10일 전후에 텐트로 옮겼다. 이질이 5월 중순의 한 주일 동안 이 연대를 덮쳤다. 이질의 최초 증례가 나오기 이전의 긴 기간, 해당 연대를 제외한 연대들, 그리고 같은 연대에 있는 다른 중대들에서 이질이 없었다는 것은 이질이 일반적으로 캠프 균주에 의해 일어난 것이 아님을 시사한다. 100명 이상의 환자에서 2명만이 사망했다. 이런 혼잡한 상황에서는 높은 노출량과 불량한 주거 환경을 예상할 수 있지만, 여전히 치사성은 일반 지역사회에서 이질이 창궐했을 때와 유사하였다. 이질은 이후 2개월 동안 발병하지 않았지만, 여름이 끝날 무렵 다시 군대를 황폐화시키기 시작했다.

지금까지 예로 든 전쟁에서 드러난 정황 증거들은 전시 상황이 병원체의 병독성을 강화할 것이라는 견해와 일치하며, 이런 병독성 증강이 미생물 발견 이전 시대에 일어난 전쟁들에서 많은 죽음을 가져온 직접 원인이었을 것이라는 생각과도 일치한다. 훨씬 최근의 전쟁 기간에 움직이지 못하는 감염자들로부터의 전파 주기를 차단함으로써 우리는 역사상 수많은 생명을 앗아간 병독성을 가진 전시 유행병들을 무심코 부주의하게 피해왔을지도 모른다. 그러나 이와 같은 행운이 다른 질병에서는 사실이 아닐 수 있다. 실제로 현재 우리는 면역계를 파괴시켜 에이즈(후천성면역결핍증후군, AIDS)에 이르게 하는 인간면역 결핍 바이러스(HIV)에 대한 무지의 대가를 혹독하게 치르고 있는지도 모른다.

제7장

AIDS: 어디서 유래되었고 어디로 진행하고 있나?

어디서 유래되었는가?

진화 계통수

현재 수천만 명이 인간 면역 결핍 바이러스(HIV)[1]에 감염되었고, 이 가운데 수백만 명 이상이 AIDS 증상을 보이거나 이미 AIDS로 사망했다.[2] 이 정도의 숫자는 다른 병원체들에 의한 희생자 수에 비하면 상대적으로 적은 편이다. 예를 들어 6장에서 언급한 제1차 세계대전이 끝날 무렵에 시작하여 1년 남짓한 기간에 전 세계적으로 유행한 판데믹 인플루엔자[3]로 2,000만 명 이상이 목숨을 잃었다. 비록 AIDS에 의한 희생자는 인플루엔자나 흑사병, 말라리아, 또는 이질이나 콜레라와 같은 설사병에 비

1) 인간 면역 결핍 바이러스(HIV: human immunodeficiency virus). 인간의 후천면역결핍증(AIDS)을 일으키는 바이러스로, 유전정보로는 RNA를 사용함.

2) 원저가 출판된 1994년의 HIV 감염자 추정치는 약 1,000만 명이었으며, 2011년 현재는 5,000만 명에서 수억 명까지로 추정됨.

3) 흔히 스페인독감으로 알려진, 1918년에 유행한 인플루엔자. 오늘날의 조류독감과 유사하게 치명적이었음.

해 그 수는 적지만, 아직도 전 세계적인 AIDS 유행은 끝날 기미를 보이지 않고 있다. 또 AIDS를 완치시키거나 1년 이상 생명을 연장시키는 치료법도 아직 나오지 않았다.[4] 그러므로 만약 진화학적 접근 방법이 AIDS로 진저리가 날 만큼 고통스러운 역학 문제를 해결하는 데 도움을 준다면, 이를 HIV에 적용시키는 것은 매우 시의적절하다. HIV는 왜 그토록 치명적이며, HIV의 미래 진화 경로를 변경시키기 위해 무엇을 할 수 있을까?

현재까지 나온 분자생물학의 증거는 HIV가 지난 수십 년에서 수백 년에 걸쳐 인류에 감염되어왔음을 시사한다. 증거는 대부분 바이러스 RNA의 염기 서열 차이에서 비롯된다. 이러한 차이를 해석하는 통계학적 기법에 따르면, HIV-1과 HIV-2 두 주요 그룹은 약 900년 전 공통 조상 바이러스에서 갈라져 나왔다. 이와 다른 가정에 기초한 연구에 따르면, 분기(分岐)는 훨씬 가까운 1~2세기 전에 일어났다. HIV-1 변종은 통계학적 가정에 따라 대략 반세기에서 1세기 이상 이전에 침팬지에서 분리된 바이러스 군이 1960년 이전에 다시 갈라졌다—이보다도 현재에 더 가깝거나 먼 분기 시점이 진화 계통수와 염기 서열을 분석한 결과로 나오기도 했다. 이 침팬지 바이러스가 인간에서 침팬지로 또는 침팬지에서 인간으로 전파되었는지는 불분명하지만, 카메룬에서 분리된 HIV(ANT70이라 불림)는 침팬지/인간 분기 이전에 인간-침팬지 계통에서 갈라져 나왔다(그림 7.1). 만약 침팬지에서 인간으로 전파되었다면, 이 두 HIV 그

4) 세 가지 약제를 동시 복용하는 칵테일 요법(삼제 병용 요법)이 개발되어 단일 약제로 치료할 경우 내성을 가진 변종 바이러스가 생기는 것을 효과적으로 차단하여 HIV 보균자의 수명을 20년 이상 연장시킬 수 있음.

룹을 설명하기 위해 두 종간에 두 번의 도약[5]이 필요하다. 만약 인간에서 침팬지로 전파가 일어났다면, 단 한 번만 도약하면 된다. 진화 계통수에 따르면, 대부분의 HIV-2 변종들과 이들과 가장 가까운 변종들은 원숭이 면역 결핍 바이러스(Simian immunodeficiency virus, SIV)들 중 HIV-1 및 침팬지 바이러스들의 공동 조상과 비슷한 시기에 공동 조상을 가졌음을 시사한다.

이러한 발견에서 두 개의 극단적인 진화 시나리오가 나온다. 인류와의 오랜 연관을 가정한 극단론은 HIV-1, HIV-2 그리고 그들이 공유하지 않은 두 조상형 HIV가 각각 인간 체내에서 약 1,000년 동안 진화해왔으며, 이따금 여러 종의 원숭이와 침팬지로 전파해갔다는 것이다. 인류와 짧은 기간 연관되었다고 가정한 다른 극단론은 면역 결핍 바이러스들이 주로 인류 이외의 영장류에서 진화해왔으며, 약 50년 전 두 종류의 바이러스가 인류에게 전파되어 HIV-1과 대부분의 HIV-2 계통이 만들어졌다는 것이다.

증거를 더 확보하기 전까지 우리가 할 수 있는 최선은 현재까지 나온 아주 빈약한 정보만으로 이들의 진화 역사를 밝히는 것이다. 염기 서열 정보는 가봉의 맨드릴개코원숭이(*Mandrillus sphinx*)에서 분리된 SIV가 HIV-SIV 그룹에서 가장 먼저 분기된 바이러스임을 보여준다. 이 분기는 이 그룹의 공동 조상이 인류에게서 나타나기 이전에 맨드릴개코원숭이(아니면 맨드릴개코원숭이 바이러스 계통이 유래된 다른 숙주 종들)에서 존재했음을 시사한다. 이를 출발점으로 하여 종간 도약을 최소화하는 시나리오를 결정하기 위해 그림 7.1에 그려진 현재의 진화 계통수를 사용할 수

5) jump. 바이러스나 병원체가 종간 장벽을 허물고 한 종에서 다른 종으로 옮아가는 현상.

있다. 이 시나리오에 따르면, HIV 바이러스는 맨드릴개코원숭이에서 인간으로 도약하였다. 그림 7.1의 왼쪽에서 오른쪽으로 진행하면서 HIV-1과 HIV-2의 공동 조상이 분기되었다. HIV-1쪽 계통수 절반에서 바이러스는 ANT 70 계통과, 앞서 시사한 바와 같이 인간에서 침팬지로 도약한 바이러스가 나왔다. HIV-2쪽 계통수 절반에서 바이러스는 인간에서 사바나원숭이(green monkey, *Cercopithecus aethiops*)로 도약하였다. 사바나원숭이 SIV는 흰색관맹거베이(white-crowned mangabey, *Cercocebus torquatus*)로 이동했다. 인간에게 있던 바이러스들은 이어 두 갈래로 갈라졌다.

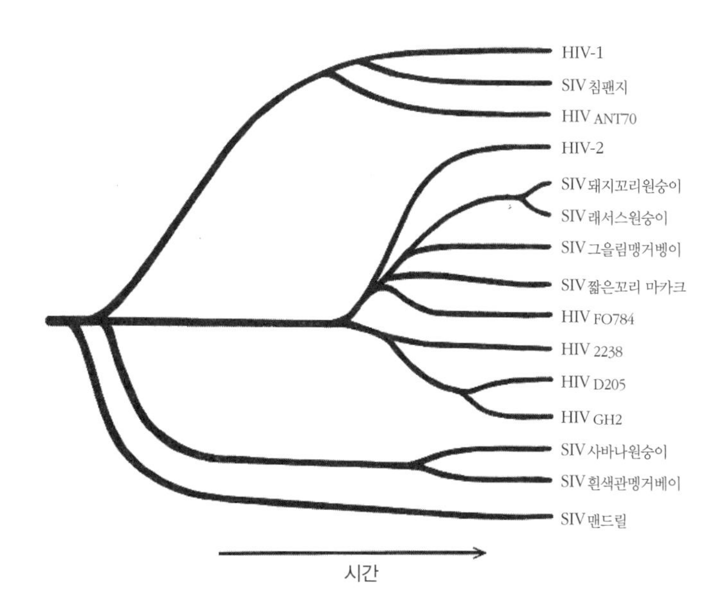

그림 7. 1. 바이러스의 염기 서열에서 유래된 진화 계통수. HIV는 인간으로부터, 그리고 SIV는 인류 이외의 영장류들로부터 분리한 바이러스들을 지칭한다. 분지 순서는 가지가 서로 가까울수록 시간적으로 정확하고, 멀수록 신뢰성이 떨어진다. 예를 들어 본문에서 언급한 바와 같이 HIV 계통들은 아마도 아프리카 사바나원숭이 계통들 이전 혹은 이후에 분기되었다. HIV-1 분리 바이러스들 거의 대부분을 포함하는 가지를 HIV-1로 표지하였다. HIV-2도 같은 방식으로 표시하였다.

하나는 궁극적으로 GH-2, D205(혹은 ALT) 그리고 2238로 불리는 인간에서 분리된 몇 종류의 후손들로 이어진다. 7312A라 불리는 다른 분리 바이러스는 아마도 이 지류와 다른 지류 간의 재조합으로 나타난 것 같다. 다른 지류는 HIV-2 계통을 대부분 형성하였다. 이 두 가지 중 첫 번째 가지에서 다른 HIV계가 분리되어 F0784라 불리는 후손을 만들었다. 이와 거의 동시에 HIV는 원숭이로 전파되어 그을음맹거베이(sooty mangabey, *Cercocebus atys*)에서 마카크(macaque)에 걸쳐서 분리되는 바이러스들을 탄생시켰다.

그을음맹거베이가 HIV-2의 원천이라는 제안이 있지만, 이 제안에는 다음과 같은 문제가 있다. 사바나원숭이 가지 이후와 F0784 가지 이전에 갈라진 그을음맹거베이 계통은 어디에 있는가? HIV 계통은 그 사이에 있지만, 그을음맹거베이 계통은 없다(그림 7.1).

다른 연구자들의 진화 계통수는 맨드릴개코원숭이와 아프리카사바나원숭이로부터의 SIV들이 다른 어느 바이러스보다도 훨씬 밀접하게 연관됨을 시사한다. 이 계통수에 따르면, 만약 맨드릴개코원숭이—사바나원숭이 가지가 인간에서 유래되었거나, 혹은 맨드릴개코원숭이와 사바나원숭이 계통이 갈라진 이후 바로 모든 인간 바이러스가 맨드릴개코원숭이-사바나원숭이 그룹에서 유래되었다면 종간의 도약은 최소한으로 일어났을 것이다.

HIV와 SIV의 공동 조상이 분자생물학적 증거에 근거한 추정보다도 훨씬 더 오래되었다면, 사바나원숭이의 조상이 현재의 다양한 사바나원숭이들로 진화한 지난 1만 년 동안 사바나원숭이바이러스들 역시 공동 조상 바이러스에서 진화할 수 있었을 것이다. 이러한 해석은 분자생물학적 분기를 시간대로 표현하는 '분자적 시계'를 설정하는 과정에서 중대한 오류가 일어났음을 전제로 한다. 만약 지난 1,000년 동안보다도 최근의 수십 년 내지 수백 년 동안에 훨씬 높은 비율로 돌연변이들이 면역 결핍 바이러스들에 축적되었거나, 혹은 분자적 시계를 설정하는 데 사용된 돌연변이들이 전형적인 것이 아니라면, 그 시계는 너무 빠른 비율로 설정되었을 것이다. 만약 그 시계가 부정확하게 설정되었다면 최소-도약 시나리오는 면역 결핍 바이러스가 인체 내에서 진화하는 데 훨씬 긴 기간, 아마도 수십에서 수백 년보다는 수천 년 동안일 가능성을 시사한다.

진화하는 비율의 변화는 또한 이 분기들의 순서를 변경시킬 수 있으므로, 도약 방향에 대한 결론을 바꿀 수 있다. 만약 바이러스가 새로운 종에 처음 전파되어 빠른 진화를 일으킨다면, 그들은 도약 경로를 드러내는 분자생물학적 족적을 남겼을 것이다. 이 족적은 염기 서열상의 변화에서 바이러스 구조상의 변화를 일으키는 변화와 그렇지 않은 변화로 나누어 관찰할 수 있을 것이다. 바이러스가 새로운 종에서 신속하게 진화한다면, 후자에 대한 전자의 비율은 증가해야 한다. 데이비드 민델(David Mindell), 제프리 슐츠(Jeffrey Schultz)와 나는 이 비율이 인간에서 침팬지로의 이동과 인간에서 그을음맹거베이로의 이동을 가리킨다는 것을 발견했다. 놀랍게도 이 결과는 바이러스가 인간에서 맨드릴개코원숭이 쪽으로 전파되었음을 암시한 것이었는데, 이는 '맨드릴개코원숭이 바이러스 계통이 인간과 사바나원숭이 계통들보다 더 오래되었는가' 하는 의문을 낳는다. 아마도 맨드릴개코원숭이의 바이러스가 더 신속하게 진화했기 때문에 오래되었다고 착각했을 것이다. 이 결과들은 인간과 사바나원숭이들 간의 바이러스 이동 방향에 관해서는 아무런 정보도 제공하지 못한다. 이러한 모호함은 아마도 분기가 늘어남에 따라 시간에 대한 비율을 식별하는 능력이 떨어지기 때문인 것 같다.

종간 전파 방식들

만약 최소-도약 시나리오가 옳다면 HIV는 비교적 오랫동안 인간을 감염시켜왔으며, 인간은 단순히 바이러스의 수용자라기보다는 오히려 다른 영장류들에 대한 바이러스의 원천이었을 것이다. 그런데 종간 도약의 횟수에 초점을 맞추는 것이 과연 유용한 것일까? 그 대답은 바이러스가 어떻게 도약하는가에 달려 있다. 만약 원숭이에서 인간으로 도약하기가 인간에서 원숭이로 도약하기보다 훨씬 쉽다면, 최소-도약 시나리오는 별로 유용할 것이 없다. 만약 인간에서 원숭이로 도약할 가능성과 원숭이에서 인간으로 도약할 가능성이 엇비슷하다면, 최소-도약 시나리오는 가장 합리적인 가설이 된다.

불행하게도 바이러스가 어떻게 종간을 도약하는지는 여전히 불가사의이다. 어떤 이들은 아마도 생물-의학적 활동이 SIV를 인간에게 전파시켰으리라고 추측해왔다. 예전에는 원숭이 세포를 사용하여 소아마비 백신들을 생산했기 때문에, 이들 세포에 미리 감염된 SIV에 의해 백신 접종을 받은 사람들이 감염될 수 있었다.[6] 이와 유사하게, 원숭이나 침팬지에 자연적으로 감염되는 말라리아 원충을 실험적으로 접종한 지난 세기 초에 원숭이와 침팬지 혈액이 사람에게 투여되면서 SIV도 함께 전파되었을 수 있다. 다른 이들은 이러한 생물-의학적 사고(事故) 가설에 반대한다. 만약 바이러스가 원숭이 종들 그리고 인간-침팬지 사이에서 자연스럽게 도약한다면, 원숭이에서 인간 사이의 바이러스 전파를 설명하기 위해 굳이 생물-의학적인 사고를 빌려올 필요가 없다. 더 중요한 것

---

6) 유사한 예로 1954년에서 1963년 사이에 원숭이 바이러스인 SV40가 실수로 소아마비 백신에 섞여 수백만 명에게 전이된 적이 있음.

은, 어떤 가설도 현재 통용되는 HIV와 SIV의 진화 계통수에 잘 맞아떨어지지 않는다는 것이다. 백신 가설에 대한 반대 의견으로, 거의 모든 계통수에서 감염원으로 추정되는 원숭이 바이러스들이 HIV-1 계통 이후에 분기되었음을 가리킨다. 말라리아 전파 가설에 대해서도, 침팬지 SIV는 거의 모든 HIV-1 계통들 이후 계통수 상으로 비교적 새로운 HIV-1의 큰 가지에서 갈라져 나온 것처럼 보인다(ANT 70을 형성, 그림 7.1). 더욱이 백신 접종과 혈액 내 주입이 일어난 짧은 시간 범위는 진화 계통수와 연계되는 진화학적 시간 범위를 감당하기에는 불충분하다. 최초의 명백한 HIV-양성 AIDS 환자는 최초의 백신 접종 지역으로 추정되는 콩고 지역을 접종이 시행되기 이전에 이미 떠난 상태였다.

백신과 말라리아 전파 가설의 한계는 다른 레트로바이러스[7] 그룹인 T 세포 림프 영양성 바이러스(T cell lymphotrophic virus)를 고려하면 더욱 명백해진다. 감염과 연계된 지리적 양상은 아마도 1,000년 이상에 걸친 기간에 적어도 3차례 이 그룹에 속한 바이러스들이 인간과 다른 영장류 사이에 전파되었음을 보여준다. 만약 이 레트로바이러스들이 생물-의학적 사고 없이 인간과 다른 영장류 사이를 도약했다면, HIV의 종간 전파를 설명하는 데 굳이 생물-의학적 사고는 차용할 필요 없게 된다.

나는 인간과 다른 영장류 사이에서 성 접촉에 의한 레트로바이러스 전파 가능성 역시 배제할 수 있다고 가정한다. 그렇다면 좀 더 생생하고 보편적으로 설명할 수 있는 두 가설이 남는다. 원숭이를 사냥하고 포식하는 것은 인간으로 전파되는 경로를 제공할 수는 있지만, 다른 영장류들 사이의 전파를 설명하기에는 설득력이 부족한 것 같다. 이들 일부 영장

7) retrovirus. RNA를 유전정보로 삼는 바이러스. HIV도 레트로바이러스임.

류는 다른 종을 사냥하겠지만, 다른 종들과의 행동학적, 생태학적 차이로 사냥에 의한 어떠한 전파도 쉽게 상상할 수 없다(예, 사바나원숭이로부터 흰색관맹거베이로의 전파, 그림 7.1). 만약 종간 전파에 사냥 이외의 방식이 있다면, 인간으로 전파되는 과정을 설명하기 위해 굳이 사냥 가설을 차용할 필요는 사라진다.

아마도 가장 설득력 있는 가설은 벡터, 즉 매개체에 의한 전파일 것이다. 모기를 비롯한 여러 '무는(biting)' 절지동물들은 아주 드물게나마 HIV를 인간에서 인간으로 전파할 가능성이 있다. 이러한 절지동물을 매개로 하는 극단적으로 드문 전파로도 종들 사이에 알려진 도약을 설명할 수 있고, 매우 다양한 범위의 영장류들과 기타 포유동물들에 존재하는 면역결핍 바이러스를 설명할 수 있다. 자연적으로 감염되는 영장류들은 절지동물에 의한 전파 가능성이 가장 높은 중앙아프리카와 서아프리카의 절지동물 서식 지역에 분포해왔다. 만약 매개체를 통해 전파된다면, 원숭이로부터 인간으로의 전파와 인간으로부터 원숭이로의 전파가 비슷한 빈도로 일어날 수 있기 때문에 최소 도약 시나리오가 유용해질 것이다.

분기 중인 HIV가 인간들로부터 계속해서 분리되고 있다. 이렇게 분리된 한 바이러스 그룹은 1980년대 기존에 알려진 위험 요인들이 없는 프랑스 AIDS 환자로부터 얻었는데, 프랑스는 원숭이-인간 사이의 전파 가능성이 거의 없는 지역이다. 이런 분리 바이러스들이 계통수 상에서 원숭이 가지들(예, ANT 70이나 D205)보다 먼저 갈라져 나왔다면, 이는 HIV가 오랜 기간 인간에서 분기되어 왔다는 의견을 신뢰할 것이고, 갈라져 나온 분리 바이러스들이 실제로는 최근에야 인간으로 전파된 원숭이 바이러스이기 때문에 별개라는 견해를 약화시킬 것이다.

만약 인간-원숭이 사이에 운반 매체를 통해 드물게 일어나는 전파가 계통수 상의 SIV 가지들을 일부나마 형성하는 데 기여하고 분자적 시계가 잘못 설정된 것이 아니라면, 우리는 다가올 10년 안에 인간으로부터 다른 영장류로 유사한 도약이 일어나는 것을 관찰할 수 있을 것이다. 왜냐하면 현재 인간으로부터 전파될 수 있는 HIV 풀이 과거보다 훨씬 커졌기 때문이다. 최근 남아프리카 연구자들이 포획된 버빗사바나원숭이(vervet green monkey)에서 HIV-1과 구별되지 않는 바이러스를 발견했지만, 가능한 전파 경로에 대해서는 언급하지 않았다.

HIV의 기원

제럴드 마이어스(Gerald Myers)는 HIV의 염기 서열을 근거로 중앙아프리카 서부 지역이 HIV-1 바이러스들의 진화상의 뿌리일 가능성을 제기했다. 이 제안은 대다수 분기 SIV가 이 지역에 서식하는 맨드릴개코원숭이에서 분리되었기 때문에 더욱 흥미롭다. 위에서 언급한 바와 같이, 진화 계통수는 HIV-1과 HIV-2 계통이 공동 조상으로부터 나눠지기 전에 HIV 계통에서 SIV 계통이 갈라졌음을 가리킨다(그림 7.1). 1980년대 중반 이 지역에서 분리된 HIV는 전 세계적으로 유행하는 변종과는 근본적으로 다르다. HIV-1 가지 안에서 가장 멀리 분기된 변종(ANT 70) 역시 이 지역에서 침팬지바이러스의 일종으로 분리되었다. 두 번째로 밀접하게 연관된 바이러스가 자이르(현재 콩고민주공화국) 동부에서 감염된 것이 확실한 침팬지에서 분리되었다. 그러므로 이 증거는 중앙아프리카 서부에서의 맨드릴개코원숭이와 인간 사이의 초기 전파설에 부합한다. 마이어스의 제안은 중앙아프리카 서부 지역 사람들 중 소수만이 HIV-1에 감염되었기 때문에 그 지역이 HIV-1의 고향이라는 것에 회의적인 역학자들과 바이러스 학자들로부터 비판을 받았다. 전통적인 역학적 사고방식에 따르면, HIV-1이 적어도 그 근원지에서 조금이라도 더 유행해야 한다. 그러나 우리가 앞으로 살펴볼 바처럼, 마이어스의 제안은 특히 진화적 과정을 설명하면서부터 역학적 원리와도 잘 부합된다.

성행위 파트너 교체와 병독성의 진화

성행위 파트너 교체와 바이러스 복제

진화학적인 적합 비용과 거기에서 얻는 이득을 가지고 HIV 병독성 진화에 대해 설명할 수 있을까? 상대적으로 일부일처제인 인간 집단에서 성 접촉으로 전파되는 병원체에 대해 생각해 보자. 만일 부부가 감염되면, 어느 한쪽이 배우자 이외의 사람과 성관계를 가지기 전까지는 그냥 둘만 감염된 상태일 것이다. 만약 배우자 이외의 성관계가 단지 5년에 한 번꼴로 일어난다면, 직접적으로 전파되는 병원체가 지닌 일반적인 감염 기간(예를 들어 수일에서 수주일)이라는 한계 때문에 병원체는 막다른 골목으로 몰려 더 이상 퍼져 나가지 못할 것이다. 이 경우 감염성을 연장시킬 수 있는 방법을 갖춘 일부 변종 병원체들만이 성행위에 의해 간신히 유지될 수 있을 것이다.

전염성을 확장하기 위해 병원체들은 새로운 숙주로의 접근성을 유지하면서 동시에 숙주의 면역 체계에 의해 파괴되지 않도록 해야 한다. 한 가지 방법은 오래 생존하는 숙주세포에서 잠복 상태로 남아 있는 것이다. 숙주 염색체에 끼어들고 또 바이러스 산물의 생산을 억제함으로써 바이러스는 숙주를 바꾸기 전까지의 전체 기간을 대기할 수 있다. 예를 들어 단순포진 바이러스[8]는 신경세포에 쭉 숨어 있다가 숙주의 스트레스에 주기적으로 반응하여 증식을 활성화시킨다. 이러한 방식으로 바이러스는 신경세포에서 피부로 이동하면서 수포를 만들어 피부 발진을 일으킨다. HIV와 같은 레트로바이러스는 수명이 긴 인간 백혈구 세포 속에 숨는다. 그러면 바이러스는 백혈구 속에 있는 채로, 또는 가장 최근에 이루어진 성행위를 통해 뿌려지는 방식으로 전이될 수 있다. 진화학적으로 볼 때 이러한 방식으로 감염성을 연장시킨 바이러스는 잠복기 없이 후손을 많이 생산하는 것보다 훨씬 더 큰 이익을 얻을 수 있다.

HIV에는 각각의 전략에 대응하는 원초적인 잠재 능력이 있다. 어떤 사람의 세포는 대부분 잠복 방식으로 감염된 것처럼 보이지만, 적어도 일부 바이러스는 감염될 때마다 활발하게 증식한다. 잠복기 바이러스는 대부분 자신의 RNA 정보에 대한 DNA 사본을 만들어 숙주세포의 염색체에 삽입한다. 이 DNA에서 조절 단백질들을 만들기 위한 지령들(mRNA)이 전사되는 것처럼 보이지만, 여기에서는 새로운 바이러스를 구성하는 단백질들에 대한 번역 지령을 내리지 않는다. 그러므로 바이러스 구성 성분이 아주 조금 밖에 만들어지지 않는다. 다른 HIV는 숙주세포 염색체에 자신의 DNA를 삽입하기 이전의 초기 과정을 억제하여 바이러스 증식을 지연시키는 것으로 보인다. SIV에 대한 연구에 따르면, 변종들의 선별적 활성화가 얼마나 쉽게 일어나는지의 여부는 적어도 일정 부분 유전적으로 결정된다.

잠복기에 머무르려는 경향을 감소시키거나 활발히 복제중인 바이러스의 복제율을 높여 궁극적으로 바이러스 복제율을 증가시키는 돌연변이

8) Herpes simplex virus. I형과 II형이 있으며, I형은 구순 포진을, II형은 음부 포진을 일으킴. I형의 숙주는 뇌신경임.

를 상상해 보자. 돌연변이 바이러스는 일반적으로 돌연변이가 일어나지 않은 형제 바이러스들과 비슷한 구조를 가지지만 주어진 시간 동안 숙주 세포에서 더 많은 후손을 생산할 것이다. 돌연변이 바이러스의 후손들은 열에 하나 꼴로 면역계에 의해 사멸될 것이다. 그러나 훨씬 천천히 증식하는 비돌연변이 형제들은 빨리 증식하는 돌연변이 바이러스 때문에 촉발된 숙주의 방어체계를 벗어나기 위해 (돌연변이나 재조합으로) 구조를 충분히 변화시키지 않으면 아주 빨리 제거될 것이다. 이것이 중요한 점인데, 각각의 숙주 내에서는 바이러스 증식률을 증가시키는 돌연변이들을 지속적으로 선호한다.

사실 HIV 감염자의 체내에서 바이러스 증식률이 증가하는 쪽으로 계속해서 진화한다는 보고가 있는데, 이 경우 최고조의 면역 세포 고갈률과 감염 말기 증상이 함께 나타난다. HIV 변종들 간의 증식률은 숙주세포에서의 증식률 차이, 바이러스가 숙주세포로 들어가는 동안의 세포막과 바이러스 간 상호작용의 차이, 그리고 감염 세포와 비감염 세포의 융합 과정의 차이에 따라 달라진다. 세포배양에서 바이러스 증식은 유리(free) 바이러스에 의한 감염되었을 때보다 세포 간 융합으로 감염되었을 때 100~1,000배 높게 일어난다. 빠르게 증식하는 변종들은 특히 숙주세포들에게 손상을 주는데, 증식률과 세포 손상 둘 다 아주 약간의 돌연변이에 의해서도 쉽게 바뀔 수 있다. 세포에서의 증식률 변이에 대한 잠재성은 감염된 세포당 HIV 지령을 얼마나 복사했는가로 설명된다. 특히 해로운 HIV에 감염된 세포는 수백 개의 복사된 HIV DNA와 수백만 개의 복사된 HIV RNA를 포함할 것이며, 바이러스 DNA로부터의 바이러스 RNA 생산율은 감염 기간에 1,000배 이상 증가할 것이다. 활발히 복제중인 HIV는 보통 세포가 생산하는 단백질의 1~2%만을 전용하지만, 특히 활발한 HIV는 세포에서 생산되는 단백질을 거의 절반 정도 자신의 복제로 빼돌릴 것이다.

감염 과정 동안 느린 복제자에서 빠른 복제자로 교체되는 현상은 중요한 질문을 제기한다. 무엇이 전체 HIV 집단 안에서 느린 복제 HIV가 빠른 복제 HIV로 전환하도록 하는가? 이 질문에 대한 답변을 위해 어떻게 AIDS가 전파에 연향을 주는가를 분석할 필요가 있다.

HIV와 그 구성물은 AIDS와 AIDS 관련 증후군의(AIDS-Related Complex, ARC)[9]이 나타나기에 앞서 혈액 내에서 증가한다. 일정한 횟수로 성 접촉을 할 경우 AIDS에 걸린 사람들은 아마도 증상이 없는 감염자들, 즉 단순 보균자들보다 성행위 파트너를 감염시킬 기회가 더 많을 것이다. 따라서 증상을 보이거나 곧 나타낼 HIV 보균자들은 앞으로도 오랫동안 AIDS 증상을 보이지 않을 HIV 단순 보균자들보다 성행위 파트너를 더 빈번하게 감염시킨다. 그러나 ARC와 AIDS 증상을 나타내는 동안에도 혈액에서 HIV와 그 구성물은 아주 조금 증가할 뿐인데, 숙주세포에서 바이러스가 증가하더라도 이 세포들의 사멸에 의해 명백히 상쇄되기 때문이다. 감염 과정에서 어떤 시점에 이르면 보균자는 더 이상 성 접촉을 하기 힘들 만큼 아프게 된다. 이 시점에 다른 전파 경로가 없으면 그 보균자 체내의 HIV 그룹들은 진화적인 경쟁에서 밀려난다. 그래서 그룹 선택 과정은 HIV가 진화시킬 수 있는 병독성의 상한선을 설정한다. 요약하면, AIDS와 ARC를 일으키는 높은 증식률과 병독성은 숙주에서 유전적으로 다른 HIV 사이에서의 경쟁을 통해 선택되고, 숙주들 사이에서의 그

---

9) HIV 감염 후 수년간 잠복기 또는 무증상기를 지나 AIDS로 이행하기 전에 전구증상들이 나타나는데, 고열, 오한, 설사, 체중 감소, 수면 장애, 임파선이 붓는 증상 등이 대표적임.

룹 선택에 반하여 선택된다.

이러한 분석은 중요한 예측을 이끌어낸다. 성행위 파트너 비율이 증가하면, 즉각적인 증식으로 생긴 HIV의 총 이득은 증가할 것이다. 그 결과 또는 이익은 증식률과 함께 병독성도 증가시킬 것이다. '성행위 파트너 비율'은 파트너당 전염시킬 잠재성에 비중을 둔 성행위 파트너 수를 의미한다. 이 잠재성은 파트너당 보호되지 않은 성 접촉 횟수와 접촉 방법을 반영한다.

증상이 있는 사람 대 증상이 없는 사람들에서 전파된 감염

성행위 파트너 비율과 HIV의 병독성 사이에 연관성이 있다는 제안은 감염 말기에 존재하는 HIV가 전체 감염 진행 과정에서 발견되는 모든 바이러스에서 병독성이 가장 강하다고 가정한다. 만약 이 가정이 사실이라면, 병독성은 증세가 뚜렷한 AIDS 환자가 새로 감염시킨 사람들에서 확연히 증가할 것이다.

혈청학적으로 항체가 생기는 시점과 AIDS가 개시될 때까지 걸리는 기간은 상당히 가변적이지만, 원천 바이러스 보균자 개인의 병적인 상태와 2차 감염자들에서 AIDS 진행률 사이의 관련을 찾는 데는 충분하다. 항체 형성 시기와 AIDS 개시까지는 평균 약 10년이 걸리지만, 단 몇 개월 정도로 단축시킬 수도 있다. 이런 변이가 그저 환자들 간의 개인차 때문일까, 아니면 적어도 일부분은 감염된 바이러스들 간 병독성의 차이 때문일까?

현재까지 밝혀진 증거들은 바이러스의 근원이 결과에 영향을 미치는 것으로 나타났다. 증상이 곧 나타날 무증상 보균자의 혈액을 공급받아 감염된 사람들은 훨씬 더 빨리 AIDS로 진행된다. 이와 유사하게, AIDS 환자와 성 접촉을 한 적이 있는 사람은 무증상 보균자에 의해 감염된 사람보다 더 빠르게 AIDS를 진행시킨다. 성적으로 감염된 집단 사이의 차이는 그 어떤 심리적 혹은 행동학적 개인 차이로도 명확하게 설명할 수 없다. 증상이 더 빠르게 진행되는 사람이 성행위 파트너가 더 많거나, 마약을 더 많이 사용하거나, 심리 상태가 다르거나 또는 다른 감염 질병으로 더 많은 합병증이 나타나지는 않는다. 그래서 이런 발견은 감염 과정 후기에 전파된 바이러스가 특히 병독성이 강하기 때문에 2차 감염자 체내에서 AIDS의 진행을 더 가속시킨다는 가설을 지지한다.

이 가속화된 진행에 대한 다른 설명으로, 보균자의 감염 단계가 진행됨에 따라 비보균자로 바이러스를 투여하는 수치가 증가한다는 가설이 있다. 혈액 내 바이러스 밀도는 AIDS 증상이 나타나는 시점 또는 그 직전에 10~100배 증가하고, 이후 증상이 있는 동안 그 수치는 낮아진다. 따라서 감염이 진행된 사람에 의해 생기는 2차 감염자의 급속한 감염 진행은 감염 당시 높은 바이러스 투여 수치에 의한 결과일 것이다.

성적으로 전파된 감염을 설명함에 있어서, 이 투여 수치 가설이 옳다면 정액이나 질액 내의 HIV 수치가 증가해야 한다. 정액 내 HIV 측정은 오차가 크기는 하지만, 감염이 AIDS로 진행될 때 아주 조금이나마 유의하게 높다. 그러나 AIDS가 나타나는 동안에 무방비 상태로 성 접촉을 할 확률은 아마도 무증상 시기보다는 훨씬 낮을 것이다. 즉, 아픈 사람은 성행위에 대한 흥미가 적기 때문에 무방비 한 성행위 자체를 덜할 것이다. 그러므로 AIDS로 고통받는 파트너와의 성 접촉을 모두 합쳐 새로운 감염자 체내로 들어올 여지가 있는 HIV의 총합은 아무리 커도 무증상 감염자를 통해 들어올 HIV의 총합보다는 적을 것이다. 이런 예상을 뒷받침하는 증거가 있다. 파트너를 감염시킬 기회는 AIDS가 진행된 후가 아니라 AIDS 발생하기에 앞서 면역 시스템이 잠시 주춤거릴 때 급속하게 많아진다. 한편 이 투여 수치 가설은 혈우병 환자들에게서 얻은 데이터와는 잘 맞지 않는다. HIV에 감염된 혈우병 환자의 AIDS 진행 비율은 그들이 사용한 농축 혈장의 양과 유의하게 연관되지 않았다.

원천 보균자와 2차 감염자들에서 질병 진행의 비율을 연관시킨 위의 연구들은 전파된 HIV의 고유한 증식률을 측정한 것이 아니지만, 최근 모계 수직 전파 연구에서는 이를 측정했다. 증식 속도가 빠른 바이러스에 감염된 아이들은 바이러스가 혈중 고농도로 존재하고, 천천히 증식하는 변종에 감염된 아이들보다 훨씬 짧은 기간에 심각한 질병으로 악화된다.

질병으로의 진행률은 HIV에 감염된 처음 몇 개월 동안에 얻은 질병 지표로 예상할 수 있다. HIV 감염 초기에 만성병(예, 무좀) 또는 중병을 앓고 있는 사람에게서는 AIDS가 좀 더 빨리 진행되며, AIDS의 특징인 면역 억제 징후를 빨리 경험한 환자 역시 그러하다. 빠르거나 느린 진행자들 모두 감염 이후 수년 동안은 바이러스 농도가 엇비슷하게 증가하지만, 빠른 진행자는 감염 초기 수개월 동안 특히 혈중 바이러스 수준이 높고 표적 세포가 대량으로 고갈된다. 비록 이러한 현상을 일부는 개인차로 설명할 수 있겠지만 전부는 아니다. 숙주가 저항하는 정도만으로는 원천 보균자가 왜 좀 더 진전된 AIDS를 갖고 있거나 빠른 증식을 하는 변종에 감염될 때 AIDS로 진전되는 데까지 걸리는 시간이 단축되는가를 설명할 수 없다. 또한 숙주의 저항 정도만으로는 원천 보균자가 왜 좀 더 진전된 감염 단계에 있을 때 AIDS 초기 증상을 보이는 질병들이 훨씬 더 자주 일어나고, 혹은 왜 원천 보균자에게서 대체로 무해한 몇몇 감염들이 연속해서 일어나는지를 규명할 수 없다. 원천 보균자와 2차 감염자들 사이에서 바이러스가 증식하는 특징들을 비교하면 역시 숙주와 바이러스의 특성 모두에 대한 변이들이 앞으로의 감염 상황을 결정함을 시사한다.

HIV는 변이를 빠르게 일으키기 때문에 인체에 감염된 HIV 집단은 유전적으로 비균질적인데, 천천히 증식하는 바이러스보다는 신속하게 증식하는 바이러스가 감염된 숙주세포로부터 더 빨리 흩어져서 나온다. 이러한 사건 발생 순서는 성행위 파트너의 비율과 병독성 간에 예측된 상호관계를 다소 약화시키는 증거로 볼 수 있다. 하지만 최근 증거는 새롭게 감염된 숙주 안의 HIV 그룹이 비교적 균일함을 시사하는데, 이는 전파되는 동안에 일종의 병목현상이 일어났거나 감염된 바이러스의 일부에서 부적절한 증식이 일어나기 때문으로 보인다. 더욱이 각각의 집단이 감염을 유발할 수 있는 투여 수준에서는 증식률의 비균질성이 얼마이든지 간에 성행위 파트너가 늘어날수록 증식을 증가시키는 자연선택이 어느 정도 강화된다. 그것은 감염 직후에도 성 접촉이 더 있었을 것이기 때문이다. 따라서 비균질적인 집단이 감염을 유발할 수 있는 투여 수준에서는 빨리 증식하는 HIV 아형들이 더 많이 전파될 것이다. 감염 유발 투여 수준에서의 증식률 변이와 전염에 필요한 요구 조건 그리고 숙주 내 진화 사이의 균형은 동일한 예측을 이끌어낸다. 높은 성행위 파트너 비율은 바이러스의 증식률을 증가시키고, 따라서 HIV 병독성도 증가한다.

지리적인 증거

HIV-1, HIV-2 그리고 성행위 파트너의 비율 1980년대 초반 이후부터 축적된 자료는 이 예측과 잘 들어맞는다. 공통 HIV에서 HIV-1과 HIV-2로의 가장 근본적인 갈라짐에서 한 세트의 자료가 나온다. 현재까지 나온 증거는 HIV-1과 유사하게 HIV-2에 감염되면 결국에는 AIDS로 진행될 수 있음을 보여준다. 그러나 최근에 나온 증거는 HIV-2가 HIV-1에 비해 병독성이 약하다는 것을 동시에 보여준다. 예를 들어 세네갈에서

HIV-2는 비록 면역 억제 및 AIDS와 어느 정도 연관성은 있지만, 해마다 400명의 HIV-2 감염 여성들을 추가로 추적 조사한 결과 오직 한 사례의 AIDS와 한 사례의 ARC만이 나타났다. HIV-2 감염으로 AIDS로 진행될 위험은 HIV-1 감염자들에 비해 1/10 정도에 불과하다. HIV-2 감염이 AIDS로 천천히 진행되는 것은 HIV-2에 감염된 유럽인을 관찰한 결과와도 부합한다.

최근에 나타나는 HIV 그룹들이 감염 후 AIDS로 진행되는 데까지 걸리는 시간이 HIV-1보다도 짧다는 이유로 무증상 HIV-2 감염을 가볍게 여길 수는 없다. HIV-2 감염 비율은 연령 증가와 함께 꾸준히 증가하는데, 이는 수십 년간 안정적으로 존재해온 만성적인 바이러스 감염을 의미하는 지표이다. 개인들의 병력(病歷)과 보관중인 혈청 또한 HIV-2가 수십 년 이상 아프리카 서해안을 따라 폭넓게 확산되어왔음을 시사한다. 지금도 아프리카에서 HIV 감염 빈도에 대한 AIDS 발생 빈도는 HIV-2가 우세한 곳이 HIV-1가 우세한 곳보다 훨씬 적다. AIDS 또는 AIDS 유사 증상을 가진 환자들 사이에서 HIV-2에 대한 HIV-1의 발생도 일반 인구집단에서 발견되는 것보다 훨씬 컸다. 그리고 AIDS 또는 AIDS 유사 증상을 보이는 환자들은 HIV-2보다 HIV-1에 감염되었을 때 더 급속하게 악화된다. 또, HIV-1 감염은 HIV-2에 감염되었을 때보다 결핵에 더욱 취약하고 부검한 시체에서도 높은 비율로 나타난다.

효소 활성의 차이가 병독성 차이를 가져올 수 있다. HIV의 가장 중요한 효소의 하나인 역전사효소[10]는 바이러스의 RNA 정보를 DNA로 거꾸

---

10) reverse transcriptase. RNA 바이러스가 자신의 유전정보를 숙주에서 복제하기 위해 사용하는 효소로, RNA를 주형으로 DNA를 만듦.

로 전사한다. HIV-1의 역전사효소는 HIV-2의 역전사효소보다 빠르게 작용한다. 역전사효소 유전자를 실험적으로 치환시켜보면, 더 빨리 작용하는 역전사효소가 자손 바이러스를 더 빠르게 증식시키고 병독성도 더 강함을 알 수 있다.

HIV-1과 HIV-2의 차이를 만드는 또 다른 요인은 복제를 활성화하는 바이러스 유전물질에 위치한 여러 부위들일 수 있다. 활성화된 세포들은 NF-κB[11]라고 불리는 물질을 생산하는데, 이것이 바이러스 유전물질의 표적 부위와 결합함으로써 잠복성 HIV의 복제를 자극한다. HIV-2에는 가용한 표적 부위가 단 한 개뿐이지만 HIV-1은 두 개이다. HIV-2는 잠복도 더 철저하다. HIV-2에는 NF-κB 이외에도 HIV-1에 필요 없는 물질이 있어야 한다. 또 다른 요소로 HIV-1에는 병독성을 높일 수 있는 부속 유전자(vif)가 있지만, HIV-2 또는 맨드릴개코원숭이에서 유래된 SIV에는 없다.

복제와 병독성 간의 차이에 대한 생화학적 이유가 무엇이든지 간에, 한 세대에서 다음 세대로 연속된 바이러스들로부터 얻은 결과에 따르면 일정한 횟수로 접촉했을 때 HIV-1이 HIV-2보다 전염성이 강하다. 코트디부아르에서 HIV-1에 감염된 어머니들은 자신들의 아기 약 절반에게 수직 전파시켰다. 그러나 HIV-2를 가진 어머니들은 10% 이하로 감염시켰다. 마찬가지로 수리적 모델에 따르면 성행위당 감염은 HIV-2보다 HIV-1이 4배 이상 높다. 인체에 더 높은 밀도로 존재하는 HIV-1은

11) NF-κB, 전사조절물질(transcription factor). 세포 외부로부터의 신호가 전달되면 이를 세포 내에서 일련의 연속적인 효소/단백질 반응들을 거쳐 NF-κB를 활성화시키면 이 물질이 핵 안에 존재하는 DNA 상의 표적 유전자의 활성을 조절함.

접촉당 전파 가능성이 분명히 더 높다.

RNA 서열에서의 차이와 변이는 HIV-1이 전 세계적으로 퍼진 1980년대보다 적어도 20년 이전부터 인간 집단에서 출현했음을 보여준다. 이 결론은 콩고민주공화국에서 1959년에 가져온 HIV 양성 혈액 표본, AIDS 유사 질병으로 1959년에 영국에서 사망한 남성의 정액 내 HIV 존재, 그리고 1960년대 초반에 감염되고 1970년대 초반에 사망한 사람들이 존재한다는 사실을 통해 지지를 받는다. 20세기 전반기에 유럽과 북아메리카에서 AIDS와 유사한 질병들이 기록되었는데, 숙주의 방어 기작이 작동될 때까지 상대적으로 증상이 없는 채로 순환하는 HIV에 기인한 것으로 추정되었다. 아프리카 임상의들에 따르면, 1980년대 전 세계적으로 퍼지기 이전에는 AIDS 환자가 매우 드물었다. 만약 상당한 비율로 감염되었다면, 감염자가 극히 적지 않는 한 의사들이 이를 간과하기는 어려웠을 것이다. 1959년 이전에 바이러스 분리에 실패했다고 바이러스가 인간 집단 내에 존재하지 않았다고 확신할 수는 없다. 왜냐하면 다량의 바이러스 샘플이 1960년대 이전에 특히 아프리카에서 채취한 혈액에 남아있기 때문이다. 그러므로 전 세계적인 대유행 이전에 중앙아프리카와 동아프리카에서 임상적으로 AIDS가 적게 발생한 것은, 1980년대에 세계적으로 유행한 HIV-1이 조상형보다 병독성이 증가했다는 주장과 잘 부합한다. HIV가 수십 년에서 수세기에 걸쳐 사람들 사이에서 퍼져왔음을 인식함으로써 연구자들은 위와 같은 결론에 도달하였다. 그런데도 병독성 측면에서 그런 변화가 언제 그리고 왜 발생했는지에 대해서는 어떤 확실한 설명도 할 수 없었다.

앞서 밝힌 적합 비용 대비 이익에 관한 논의에 따르면, 더 높은 성행위 파트너 비율이 더 높은 병독성으로 진화하도록 촉진하기 때문이라고 설명할 수 있다. 그러므로 HIV-1과 비교해서 HIV-2는 상대적으로 성행위 파트너 비율이 낮은 지역에서 발생해야 한다. 그리고 HIV-1의 병독성 증가는 성 접촉 비율이 증가한 이후에 일어나야 한다. 현재 가용한 증거들은 이 주장들을 지지한다.

역사적으로 HIV-2는 주로 서아프리카 지역 국가들에서 그리고 HIV-1은 중앙아프리카 지역 국가들에서 나타났다. HIV-1은 1980년대 중반에 주로 중앙아프리카 국가들을 여행한 서아프리카 사람들이 자기 나라로 자연스럽게 들여왔다. HIV-1의 더 높은 병독성이 성행위 파트너 비율을 증가시켰다면, 파트너의 빈도는 중앙아프리카와 동아프리카에서 더 높게 나타났어야 한다. 또 HIV-1 감염의 일반적인 징후가 나타나기 시작한 때보다 최소 수년에서 최대 수십 년 이전부터 그 지역에서 AIDS가 증가했어야 한다.

사회·경제적인 현상으로 1960년대와 1970년대 동아프리카와 중앙아프리카에서는 많은 사람들이 시골 지역에서 도시 지역으로 이주했다. 경제적 고통에 따른 이런 이동은 부분적으로는 식민지 시대의 유산인데, 직업의 중앙 집중화에 대응하여 이주 노동력이 생기게 되었다. 농업에 대한 선택권이 줄어들자 사람들은 산업화된 직업을 구하기 위해 농촌 지역을 떠났다. 부양가족이 없는 엄청난 수의 도시 남성들에 의해 섹스 산업 시장이 형성되었고, 젊은 여성들이 시골에서 도시로 모여들었다. 그러나 서아프리카 사람들은 대부분 대규모 도시 이주나 AIDS가 세계적으로 유행하기 이전 수십 년 동안 그와 같은 성 접촉 증가를 경험하지 못했다.

중앙아프리카 그리고 동아프리카에서는 매춘을 통한 성 접촉의 빈도가 아주 높아졌다. 예를 들어 케냐의 나이로비에서 빈민 지역 매춘부는 일 년에 성행위 상대자가 거의 평균 1,000명 정도였지만 부유한 지역에서는 단지 100명 정도였다. 전자의 약 2/3와 후자의 1/3은 혈청학적으로 HIV 양성이었다. 콩고민주공화국의 킨샤사에서는 매춘부들의 성행위 파트너 비율이 약간 낮았다. 이들 지역에서는 1987년까지 매춘부들의 1/3 이상이 감염되었고, 현지 남성 인력의 1/4 이상이 매춘부를 찾았다. 매춘부들의 남성 고객은 일 년에 평균 30명 정도가 고정 파트너였으며, 남성들은 평균 3명 이상의 매춘부를 찾지는 않았다.

아프리카에서 HIV-1 감염의 가장 큰 위험 요인은 매춘부와의 성 접촉이다. 예를 들어 1980년대 중반 르완다에서 HIV에 감염된 남자들은 80% 이상이 2년 이상 매춘부들과 성적으로 접촉해왔다. 마찬가지로, 매춘부들을 방문한 남성들은 더 잦은 빈도로 HIV에 감염되었고, 자신들의 다른 성행위 파트너, 이를테면 부인이나 애인에게 큰 감염 위험 요인이 되었다. 다양한 사회적·역사적 요인들에 의해 높은 성행위 파트너 비율이 중앙아프리카와 동아프리카의 시골과 도시 거주자를 모두 아우르며 비교적 넓은 지역에서 나타났다. 이런 높은 성행위 파트너 비율은 HIV에 감염될 잠재력을 키웠는데, 더욱이 이들은 콘돔을 거의 사용하지 않았다. 또한 1970년대에서 1980년대 초반까지 그 지역에서는 AIDS 이외에 다른 성병들도 유행했기 때문이다. 높은 비율의 무방비 상태의 성 접촉 지표에 더하여 다른 성병들은 혈액으로 바이러스가 침투하기 용이하게 하는 신체 손상을 일으켜 HIV 감염 위험을 증가시키는 데 일조한 것 같다.

우연찮게도, 성 접촉의 지역적인 차이는 진화학적인 실험을 가능하게 하였다. 성 접촉이 상당히 증가한 중앙아프리카와 동아프리카에서는 HIV-1 계통의 바이러스 감염이 별로 주목받지 못하던 유형에서 심한 면역 결핍증과 관련이 있는 유형으로 바뀌었다. 성 접촉이 별로 많지 않은 대부분의 서아프리카 국가들에서 HIV-2는 HIV-1처럼 빠르고 치명적이지 않았다. 그래서 이 상관관계는 전 세계적인 역병으로 시작된 때의 HIV 유해성이 성행위 파트너 비율의 증가로 출현하게 되었다는 가설을 뒷받침해준다. 이 가설은 병독성의 진화적인 변화가 수년에서 수십 년 이상의 시간대에서도 일어날 수 있음을 시사한다. 이 가정은 급진적 진화에 관한 HIV의 잠재력에 대해 현재 우리가 알고 있는 지식과도 부합한다. 그 과정은 HIV가 세포 안에서 증식하면서 돌연변이와 재조합을 촉진하는 것이다. 이와 같은 HIV 유전정보의 변화는 단계적인 방식으로 증식률을 변화시킬 수 있다. 그러므로 HIV는 자연선택이 작용하는 범위에서 엄청난 변이를 일으킬 수 있고, 병독성을 감소시키거나 증가시키는 방향으로 진화를 촉진한다.

HIV-2에서의 병독성 변이 유전적으로 결정된 증식률 변화에 대응하는 병독성의 단계적인 변화 잠재력은 HIV-SIV 집단에 걸쳐서 고르게 전달된 것 같다. 맨드릴개코원숭이에서 유래한 SIV는 트랜스활성화 단백질[12]에서 일어나는 단 하나의 돌연변이에 반응하는 복제율—세포 내 파괴 변화율에 대비하여—은 2배로 변하였다. 또한 HIV-2는 증식률 및 증상을 나타내는 양상과 일치하는 병독성 변이를 보인다. 바이러스 표면 단백질인 gp41에서 일어나는 단순한 변화로 잠재적인 병독성과 증식률이 빠르게 증가했다.

따라서 사바나원숭이에서 유래된 SIV는 사바나원숭이에서는 증상이 없고 비교적 바이러스 수치가 낮은데, 이는 사람에게 감염된 무증상 HIV-1에 의해 나타나는 것과 비슷하다.

---

12) transactivating protein, 'tat'라 불림.

성행위 파트너의 비율이 증가하면서 HIV의 순조롭고도 빠른 증식과 높은 병독성은 HIV 집단과 집단 사이보다는 한 집단 안에서 더 확실하게 적용된다. 조금이라도 더 유사한 바이러스는 서로에 대항하는 면역반응을 강력하게 유도한다. 일반적으로 HIV-2 집단에서 일어나는 교차반응은 매우 강력하다. 예를 들어 HIV-2에 대해 생성된 면역학적 방어는 원숭이 SIV에도 대응한다. 그러므로 위에서 언급한 진화학적인 논쟁은 성행위 파트너 비율에서 충분한 시간과 지리적 차이를 보이는 HIV-2 집단에도 적용할 수 있다.

병독성의 지리적인 변화와 성행위 파트너 비율의 차이점 간에 어떤 연관이 있는가를 판정하기 위한 엄밀한 연구가 아직 이루어지지는 않았지만, 새로 나타나는 경향은 이러한 예측과 일치한다. 비록 아직 데이터가 충분하지는 않지만, 전염성 HIV-2 감염에 관해 가장 널리 연구된 세네갈과 코트디부아르 두 지역에서 그 차이점이 뚜렷하게 나타난다.

세네갈에서 HIV-2 감염은 특히 낮은 AIDS로 진행되도록 하는 것 같다(위를 참조). 현재 가용한 데이터들을 사용하여 이런 약독성(弱毒性)을 세포 수준에서 조명해 볼 수 있다. 세네갈의 건강한 매춘부들은 HIV-2ST 계통의 원천이었는데, 이 계통은 낮은 증식을 보이며 세포배양을 하면 세포를 덜 손상시킨다. 단순한 유전적 변형에 의해 이 계통은 쉽게 증식 능력이 향상된 훨씬 병적인 바이러스로 전환된다. 증식 능력이 낮은 바이러스의 세포 내 유입과 증식 때문에, 연구자들은 세네갈 환자로부터 HIV-2를 어렵사리 분리해냈다.

세네갈은 HIV-1이 확산되기에 좋은 조건을 가진 코트디부아르 도시 지역에서 일어난 사회 변동들을 경험하지 못했다. 세네갈의 일부 문화적 요인은 낮은 성행위 파트너 비율과 연관된 장점을 갖는 것 같다. 시골과

도시 거주지 모두에 걸친 대가족 구조, 지난 수십 년 간 이어온 농업 인프라, 그리고 혼전과 혼외 성 접촉을 금지하는 이슬람 전통이 그것이다. 또한 세네갈 정부는 시골 젊은이들이 현지에 남아 있도록 하기 위해 각종 혜택을 제공한다. 따라서 세네갈의 낮은 성 접촉은 낮은 성행위 파트너 비율을 시사한다.

아비장에서 HIV-2는 어느 정도 병독성이 있지만 이질적이지는 않다. 그러나 일부 계통은 감염된 세포에 병리적인 영향을 준다. 아비장의 HIV-2는 HIV-1보다 AIDS를 덜 유발하지만 세네갈의 HIV-2보다는 더 빈번하게 촉발시킨다. 그러므로 아비장과 세네갈 간의 비교는 HIV-2 병독성과 성 행위 파트너 비율로 예측된 연관성과 일치한다.

좀 더 정확하고 상세한 분석을 위해서는 세네갈-아비장의 비교와 함께 지역적으로 상이한 HIV-2 사이의 또 다른 비교가 필요하다. 지리적으로 다른 지역들로부터 분리된, 심지어 서아프리카의 인접한 나라들에서 분리된 HIV-2조차도 서로 다르다. 기니비사우[13]에서 HIV-2 감염은 어느 정도 병독성이 있는 것으로 보이는데, 세네갈보다는 아비장의 HIV-2와 좀 더 비슷하다. 이런 차이에 기초하여, 기니비사우에서는 성 행위 파트너 비율이 세네갈보다 높다고 예상할 수 있다.

비록 아비장, 세네갈 그리고 다른 지역의 HIV-2가 불과 수십 년 동안 이들 세 지역 중 하나에서 발산되었다고 하더라도, 이보다 훨씬 빠른 시간 안에 느린 증식자에서 빠른 증식자로 진화할 수 있었다. 세포배양 조건에서는 하나의 약독성 HIV-2 계통이 불과 몇 세대를 거치면서 훨씬 더 자주 세포를 사멸시키고 숙주세포 사이에서 훨씬 더 급격하게 퍼지며

13) Guinea Bissau. 서아프리카 대서양 연안 국가. 북쪽에 세네갈과 경계를 형성.

많은 수로 증가하는 바이러스로 변형될 수 있다.

HIV-1에서의 병독성 변이 HIV-2 계통에서 일어나는 병독성의 진화적 변화는 HIV-1 계통에도 적용할 수 있다. HIV-1이 높은 성 접촉 비율을 통해 최근에 더욱 빨리 전파된 역사를 가졌다면, 이는 확실히 병독성이 강할 것이다. 널리 전염되기 시작할 무렵 미국 도시에서 6개월 동안 성행위 파트너를 평균 10명 정도 둔 남성 동성애자들 사이에서 전파율이 매우 높다는 것이 분명하게 밝혀졌다. 1985년 샌프란시스코에서는 남성 동성애자의 절반이 감염되었다. 만약 이 급속한 전파가 병독성을 높였다면 남성 동성애자의 바이러스 감염은 1980년대 중반에 특히 유해한 바이러스성 질병을 일으켰을 것이다. 혈액응고 인자에 문제가 있는 혈우병 환자들에게 감염된 HIV는 1970년대 후반에서 1980년대 초반까지의 HIV 감염자에서 유래되었다. 치료받지 않은 동성애자들은 대부분 HIV 전파가 확산된 뒤에 감염되었기 때문에, 동성애자로부터 유래된 HIV 계통은 혈우병 환자에게 감염된 바이러스보다 평균적으로 훨씬 급속한 증식 주기를 경험하였을 것이다. 이런 논리 흐름에 맞게, 감염에서 AIDS 발병까지 걸리는 기간은 치료받지 않은 동성애자가 치료받지 않은 혈우병 환자보다 더 짧다.

몇몇 다른 요인들이 두 집단의 AIDS 진행 속도에 기여했을 수도 있다. 연령, 전파 경로, 동시에 일어난 감염 등의 차이가 그 역할을 할 수 있다. 연령과 더 급속한 진행 사이의 상호관계를 발견할 수 있지만, HIV 감염이 가진 고유한 병독성 차이에 미치는 영향은 아직 충분히 연구되지 않았다.

동성애자 집단의 AIDS 지표로서 흔히 발생하는 카포시 육종[14]이 진행 과정에서 크게 다를 수 있다. 그것은 사망률 증가보다는 무증상 기간의 감소라는 의미에서 해독성의 증가를 나타낼 수 있는데, 카포시 육종은 대개 AIDS 증상 개시와는 연관이 있지만 조기 사망과는 관련이 없다. 면역 체계가 덜 억제되었을 때 카포시 육종이 나타날 수 있기 때문에, 카포시 육종과 함께 AIDS가 시작된 환자는 첫 해에는 고통이 덜할 수 있다. 또한 초기 치료는 카포시 육종 환자에게 병의 진행을 지연시킬 것이다. 그러나 카포시 육종 환자와 다른 AIDS 환자 사이에서 생존의 차이점은 AZT[15]를 투여하고 2년 뒤에는 사라지는데, 이 기간 이후 HIV는 AZT에 강력한 내성을 보인다. 한편, 카포시 육종 환자의 장기 생존을 과대평가해온 것일지도 모른다. 최근 한 연구에서는 카포시 육종 환자가 다른 병과 함께 AIDS가 시작된 환자만큼이나 생존 기간이 짧다고 보고되었다.

동성애와 함께 나타난 카포시 육종은 연구자들을 당황하게 만들었다. 카포시 육종이 다른 병원균 때문에 발생한다는 믿음이 널리 퍼져 있었다. 실제로 이러한 믿음을 가진 연구자들은 카포시 육종의 높은 발병과 관련된 다음과 같은 측면에 주목하였다. (1) 최초의 전염병 중심지, (2) 1980년대 중반 이전 혹은 이후, (3) 카포시 육종이 있는 남성의 동성과 이성 파트너 수, (4) 구강-항문 접촉을 훨씬 자주 하는 남성 동성애자인지의 여부.

한 개 이상의 다른 병원균들이 관련되었을 수도 있지만, 카포시 육종의 발생을 증가시킬 위의 모든 위험 요소는 적어도 부분적으로는 높은 성행위 파트너 비율과 연관된 증식률이 높은 바이러스에 감염된 결과

---

14) Kaposi's sarcoma. 피부에 생기는 드문 종양으로, 한두 개의 반점이나 결절로 나타나며 면역 결핍과 연관되어 나타나는 경우가 많음.

15) azidothymidine 아지도티미딘. 항 HIV약으로 널리 사용되지만 부작용이 심하고 내성이 있음.

와 일치한다. 세계적으로 AIDS 대유행하던 초기에 카포시 육종은 성행위 파트너가 많은 사람에게서 특히 자주 발생했다. 1980년대 중반 이후 카포시 육종의 발생이 줄어든 것은 성행위 파트너 비율이 낮아진 덕분에 대부분의 빠른 증식 변종들을 선호하지 않게 되었기 때문이라고 설명할 수 있다. 이와 마찬가지로 이 장의 진화학적 논의에 따르면, 빠른 HIV 증식은 최초의 전염병 중심지와 카포시 육종을 가진 남성들에게서 감염된 사람들 사이에서 모두 나타난다. 특히 구강-항문 접촉에 몰두하는 남성은 성행위를 많이 하기 때문에, 후천적으로 급격하게 증식하는 HIV에 감염될 수 있을 것이다. 최근 연구는 성 파트너가 많은 남성이 더 급속하게 AIDS로 진행되는 것을 보여주었는데, 카포시 육종은 진행이 더딘 사람과 비슷하게 나타났다.

분리 측면에서, 배설로 전파되고는 동시에 감염되는 병원체와 남성 동성애자들에게 흔한 카포시 육종 발병에 관련해 합리적인 설명이 제안되었다. 그러나 이 설명은 최근 호주 시드니에서 연구된 결과로 다시 위기를 맞았다. 구강-항문 접촉이 줄지 않았지만 남성 동성애자와 남성 양성애자 사이에서 발생하는 카포시 육종이 크게 감소하였다. 또한 병원체가 구강을 통해 전달된다는 사실을 기초로 하는 설명은 아프리카에서 HIV-1에 감염된 이성애자들의 높은 카포시 육종 비율을 설명하기에도 역부족이다. 이런 높은 카포시 육종 비율은 성 접촉이 높은 중앙아프리카 지역에서 발생하므로(위를 참조), 급속한 증식에 관한 논의가 더 그럴듯한 설명이 된다. 또한 미국 이성애자 사이에서 나타나는 카포시 육종의 감소는 병독성의 진화적인 감소와도 일치하는데, 이런 카포시 육종은 이를 보유한 양성애자에게서 전염되기 때문이다.

HIV에 감염되지 않은 사람들이 가진 카포시 육종은 HIV 이외의 다른 병원체가 남성 동성애자들이 보유한 HIV 비율을 높이는 원인이 된다는 증거로 사용되어왔다. 그러나 HIV 감염이 없는 상태에서 카포시 육종이 존재한다는 것은 HIV 없이도 일어날 수 있는 과정을 통해 세포들이 비정상적으로 성장하여 자생적으로 카포시 육종을 형성한다는 의미이다. 이는 더 급속하게 증식하는 HIV가 그 과정을 돕거나 또는 비슷한 과정을 촉발하여 남성 동성애자 사이에서 카포시 육종을 더 많이 일으킬 수 있다는 생각을 부정하지는 않는다.

남성 동성애자에서 높은 카포시 육종을 발병시키는 보조인자를 찾고자 하는 노력을 10년 이상 해왔음에도 그런 인자를 아직 확인하지 못했다. 이것은 1980년대 AIDS가 크게 창궐한 초기에 남성 동성애자들의 높은 카포시 육종 발생 비율이 감염된 HIV-1이 가진 좀 더 강한 병독성의 특징을 아주 조금이라도 반영했을 가능성이 전혀 없음을 의미한다.

카포시 육종에 대한 생화학적 지식 역시 이 가설에 신뢰감을 더해준다. 현재의 증거는 HIV의 tat 단백질이 카포시 육종의 성장을 자극함을 보여준다. tat는 잠복중이거나 천천히 증식하는 HIV를 활발히 증식하는 HIV로 바뀌도록 돕는다. 성행위 파트너를 자주 바꾸는 것은 감염된 HIV가 빨리 증식하도록 도울지도 모른다. 그리고 빠른 증식은 더 많은 tat 생산을 의미한다—HIV의 급속한 증식과 함께 감염된 세포는 더 많은 tat를 생산하는 것 같고, 급속한 증식은 결과적으로 감염된 세포를 더 많아지게 하는 것 같다. HIV 증식과 카포시 육종에서 tat은 성행위 파트너 비율의 진화적 영향과 함께, 1980년대 초반 도심에서 아주 활발하게 성행위를 한 남성들에서 불균형적으로 카포시 육종이 빈발한 것에 대해 설명한다.

또한 이 tat 기작은 명백한 역설에 대해서도 설명한다. 카포시 육종은 AIDS의 일반적인 초기 지표로서 점점 덜 공통적인 것으로 받아들이고 있는데, 적어도 일부 그룹에서 발생한 카포시 육종은 AIDS 증상 개시 이후에는 조금 감소했다. AIDS 초기 지표로서의 카포시 육종의 변화가 오로지 감염 보조인자의 존재 여부에서 나온 결과라면, 카포시 육종이 지속적으로 존재하는 이유를 설명하기 어렵다. 그러나 지속적인 카포시 육종의 존재가 육종 발생 확률이 tat에 얼마나 노출되는가에 달려 있다면 설명하기 쉽다. AIDS가 진행됨에 따라 tat에 노출되어 쌓인다.

또 다른 카포시 육종의 감염 요인이 발견된다면, 그 존재는 tat가 동성애자들의 AIDS 초기 지표로 여기는 카포시 육종을 발생시키는 유일한 원인이 아니라는 의미이다. tat가 카포시 육종을 자극하는 기전은 다른 병원균에 의한 면역 체계 활성에 달려 있는 것 같다. 또한 HTLV-1(10장 참조)[16]이라는 또 다른 레트로바이러스가 카포시 육종을 일으킬 수도 있다. HTLV-1은 tat와 기능과 구조가 유사한 tax라 불리는 활성 단백질을 생산한다. 따라서 HTLV-1에 의해 유도되는 카포시 육종이 존재함은 HIV와 그것이 만드는 tat에 의해 직접적으로 동성애자에서 높은 비율로 나타나는 카포시 육종에 대한 설명을 약화시키기보다는 강화시킨다. 만약 또 다른 특별한 보조인자가 남성 동성애자들 사이에서 카포시 육종의 발생을 증가시키는 데 관련이 있다면 역시 힘을 얻을 것이다.

또한 tat 기전은 왜 카포시 육종과 함께 AIDS가 시작된 사람들이 감염 직후 곧바로 AIDS로 발전하지만 곧 사망하지 않는가를 설명하는 데 도움이 된다. 현재의 가설은 대부분 장기적인 바이러스 활성이 면역 체계를

---

16) human T-cell lymphotropic virus type 1. 감염시 만들어진 항체가 뇌와 척수신경을 공격하여 HTLV-I associated myelopathy/tropical spastic paraparesis, HAM/TSP, HTLV-1 연관 근무력증)라는 다발성 경화증과 비슷한 운동장애와 마비를 일으키는 자가 면역질환성 신경 장애를 초래함.

파괴시킨다고 한다. 면역 체계는 감염 초기 몇 개월 동안은 갑작스러운 HIV 증식에 잘 대처하는 것처럼 보이지만, 오랜 기간에 걸친 HIV에 의한 공격에는 견디지 못한다. 면역 체계의 문제는 감염이 지속되면서 재보충되는 면역세포에 바이러스가 손상을 가하는 것이 증가하는 경향 때문에 복잡해진다. 만약 지속적인 감염과 끊임없는 바이러스 증식 비율 증가가 면역 체계를 대량 학살하는 주원인이라면, 감염 초기의 활발한 바이러스 증식은 좀 더 급속한 면역 체계의 대량 학살 없이도 카포시 육종을 더욱 급격하게 유도할 것이다. 왜냐하면 tat가 더 많이 생산되기 때문이다.

이 tat 기전은 1980년 중반 이후에 일어난 카포시 육종의 감소를 설명하는 기반을 제공한다. 1984년경부터 남성 동성애자 사이에서 성행위 파트너 비율이 감소된 이후 상당한 비율의 바이러스가 감염되었을 때 잠복기에 들어갔다. 그런데 긴 잠복기를 갖는 바이러스 변이체들은 미처 잠복기를 통과하기 전에 면역 체계가 파괴될 것이다. 이 결과 초기 수년 동안 AIDS 상태임을 확인해 주는 사건인 카포시 육종이 낮은 비율로 나타날 것이다. 잠복기가 없는 바이러스들에 대항하는 이런 선택은 성 접촉이 감소한 이후에 특히 성 접촉 감소가 tat에 반응하여 카시니 육종을 만들어낼 초기 세포의 면역 활동을 감소시키면 질병 그 자체에 의한 그 어떤 선택을 하자마자 일어날 것이다.

이 시나리오를 제안하면서 나는 카포시 육종의 원인이 되는 여러 요인들이 있음을 인정한다. HIV보다 다른 전염성 미생물이 그런 요인일 수 있다. 그러나 나는 아직 발견되지도 않은 특정한 병원체가 HIV 감염률을 감소시킨다는 설명 없이도 카포시 육종 발생 비율의 감소를 설명할 수 있음을 강조한다. 그것은 이 두 가설이 서로 배타적이지는 않지만, 둘 다 앞으로 더 많은 검증이 필요하기 때문이다.

혹자는 성행위 파트너 비율이 감소하는 수년 동안에 카포시 육종처럼 눈에 띄는 변화가 생기기에는 선택 과정이 너무 미약하다고 주장한다. 그럴지도 모르지만, 카포시 육종으로 나타나는 끔직한 모습을 한 사람들을 능동적으로 피함으로써 이 선택 과정을 증폭시킬 수 있다. 이런 회피는 AIDS의 첫 번째 징후로 카포시 육종의 보랏빛 반점이 나타날 때쯤으로, 아마도 성행위 파트너 변화 비율이 감소하기 2년 내지 3년 전일 것이다. 병원체 혼자 급속하게 증식하는 HIV-1이든지 또는 다른 병원체와 HIV가 함께 작용하든지 간에, 이런 조기 선택은 카포시 육종 생성 병원체들에 대항하여 일어날 것이다.

지리학적 비교 역시 성 접촉 비율이 높은 지역의 HIV-1이 병독성이 더 강하다는 생각과 일치한다. 예를 들어 콩고민주공화국 칸샤사의 높은 성행위 파트너 비율은 높은 사망률과 HIV에 오염된 수혈에 따른 높은 AIDS 진행률과 서로 상관관계가 있다. 마찬가지로 AIDS가 전 세계적인 대유행으로 급속하게 확산되는 동안 나이로비 매춘부들의 무방비 성행위 파트너 비율은 세계에서 가장 높았고, 매우 급속하게 심각한 질병 상태로 진행되고 있었다. 따라서 이들 지역에서 분리된 HIV는 특히 세포배양 과정에서 세포를 살상할 수 있다. 물론 이런 비교가 HIV 감염 정도에 미치는 다른 몇몇 영향들까지 고려한 것은 아니지만, 성행위 파트너 비율이 비교적 높은 지역의 HIV-1이 특징적으로 더 강한 병독성을 가지는지 여부에 대해서는 꼭 조사할 필요가 있음은 강조한다.

HIV-1에 의한 지리적 침입 위에서 기술한 HIV의 병독성 양상은 진화학적 논의가 옳음을 분명하게 증명하지는 못하지만, 다른 일반 이론으로는 예측할 수 없는 질병 유해성의 변이가 진화학적 논의와 일치한다는 것을 보여준다. 병독성과 성행위 파트너 비율에 대해서는 좀 더 정확하게 조사해야 하므로 주의를 환기시킴과 동시에, 이런 양상은 HIV-1의 지리적 침입 결과를 조사하기 위한 논리적 배경도 제공한다.

HIV-1과 HIV-2의 지리적 패턴을 보면 HIV-2는 낮은 성 접촉이 적은 지역의 느린 감염에, 그리고 HIV-1은 성 접촉이 많은 지역의 좀 더 빠른 감염에 적응해왔다는 의견에 부합한다. HIV-2 창궐 지역은 인접한 HIV-1 우세 지역보다 HIV 감염이 낮았다. 이 경향은 서부아프리카에서 중앙아프리카에 이르는 광활한 지역에서뿐만 아니라 한 나라의 좁은 지역 안에서도 나타난다.

이런 HIV의 지리적 분포 차이는 주로 HIV-2 우세 지역으로 HIV-1이 침입할 수 있는 능력에 기인한다. HIV-1은 중앙아프리카와 동아프리카 인구 밀집 지역과 매우 흡사하게 성장하는 서아프리카 도시들을 감염시켰다. 예를 들어 서아프리카의 아비장은 도시로 밀려드는 엄청난 사람들로 사회적 혼란을 겪었다. 1970년대 중반 이후 인구가 4배나 증가하여 현재 200만 명에 육박한다. 아비장 지역에서 HIV-1은 HIV-2보다 2배 정도 감염률이 높은 데 반해, 코트디부아르 외곽 지역에서는 두 HIV가 비슷하였다. 코트디부아르에서 북서쪽으로 수백 km 떨어진 곳에 기니비사우가 있는데, 이 지역 최대 도시는 아비장의 1/10도 안 된다. 기니비사우에서는 HIV-2가 흔하며 HIV-1은 드물다.

이 지리적 경향에 대한 대안적 설명은 최근에 HIV-1이 우연히 서아프리카 도심 지역에 들어가 외곽 지역으로 퍼지는 과정이라고 본다. 앞으로 10년 정도 정보를 수집하여, 서아프리카 도시 지역에서 HIV-1이 더 유행하는 것이 특정 도시 지역에서 병독성이 더 강한 HIV들 간의 경쟁이거나 외곽 지역의 약독화된 HIV를 반영하는 것인지, 또는 이런 차이가 단지 시간적으로 인위적인 결과인지를 밝혀야 할 것이다. 제한적인 비교에 따르면 HIV-1과 HIV-2 유행이 HIV-2가 우세한 서아프리카의 갬비아, 기니비사우, 코트디부아르의 외곽 지역에서는 비교적 안정적으로 존재함을 시사한다. HIV-1 유행은 중앙아프리카 일부 시골 지역들에서는 비슷하게 낮고 안정적으로 일정하게 나타났다. 세네갈과 아비장에서는 지난 10년 간 HIV-1이 매춘부들 사이에서 확산되었는데, 아비장의 일반인들 사이에도 널리 퍼졌다. 이 시기에 매춘부 사이에서 HIV-2 유행은 세네갈과 아비장에서 모두 비교적 안정적이었다.

성 접촉 비율이 다른 지역으로 HIV-1이 침입하였을 때, 병독성은 성 접촉 비율이 낮은 지역에서는 더 낮아지게 된다. 예를 들어 나는 앞으로 10년 내지 20년 후 세네갈에서 HIV-1 계통 풍토병의 병독성이 성 접촉 전염 비율이 높은 다른 지역의 풍토병보다 낮아질 것으로 예상한다.

HIV-2 창궐 지역에 HIV-1이 들어가면 아마 서로를 저해하는 단계에서 부분적으로는 서로 의존적이 될 것이다. 이 같은 저해는 두 바이러스가 한 개인을 감염시켰을 때 어느 정도 일어날 것이다. 이들 바이러스는 면역학적으로 교차반응을 일으키며, 한 바이러스에 의한 감염은 다른 바이러스의 감염을 저해한다. 그러나 이 교차반응은 HIV-2 집단과 SIV 친척 바이러스 간보다 훨씬 적게 일어난다. 어찌되었든 면역학적 저해는 최초 감염 이후에 높게 나타나는 것 같지만 심각한 면역학적 억제 이전에는 나타나지 않는다. 아마도 이 시기에는 아직 면역 시스템이 건재하여 바이러스를 억제하기 때문일 것이다.

또한 HIV-1과 HIV-2가 한 세포에 침입했을 때는 서로 직접적으로 저해한다. 감염된 세포들은 외부에 있는 다른 바이러스가 세포 안으로 들어가기 위해 부착하는 바이러스 수용체를 막거나 제거한다. 비록 감염 초기에는 감염이 적지만 증상을 나타내는 단계에 이를수록 빠른 속도로 감염력이 증가한다. 따라서 앞서 설명한 저해를 일으킬 수 있는 능력이 증가한다. HIV-1과 HIV-2가 함께 있을 때 HIV-1 증식이 더 잘 저해되는 것처럼 보인다. 그러므로 성 접촉 빈도가 적을 때는 아마도 HIV-2 단독일 때보다 HIV-1과 같이 있을 때 HIV-2 증식률이 향상될 것으로 보인다. 그러나 성 접촉 빈도가 감염되기 쉬울 정도로 많으면 HIV-1은 HIV-2보다 더 빠른 속도로 복제되어 퍼진다.

단지 두 바이러스의 전체 유병률만을 놓고 본다면 이런 경쟁상의 우위는 하찮게 보인다. 그러나 HIV 유병률이 매우 높은 위험 집단에서 전파 빈도가 높아진다면 중요하게 될 것이다. HIV가 창궐하는 아비장에서는 매춘부 10명에서 1명만이 30세를 넘었고, HIV-1, HIV-2에 모두 감염되었다. HIV-1이 드문 세네갈에서는 감염 비율이 낮은데, 비감염자 1명이 100명의 매춘부와 관계를 가졌을 때 한 번 정도 감염된다. 그러나 HIV-1과 HIV-2에 동시 감염되거나 적어도 한 번 연속적으로 HIV-1과 HIV-2에 감염되면 두 병원체 간의 간섭은 한 병원체가 다른 병원체가 퍼지는 것을 억제할 만큼 강하지 않다. 이는 심지어 감염된 개인들 체내에서도 그러하다.

HIV의 지리상, 적응 그리고 기원

HIV의 기원. 만약 우리가 HIV-1의 발자취를 따라 과거로 간다면 결국에는 HIV-1의 진원지에 도착할 것이다. 이 장 첫 부분에 언급했듯이, 서아프리카가 HIV의 진원지라고 한 마이어스의 주장은 최근 비판을 받았다. 이 비판은 현지의 낮은 HIV-1 유병률에 근거했다. 그렇지만 그런 낮은 유병률은 진화학적 분석 이전에도 동일했다. 서아프리카의 HIV-2

는 동부아프리카와 중앙아프리카의 HIV-1에 비해 증식률이 낮고, 약독성이며 전파율이 낮다. 마찬가지로 여지껏 성 접촉 비율이 높지 않았던 인구 집단 안에서 빈번하게 진화해온 HIV-1종은 순종과 다름없다. 동부 중앙아프리카와 동아프리카에서는 급격한 물가 상승이 심각한 일자리 부족을 초래하였는데, 서부 중앙아프리카에서는 이 현상이 일어나지 않았다. 예를 들어 가봉에서는 노동력 부족 현상이 일어났지만, 카메룬에서는 지난 30년 간 경제가 안정된 상태였다. 경제 상황이 좋은 나라에는 특히 AIDS 피해를 크게 입은 동부 중앙아프리카와 동아프리카 나라들에 비해서 매춘부가 적다. 서부 중앙아프리카 나라들은 이웃인 동부 지역과 같은 성 접촉 증가를 겪지 않았기 때문에, 진화학적으로 고려해 보면 서부 중앙아프리카의 풍토병으로 남아 있던 HIV-1 계통의 전염병적 특징은 판데믹(pandemic) HIV-1종보다는 서아프리카 HIV-2와 훨씬 비슷할 것이다. 우리는 이 같은 HIV-1종이 동부 중앙아프리카와 동아프리카에 있는 HIV-1종보다 낮고 안정적인 유병률을 보일 것으로 예상할 수 있다.

만약 이처럼 유병률이 안정적으로 나타난다면 이들 서부 중앙아프리카에서 HIV-1 감염은 시간이 갈수록 꾸준히 증가해야 하는데, 이는 HIV-1 감염의 전형인 동부 중앙아프리카 20~40대 사람들 사이에서 보이는 급격히 높은 감염을 일으키기보다는 서아프리카 여러 나라에서 보이는 HIV-2 감염과 비슷하게 발생하기 때문이다. 관련 자료들이 이 예측을 입증할 만큼 정확하지는 않지만 어느 정도 암시적이다. 예를 들어 가봉의 HIV-1 유병률은 30~39세 집단에서 최고를 보이고 40~54세, 20~29세 집단에서는 낮지만 비슷한 비율을 나타낸다. 그러나 이런 비율은 서부 중앙아프리카에 재침입한 비풍토병 계통들에서 그 어떤 오래된 풍토병 계통도 구분해낼 수 없다.

이런 진화학적 주장은 서아프리카의 오랜 풍토병인 인간 HIV-1 계통을 예로 들어 감염 개시와 AIDS 발병 사이의 기간을 정량적으로 조사함으로써 검증할 수 있다. 진화 이론에 따르면 중앙아프리카와 동아프리카 계통보다 이들의 병독성과 증식률이 낮아야 할 것으로 예측된다.

면역 결핍증은 새로운 징조인가? 앞서 나온 논쟁들은 인간과 HIV의 오랜 연관에도 과학자들이 왜 HIV가 최근에 영장류로부터 인간으로 도약했다는 결론을 내렸는지에 대한 설명과 이에 대한 증거들을 보여주었다. 설명의 첫 번째 부분은 심리학적이다. 이 문제를 연구하는 사람들의 질문이 그들이 발견한 해답의 형태를 결정한다. 사람들은 AIDS 대유행이 어디서 왔는지 궁금해 한다. 사바나원숭이, 맨드릴개코원숭이, 마카크, 맹거베이 그리고 침팬지에서 유래한 바이러스들의 차이가 그 해답을 제공한다. HIV는 유인원에서 사람에게로 도약하였다. 반대로, 사바나원숭이나 맹거베이에 대한 연구를 통해서는 그들 SIV의 진원지가 인간이라는 설익은 결론을 내릴 수 있다.

설명의 두 번째 부분은 "오랜 친밀한 관계는 양성(benign)이 된다."는 생각을 이끌어낸다. HIV는 인간의 AIDS를 일으킨다. SIV는 맹거베이, 사바나원숭이 혹은 침팬지에서는 AIDS를 일으키지 않는 것 같지만 붉은털원숭이 그리고 마카크에서는 AIDS 유사 질병을 일으킨다. 만약 오랜 친밀한 관계로 양성화된다면 사바나원숭이, 맹거베이 그리고 침팬지는 반드시 오랜 숙주이어야만 할 것이다.

이 장에서 펼치는 논리는 대안을 제공한다. 왜냐하면 면역 결핍 바이러스는 성행위로 전파되고 섹스 파트너가 바뀔 때까지 숙주 내에서 생존해야 한다. 일반적으로 이 필요조건은 면역 작용으로 사멸하지 않으면서 오래 살 수 있는 숙주세포에 감염되어야 한다는 의미이다. 만약 파트너 교체가 드물면 면역세포 안에서 분화가 진행되지만, 동시에 증식 억제도 필요하다. 그러나 만약 파트너 교체가 잦으면 자연선택은 HIV-1이 나타내는 바이러스 증식률 증가 방식을 선호할 것이다. HIV-1 변종들에서 이런 증식률 증가는 비교적 제한적인데, 주요 면역 세포들에서 바이러스가 특수화되었기 때문이다. 만약 HIV가 폭발적으로 증식하면 감염된 인간은 아마도 감염 후 오랜 시간이 경과하기 전인 초기 증상기에 사망할 것이다. 실제로 실험적으로 감염시킨 변종 SIV는 폭발적으로 증식하여 마카크를 접종시킨 지 2주일 안에 죽였다. 인간에게 감염된 HIV 중에서 이렇게 빨리 진행되는 것은 드물다.

이 장에서 제시한 진화학적 접근에 따르면, 면역 세포의 특화는 일반적으로 증식률을 억제하는 진화에 우호적으로 작용하고 성행위 파트너 비율이 증가하는 것은 이러한 억제를 경감시킨다. 심지어 아주 작은 억제 경감이라도 감염 10년 후의 면역계를 파괴하기에 충분하다. 아마도 세포배양중의 HIV-1 증식은 이런 억제가 얼마나 강력할 수 있는지에 대한 증거를 제공할 것이다. 감염 후 무증상 시기에 분리된, 즉 천천히 자라는 바이러스는 대부분 세포배양에서 지속적으로 증식하지 못한다. 반면, 감염 후기에 훨씬 빠르게 증식하는 바이러스는 다양한 세포 유형들에서 쉽게 증식할 수 있다.

만약 SIV 혹은 HIV가 새로운 숙주 종에 들어가면, 엄청나게 다양한 감염 가능성에 대응할 수 있는 숙주 면역계에 의해 제거될 것이다. 이 논의는 2장에서 곤충 매개 감염이 왜 새로운 종에 들어가면 상대적으로 양성이 되는지에 대한 설명과 비슷하다. 그러나 매개체를 통한 감염 경로와는 달리 면역 결핍 바이러스는 일반적으로 면역계에서 중요한 역할을 담당하는 세포, 즉 헬퍼(helper T 세포)를 감염시키기 때문에 매우 제한적으로 증식한다. 어떤 바이러스가 새로운 숙주 종에 성공적으로 감염되는 것은 매우 드문 상황이다. 게다가 새로운 생화학적 환경에서 바이러스가 스스로 증식을 제한하는 정교한 기작까지 동시에 우연히 갖고 있지는 않을 것이다. 이런 고려들은 HIV와 SIV가 새로운 숙주 종에 들어갔을 때 상대적으로 서로 격렬해질 수 있음을 시사한다. 그러나 이 경향이 굳이 "심각한 면역결핍증은 새로운 바이러스/숙주 관계를 나타낸다."는 의미일 필요는 없다. 극심한 면역결핍은 병독성이 증가하도록 진화시키는 성행위 파트너 증가의 결과처럼 오래된 상관관계에서 발전될 수 있다.

AIDS의 미래

성적인 전파의 변화

우리는 HIV의 진화를 이해함으로써 과거에 높은 병독성이 왜 진화했는지뿐만 아니라 앞으로 병독성이 어떻게 진화할지에 대해, 그리고 더욱 중요하게는 이러한 미래의 병독성 진화에 인간의 활동들이 어떤 영향을 미칠 수 있는가를 평가할 수 있다. 무방비 상태의 성 접촉 비율이 낮아진다면 HIV 병독성도 낮아질 것이다. 가장 병독성이 높은 변종들은 질병과 죽음을 초래하므로 결국에는 냉대를 받는다. 성 접촉이 감소함에 따라 AIDS로의 진전은 감염자 중 '충분히 높은' 비율이 발생하기 전까지는 둔화되지 않는다. 얼마나 '충분히 높은'지는 검출의 민감도에 달려 있다.

도시의 남성 동성애자들 사이에서 전파 가능한 성 접촉 비율은 HIV의 성적 전파에 대한 정보를 축적한 덕분에 1984년 이후 급격하게 감소하기 시작했다. 그 이전에 남성 동성애자는 약 10%가 4년 이내에 AIDS로 발전되었다. 이들 10%에서 AIDS가 일찍 발생한 것이 만약 이들이 대부분 가장 병독성이 강한 변종들에 감염되었기 때문이고, 그들을 통한 전파가 성 접촉이 줄어들면서 확연히 억제되었다면, 감염 개시부터 AIDS 발병 개시까지 걸리는 기간은 1980년대 말에는 눈에 띄게 연장되었을 것이다. 이런 경향을 찾아내는 것이 AZT 투여 치료 효과 때문에 다소 혼선을 빚기는 했지만, 로젠버그(Rosenberg) 등이 이 효과를 설명하는 정교한 통계학적 분석을 발표하였다. 그들은 1988년 이전 남성 동성애자 사이에서 나타나는 감염 개시부터 AIDS 발병 사이의 기간이 연장된 것은 전적으로 AZT 투약 치료에 의한 것임을 발견하였다. 그러나 1988년도 중반 이후 AZT 치료만으로는 설명할 수 없는 추가적인 기간 연장이 나타났다. 이 기간 연장을 설명하기 위해 연구자들은 의사들이 환자들의 AIDS를 인지하지 못한 채로 효과적으로 치료해왔을 것이라는 설을 제안했다. 그러나 일반적으로는 그 반대가 사실인 것 같다. 전염이 유행처럼 번져감에 따라 의사들은 진단 기준과 질병의 실체에 훨씬 더 빨리 익숙해진다. 이러한 *a posteriori*, 즉 선험적인 가설과는 대조적으로, HIV 병독성에 대한 진화학의 가설은 *a priori*, 즉 그와 같은 기간 연장이 결국 파트너 변화 비율 감소에 대응하여 후천적으로 일어났을 것으로 예측하였다.

또한 진화학의 가설에 따르면 성행위 파트너 비율이 감소하기 직전에 분리된 HIV가 과거 남성 동성애자들 사이에서 전파 주기가 빠르게 일어나기 이전에 분리된 HIV보다 더 병독성이 강할 것으로 예측되었다. IRS[17]가 작성한 동성애자들의 감염 도표는 이 예측을 지지한다. 1980년 이전

---

17) International Registry of Seroconverters, 국제 항체양성전환자 등기소.

에 감염된 남성들은 1982년에서 1984년 사이에 감염된 남성들보다 AIDS 진행이 늦었다.

또한 진화학의 가설은 로젠버그 등이 발견한 변칙적 사실을 해결하는 데도 도움이 될 것이다. 동성애 성향을 지닌 정맥주사 마약 중독자들은 비록 AZT를 거의 사용하지 않았음에도 예상외로 1980년대 말까지 대부분 천천히 AIDS를 진행시켰다. 이런 양상은 이들이 대부분 동성애를 통해 감염된다면 진화학의 가설과 합치된다.

앞으로 몇 년 동안의 연구 데이터로 진화학적으로 예측된 병독성 감소가 일어날지 여부를 확실히 결정할 수 있을 것이다. 예상보다 늦어지는 AIDS 진행에 대한 비진화학적 설명 오류는 보고와 진단 기술들을 표준화하고 인위적 요인들을 규명하면 사라질 것이다.

무증상 기간의 연장은 진화학적 연구를 통해 예상되었는데, 이는 동성애에 의한 위험한 접촉이 1980년대 중반 내내 지속적으로 낮아졌기 때문이다. 예를 들어 시카고에서는 남성 동성애자 사이에서 무방비한 상태에서 일어나는 항문 성교 빈도가 1986년 약 40%에서 1988년에는 약 20%로 떨어졌다. 샌프란시스코에서는 성행위 파트너가 여럿인 동성애자 비율이 1984년 50%에서 1988년 12%, 파트너 숫자도 이 시기에 비슷하게 감소했다. 샌프란시스코에서 남성 동성애자들의 콘돔 사용은 드라마틱하게 증가하였다. 남성 동성애자들이 항상 또는 거의 항상 콘돔을 사용하는 비율은 비슷한 연령과 인종의 샌프란시스코 거주 독신 이성애자보다도 현재 약 5배 더 높다. 동성애자 사이에서 성행위 파트너가 둘 또는 그 이상인 사람들은 콘돔 사용이 10배 이상 증가했다. 그러나 파트너의 감소는 수치들이 나타낸 것보다 의미가 다소 축소되는데, 한 시점에서 안전한 성행위 습관을 시작한 사람들의 약 절반은 시간이 지나면 다시 안전하지 못한 성행위 습관으로 돌아갈 수 있기 때문이다. 비록 이성애자들은 동성애자들에 비해 10년 넘게 안전한 성행위를 시작했지만, 그들의 안전한 성행위 덕에 나타난 감소는 미래에 있을 감소 가능성에 비하면 여전히 작은 부분에 지나지 않는다.

보호되지 않은 성 접촉의 감소는 도시 동성애자와 양성애자 사이에서 새로운 감염을 낮추는 것과 관련이 있다. 1980년대 후반 면역 세포의 감소를 나타내는 혈청 전환(seroconversion) 수치는 HIV 감염에 대한 지식이 널리 퍼지기 이전에 이들 그룹에서 나타났던 수치의 약 1/10로 안정화되었다. 샌프란시스코에서는 한층 더 급격하게 낮아졌다.

보호되지 않은 성 접촉 비율은 일반적으로 1980년대 중반 이후로 북아메리카, 유럽, 아프리카에서 감소되고 있다. 그런데 세계 다른 지역에서 보호되지 않은 성 접촉 비율은 AIDS에 대한 지식의 향상에 비하면 상대적으로 조금밖에 낮아지지 않았다. 예들 들어 브라질은 1980년대 세계에서 가장 높은 AIDS 발병을 보인 지역의 한 곳으로 보고되었다. 리우데자네이루에서 가난한 매춘부들은 80%가 AIDS 예방 캠페인에도 불구하고 성행위 습관을 바꾸지 않았다. 대체로 그들은 대부분 하루에 5번 이상 거의 콘돔 없이 성 접촉을 가졌다. 1989년 이들에서 약 10%가 HIV에 감염되었다. 브라질에서 이성애를 통한 AIDS 감염 환자는 미국과 유럽의 상응하는 AIDS 환자 그룹과 비교하면 절반만이 생존하였지만, HIV 병독성과 효과적인 치료 부족이라는 측면의 상대적인 기여는 아직 규명되지 않았다.

이런 지리학의 차이들은 현재 비계획적, 세계적, 진화학적인 실험이 진행되고 있음을 시사한다. 감염률이 감소하고 있는 지리학적 지역이 바로 실험군이다. 감염률이 감소하고 있지 않은 지역은 대조군이다. 대조군 지역에서 HIV는 실험군 지역에 비해 상대적으로 병독성을 유지하고 있는 것으로 예측된다. 예를 들어 최근 인도와 태국에서 독립적인 HIV-1 계통들이 급속히 확산되었는데, 이는 급격한 성적 전파가 이루어졌음을 시사한다. 태국 매춘부들과 고객 간의 성행위 파트너 비율은 중앙아프리카와 동아프리카에서 관찰된 것과 마찬가지로 높게 나타났다. 높은 감염률이 지속된다면 이들 나라에서 HIV-1 병독성은 높게 유지되거나 더 증가할 것이다. HIV-2 또한 최근 인도에서 발견되었고 급속하게 확산되는 것으로 보인다. 이 장에서 분석된 평균치가 정확하다면 HIV-2는 현재 인도에서 병독성이 증가하는 진화를 겪고 있을 것이다.

나는 결코 이 전 세계적 규모의 '실험'을 권장하기 위해 이들 지역에서 감염률이 높게 유지되기를 바라지 않는다. 윤리적 측면 때문에, 나는 정반대 의견을 지지하기 위해서 진화학적 접근을 사용할 것이다. 우리는 감염률 감소에 통해 HIV 병독성을 억제시킬 프로그램에 큰 투자를 해야만 한다. 이런 통제는 결국 현재의 측정치를 바꿀 것이다. 예를 들어 HIV 전파를 감소시키기 위해 태국에서 벌이는 최근 캠페인이 성공을 거둔다면, 우리는 결국 저하된 병독성을 기대할 수 있을 것이다.

HIV 전파율을 억제하기 위한 비용 대비 가장 효과적인 한 가지 방법은 성 접촉 비율이 높은 개인들을 대상으로 하는 교육 프로그램 강화와 콘돔 제공에 초점을 맞추는 것이다. 그와 같은 프로그램이 1985년에 케냐 나이로비에서 매춘부들을 대상으로 시행되었다. 이 프로그램을 통한 HIV 감염 방지에는 1인당 약 10달러가 소비되는 것으로 계산되었다. 그러므로 그곳에서는 AIDS 환자 1인당 소요되는 치료 비용으로 최소 10건에서 최대 100건의 감염을 예방할 수 있다. 르완다에서 정상과 파트너가 HIV에 감염된 커플을 대상으로 한 프로그램은 매우 성공적이었다. 2년에 걸쳐 콘돔 사용이 4%에서 57%로 증가하자 감염률은 절반으로 떨어졌다. 프로그램을 성 접촉률이 더 낮은 사람들에게까지 확장한다면 당연히 AIDS로부터 인명을 구하는 데 드는 비용은 증가할 것이다. 그러나 AIDS 환자 치료에 드는 고비용과 HIV 감염 방지에 드는 저비용 간의 엄청난 차이를 고려하면, 확실한 감염 빈도 감소만으로도 그런 프로그램들을 확대하는 것은 정당화될 것이다. 인명을 구하고 다른 성 전파성 질병 감소로 증명된 부수적인 효과는 언급하지 않더라도, 이 같은 방식의 통제가 수반하는 병원체 병독성의 진화적 감소에 의해 추가로 얻을 이익은 비용 대비 훨씬 효과적으로 확대된다. 아프리카 국가들에서는 대부분 콘돔 사용과 보급이 저조했고, HIV에 대한 취약성을 증가시킬 수 있는 다른 성적 전파 전염병들이 일반화되었다. 그러므로 특히 항바이러스성 첨가물이 있는 콘돔을 사용하도록 권장하는 프로그램은 당장의 HIV 감염 억제는 물론 향후 병독성 억제를 큰 폭으로 실현할 가능성이 있다.

주사 바늘을 매개한 전파를 바꾸기

모기에 의한(그리고 주사 유래 말라리아 같은, 2장 참조) 전파와 마찬가지로, 피부밑주사를 통한 병원체 전파도 병독성 유전체 유형에게 유리할 것이다. 잠재적인 섹스 파트너와는 달리 주사 바늘은 AIDS 환자들과의 접촉을 피할 필요가 없고, 사람처럼 앓는 일도 없을 뿐더러 감염에 대해 스스로를 보호할 수도 없다. 게다가 AIDS로 심하게 아픈 정맥주사 마약 중독자는 아마도 성 행위보다 마약 주사를 얻는 데 더 동기를 부여할 것이다. 그러므로 주사 바늘을 통한 전파는 문화적 매개 수단에 포함될 것이다. 모기 매개 전파와 부수적인 의료 종사자 매개 전파에서 가장 분명한 상사(相似)성은 주사 기구가 마약 판매자나 친구들에 의해 사용자들로부터 혹은 사용자에게로 전송되었을 때 발생한다. 병들고 감염된 사람을 마약 투여가 빈번한 곳, 일종의 '사격 연습장'으로 보내는 것 또한 문화적 매개 수단의 개념 정의를 충족하는데, 그런 곳에서는 거동이 어려운 감염자에서 감수성 있는 예비 감염자에게 쉽게 전파되기 때문이다. 문화적인 매개체의 정의는 환자로부터 전통적인 치료사들로의 전파에 의해서도 비슷하게 충족되는데, 치료자들이 피부 피어싱 과정에 의해 HIV 감염이 전파된다면 쉽게 달성된다. 이처럼 환자로부터 전통적인 치료사로의 전파는 서아프리카 지방에서 흔히 멸균되지 않은 수술 도구를 재사용하는 것과 결부되어 일어나지만, HIV 감염과는 아직 어떠한 관련도 확인되지 않은 채로 남아 있다.

HIV는 주사 기구에서 며칠 동안 생존할 수 있고 마약중독자들은 대체로 일주일에 여러 차례 주사를 맞기 때문에 주사기 매개 전파는 HIV 전파에 거대한 잠재력을 제공한다. 이 잠재력은 러시아의 카스피해 부근 도시 엘리스타에서 1988년의 8개월 동안 비극적으로 증명되었다. 병원에서 소독 절차를 무시하자 단 한 명의 감염 환자로부터 주사를 통해 매개된 HIV가 50명 이상의 어린이를 감염시켰다. 여성 7명은 감염된 자신의 아이에게 모유를 수유하다가 감염되었다.

주사기 매개 전파가 가진 진화학적 중요성은 절대적인 빈도는 물론 다른 유형의 감염과 비교한 상대적 빈도에 의해서도 알 수 있다. AIDS 대유행 초기에는 주사 바늘로 인한 전파가 분명 드물게 일어났지만, 바이러스가 전 세계적으로 퍼진 이후 곧 많은 지역에서 상황이 바뀌기 시작했다. 정맥주사 마약을 통한 전파는 대유행 초기부터 미국에서 많이 일어났다. 1980년대 말 뉴욕 시에서 HIV에 감염된 정맥주사 마약중독자는 거의 25만 명에 달하였고 매년 약 2만 명이 새로 추가되었다. 곧 HIV 감염은 영국, 이탈리아, 태국의 마약 사용자들 사이에서 비슷한 패턴을 보이며 최고조에 도달했다. 지난 수년 간 정맥주사 마약 사용자들은 미국과 유럽에서 전체 AIDS 환자의 약 1/4에서 1/2을 차지했고, 브라질과 태국과 같은 개발도상국에서도 정맥주사 마약 사용자들의 감염이 계속 증가하였다. 예를 들어 이탈리아에서는 성 접촉에 따른 전파 비율이 낮아지면서 마약 정맥주사 전파가 상대적으로 더 우세하게 되었다. 최근 수년 간 미국도 이런 상황으로 흘러가고 있다.

유럽, 호주 그리고 미국의 정맥주사 마약 사용자들에서 감염과 AIDS 발병 사이의 기간이 단축되고 있지만 남성 동성애자들 사이에서처럼 눈에 띄게 줄지는 않았다. 이 차이점에 대한 해석은 모호한데, 이들 연구에서 조사 대상인 마약 사용자들의 수가 너무 적었기 때문이다. 뉴욕 시에서 이루어진 최근 연구는 치료받지 않은 무증상 감염에서 AIDS로의 진행 기간이 마약 사용자들은 남성 동성애자들 사이에서 발견되는 기간보다 거의 두 배나 긴 것으로 밝혀졌다. 이런 차이점을 보면, 빠르게 일어나는 HIV 감염에서 정맥주사 마약 사용자들의 취약성을 증가시킬지도 모르는 다른 변수들과 HIV 고유의 병독성을 구분해낼 수 있는 통계학적 방법이 절실하게 필요하다. 또한 마약 사용자들을 대상으로 한 심층적인 연구의 필요성에 대한 주의를 환기시킨다.

정맥주사 마약 사용자들은 1980년대 초반에 남성 동성애자들이 자신들의 위험한 행위를 안전한 방향으로 빠르게 변화시킨 것처럼 신속하게 대응하지는 않았다. 그리고 정맥주사 마약 사용자들이 취한 위험 감소 대응도 별로 오래 가지 않았다. 따라서 감염에서 AIDS로 발병하는 기간은 AZT 사용으로 예상보다 더 늘지는 않았다. 1980년대 후반 남성 동성애자들에서 일어난 상황과는 대조적으로, 정맥주사 마약 사용자들 사이에서 HIV 감염의 병독성이 줄어들었다는 증거는 없다.

이런 관점에서 볼 때, 감염 개시와 AIDS 발병 사이의 기간에서 남성 동성애자들에서 발견된 AZT-비의존적 기간 연장이 이성애자들에서는 없었다는 것은 흥미롭다. 이런 기간 연장이 없다는 것은 HIV 병독성의 진화학적 해석과 일치하는데, 왜냐하면 이성애자들 간의 위험한 행동 감소는 일찍이 동성애자 사이에서 밝혀진 감소만큼 극적이지도 않고, 이성애자들은 종종 정맥주사 마약 사용자들에게서도 감염되기 때문이다.

주사기 매개 전파를 줄이면 병독성이 진화적으로 저하될 것이다. 역학 자료에 따르면, 위험한 행동과 주사기 매개 전파는 교육, 주사 바늘의 교체, 재활훈련을 통해 중독자 수의 증가 없이 감소시킬 수 있다. 그러나 이런 프로그램 참가자들조차도 종종 고위험군에 노출될 여지가 많다. 1980년대 후반 뉴욕 시의 메타돈[18] 치료 프로그램에서, 환자들은 일반적으로 한 달에 평균 마약주사를 5번 맞고 주사기를 8번 공유했다. 특히 주목할 점은 중독자들이 주사기를 자주 공유하였다는 것인데, 그것은 쓸 수 있는 주사기가 부족하고 거리에서 파는 사기가 비싸며 주사기를 가지고 있음으로써 체포될지도 모른다는 두려움 때문이다. 이런 요인들은 병독성을 증가시키는 진화에 유리한 주사기 매개 전파와 유사한 유형의 위험을 많은 사람들에게 부당하게 강요한다. 마약판매상이 제공하는 주사기를 집에서 사용하거나 '사격 연습장'에서 주사 기구를 빌리는 것 등이 그러하다. 따라서 주사기를 합법적으로 구매하거나 교환할 수 있는 곳에서는 주사기 공유에 의한 고위험이 낮아진다.

마약중독자들을 위한 중재 프로그램으로 성취할 수 있는 감염 감소는 프로그램 지원 기금이 부족하면 부분적으로나마 없던 일이 될 수도 있

---

18) methadone. 진통제, 최면제, 암 환자의 통증 완화에 사용.

다. 프로그램에서 시험, 상담 그리고 재활훈련을 끝까지 마치는 것이 여의치 않을 때, 마약중독자들의 재감염이 증가할 것이다. 반대로 중재 프로그램 기금이 충분하다면 감염률 감소로 바이러스의 병독성이 감소될 것이다. 또 마약 사용자들은 무방비 성 접촉 비율이 대체로 높은 편이라서 주사기 매개 전파의 감소와 성적 전파의 감소를 결합한 중재 프로그램이 필요하다.

아직 제한적이지만 이런 프로그램을 위한 기금이 많아진다면 보건 측면에서 현재 평가되는 것보다 훨씬 커다란 긍정적 효과를 얻을지도 모른다. 현재의 평가는 병독성의 진화적 감소를 계산하지 않기 때문이다. 주사 바늘 교환과 교육 프로그램 같은 장기간 중재하는 동안 측정할 수 있는 병독성 척도는 병독성 저하로 예상되는 여러 지표 감소에 대한 직접적인 실험을 제시할 수 있다. 구체적으로 역전사 효소 활성의 측정, 바이러스 부하 테스트, 질병 진행과 연관된 혈액 지표들 그리고 증상 개시에서 발병까지의 기간을 측정하는 것으로 중재를 통한 병독성 변화를 평가할 수 있게 된다.

주사기 매개 전파와 성적 전파 감소를 위한 중재는 비진화적 과정에 기인한 HIV 확산 감소라는 오직 한 가지 측면만을 고려하더라도 치료에 드는 비용과 비교하면 상대적으로 저렴하다. 위에서 강조한 진화학적 접근은 일반적으로 잘 인식되지 않은 차원의 문제에 대한 주의를 환기시킨다. 진화에 대해 우리가 가진 기본적인 원리가 옳다면, 이들 중재는 스스로 더 많은 기금을 수혜할 가치가 있도록 부가 혜택을 제공할 것이다. 즉, 중재 실시 지역에서 HIV는 점차 무해하게 양성화될 것이다.

심리학적 연구는 고위험 행동을 감소시키는 변화를 주기 위해서 다음 세 갈래로 접근해야 함을 시사한다. (1) 전파와 예방에 대한 교육 (2) 위험한 행동 감소를 위한 동기 부여, 그리고 (3) 교육받고 동기가 부여된 개인이 전파를 감소시키게 하는 기술(예, 성행위 파트너와의 대화와 협상). 광범위한 지리적인 척도에서 이들 세 갈래 접근을 발전시키는 노력은 장차 전파율 감소와 그에 따른 향후 병독성 감소를 위한 거대한 잠재력으로 드러나게 될 것이다.

어떻게 HIV—1이 무해하게 될까?

이 질문에 대한 답변은 전체적인 성행위 매개 또는 주사 바늘 매개 전파율이 얼마나 확실하게 줄어드는가에 달려 있다. 병독성의 진화적 결정에 대한 정확한 지식이 없다면, 단지 교육받은 대로 가정할 수 있을 뿐이다. 우리는 진화학적으로 연관된 다른 레트로바이러스들, 즉 병독성이 훨씬 약한 HIV-2 균주들과 어쩌면 HTLV의 병독성도 동시에 줄일 수 있을 것이다. 호주에서 행해진 최근 연구는 약독성 HIV-1 균주들이 현재 그렇게 전이되고 있음을 시사한다. 그러므로 병독성의 변이가 존재하는 것으로 보인다. 우리의 임무는 병독성이 강한 균주들보다 약독성 경쟁자들을 선호하는 방지 정책들을 수립하는 것이다. 사안이 중대한 만큼, 그런 정책들을 수립함으로써 우리는 장래에 다른 레트로바이러스가 대유행 HIV-1 만큼이나 병독성을 가진 병원체로 진화하는 것을 막을 수 있을 것이다.

AIDS의 병인(病因)과 HIV의 진화

다양성 역치와 복제율

레빈(Levin)은 이 장의 논리적 기초인 복제율 가설을 대체하는 다양성 역치 가설(*diversity threshold hypothesis*)을 제안했다. 그의 가설은 노와크(Nowak) 등의 수학적 모델을 근거로 하는데, 이는 AIDS의 근본 원인으로서 백혈구 다양성의 붕괴를 강조한다. 레빈은 바이러스 복제율의 진화학적 증가를 증상들과 직접 관련이 없거나 있더라도 무시할 만한 감염의 부작용이라고 해석한다.

노와크와 그의 동료들이 만든 모델에 따르면, 사람들의 HIV 집단들은 적어도 일시적으로 체내 면역계를 피할 수 있는 변이들을 생성한다. 마침내 면역계가 특히 이런 면역 회피 돌연변이들에 대항하는 공격을 전개할 쯤이면, 그 사이에 새로운 돌연변이가 일어나 공격할 힘이 빠지게 만든다. 이러한 맥 빠진 반응은 우리 면역 세포의 다양성이 점점 대응하기 힘들어진다는 것을 나타내는데, 이는 원죄 항원설(Original Antigenic Sin)이라고 지칭되는 HIV 감염 초기에 마주친 항원 변이들에 특히 강력하게 반응하는 효과에 의해 가속화될 것이다. 체내에서 HIV 변이들이 계속 생겨나면서, 특정 변이들에 대한 공격과 방어에 동원되는 면역 세포들은 각각의 새로운 변이에 대항하여 공격하고 방어하는 능력이 점차 떨어진다. 결국 공격과 방어에 대한 배분이 새로운 회피 돌연변이체 모두를 더 이상 통제할 수 없을 정도로 너무나 얇고 넓어진다. 마침내 바이러스 밀도는 급속히 증가하고, 감염자에게서 AIDS 증상들이 진행된다.

또한 이 다양성 역치 가설은 면역계에 의해 공격받는 HIV 바깥 부분의 변화를 통해서도 지지를 얻었다. 이 부분은 AIDS가 빠르게 진행되는 아이들보다는 천천히 진행되는 아이들에서 훨씬 큰 진화적인 변화를 나타낸다. 분명히, 늦은 진행자들의 면역계는 HIV 돌연변이체를 추적하고 파괴하는 것에 훨씬 더 능숙하고 HIV의 진화학적 도피를 더 잘 방지하는데, 이에 따라 주어진 시간 동안 더 큰 변화의 자취를 남긴다.

다양성 역치 개념은 HIV 감염에서 AIDS로의 진행을 핵심적으로 잘 증명할 수 있기는 하지만, 위에서 언급한 모든 상호작용과 레빈이 제시한 모든 증거는 복제율 가설과도 잘 부합한다. 다양성 역치 가설과 복제율 가설은 서로 배타적이기보다는 오히려 상보적이다. 다양성 역치 가설은 감염된 개체 내에서 진행되는 AIDS의 병독성에 대해 궁극적이고 진화학적으로 설명하기보다는 좁은 시간 범위의 면역학적 기전만을 제안한다. 그 가설은 자신의 유해성을 촉진하는 HIV의 특징들이 진화 과정에서 일어난 사고(事故)인지 혹은 급속한 성적 파트너 교체와 같은 환경 상황에 대한 적응인지는 다루지 않는다. 다양성 역치 가설은 면역계의 대량 파괴가 질병 진행 과정 후기에 일어나는 바이러스 복제 증가의 결과라기보다는 오히려 원인일 수 있음을 시사한다. 그러나 현재의 증거는 심한 손상을 주고 급속히 증식하는 HIV로의 변환이 면역계의 대량 파괴 이후가 아니라 먼저 일어난다는 것을 보여준다. 비록 다양성 역치 가설이 AIDS로의 진행에 주요한 이유를 잘 설명한다는 것이 증명되더라도, 더 높은 고유 복제율이 이 진행을 촉진시켜야 한다. HIV에 의해 일어난 면역 부전에 대한 다른 가설적인 기전을 설명하기 위해서도 복제율의 유사한 역할을 부여할 수 있다. 여기에는 바이러스 또는 면역계 자체에 의한 백혈구의 과잉 살상이 공통으로 포함된다.

감염 초기 HIV 밀도 측정은 매우 적은 세포들이 HIV에 감염되었음을 시사했는데, 10만 개의 세포당 겨우 1~10개의 세포만이 감염되었다. 이렇게 적은 비율을 두고 많은 연구자들은 복제율의 중요성을 평가절하했다. 그러나 감염자들의 HIV 수를 측정해보면 AIDS 환자 혈액 내 표적 세포들은 심지어 10개에서 1개꼴로 HIV 바이러스를 갖고 있음을 알 수 있다. 과거에 생각한 것보다 혈장 내 바이러스 밀도는 훨씬 높다. 그리고 대부분의 표적 세포들이 사는 림프절과 기타 림프 조직들에서는 세포 3개에서 1개는 감염되어 있을 것이다. 이들 HIV는 대부분 어느 시점에 휴지 상태가 되고 그들이 얻은 돌연변이들 때문에 복제 주기를 지속시킬 수 없을 것이지만, 이들 다수의 비교적 불활성인 바이러스는 결국 그들이 사는 숙주세포들에 악영향을 줄 것이다. 따라서 특히 아픈 사람들 체내에 존재하는 고밀도 바이러스는 증식률에 초점을 맞추는 것이 중요함을 강조한다.

감염원 개인에서 진전된 다른 질병과 AIDS로의 급속한 진행 사이의 연관은 바이러스 증식률에 미치는 또 하나의 변수이다. AIDS 증상을 나타나는 환자들은 증상이 없는 사람들에 비해 훨씬 더 빨리 증식하는 바이러스를 지녀야만 한다. 그래서 숙주 내 HIV 증식률이 증상이 나타나는데까지 시간을 결정한다면 이런 연관을 예상할 수 있다. 만약 AIDS 환자들이 HIV 다양성을 크게 발전시켜왔다면, 단기적으로 이 발견을 다양성 역치 가설로 설명할 수 있다. 따라서 이런 환자들로부터 발생하는 감염들은 거대한 HIV 다양성을 갖고 시작해서 AIDS를 훨씬 빠르게 진행시킨다. 그러나 측정 결과는 환자들이 AIDS를 진전시키는 것만큼 바이러스의 다양성을 분명하게 증가시키지는 않는다. 감염이 막 시작된 초기의 다양성은 아마도 전파 과정의 병목현상 때문에 낮은 것처럼 보인다. 이 다양성은 잠복 기간에 증가하지만, 일단 면역계가 10분의 1 수준으로 괴멸하면 바이러스 군집의 다양성은 대체로 낮은 상태에 있게 된다. 가장 빨리 증식하는 변이체들은 분명 감염 후기 단계에 전체 군집에서 큰 부분을 구성하는데, 이는 그들이 더 이상 면역계에 의해서 저지된 상태에 있지 않기 때문이다. 그러므로 명백한 병목현상과 감염 후기 단계에서 감염성이 증가하지 않는다는 것은 다양성 역치 가설이 적용될 가능성을 약화시킨다. 중증의 질병이 AIDS 환자들로부터의 훨씬 더 다양한 바이러스군 전파로 생긴 것처럼 보이지는 않는다.

아직도 우리는 HIV가 어떻게 면역계를 마비시키는지 정확하게 알지 못하지만, 통합해서 고려하면 HIV 증식률의 진화적인 변화에 집중하는 것이 정당화된다. 진화학적 가설들을 새로운 학문 분야들에 적용하는 사례가 흔해지면서, 한쪽에 대한 근접 기전(HIV 감염이 면역계의 대량 파괴로 이어지는)과 다른 쪽에 대한 진화학적 설명(바이러스가 왜 이러한 대량 파괴로 이끄는 특징들을 진화시켰는지에 대한)을 구별함으로써 결론을 이끌어낼 수 있다.

복제율과 돌연변이율 : 상호작용

복제율과 돌연변이율의 관계는 HIV 병독성의 진화학적 기초를 AIDS 병인(질병발생론)에 대한 기계적인 가설들로 통합하는 데 매우 중요하다. 가장 분명한 관계는 생성 시간, 즉 복제율이 바이러스 복제의 완전한 주기를 완료하기 위해서 필요한 시간에 미치는 영향으로부터 생긴다. 생성 시간이 짧아지면서 분기 가능성이 증가하기 때문에, 좀 더 급속한 증식은 HIV 계통들의 급속한 진화적 분기를 조장할 수 있다. 다른 계통들을 아우르는 변이는 본래 돌연변이에 의해서 만들어졌으므로, 진화적인 분기는 돌연변이와 복제율의 긴밀한 첫 번째 관계를 반영한다.

돌연변이와 복제율 사이의 두 번째 관계는 훨씬 분명하다. 높은 돌연변이율은 종종 개체에게 큰 비용을 치르게 하는데, 이는 돌연변이율이 정교하게 조정된 기구의 조정을 깨기 때문이다. 바이러스의 외부 구조를 암호화한 유전자를 별도로 하면, 높은 돌연변이율을 통해 돌연변이체 바이러스들을 면역계에게 무해한 다른 것처럼 '보이게' 만듦으로써 큰 이익을 얻을 수 있다. 외부 구조가 달라진 바이러스는 자신의 부모형 바이러스들을 인식하는 것을 '배운' 면역계가 검출하고 파괴하는 것을 피할 수 있다.

높은 돌연변이율은 특히 세포 내로 감염될 무렵 자주 잠복기에 돌입하는 HIV와 같은 바이러스에 유익하다(위에서 언급한 바처럼 성행위 파트너를 보통 수준의 비율로 교체하는 성적 전파에 적응한 것처럼 보인다). 대부분의 이들 잠복 바이러스들이 증식하기 시작할 무렵, 감염자의 면역계는 이전에 활발하게 증식한 바이러스들에 대항하는 방어를 작동하도록 자극받게 될 것이다. 따라서 급속한 돌연변이율은 면역계에 의한 파괴를 피하기 위해서 초기 바이러스들로부터의 분기를 충분히 변화시킬 수 있다.

돌연변이와 이를 일으키는 역전사 현상을 직접 측정함으로써 HIV의 역전사효소가 다른 레트로바이러스의 역전사효소보다 훨씬 높은 비율로 돌연변이를 일으키고 있음을 알았다. HIV-1의 역전사효소는 HIV-2의 것보다 훨씬 높은 비율로 돌연변이체를 생성한다. HIV-1 역전사효소들은 DNA 사슬을 합성할 때마다 훨씬 빠르게 작동하기 때문에 훨씬 빨리 돌연변이들을 일으키거나, 혹은 새로운 DNA 가닥을 형성해가는 동안 짝을 잘못 이룬 구조 구성물들을 더 잘 연결시킬 수 있기 때문에 더 많은 돌연변이를 허용할 수 있다.

이러한 높은 돌연변이율과 인간 감염 간의 관련성에 의문이 제기되었는데, 높은 돌연변이율은 감염 세포 안에서 사실상 부모형 바이러스와는 다른 후손 바이러스들을 만들고 또 많은 후손들을 기능이 없게 만들기 때문이다. 사실 HIV는 이 대가를 지불한다. 감염된 세포들에서 상당한 비율의 HIV는 돌연변이에 의해 자신의 증식 주기를 끝마칠 수 없도록 변형되는 것처럼 보인다. 그러나 성공적인 부모형의 조합들 가운데 약간을 잃는 정도의 비용을 따로따로 고려해서는 안 된다. 자연선택은 이 비용을 부모형 바이러스로부터의 분기에 의한 이익들과 비교해서 경중을 따진다. 면역계에 의한 색출을 일시적으로 모면하는 것이 그 이익이다. 위에서 논의한 바처럼, 높은 성행위 파트너 비율이 종종 긴 무활동성 감염증들을 일으키는 바이러스들 간에서 복제율 증가를 선호할 때에 이 이익은 특히 커야 한다.

그러므로 HIV는 숙주 내 순 증식을 늘리기 위해 세포 안에서의 높은 복제율과 유전적 변이의 신속한 생성이라는 두 개의 기전을 사용하는 것처럼 보인다. 이 기전들은 적어도 일시적으로 면역계의 공격을 피할 수 있는 구조적으로 새로운 바이러스들을 생성하고, 많은 세포 감염 주기들을 거치면서 순 증식을 증가시킨다.

성 접촉 증가에 대응하여 진화하기 위해 돌연변이율이 증가하려면, 돌연변이율에 유전적으로 물려줄 수 있는 변이가 있어야만 한다. 대체로 HIV보다 전체 돌연변이율이 약간 낮은 인플루엔자 A형 바이러스들 사이에서도 외피 단백질의 돌연변이율이 최대 몇 배까지 차이가 나기 때문에, HIV도 돌연변이율에서 유전적으로 자손에게 전달되는 변이가 필요하다고 주장할 수 있다.

nef 단백질의 역할

HIV에 한 번 감염되는 동안 높은 복제율을 진화시킬 수 있는 기전에는 nef(부정적인 조절 요인이라는 뜻, negative regulatory factor)라고 불리는 단백질이 포함되는데, 이는 바이러스의 nef 유전자에서 유도되어 만들어진다. 감염 초기에는 적어도 몇 종류의 nef가 HIV 재생을 억제한다. 비록 후속 연구들이 nef 단백질이 항상 HIV를 억제하는 것이 아니라 때로는 오히려 복제를 가속시킴을 보여주었지만, nef 유형에서 하나에 의한 억제가 임시변통으로 이루어진 유전학적 연구에서 우선적으로 확인된 것이었다. 정상 nef 유전자를 무력화시키고 돌연변이 nef 유전자를 삽입하였을 때, HIV 증식률은 정상 nef를 삽입되었을 때의 5배였다.

최초 감염과 AIDS 발병 사이의 기간이 대체로 긴 데에는 NF-κB[19]에 의한 활성을 방해하는 nef의 억제가 적어도 부분적으로나마 기여하기 때문이다. 감염 후기, 즉 복제율이 높고 증상들이 나타날 무렵, nef 유전자는 바이러스 증식을 억제하는 데 더 이상 효과적이지 않다. 따라서 무증상 기간에 비해 감염 후기에 증상이 나타나는 단계에는 종종 혈중 nef 항체들이 적어지게 된다. 이 nef 생산의 감소 혹은 후기 단계 nef 단백질들의 돌연변이 때문에 항체들은 정상 nef와 결합하는 것만큼 이들과 잘 반응하지 못하게 된다. 극소수의 사람들에서는 억제되지 않은 바이러스들이 면역계에 의해서 파괴되어 종종 HIV의 혈청학적 징후가 사라지기도 한다. 따라서 일시적으로 음성 혈청 반응이 나타날 때 nef는 종종 그러한 사람들에게서 검출되기도 하는데, 이는 일부 사람들의 혈액에서 바이러스 산물들이 검출되기 이전 수준 정도이다.

감염 과정에서 nef에 의한 발현 억제를 경험한 돌연변이 바이러스들은 훨씬 빠르게 증식하고 체내에서 점차 훨씬 큰 비율을 차지한다. 감염 초기에 nef는 체내에서 큰 부분을 차지하는 HIV 종류에 의해 만들어지지만, 돌연변이가 이 억제를 축소시키면서 이 부분은 꾸준히 감소한다.

HIV 감염들 사이의 변이성을 고려하면, 사람마다 달리 나타나는 진화학적 결과를 예상할 수 있다. 일부 사람들에서 바이러스는 nef에 의한 억

19) κB nuclear factor kappa B의 약자. 면역글로불린 κL사슬 유전자의 인트론 증폭자(enhancer)에 결합하는 전사인자.

제를 상실하는 방향으로 진화할 것이고, 다른 사람들에서는 nef의 억제가 복불복으로 손상되지 않고 남아 있을 수 있다. 실제로 현존하는 연구들은 그런 다양성을 가진 진화학의 결과들과 일치한다. 성적 파트너 비율이 변화에 따라 병독성이 증가 또는 감소하는 방향으로 진화하도록 원천 재료를 제공하는 것도 바로 이런 방식의 변이성이다.

nef에 의한 증식 억제는 복제율이 증가하도록 하는 진화를 특히 용이하게 만든다. 증가한 복제는 nef의 기능을 개선하기보다는 오히려 손상시키는 돌연변이에서 생기는데, 이러한 손상을 주는 돌연변이는 일반적으로 nef 변형들 사이에서 보이며, 이런 돌연변이가 없으면 반대로 복제를 억제할 것이다. 그러나 특히 강한 형태의 그룹 선택은 이 진화에 역으로 대처할 것이다. 질병과 죽음은 빠르게 증식하는 돌연변이체들을 포함하는 그룹의 전파를 억제하는데, 그 때문에 정상적인 nef 또는 다른 유전자들의 지시에 의해서 여전히 HIV 증식이 낮은 전파를 차별적으로 허용한다.

nef의 빠른 진화와 그룹 선택 유지에 대한 고찰은 AIDS로의 HIV 감염 진행뿐만 아니라 nef를 조사하는 여러 연구 팀들 간의 논쟁을 종식시키는 데 일조할 것이다. 억제 효과를 보이는 데 실패한 이후의 연구들은 증식(억제)에 미치는 nef의 조절 효과에 대한 초기 보고들을 반박하고 나섰다. 그러나 이 모순된 결과들은 실험실 배양 과정에서 장기간 많은 주기를 거친 균주들에서 나왔다. 이런 실험실 주기가 어떻게 진행되는가에 따라, 돌연변이는 억제적인 nef를 선호하는 쪽 또는 그 반대를 선택할 것이다. 증식 주기에서 자유로운 바이러스와 감염 세포에서 감염되지 않은 세포들로의 빈번한 전파가 포함된다면, 실험실 환경은 증식을 억제하는 nef에 반하는 선택을 해야 한다. 이는 감염 지속 기간이 길어지면서 체내

HIV 군집이 nef의 조절을 점점 덜 받도록 진화해야만 하는 것과 매우 유사하다. 실험실에서의 긴 증식 주기는 또한 nef의 왕성한 생산에 반하는 선택을 해야 한다. 일단 nef가 더 이상 이익을 제공하지 않는다면, nef 생산은 바이러스를 생산할 수 있는 자원들이 헛되이 빠져나가 버리는 하수관 역할을 할 것이다. 따라서 실험실에서 가장 많이 전파된 HIV 분리균주들은 바이러스 생산을 막지 않을 만큼 nef를 소량 생산한다. 비억제성 돌연변이 nef로의 변화는 세포배양에서 2~3회의 증식 주기를 거치는 동안 빠르게 일어날 것이다.

그러나 만약 실험실에서의 증식 주기가 이동과 이동 사이가 긴 시간 간격으로 성장하는 숙주세포들의 이동을 포함한다면, nef로 억제된 덜 유해한 바이러스들은 경쟁에서 이점이 있을 것이다. 세포의 nef 생산이 다른 HIV가 세포 내로 들어가는 데 필요한 세포 수용체 분자들을 퍼뜨리는 것과 연관이 있기 때문에 이런 이점이 가능하다. 따라서 nef에 의해 억제되는 세포 내부의 바이러스는 경쟁하는 바이러스들에 의한 침입에서 보호되고 있다. 감염 세포들에서 감염에 민감한 세포 집단으로 옮겨지기 전에 시간 여유가 충분히 있으면, 활발하게 증식하는 바이러스들이 감염되지 않은 가용한 세포들을 파괴하여 결국 감염될 새로운 세포들이 없어지게 된다. nef에 의해 억제된 바이러스에 감염된 세포들은 증식할 수 있는데, 분열할 때마다 잠복성 HIV를 증식한다. 감염 세포들이 새로운 배양액 또는 감염될 새로운 세포 집단으로 이동하면, nef에 의해 억제된 HIV는 그 때문에 불균형적으로 보인다. 이런 경향은 감염 세포들이 세포배양에서 연속적으로 이동할 때 일어났던 것 같다.

다른 증식 주기 방식과 인체 내에서 nef 생산에 미치는 다른 선택적 압력은 명백히 nef 유전자의 다른 기능상의 진화를 유도해왔다. 일부 유형의 nef가 증식을 억제할 때 이와 다른 유형들은 반대로 촉진한다. 이런 nef 기능 다양성은 감염 기간에 생산되는 여러 유형의 nef를 둘러싼 논쟁들을 설명하는 데 유용하다. 가장 격렬한 비판들은 nef의 기능이 HIV들 전체에 일정한 채로 남아 있다고 암암리에 가정한다. HIV의 외부 단백질들처럼, nef 단백질들에는 변이가 매우 큰 부분이 있다. 따라서 자연선택이 작용하는 변이를 빨리 만들어낼 수 있다. 더욱 중요한 것은, 감염된 숙주 안에서 일어나는 nef 유전자상의 변화들을 측정하면 종종 그들이 암호화한 nef 단백질의 기능에 따른 자연선택을 알 수 있다.

nef 문제와 좀 더 일반적인 HIV 병독성 주제 모두 바이러스 연구자들과 분자생물학자들이 왜 전염병학자들과 의사들처럼 진행 중인 진화 과정들을 인식해야 하는지를 잘 설명한다. HIV를 연구하는 분자생물학자들과 바이러스 연구자들이 짧은 기간에 걸친 진화 과정의 관련을 인지하는 것이 특히 빨랐던 것은 그다지 놀랍지 않다. 항생제 내성 문제와 마주하고 있는 의사들처럼, 그들은 모순처럼 보인 결과에 직면했지만 진화를 고려하면 이해가 가능했다. 현재 연구 중인 HIV가 입법 가능한 정책들에 상응하도록 병독성을 변화시킬 것인지를 연구하는 것은 전염병학자들의 몫이다. 사회과학, 자연과학, 그리고 건강과학의 접점에서 이런 인과관계의 네트워크를 이해하고 제어하는 것은 다음 세기(21세기)에 만만찮은 도전이 될 것이다.

제8장
AIDS에 대항하는 싸움:
생물의학적 전략들과 HIV의 진화학적 반응들

항바이러스성 화학물질들

AZT에 의한 HIV의 억제

지난 장에서 나는 사람들의 행동이 HIV 병독성의 진화 경로를 변화시킬 가능성에 대해 제안했다. 이 명제의 실용적 중요성은 병의 치료와 확산을 통제하기 위한 비진화학적 전략들의 성공 여부에 달려 있다. 이제까지의 전통적인 치료 전략이 AIDS 통제와 근절에서 완벽한 성공을 거두었다고 판명난다면, HIV의 진화학적 통제는 실용적이기보다는 이론적으로 더 가치가 있을 것이다. 이런 선택들에 대한 전망은 어떠한가?

바이러스들은 숙주세포 기구들과 통합해가면서 자신들의 증식 주기를 완성하기 때문에 바이러스의 활성을 방해하는 약물로 조절하기는 매우 어렵다. 만일 약물이 바이러스의 일부 결정적인 기능을 차단한다면, 그와 동시에 세포의 일부 중요한 기능 역시 차단될 것이다. 따라서 HIV 연구자들은 대체로 먼저 바이러스 침투와 바이러스 특유의 증식 단계를 확인했다. 이 결정적인 단계들을 차단할 수 있다면, 우리는 우리 세포들이 수행해야 할 과정들을 온전하게 지속하면서 HIV 증식을 차단할 수 있을 것이다.

HIV를 통제하기 위한 표적의 하나는 역전사효소, 즉 HIV가 자신의 RNA에 암호화된 정보를 DNA로 전환하는 효소이다. 새로운 HIV를 만들기 위해서는 반드시 이 정보의 DNA 버전을 사용해야 하기 때문에, 역전사효소를 차단함으로써 HIV 증식을 막는다. 당연히 과학자들은 역전사효소의 작용을 봉쇄하는 화학물질들을 집중적으로 연구하고 있다. AIDS에 대항하는 효과를 나타낸 최초의 화합물은 AZT였다. AZT는 DNA 구성 요소처럼 생겼지만 아주 비슷하지는 않다. DNA와의 유사성은 AZT가 DNA의 정상 구성 요소처럼 역전사효소와 결합하는 것을 허용하지만, 조금 다른 점은 AZT는 마치 포드 엔진 속의 크라이슬러 부품처럼 만든다. 이러한 잘못된 염기 간의 짝짓기는 전사 효소의 작동을 늦춘다. AZT는 AIDS 진행을 늦출 수 있고, AIDS 환자의 생존을 1~2년 더 연장시킬 수 있다.

AIDS 치료에서 AZT의 성공은 흥미로운 질문을 제기했다. 바이러스 증식을 억제할 수 있는 AZT를 AIDS 증상이 발현하기에 앞서 무증상 기간에 사용한다면 AIDS 발병 개시를 늦출 수 있지 않을까? 그 대답은 적어도 일부 경우들에서 "예"이다. 이 대답을 제공한 연구 계획서는 현재 미국에서 AZT 사용을 위한 가이드라인의 근거로 사용되고 있다. 연구자들은 혈중 T_4세포 수에 따라 환자들을 분류했는데, T_4세포는 다른 백혈구들이 적절한 방어 능력을 갖도록 자극하는 백혈구 세포 유형의 보조림프구(helper lymphocyte)이다. T_4세포가 HIV에게 공격을 받아 그 수가 적어진다는 것은 HIV 감염이 AIDS로 진행 중임을 나타내는 징후이다. 혈액 1ml 당 5,000개 미만의 T_4세포가 존재하는 AZT-투여군에서만 증상이 늦게 나타나므로, 이러한 역치 농도는 중요한 투여 기준으로 인정되었다. 비록 변이가 매우 크지만, T_4세포의 농도는 일반적으로 정상인은 1ml 당 1,000개 내외이고 AIDS로 죽어가는 환자는 100개 이하이다.

AZT에 대한 저항과 질병의 진행

AZT에 대해 많은 추천이 있는 동안에도, 연구자들은 이 약에 대한 내성과 부작용들로 감염 전 과정에서 유익한 효과가 무효가 될 수 있음을 적절히 경고해왔다. 유럽의 연구자들과 정책 입안자들이 특히 주의를 기울여왔다. 예를 들어 영국 보건성은 T_4세포 가 200~500/ml에서 빠르게 감소할 때만 AZT를 투여하도록 권장했다. 이런 경고성 정책에도 불구하고, AZT 투여의 적절한 타이밍에 대한 평가들은 조기 투여와 연관된 진화학적 찬반양론의 개략적인 정보만을 제공해왔다. 찬반 의견을 좀 더 치밀하게 숙고해 보면, 가용한 데이터로는 현재 미국에서 적용하고 있는 투여 가이드라인이 정당하지 않다는 결론을 이끌어낼 수 있다. 한편 일부 데이터들과 진화 과정에 대한 참 고문헌들은 수년 후에야 증상이 나타날 무증상 감염자들은 비록 T_4세포가 500/ml 이하라고 해도 AZT로 치료해서는 안 된다는 결론에 도달한다.

이전 장에서 말한 것처럼, HIV는 유전적 변이를 발생시키는 거대한 잠재 능력이 있다. 이 유전적 돌연변이는 유전적으로 다른 바이러스들 간의 큰 생존율 차이들로 대부분의 바이러스들이 제거될 때, 급속한 진화적인 변화율을 나타낸다. 그러한 급속한 진화는 AZT 치료와 결정적으로 연관된 HIV의 2가지 특징들로 생긴다. 첫 번째 특징은 1회 감염 과정에서 증가하는 복제율이다. 두 번째 특징은 AZT에 대한 저항으로, 이 역시 1회 감염 과정에서 증가한다. 이 내성은 AIDS 환자들을 AZT로 치료했을 때 처음 확인되었다. 곧이어 AIDS의 개시를 늦추기 위해 AZT로 치료한 무증상 감염자들에서도 나타났다. 내성을 부여하는 돌연변이의 하나는 6개월 간의 치료 후 전체 환자들의 거의 절반에서 존재했다. 2년 동안 AZT로 치료한 환자들은 거의 90%가 이 돌연변이를 지닌 HIV를 가지고 있었는데, 이는 다른 돌연변이들과 함께 부분적인 내성을 지녔다.

두 가지, 사람들 속에서 HIV의 저항력이 증가되었을 뿐만 아니라 이런 사람들이 AZT에 대한 내성이 적은 HIV를 지닌 사람들보다 AIDS를 더 빨리 AIDS를 진행시키는지를 증명하기 위해서는 수년 간 관찰해야 한다. AIDS로의 진행이 어른들보다 신생아기에 감염된 아이들 사이에서 훨씬 빠르게 일어나므로, 이들을 관찰함으로써 증명 과정을 단축할 수 있다. 유증상 HIV-1에 감염된 23명의 아이들에 대한 연구는 세포배양에서 AZT에 대한 내성 증가가 훨씬 급격한 건강 악화와 강하게 연관되어 있음을 보여주었다. 비록 현재 가용한 증거가 AZT 내성이 AZT의 효과를 감소시켜 환자를 악화시킨다는 것을 증명하지는 못하지만, 내성 증가와 악화 사이의 연관은 확실히 이 가설을 지지한다.

다른 최근 연구에서 18명의 성인 감염자들이 AZT 내성을 부여하는 4개의 돌연변이에 대한 검사를 받았다. 그 돌연변이들의 존재는 훨씬 진행한 질병과 연관되어 있었지만, 통계적으로는 의미가 없었다. 이러한 통계적인 유의성 부족은 아마도 샘플이 적었기 때문인 것 같다. 또는 훨씬 더 불길한 문제 때문일 수도 있다. 즉 조사된 4개 이외의 다른 돌연변이들이 AZT 내성을 증가시킬지도 모른다. 많은 개별 돌연변이들이 가져온 역전사효소 구조상의 많은 개별 변화들이 AZT 내성을 부여할 수 있으므로, 이 가능성은 이론적으로 신뢰할 만하다. 연구자들은 예상된 AZT 내성이 초기에 확인된 단 4개의 내성 부여 돌연변이 부위들로 생긴 내성보다 훨씬 다양하다는 것을 후속 연구들을 통해 확인했다. 그에 따르면, 현재 5개 부위에서 7개 돌연변이들이 내성을 부여하는데, 훨씬 많은 돌연변이들이 아직 발견되지 않았음을 시사한다. 예를 들어 최근 한 분리 균주는 전형적인 AZT-민감 균주들보다 1만 배 이상의 내성을 나타냈다. 이 분리 균주는 역전사효소 유전자상에서 일어난 11개의 돌연변이로 전형적인 균주들과 구별할 수 있다. 이 돌연변이에서 8개는 역전사효소의 활성 부위에서 일어났지만, 당초의 HIV 내성과 연관이 확인된 4개의 돌연변이 중에서는 단 1개만이 발견되었다. 그런 내성은 한 개의 돌연변이에 기인하는 내성보다 훨씬 높기 때문에, 틀림없이 하나 이상의 추가적인 돌연변이들이 앞서 관찰된 강한 내성을 부여했을 것이다.

저항, 복제율과 치료 시기

위에서 나온 의견들을 모아보면 이 발견은 무증상성 HIV 감염에 대한 AZT 치료에만 국한되지 않고 HIV에 대한 항바이러스성 약물 사용 전체에 대한 중요한 함의를 가지고 있다. 이 함의의 진가를 인지하기 위해서는 무증상성 감염으로부터 AIDS로 진행되는 과정에서 AZT에 의해 유도된 지연에 대한 증거를 먼저 고려해야 한다. 이 지연은 무증상성 HIV 감염이라는 한쪽으로 치우친 샘플이라는 뜻인지? HIV 감염들의 편향된 샘플들 덕분에 통계적 유의성을 지니고 있다. 구체적으로, AZT 치료와 위약(플라시보) 사이의 차이는 AZT 치료를 받지 않아서 연구 기간에 AIDS 증상이 나타난 환자들에만 한정된 탓으로 돌릴 수 있다. 평균 치료 기간은 대략 1년이었다. 따라서 연구 결과는 20명 모두 무증상 환자들만을 보여주지만, 원래 1년 이내에 증상을 나타났어야 할 1명은 AZT 치료 덕에 증상 더디게 나타났을 것이다. AZT 내성은 1년 간의 치료 후에 단지 일부에서만 나타나므로, AZT는 이러한 개인들을 위한 치료로서 타당하다고 여겨진다. 일부 AIDS 증상들도 지연되었는데, AIDS관련 증후군(ARC)으로 AIDS 치료가 필요했을 시점에도 AZT는 여전히 부분적으로는 효과적이었다.

그러나 T_4세포가 500개 이하인 무증상성 HIV 감염자들 20명 중 19명은 어떠한가? AIDS가 18개월 이내에 나타날 확률은 AZT 사용 이전 T_4 세포가 1ml 당 500개, 400개 그리고 300개 정도인 환자들에서 각각 4%, 8% 그리고 16%였다. 이것은 1980년대 중반에 로스앤젤레스의 무증상성 남성 동성애자들로부터 얻은 결과이며, 아마도 AZT의 내성이 확인된 이후에도 지연되고 있는 최종 몇 년 간의 진행률을 과대평가했을 것이다. 한 사람이 감염된 후 10년 이내에 AIDS를 나타낼 가능성은 대략 50대 50이지만, 이러한 진행 시기는 사람에 따라 큰 차이가 있다. 이 숫자는 대다수의 연구에서 플라시보 치료를 받은 환자들의 무증상 기간들이 오랜 세월에 걸쳐 확대 변동해왔음을 나타낸다. 이 변동폭은 중요한데, 왜냐하면 현재 데이터들은 치료를 받지 않았을 때 AIDS로 진전하는 데 1년 이상이 걸리는 사람들에 대한 AZT 치료를 인정하지 않기 때문이다. 이와 가장 잘 연관된 데이터는 AIDS 전 단계(pre-AIDS) 환자들에 대한 방대한 연구를 통해 나왔는데, AIDS로의 진전이 다를 가능성을 나타내는 징후들에 따라 환자 그룹을 나누었다. 무치료 환자들은 치료 첫해에 상당 수준의 AIDS 진행을 경험했고, AZT 치료 환자 그룹은 2년 동안 AIDS 진행이 지연되었지만, 첫해에는 AIDS 진행이 무시할 수준이었던 무치료 후 AZT 치료 환자 그룹에서는 지연 효과가 나타나지 않았다.

마지막 조사군, 즉 나중에 AZT로 치료한 무증상 환자 그룹에서, 2년 동안 1년에 약8%씩 AIDS 증상으로 진행되었다. 이 비율은 플라시보 투여균에서와 거의 같으며, AZT로 치료한 무증상 환자들의 연평균의 두 배에 해당한다. AZT 치료로 낮아진 사망률의 통계적 유의성은 기간이 경과하면서 작아지고, AZT 치료로 사망을 지연시키는 경향 또한 치료 기간이 2년까지 늘어나면서 감소한다. 다른 설명들을 평가하기 위해서는 추가 연구가 필요하지만, 이 결과는 처음 2년 동안의 치료 기간에 AZT에 대한 HIV의 내성 증가가 치료 첫해에 보이는 AZT의 긍정적인 효과를 상쇄할 수 있다는 아이디어와 잘 부합한다.

초기 단계 증상이 있는 감염 환자들에 대한 최근 연구는 이 주장에 힘을 싣는다. AIDS 전 단계 증상 초기에 AZT로 치료받은 환자들은 대략 1년 후 AZT 치료를 개시한 환자들보다 훨씬 더디게 AIDS를 진행하였다. 그러나 전체 치료 기간이 대략 2년까지 연장되면서 이러한 이익은 사라졌으며, 조기에 AZT로 치료한 환자들이 치료를 늦게 시작한 환자들보다 더 오래 생존하지도 않았다. AZT와 같이 또는 빼고 치료한 환자들을 비교했을 때도 치료로 나타나는 이점들은 비슷하게 줄었다. AZT 치료를 받은 환자들은 평균보다 오래 생존했지만, 이러한 이점은 대략 2년 동안 치료를 받은 후에는 사라졌다.

AIDS 전문가들은 조기에 AZT로 치료한 환자들에서 나타나는 가속화된 악화가 역설적이라고 생각하지만, 위에서 언급한 2개의 진화학적 과정과 환자 체내에서 HIV가 기하급수적으로 증식할 가능성을 동시에 고려하면 연구 결과들은 이치에 맞는다. 구체적으로 말하자면, HIV의 기하급수적인 증식이 AZT 치료에 의해 억제된 상태를 유지하기 때문에, 유증상 감염들에 대한 조기 치료는 처음에는 AIDS 진행을 늦춰야만 한다. 나중에 치료를 시작한 유증상 환자들은 처음 무치료 상태에서 훨씬 급속하게 진행된다는 대가를 지불해야만 한다. 그러나 AZT 치료를 시작하면 이렇게 늦게 치료한 환자들은 AZT에 의해 HIV를 훨씬 효과적으로 통제하는 진화학적 이익을 얻게 되는데, 이는 그들의 HIV가 AZT 내성이 덜 하기 때문이다. 한편 이 시점에서 조기 치료를 받은 환자들의 AZT 내성 HIV는 기하급수적으로 증식할 수 있다. 그러나 조기 AZT 치료 동안 복제율이 계속 증가하도록 진화해야만 하기 때문에, 조기 치료 환자들의 HIV는 나중에 치료를 개시할 때 더 높은 복제율을 가져야만 한다. 나중에 치료가 개시될 때 이 환자들의 체내 바이러스들은 훨씬 급속한 증식을 할 수 있는 잠재력도 보유해야만 하는데, 이 시점에는 여전히 AZT에 감수성이 있고 AZT 치료에 의해 일시적으로 억제된 상태를 유지할 수 있다. 따라서 HIV가 훨씬 큰 증식 잠재력을 갖도록 진화했을 때, 조기 치료 환자들 사이에서 AZT의 초기 증식 지연 효과는 나중에 치료받은 환자들 사이에서 AZT의 개선된 효과에 의해 상쇄된다. 이 해석에 의하면, 순 결과는 조기 치료 환자들이 늦은 치료 환자들과 비교해 임상적으로 두드러진 개선 효과를 나타내지만, 늦은 치료가 개시된 직후 이 조기 치료의 이점은 사라진다.

이 해석은 AIDS로의 진행이 AZT 내성과 감염 과정에서 일어나는 병독성 진화의 변화 모두에 좌우될 것이라고 가정한다. 이 영향은 아직도 평가 중이지만, 가용한 증거들은 감염 과정에서 증가된 병독성이 AZT 치료를 받은 무증상 환자들의 증상 진전에 영향을 주고, 이 치료 동안 발생하는 부분적인 내성이 이러한 진행의 전제 조건일 수 있음을 시사한다.

이런 진화학적 거래는 유증상 질병에 대한 치료에서는 실험을 통해 얻는 직접적인 것이라기보다는 주로 간접적인 해석상의 가치이다. 단순 평가에서는, 유증상 환자들에 대한 조기 치료 대 늦은 치료의 비용과 편익들에 대한 더 나은 평가를 내릴 수 있지만, 유증상 감염자를 조기에 치료할 때 바이러스를 진화학적으로 확실하게 변경시키지는 못한다. 대조적으로, 이런 결과의 기초를 이루고 있는 진화학적 과정들을 이해함으로써 무증상 환자들의 치료를 위한 실질적인 논리와 함께 앞날을 내다볼 수 있는 통찰력을 얻을 수 있다. 균주의 진화에 따른 AZT 내성과 증식률 증가 때문에 유증상 환자들에 대한 조기 치료가 생존 연장에 실패한다면, 비록 낮은 비율이긴 하지만 무증상기 동안의 AZT 투여가 AZT 내성의 추가적인 진화를 선호하므로 이 기간의 AZT 치료 개시는 위험하다. 유증상 감염에 대한 조기 치료와 결부된 장기 생존 가능성 하락은 유증상 기간의 내성 진화가 생존에 미치는 AZT의 긍정적인 일부 효과들을 상쇄하기에 충분함을 시사한다. 만약 그렇다면, 내성을 유발하는 돌연변이들이 추가적으로 내성의 전체적인 정도에도 기여하므로 유증상 기간 이전에 발생하는 부가적인 내성은 아마도 문제를 더 악화시킬 것이다.

이 문제에 관한 논의는 '무증상 기간의 내성 증가 가능성'을 '이론상의 비용과 증상 지연' 같은 문헌에 기록된 이익들로 설명한다. 그러나 대다수의 무증상 환자들에게서, 주장된 이익과 검증되지 않은 이론을 비교하는 것은 아무 의미가 없다. 오히려 서로 다른 가정에 의존하는 2개의 이론적 주장들을 비교할 수 있다. 만약 무증상 감염자들의 치료를 위한 현재의 가이드라인을 받아들인다면, 우리는 다음의 가정에 의지하게 된다. 일반적인 증상이 나타나기 1년 정도 앞서 치료를 시작할 때 나타나는 증상 지연은 시간대를 더 앞으로 당길 수 있다고 추론할 수 있다. 이 추론을 사용하여, 통상적 증상이 발현하기 1년 전이 아니라 수년 앞서서 치료를 개시하면 증상이 지연될 것임을 제안할 수 있다. 그러나 만약 치료를 증상이 나타난지 1~2년 안의 사람들로 국한한다면(즉, 통계적으로 중요한 이익을 보여주는 데이터에 속하는 감염자들), 우리는 다른 가정에 의지해야 한다.

치료받은 HIV가 내성을 갖게 되므로, 통상적인 증상이 나타나기 수년 전에 치료하는 것은 유증상 HIV 감염에 대한 AZT의 유용성을 감소시킨다. 새로운 데이터를 얻을 수 있을 때까지, 우리가 할 수 있는 최선은 이런 가정에서 어느 쪽이 생화학적 기전 그리고 연관된 진화 과정에 대한 우리의 지식과 가장 잘 부합하는지를 판단하는 것이다. 첫 번째 문제는 AZT에 대한 내성이다. 무증상 환자들의 HIV는 치료 1~2년 후 부분적으로 내성을 갖는다. 무증상 상태에서 치료받는 개인에게 부분적인 내성이 일어나고 있다고 가정하면, 내성을 증가시키는 추가적인 돌연변이들이 일어나기 위한 선택이 일어날 수 있다. 그런 가정은 자연선택의 원칙에 반한다.

두 번째 문제는, 일반 증상들이 나타나기 전에 시작한 AZT 치료가 증상 개시를 늦출 수 있을까 하는 것이다. 무증상 기간이 끝날 무렵에 치료를 시작하였을 때 증상 지연을 나타내는 증거는 만일 치료가 통상적인 증상들이 발현하기 수년 전에 개시되었을 때 유사한 지연이 일어난다면 신뢰할 수 없다. 통상적인 증상이 발현하고 1년 이내에 치료를 개시할 때, 환자의 HIV 밀도는 감소한다. HIV 밀도가 T세포의 감소와 연관이 있으므로, 이러한 치료를 통해 일어난 HIV 저하가 증상 발현 개시를 지연시킨다고 결론짓는 것은 논리적이다.

그러나 AZT 치료를 훨씬 이전에 시작하면, 환자의 HIV는 훨씬 더 오랫동안 AZT 내성을 일으키기 위한 진화적인 압력을 받게 된다. 내성이 AZT의 효용을 무효화하면, 이는 또한 무증상기 치료가 시작된 시점에 비례하여 AZT에 의해 유도된 지연 효과도 감소될 것이다. HIV 밀도는 치료 첫해 동안은 감소할 것이 예상되지만, 일단 내성이 진화하면 HIV 개체 수는 두 가지 이유에서 빠르게 회복할 것이다. 첫 번째 이유는 치료로 조절되지 않는 HIV 집단들이 등차급수적이기보다 기하급수적으로 증가한다는 것이다. AZT가 효과를 나타내는 동안에는 HIV의 기하급수적 성장 가능성은 억제된다. 일단 내성이 진화하면, AZT 치료로 감소된 과거의 HIV 밀도는 HIV의 기하급수적 증가 가능성에 의해 신속히 상쇄될 것이다. 실제로 AZT 치료를 마치면 바이러스 수준은 수주일 안에 치료 이전 혹은 심지어 그 이상으로 상승한다. 이와 유사하게, 비록 바이러스 밀도를 나타내는 지표들이 일반적으로 AZT 치료 후 처음 수주일 동안에는 감소하지만, 흔히 치료 3개월째에는 다시 상승하기 시작한다. AZT 내성 균주들이 분리된 이후에는 특히 많이 상승한다.

신속한 원상회복이 일어나는 두 번째 이유에는 증가된 복제율의 진화가 포함된다. AZT 치료 기간에도 HIV는 계속 복제되어, 감염된 세포 내부에 있는 다량의 바이러스가 검출되지 않을 정도로 감소하지는 않으며 세포 바깥의 자유로운 바이러스가 종종 혈액에서 검출된다. 지속적인 복제가 부분적으로 일어날 수 있는데, 이는 림프조직 안에서 활발하게 HIV를 복제하는 원천으로 AZT가 효과적으로 침입할 수 없기 때문이다. 그러므로 증상이 나타나기 훨씬 이전의 HIV는 밀도가 감소하지만 이후 복제율을 꾸준히 상승시키기 위해 숙주 내에서 일어나는 자연선택을 배제하지 않는다. 만약 그렇다면, 일단 내성이 진화되면 내성 균주들은 AZT 치료이전보다 훨씬 높은 비율로 복제하게 될 것이다. HIV 복제율에 AIDS로의 최종적인 진행이 달려 있다면, 일반적인 증상이 나타나기에 앞서 수년 동안 치료받은 사람들은 급속한 원상회복 때문에 설사 지연되더라도 아주 잠깐뿐일 것이다. 또한 일단 증상이 나타나면 증가한 AZT 내성 때문에 AZT 치료로 혹독한 AIDS 증상이 줄어들 가능성은 낮다.

만약 AZT가 발견되지 않았다면 조기 무증상 치료는 그러한 환자들을 약간이라도 나은 상태로 만들었을 것이다. 장기적인 AZT 치료는 증상이 나타나기 수개월 전에 AZT 치료를 개시한 것보다도 더 나쁜 상태로 만들었을 것이다. 가장 비극적인 아이러니는 치료의 총체적인 효과는 감소하면서 조기 치료를 받는 사람들의 생명을 구하는 데 드는 전체 치료 비용은 대략 1년에 25만 달러까지 증가하리라는 것이다.

증상이 있는 동안보다 증상이 없는 동안의 치료에 대해서 내성이 천천히 발달하게 하는 그 어떤 연구도 단지 양쪽의 균형만을 바꿀 뿐이므로, 적당한 치료 시기를 초기 데이터에서 확인한 것처럼 앞당길 수 있다. 그러나 T_4세포가 ml 당 500개 이하에 있기만 하면 증상이 나타나기 전 어느 시점의 AZT 치료이든지 간에 내성이 천천히 발달할 가능성을 확실히 보장하지 않는다.

새로운 데이터를 얻기 전까지는 AZT 치료가 증상들이 나타나기 전 어느 시점부터 시작해야만 하는가에 대해 교육받은 대로 평가해야만 한다. 가용한 데이터는 이 시점이 증상이 나타나기 2~3개월 전부터 1년까지의 어떤 범위에 있음을 시사한다. 치료를 늦게 받은 사람과 치료를 일찍 받은 사람을 비교할 때, 잔명이 단축되지 않는다는 것은 이 결과와 연루된 과정들이 무증상성 감염에 대한 조기 치료의 가치를 부정하는 과정들과 같기 때문에 각별한 의미가 있다.

HIV 감염에 대한 단편적이나마 상세한 정보에 근거한 몇몇 연구자들은 감염된 후 되도록 빨리 항바이러스제를 투여하는 것을 옹호하였다. 그런 상세한 정보의 하나는 감염 기간 HIV가 복제되는 시기에 관한 것이다. 세포 바깥쪽의 항바이러스 제재와 복합체로부터 보호받을 수 있는 림프조직 내에서 왕성하게 증식할 수 있다. 따라서 매우 빠른 치료는 이런 보호 효과가 발달하기 이전에 초기 증식을 억제하리라는 기대를 전제로 제안되었다. 단일 약제에 대한 내성의 부정적인 영향은 다른 연구자들에게 항바이러스제재 약물들의 조합을 사용한 매우 빠른 치료를 옹호하게 하였다. 그러나 신속한 치료를 선호하는 이런 주장들은 감염 시초에 약제 내성 또는 기존 내성의 빠른 진화를 염두에 두지 않는다. HIV는 내성을 진화시키고 감염 기간에 증식률을 상승시키므로, 조기 치료에 대한 이 같은 주장은 매우 취약하다.

매우 빠른 치료는 AIDS의 급속한 발달을 면역계의 다양성을 압도하는 탓으로 돌리는 수학 모델에 기초를 두고 제창되었다. 그러나 이 모델은 새로운 돌연변이체에 일정한 평균 복제율을 부여한다. 이 장에서 제시하는 진화학적 접근은 무증상 환자가 조기 치료를 피해야 하는 주요 요인으로서 새로운 돌연변이체 복제율의 지속적인 증가와 연관이 있다.

감수성의 재진화

증상 발현 이전 AZT 치료의 유용성은 내성 균주들이 없는 상태에서 감수성을 향해 진화하는지, 만약 그렇다면 얼마나 빨리 진화하는가에 따라 결정된다. 항생제 내성을 발전시킨 박테리아는 항생제 노출이 끝나면 종종 거꾸로 그 항생제에 대한 감수성을 빠르게 진화시킨다. 그러나 AZT에 대한 HIV의 내성은 세균의 고전적인 항생제 내성과는 다르다. 항생제가 없을 때에는 내성 세균이 경쟁에서 불리하기 때문에, 감수성 복귀는 세균들 사이에서 일반적으로 일어난다. 예를 들어 그들은 항생물질을 중화하는 효소를 생산하지만, 이 생산은 그들의 경쟁적 지위를 개선하는 데 이용할 수 있는 자원을 낭비하는 것일지도 모른다.

AZT에 대한 HIV 내성은 다르다. 역전사효소 유전자상의 돌연변이는 명백히 역전사효소의 구조를 바꿔 AZT와의 상호작용을 감소시키고, 따라서 AZT가 존재하더라도 바이러스 유전자의 전사를 허용하게 한다.

만약 AZT 내성 RNA중합효소가 이 과업을 여전히 매우 잘 수행한다면, AZT가 없을 때 HIV는 경쟁에서 불리하다 해도 아주 약간만 손해를 볼 것이다.

한편, 돌연변이에 의해 AZT가 없을 때 기능하도록 RNA중합효소의 능력이 바뀔 수 있다. 그런 돌연변이는 일반적으로 RNA중합효소율을 감소시키기보다는 상승시켜야만 하는데, 이는 효소 기능을 바꾸는 대다수의 돌연변이가 그 기능에 해롭기 때문이다. 통상 이런 축소는 AZT가 없는 경우 경쟁에서 열세에 놓이기 때문에 만약 AZT 사용을 줄이면 감수성 회귀가 일어나리라 예상할 수 있다. 그러나 HIV는 유전적 변이를 만드는 잠재력이 매우 크고 감염 기간이 길기 때문에, 궁극적으로 새로운 숙주들로의 최적 전파율을 초과하도록 복제율을 확실하게 진화시킨다. 따라서 RNA중합효소의 효율을 조금 줄이는 돌연변이는 전파에 가장 적합한 것 이상으로 복제율이 상승하는 기간을 지연시키므로 전파를 피하기보다는 선호한다. 그러므로 감염과 전파의 전체 주기에서 민감한 HIV와 대비해 볼 때 내성 HIV는 크게 불리하지도 않고 그다지 손해를 보지도 않을 것이다.

비록 일부 AZT 내성 역전사효소들이 AZT 민감 역전사효소들보다 덜 효율적이라 하더라도, 모두가 그렇다고 할 만한 이유는 없다. 효율적인 균주들에서 AZT 노출 철회는 내성이 있는 HIV보다 감수성 있는 HIV를 더 선호하지는 않을 것이다. 바우처(C.A.B. Boucher) 등은 내성을 부여하는 돌연변이(70번째 코돈상) 가운데 하나가 안정적으로 되려 한다고 보고했다. 환자 1명의 치료는 중단되었지만, 이후 돌연변이는 최고 1년까지 지속되었다. 앨버트(J. Albert) 등은 다중의 내성을 부여하는 돌연변이를 가진 HIV 균주에 감염된 환자들에서 비슷하게 느리고 가변적인 감수성 회귀를 발견하였다. 세포배양에서 바이러스들을 비교했을 때, 일부 AZT 내성 균주의 활성과 감염성은 감수성이 있는 균주와 크게 다르지 않았다. AZT 없이 세포배양을 통해 증식할 때, 전부는 아니지만 종종 약제 내성 균주의 감수성이 천천히 원래로 돌아온다.

이런 고려는 적어도 일부 내성 균주들이 감수성을 완만하게 재진화시키고 있음을 시사한다. 만약 그렇다면, 새로운 감염은 AZT 내성 획득을 위한 경주에서 유리한 출발점에 설 것이고, AZT 내성은 전파 주기 전체에 걸쳐 조금씩 증가할 것이다. 실제로 AZT 치료를 시작할 때부터 AZT 내성 균주들이 이미 존재한다는 일부 징후가 있다. AZT 치료 개시가 빠르면 빠를수록, 일반 집단에서 내성에 필요한 다양한 돌연변이의 축적은 훨씬 커진다. 무증상 혹은 약간의 증상을 보이는 개인들이 성적으로 가장 활발하게 보여야만 하기 때문에, 이런 축적은 특히 무증상 기간의 치료와 연관될 수 있다. 증상이 없는 개인이 치료를 더 많이 받을 때, 완전히 혹은 부분적으로 내성을 보이는 바이러스들로 새로운 감염이 더욱더 발생한다. 따라서 AZT 치료 개시와 AZT 내성이 어느 정도 수준으로 진화하는 동안 둘 사이의 거리는 짧아질 것이다. 만약 치료를 개시하는 적당한 시점이 현재 증상이 나타나기 6개월 전이라면, 지금부터 5년 후에는 3개월 전쯤일 것이다. 좀 더 일반적으로는, AZT 치료를 받은 개인들은 각각 증상이 최종적으로 일어날 시점에 일시적인 증상 지연과 AZT 치료 효과 감소를 더 많이 경험할 것이다.

긍정적인 측면으로는, 최근 두 연구가 AZT 내성의 가역성에 대한 일부 증거를 제공했다는 것이다. 첫 번째 연구에서, AZT 치료를 중단한 이후 1년 이내에 15명 중에서 5명에서 HIV의 감수성이 다시 진화했다. AZT를 더 장기간 투여한 환자들에서 감수성 진화가 더 천천히 일어났는

데, 이는 고도의 내성을 갖게 된 HIV가 내성을 덜 가진 HIV보다 더 천천히 원상으로 복귀함을 시사한다. AZT 치료를 중단한 이후 시간이 갈수록 감수성도 증가하는데, 이는 적어도 일부 환자들에서 감수성이 약 1년의 기간에 걸쳐서 단계적으로 되돌아오고 있음을 시사한다. 부분적인 감수성 회복은 교차 치료가 두 번째 약을 투여하는 동안 첫 번째 약에 대한 감수성을 HIV가 재진화하도록 만들 것이라는 희망을 준다.

두 번째 연구는 교차 치료를 하는 동안 환자를 추적한 것이다. 1년 이상 AZT로 치료한 AIDS 환자 5명의 상태가 악화되기 시작했을 때, AZT 대신 다른 역전사효소 저해제인 디다노신(ddI)[1]으로 교체했다. 환자는 좋아졌는데, 이는 AZT 내성이 환자들의 악화와 연관이 있었음을 시사한다. 다음 한 해에 걸쳐서, 이 환자들의 HIV는 ddI에도 내성을 나타내게 되었지만 AZT에 대해서는 내성을 덜 나타내게 되었다. ddI에 대한 내성을 증가시킨 돌연변이는 AZT에 대한 내성을 줄였다. ddI가 존재하고 AZT가 없는 상태에서, AZT 내성 HIV는 ddI 내성이면서 AZT에 민감한 새로운 균주들에 대해 경쟁 열위에 있었다. 그러나 ddI에 의한 HIV의 장기 제어에 대한 초기 데이터는 AZT 치료를 통해 얻을 수 있는 결과를 잘 보여준다. ddI에 대한 내성이 진화하는 수개월 동안 HIV의 AZT 내성은 원래로 돌아가고 환자들은 증상이 악화된다.

현재까지의 연구는 서로 다른 많은 조합의 돌연변이가 AZT와 ddI에 대한 내성에 영향을 줄 것임을 나타낸다. 두 항바이러스제의 사용이 증가하면서, 다른 약제들에 대한 내성을 감소시키지 않고 한 약제에 대한 내성을 증가시키는 모든 돌연변이는 경쟁적인 이점을 가질 것이다. 이러

---

1) didanosine. dedioxyinosine(ddI)의 약품명.

한 변형이 확산되면서, ddI로 치료하는 동안의 AZT 감수성 회복은 점점 둔해지게 될 것이다.

세포배양에서 HIV의 증식이 그러한 것처럼, AZT와 ddI에 모두 내성을 갖는 HIV 균주들이 나타남으로써 이 예측을 더욱 신뢰하게 된다. AZT와 ddI의 농도를 모두 증가시키면, HIV는 양쪽 모두에 대한 내성을 급속히 높였으며, 2개월 동안 이들 항바이러스제 없이 배양되었을 때는 내성 균주들이 감수성을 재진화하지 않았다. 그러나 처음부터 높은 농도로 이 두 약제를 공동 처리하면, 급속한 내성 진화를 일으키지 않았다. HIV에 감염된 여러 종류의 세포와 조직에서 약물들의 최적 농도는 다양할 것이기 때문에, 이런 차이는 우려를 정당화해준다. 따라서 체내에서 일어나는 HIV 증식은 HIV 감수성이 길어진 조건보다는 두 항바이러스제에 대한 내성을 진화시킨 실험적인 조건과 훨씬 유사할 것이다.

HIV는 자신에 대해 사용된 사실상 모든 약제에 대한 내성을 진화시키는 능력을 보여왔지만, 1개의 약제에 대한 내성이 다른 유망한 약제에 대한 내성을 늘 자동으로 생성시키지는 않는다. 이런 발견을 바탕으로 연구자들은 서로 다른 항바이러스 약제의 동시 사용 효과를 조사했다. 만약 HIV가 사용 중인 약제에 감수성이 있다면, 공동 투여는 바이러스 억제에서 시너지 효과로 얻을 수 있다. 그러나 위에 언급한 바처럼 이중 약제 조합, 예를 들어 AZT와 ddI 공동 투여는 궁극적으로 양쪽 모두에 대한 내성을 일으킨다. 게다가 만약 AZT에 대한 내성이 일어났다면, ddI와 같은 다른 약제와 공동 투여한 AZT는 두 번째 약제의 효과를 감소시킬 것이다. 이중 약제 전략의 부족함 때문에 연구자들은 3개의 약제 사용을 고려하게 되었다. AZT, ddI와 또 다른 항바이러스약인 네비리핀(neviripine)의 3중 사용은 시험관에서 HIV 균주들의 증식을 효과적으로 차단하였다. 이 발견은 고무적이지만, 폭넓은 진화학의 숙고는 이 접근에 대한 낙관조차도 약화시킨다. 만약 3중 조합이 모든 조직에 존재하는 전체 HIV 변형 균주들의 증식을 완전히 멈추게 할 수 있다면, 우리는 확고한 근거를 갖고 낙관할 것이다. 그러나 AZT 내성에 대한 우리의 지식을 적용하면, 항바이러스 약제마다 다른 많은 내성-부여 돌연변이를 관찰할 수 있을 것이고 약제 내성 HIV에 대한 많은 다른 순열을 제공할 것임을 예상할 수 있다. 만약 그러한 순열 하나가 3중 조합으로 투여되었을 때 어느 정도의 증식을 허락한다면, 이 약간의 내성을 보이는 변형 균주는 아마도 증식 능력이 향상된 군집을 형성할 것이다. 이 과정의 반복은 항바이러스 약제들이 없는 경우 일어나는 방향으로 증식 능력 진화를 일으켜야만 한다. 그러나 HIV가 3중 조합에 대한 내성을 진화시킬 때에 마주치는 어려움들 덕에 결국 시간을 벌게 될 것이다. 개인 수준에서, 이는 조합된 약들을 투여하는 개별 환자들의 생존을 연장하고 삶의 질을 개선할 것이다. 집단 수준에서 보면, 3중 조합 투여는 특정 단일 약제에 대한 내성이 한 지역에 퍼지는 속도를 늦출 것이다.

의료 현장에서 무증상성 환자의 치료 제한

감수성의 재진화에 대한 불확실성이 확실히 밝혀지기 전까지, 견고한 데이터에 근거해 정당화될 수 있는 유일한 결론은 1~2년 이내에 증상이 나타날 무증상 환자들에게만 AZT를 사용하는 것이다. 이 결론의 임상적인 유용성은 AIDS로의 HIV 감염 진행을 예측하는 우리 능력에 달려 있다. 현재 T_4세포의 밀도는 개인이 AZT 치료를 받아야 하는지 여부를 결정하는 데 주요한 기준이지만, 이 기준은 임박한 증상들과 단지 미약하게 연관되어 있을 뿐이다. T_4세포 수가 ml당 500개를 웃도는 사람들 중에서 일부는 이미 증상을 나타내거나 그 직전이기도 하다. 반대로 ml당 500개 이하의 T_4세포를 가지는 사람들의 상당수가 AIDS로 발전하기까지 수년이 걸리기도 한다. 이런 분석은 T_4세포 수 기준 이외에도 다른 기준들을 추가할 필요가 있음을 시사한다. HIV 진행을 측정하는 다른 기준들(예를 들어 p24 항체, β2-마이크로글로불린, T_4%, neopterin)은 대부분 개별적으로 사용하면 대략적인 예측만이 가능할 뿐이다. 그러나 이런 기준들을 조합해서 사용하면 증상 발현을 정확하게 예측할 수도 있다. 추가적인 지표들 또한 예측의 정확성을 개선할 가능성이 크며, 증상 발현 이전에 넓은 범위에서 선택된 (치료) 시간들로까지 예측을 확장할 것이다. 이런 지표들은 HIV 유전물질의 정량화(PCR를 사용), 인위적 자극과 바이러스 활성(체외에서의 방사선 저항 HIV 발현 사용), 백혈구의 구성과 혈액 화학성분의 변화들 조사, 그리고 병독성과 연관된 바이러스 특성들의 직접적인 조사들(증식률과 감염 세포와 비감염 세포를 융합하는 경향 등)을 포함한다.

진화 과정들에 대한 숙고를 통해 나온 이 결론들은 무증상성 감염 치료를 위한 미국보다는 유럽의 가이드라인에 더 잘 부합한다. 유럽 가이드라인은 치료 대상을 T_4 세포수가 ml당 500개보다 적고 빠르게 감소하고 있는 사람들로 제한한다. 그런 사람들에서는 특히 수개월 이내에 AIDS 또는 AIDS 관련 증후군(ARC)이 진행될 것이다. 좀 더 정밀한 복합 지표들(위쪽 참조)을 편입시키려면 획득할 결과들에 따라 훨씬 미세한 조정을 많이 허용해야만 하는데, 이 지표들은 증상이 발현하기 전 여러 시점에서의 치료 개시에 의한 편익과 비용을 훨씬 정확하게 명시할 것이다.

질병의 진행을 예측하는 지표들에 대한 신뢰 여부는 AZT 치료의 단기 비용과 편익을 중심으로 하는 논쟁과 밀접한 관련이 있다. AZT 조기 사용은 증상 지연이 나타나는 사람들의 비율이 낮아서 효과가 의심을 받아왔다. AZT는 대략 연간 8%에서 4%로 증상 진전을 지연시켰다. 따라서 단순히 수치상으로만 보면 1년 간 ml당 500개 이하의 T_4세포수를 가진 100명을 구분 없이 치료하면 대략 4명만이 증상이 지연될 뿐이다. 그러나 어떤 감염이 조사 개시부터 1년 이내에 증상을 나타내고 그 감염들에만 한정된 치료 여부를 결정할 수만 있다면, 진행을 절반으로 만드는 것은 대략 절반(50%)의 치료 이익으로 해석된다. AZT로 치료받는 개인마다 부여되는 이처럼 커다란 보호는 명백하게 치료 부작용보다 훨씬 큰 이익을 제공한다.

HIV 감염은 지속 기간이 길고 유전적 변이가 높은 비율로 일어나기 때문에, HIV의 항바이러스 약제 내성에 대한 임상적인 고려는 항생제 내성에 관한 전통적 상식과는 크게 다르다. 전면적인 항생제 요법은 일반적으로 치료중인 환자 체내에서 항생제 내성 진화에 무시해도 좋을 만한 영향을 미친다. 전체 인구 집단 내에서 항생제 내성 발생을 지연시키기 위해 어느 시점에서 특정 항생제 요법을 보류해야 할지를 결정하는 것은 의사마다 의견이 다를 수 있다. 그러나 이 시점에 대해 의사 개개인들은 통상적으로 집단의 장기적인 비용 대비 개별 환자들의 이익을 비교하는 것으로 추론할 것이다. 환자 체내의 HIV가 처방된 항바이러스 약제에 대한 내성을 높일 것이 확실하므로, HIV 감염은 항생제 내성의 경우와 다르다. 증상이 나타나기 전 한 두 해 동안 무증상 환자를 치료하는 것은 증상 발현을 늦춘다는 관점에서 이익을 제공하겠지만, 일단 증상이 나타나면 치료를 중단하는 것이 더 큰 이익을 가져다줄지도 모른다. 이런 대체 이익은 훨씬 긴 무증상 기간과 궁극적으로 일어날 유증상 질병의 증가한 약제 감수성 혹은 더 짧아진 무증상 기간과 유증상 질병의 줄어든 감수성 가운데서 선택해야 한다. 위에서 제시한 진화학적 분석은 AZT

치료를 무증상 기간 초기에 좀 더 일찍 시작한다면 AZT에 대한 HIV 내성이 더 일찍 일어날 것임을 보여주는데, 이때 무증상기의 지연은 사라질 것이고 AIDS를 조절하기 더 어려워질 것이다. 부분적으로 내성을 갖는 균주들에 감염된 사람들은 훨씬 빨리 완전한 내성 균주들로 진화시키는 경향이 있어야만 하기 때문에 조기 치료로 훨씬 큰 비용을 지불할 것이므로, 자신들의 HIV가 완전한 감수성을 갖도록 그들이 당초 받았던 것보다는 더 늦게 치료를 받아야만 한다. 이 결론은 치료 기간과 치료 후 AZT 내성 정도 간 상관관계의 가변성에 의해 복잡해지는데, 이러한 복잡성은 AZT 내성이 감염 초기보다 훨씬 일반적이 되면서 더욱더 중요하게 될 것이다. 이런 우려를 해소하기 위해, 감염 초기와 치료 기간 동안의 AZT 내성에 대한 평가가 필요하다. 최근에 AZT 내성의 존재 및 정도 측정법을 개선함으로써 이런 모니터링이 가능하게 되었다.

이상적으로는, 그런 측정은 위약군(placebo group, 僞藥郡)을 설정하여 동일한 측정들과 비교해야만 한다. 그런데 유감스럽게도(그리고 아마도 위약군에 있는 많은 개인들의 미래를 위해서도), 미국에서 수행되는 주요한 연구의 위약군은 실험의 데이터와 안전성을 모니터하고 있던 위원회에 의해 사용이 중지되었다. AZT 치료가 증상들을 유의하게 지연시키는 증거가 나왔을 때 위원회는 이 같은 조치를 취했다. 무증상기 치료의 장기적인 유용성에 대해 평가하지 못하도록 하는 것이 외에도, 이 결정은 HIV 치료에 대한 실험적 연구를 종료해야 할지 여부를 결정할 때 진화적인 과정들에 대한 좀 더 상세한 고려가 필요함에 대한 주의를 환기시킨다. 위에서 제시한 아이디어는 위약군의 사용 종료 결정을 내린 데에는 위원회의 예상과 상당 부분 반대로 나온 위약군 실험 결과가 있었음을 암시한다. 이는 증상이 나타나기 수년 전인 위약군 환자들 입장에서 보면, 위약 실험 종료와 AZT 치료 개시는 AZT에 의한 AIDS 지연 가능성이 줄었고, 그들이 일단 AIDS 증상을 나타내면 효과적인 AZT 치료를 받을 가능성을 줄였을 것이다.

진화학적 측면에서 보면, AIDS 증상이 나타나기 2년 이상 전인 환자들에 대해 AZT 사용을 권장하기 위한 과학적 기반이 없음을 알 수 있다. 그러므로 윤리 기준을 고려하면 위약군 설정을 종료한 위원회의 행동을 정당하다고 할 수 없다. 다행히도, 미국에서의 연구와 상응하는 영국과 프랑스에서의 연구는 위약군 설정을 종료하지 않았다. 대략 1,750명의 환자를 대상으로 한 이 연구는 영국과 프랑스에 의한 콩코드 항공기 협력 개발과 비슷하다고 해서 '콩코드(Concorde)' 연구로 불렸다.

콩코드 연구는 결국 무증상인 개인들의 치료를 시작하는 적합한 시간에 대한 좀 더 정확한 지침을 제공할 것이다. 예비 결과들은 내가 위에서 전개한 주장을 지지한다. 대략 평균 3년 간 AZT 치료를 받은 환자들은 무치료 환자들보다 AIDS가 나타나지 않는 기간이 길어지지는 않았지만, 대략 1년 간 치료로 얻은 결과들은 미국에서의 연구 결과와 '모순되지 않는' 것이었다. 이 예비 결과를 접한 일부 관찰자들은 벌써 AZT가 앞으로 더 이상 AIDS 개시를 지연시키는 데 사용되지 않을 것으로 예측하고 있다. 그러나 위에서 언급한 것처럼, 진화학적으로 생각하면 좀 더 상세한 조언을 구할 수 있다. "환자가 AIDS 개시에서 1년 이상 전일 때 AIDS 개시를 지연시키기 위해 AZT 치료를 해서는 안 된다."

콩코드 연구는 위약군 참가자들에게 위약군을 떠날 수 있는 선택권을 주었는데, 이는 AZT 복용을 시작하는 것이었다. 이 장에 제시한 생각들은 그런 결정에 대한 윤리적인 우려를 제기한다. 위약군 참가자들이 이 부분에 대한 고지된 결정(informed decision)을 내리기 위해, 그들은 AZT

치료 수용이 AIDS를 조금(만약 있다면) 지연시키고 궁극적으로 AIDS가 나타날 때 이와 싸우는 능력을 감소시킬 것이라는 조언을 받아야 한다. 초기 HIV 감염 치료를 위한 AZT 요법에 관련된 최첨단 정보들이 망라된 학술회의는 무증상 감염들에 대한 AZT 치료를 광범위하게 수용한 직후, "T4세포 수 이외에 언제 AZT 요법을 시작해야 할지를 결정하는 데 필요한 실험적 기준은 없다."는 결론을 내렸다. 이 성명은 진화학의 원칙들을 정책 결정 및 임상 진료에 좀 더 완전하게 통합시켜야 함을 보여준다.

AIDS에 대항하는 다른 전략들

백신

아마도 AIDS와의 싸움에서 가장 큰 희망은 효과적인 백신 개발에 집중될 것이다. 면역 결핍 바이러스들은 인간의 HIV 감염과 매우 유사하게 원숭이와 고양이의 감염을 일으키며, 이 바이러스들에 대항하는 실험적인 백신들은 얼마간의 보호를 제공했다. 이 결과는 인간을 HIV로부터 보호하기 위해 유사한 백신을 사용할 수 있는 가능성을 높였다.

AIDS 백신이 성공적이려면 예방접종을 받은 개인에게 악영향을 주지 않으면서 적어도 일부 HIV 균주들로부터 감염자를 보호해야 한다. 명백한 한 가지 필요조건은 질병을 일으키는 것을 피해야 한다. 다른 질병들에 대한 백신에는 양성(무독성) 돌연변이체 또는 약화된 병원체가 포함되어왔다. 이런 접근을 AIDS에 적용하는 것은 매우 위험한데, 약화된 또는 양성 HIV가 병독성을 재진화시킬 수 있기 때문이다. 이는 감염 과정에서 진화적 변화를 일으키는 HIV의 큰 잠재력을 염두에 둔 그럴듯한 전망이다. 유해 유전자를 선별적으로 제거하여 HIV의 병독성을 줄이는 것 역시 위험한데, 이는 주어진 유전자가 다른 바이러스에서는 예상치 못한 영향을 미칠지도 모르기 때문이다. 예를 들어, *nef* 유전자를 제거하는 것은 일부 균주들의 병독성을 감소시킬지 모르지만 다른 병독성을 증가시킬지도 모른다. 특정 병독성 유발 유전자가 제거된 부분을 HIV가 복구하기가 어려울지는 모르지만, 자연선택은 제거 이전 수준의 복제와 따라서 병독성을 다시 갖기 위해 바이러스의 능력이 강화되도록 다른 유전자들에서의 보상 돌연변이가 일어나는 것을 선호한다. 예방접종한 동물들에 대한 장기적인 연구들이 이 가능성을 평가하는데 필요하지만, HIV의 진화학적 다재다능함을 고려하면 병독성 복귀 위험성을 그런 제거를 통해 피할 수 있다는 추정은 매우 불확실하다. 병원균을 죽인 후 사용하는 것(사백신)은 그 가능성을 줄이겠지만 아직 비슷한 위험성이 남아 있다. 불완전하게 죽인 HIV 접종은 감염을 유발할지도 모르며, 죽은 HIV의 일부 구성 요소들은 생존 가능한 HIV에 의한 감염을 강화하기 위해서 우리 면역계와 서로 작용할 것이다. 따라서 예방접종에서 몇 가지 고전적 접근—실험 연구에서는 상당한 보호를 일으킨 접근—은 취소되거나 적어도 애초부터 선호하지 말아야 한다. 다른 접근으로는 HIV의 단백질 구성 요소들을 접종하는 것과 종이 다른 바이러스들이 HIV 구성 성분을 포함하도록 유전공학적으로 가공한 것을 접종하는 것이다. 그러면 우리 몸이 HIV의 구성 요소들에 대해 면역을 생성할 것이고, 이 요소들을 가진 어떤 HIV라도 접종받은 사람의 체내로 들어오면 공격받을 것이라는 희망이다.

일단 성공적인 백신이 개발되면, 그 과정은 백신에 의해 유도되는 방어 범주 내에서 병원체에 의해 일어나는 진화학적 치고-달리기(hit-and-run)에 대항하는 보호를 계속해야 한다. 안타깝게도 데이터에 따르면, HIV 입장에서는 사람의 면역학적 방어가 극복 가능한 장애물임을 짐작할 수 있다. HIV 바이러스는 gp120이라는 분자를 사용하여 우리 세포들에 들러붙는다. gp120의 수백 개 아미노산 구성단위들 중 단 한 곳에서 일어나는 변화로도 이 분자와 결합하는 항체의 능력을 극적으로 바꿀 수 있다. 이렇게 줄어든 항체 결합 능력 덕분에 돌연변이 HIV는 자신의 모체 바이러스에 대항하여 생성된 면역반응을 확실히 피할 수 있게 된다. 전염성을 유지하려면 HIV에서 구성단위들의 이런 작은 변화들이 숙주세포에 부착하는 gp120상의 부위에서 일어나지 않아야 한다. gp120의 여타 부위에서 일어난 변화 역시 그 단백질 형태를 바꿀 수 있으므로, 바이러스는 항체의 공격에 저항할 수 있다. HIV에서 변이의 중요성은 실험적인 백신들로부터 얻은 성공 정도에서 명백히 알 수 있다. 추후 접종받은 동물로 전파될 것 같은 균주의 바이러스 구성요소들로 백신을 제작한다면, 그들은 통상적으로 절반 정도의 접종자들을 감염으로부터 보호한다. 다른 균주들로부터 유래한 백신들은 질병에 대해서는 보호할지 모르지만, 일반적으로 감염 자체를 막지는 못한다.

AIDS 백신 개발의 어려움을 제대로 이해하려면, HIV보다 약간 적은 돌연변이율을 가진 인플루엔자 바이러스를 공부해야 한다. 매번 새로이 다가오는 독감 시즌은 종종 직전까지 사용한 백신들을 무용지물로 만드는 대유행 인플루엔자를 발생시킬 수 있다. 인플루엔자 사백신은 위험성이 비교적 낮기 때문에, 만약 감시가 철저하고 자원이 충분하다면 이런 새로운 인플루엔자 균주들을 효과적으로 방어할 수 있다. 이로써 유행하는 유형을 확인하고, 배양하며, 죽이고, 유행 독감과 싸우는 백신을 유통하는 것만이 필요할 뿐이다. 앞에서 밝힌 안전상의 이유로 HIV 사백신은 위험하다. 게다가 HIV는 감염 기간이 길고 숙주 면역이 불충분하기 때문에 한 번 전파되면 많은 변이가 만들어진다. 그리고 이 변이는 소강상태 없이 계속 생성된다. 인플루엔자 바이러스와는 달리 HIV는 'AIDS 시즌'이 따로 없다. 백신으로 HIV 확산을 통제하려는 것은 단 한 개의 독감 백신으로 다음 세기에 나타날 모든 유행성 독감을 한꺼번에 통제하려는 것과 흡사하다.

이 문제를 해결할 한 가지 대안은 우리 면역계가 인식할 수 있는 여러 가지 HIV 단백질을 모두 섞은 일종의 바이킹 요리(smorgasbord) 또는 뷔페식의 백신을 설계하는 것이다. HIV 균주를 면역계가 인식하고 제거하려면 바이킹 요리 속의 단백질들 중 단 1개라도 짝이 맞아야 한다. 이런 접근은 예방접종으로부터 피할 수 있었던 HIV의 구성 부위와 HIV가 백신들을 우회하는 비율을 감소시킬지도 모르지만, 결과를 근본적으로 바꾸지는 못할 것이다. 백신에 의해 자극된 면역 시스템이 인식할 수 없도록 HIV가 그 단백질의 구조를 바꿀 수 있다면 HIV는 탐지를 피해 증식할 수 있다.

HIV의 가변성과 연관된 모든 문제를 하나로 모으면, HIV가 감염된 세포들을 떠나지 않고 예비 감염자들을 감염시킬 수 있고 감염자 체내의 미감염 세포들을 감염시킬 수 있음을 알 수 있다. 방어 효과를 보여준 연구들은 거의 전부 바이러스에 감염된 세포들보다는 유리된 바이러스들로 예방접종을 받은 사람들을 대상으로 조사한 것이다. 세포막의 은폐물로 위장중인 사람들도 분명 HIV가 자주 감염시키므로, 유리 바이러스에 효과가 있는 백신들은 질병 진행에 긍정적인 영향을 거의 미치지 않을 것이다. 그리고 감염된 세포들은 감염을 확장할 때 유리 바이러스보다 훨씬 더 효과적일 것이다. 백신들이 세포 내에서 바이러스를 방어하는지의 여부를 알아보고자 시도된 몇몇 연구들은 단지 부분적인 방어만을 확인했다. 불활성화된 SIV는 유리 SIV를 주입한 8마리의 레서스원숭이를 모두 보호했지만, SIV-감염 세포들을 주입한 원숭이는 절반만을 보호했다. HIV-1 백신은 HIV-1 감염 세포를 주입한 3마리의 침팬지를 보호했지만, 오래가지는 않았다. 따라서 백신 접종의 성공은 그저 약간 고무적일 뿐이다.

감염된 세포의 막에 덮여 가려진 바이러스가 일으키는 문제는 효과적인 백신이 단지 유리 바이러스뿐만 아니라 감염된 세포를 인식하고 살상하는 우리 면역계 세포들을 어느 정도 활성화해야만 한다는 것이다. 이 임무는 살아있는 바이러스들을 사용한 백신에 감염된 일부 세포들에 적당하다. 비록 홍역바이러스가 HIV처럼 세포에서 세포로 직접 전파될 수 있긴 하지만, 예컨대 살아있는 양성 홍역바이러스에 의한 백신 접종은 홍역을 효과적으로 방어할 수 있다. 살아있는 양성 SIV에 의한 백신접종은 어느 정도 유사한 방어 효과를 시사한다.

감염된 세포들의 파괴는 세포에 의한 내부 처리, 즉 바이러스를 세포에서 조각으로 분해하는 것을 포함하는데, 그러면 이 처리된 바이러스 조각들은 수송되어 세포막에 박혔다가 우리 몸이 자신의 세포와 외래 세포를 구별하도록 허용하는 복합물[2]들과 매우 특이적인 연관을 가지면 세포막으로부터 돌출하게 된다. 그러면 이 돌출된 바이러스 조각들을 포함하고 있는 세포들은 면역계에 의해 인식되어 파괴될 수 있다. 그러나 살아 있거나 불활성화된 HIV에 의한 백신 접종은 위험한데, 세포가 이를 취하여 HIV의 일부를 처리하여 세포막으로 돌출시키는 것은 그럴듯한 눈속임일 뿐 효과는 없다. 이 처리 문제를 해결할 수 있다고 해도, 수수께끼에 쌓인 감염 문제가 남는다. 정액과 혈액에 감염된 세포들 중 상당수는 파괴되지 않을지도 모르는데, 그들의 막에는 면역 세포가 감염 세포를 인식하는 데 사용하는 바이러스 단편들을 하나도 포함하지 않기 때문이다. 만약 그와 같은 모든 기발한 도전을 해결할 수 있다고 해도, 우리에게는 여전히 바이러스 진화의 거대한 잠재력 문제가 남게 된다. 사실, 이런 종류의 조절에 대한 원천 물질이 벌써 진화하고 있을지도 모른다. HIV에서의 현존하는 변이는 이런 공격을 피할 수 있는 바이러스들을 포함한다. 일부 바이러스의 단편들은 감염된 세포들을 파괴하는 세포에 의해 나타나지도 인식되지도 않는다. 이런 고려는 안전하고 효과적인 AIDS 백신 개발이 현재까지 보건 과학에 던져진 가장 어마어마한 도전임을 시사하며, 예견할 수 있는 걱정은 비록 효과가 떨어지는 백신이라도 그것을 사용하기 이전에 이미 AIDS로 수백만 명이 사망할 것이라는 것이다.

가짜 손잡이 속임수

또 하나의 전략은 증식 주기를 완료하기 위해서 HIV에게 필수불가결하게 보이는 물질들을 사용하는 것이다. 우리 백혈구들 일부의 세포막 표면에 돌출한 CD4 분자는 HIV에 대한 수용체인데, 이는 HIV가 우리 세포 내로 들어가기 위해서 잡는 일종의 손잡이다(이 장의 앞 부분에 언급된 T_4의 4는 이러한 T임파구의 세포막 위에 있는 CD4의 존재를 가리키는 것이다). HIV가 CD4를 잡는 데 사용하는 손이 바로 gp120이다. 희망 사항은 가짜 손잡이를 많이 만들어서 HIV가 열리지 않는 문의 손잡이를 잡느라고 바쁘게 만드는 것이다. 세포 바깥에서 벌어지는 이런 취약하고 어수선한 상황에서, 옆길로 샌 HIV는 면역계에 의해 파괴될 것이다.

HIV와 SIV의 검증된 균주들은 세포에 들어가기 위해서 반드시 어디에서나 CD4를 사용할 뿐만 아니라, CD4 분자의 동일한 부분을 사용한다. 그리고 CD4 분자를 잡는 바이러스 부분은 HIV 균주들 간에 매우 유사하다. 이런 유사성은 생각보다는 가짜 손잡이가 아주 적게 필요할지도 모르고, HIV 입장에서 세포 바깥에 붙을 수 있는 진짜 손잡이를 비교적 적게 선택할 것임을 시사한다.

당분간 HIV가 세포 내로 들어가기 위한 손잡이로서 전적으로 CD4에 의존한다고 해도, HIV는 여전히 가짜 손잡이로 CD4를 사용하려는 우리의 노력에 맞춰 자신의 방식을 진화시킬 수 있을 것이다. 혈액에서 노출된 CD4 부분은 CD4가 우리 세포막에 박혀 있을 때 노출되는 부분들과 같지 않다. 자신의 gp120 분자 구조를 다양하게 만듦으로써, 바이러스는 유리된 CD4와 막에 박힌 CD4를 구별할 수 있을 것이다. 예를 들어 gp120 분자 구조를 바꾸어 CD4와 결합하기 전에 세포막의 다른 구성 요소들과 서로 작용해야 하도록 하거나, 혹은 세포막과 결합된 CD4에서는 노출되지 않는 유리 CD4 부분과 서로 작용함으로써 유리 CD4와의 결합을 줄일 수 있을 것이다. 둘 중 어느 방법에 의해서든지 gp120 분자는 세포 출입구가 없는 손잡이와 결합하는 것을 피하기 위해 진화할 수 있을 것이다. gp120의 큰 가변성은 이런 가능성에 신뢰를 더해준다.

CD4 분자의 특정 부분들은 시험관에서 HIV 감염을 성공적으로 방해했지만, 인간의 감염을 조절하려는 시도에서는 의심스러운 결과가 나왔다. 우선 정상 CD4를 갖는 세포들의 수가 증가하면 차단 능력이 크게 감소한다는 것이다. 또 다른 문제는 gp120의 가변성으로부터 나온다. CD4를 잡는 gp120의 부분과 결합하는 물질들을 생산하는 데 노력이 집중되어왔는데, gp120의 이 부분의 변화를 제한해야 하기 때문이다. 이 부분이 너무 많이 바뀌면, 바이러스는 CD4와 결합할 수 없게 되고 따라서 세포 내로 들어갈 수 없다. gp120와 관련된 어떤 차단이든지, 적어도 이론적으로는 다른 바이러스 구조를 방해하는 것보다는 근본적인 해결책이 될 것이다.

유감스럽게도 최근의 증거는 HIV가 유리 CD4에 대한 취약성을 빠르게 진화시킬 수 있음을 보여준다. 실험실에서 만들어진 HIV 균주들은 시험관에서는 제대로 차단되었지만, 새로 분리한 균주들을 차단하는 데는 CD4 농도를 수백 배로 증가시켜야 했다. 그런 둔감한 균주들 중에서 CD4를 잡는 HIV 단백질의 바로 그 부분에 돌연변이가 있음이 보고되었다. 연구자들은 이 발견을 통해 CD4 분자와의 부착에 필요한 인위적으로 높은 친화도가 선택되는 숙주 외부에서의 바이러스 증식이 있을 것이라고 의심했다. 그러나 이 아이디어는 예상치 못한 결과를 낳았다. 새로 분리한 HIV의 결합 부위들은 실험실 HIV 균주들만큼이나 강력하게 CD4에 결합했다. 체내에서 증식하는 바이러스들은 유리 CD4에 의한 방해를 줄이는 다른 특징들을 분명히 갖고 있다.

이와 같은 역설에 대한 해답은 우리의 몸 안에 있는 HIV가 자신의 구조에 대해 경쟁적으로 변이를 요구하는 것일지도 모른다. 예를 들어 그들은 항체에 대처하지 않는다. 부착 부위 그 자체가 변화하지 않을 때조차도, gp120의 변화는 항체들과 CD4에 부착하는 데 영향을 줄 것이다. 따라서 체내의 HIV는 세포 내로 들어오는 것과 항체에 의한 공격을 회피하는 것 사이의 교환 조건을 대변하는 형태로 진화할 것이다. 이 거래는 체내 표적 세포와 시험관 내 표적 세포 사이의 차이를 반영할 것이다. 매우 자주 노출되는 gp120(V3 고리라 불린다)에서 일어나는 몇몇 변이는 공격받는 세포의 종류와 바이러스를 차단하는 CD4의 능력에 영향을 주는 것처럼 보인다. 그렇지 않으면, gp120의 느슨한 형태는 면역계에 의한 공격에서 보호받을 수 있지만, 그렇게 함으로써 gp120의 다른 부분(V3 고리와 같은)이 세포에 붙을 때까지 CD4 결합 부위를 엄폐할 수 있다. 이런 CD4 결합 부위의 엄폐는 세포 내로 들어가는 것을 어느 정도 줄일 수 있겠지만, 유리 CD4와 결합하는 것은 크게 낮춘다. 항체에 노출됨 없이 세포배양에서 증식한 HIV에서는 단지 효율적으로 세포에 들어가는 능력만이 선택될 것이고, 따라서 CD4에 더 노출되는 덜 느슨한 gp120를 진화시켜 유리 CD4에 의한 차단에서 최초 실험실 균주보다 덜 취약한 새로운 분리 균주들을 형성할 것이다.

유리 CD4에 대한 취약성의 급속한 변화에 관한 이런 설명들은 충분히 검증되지 않았지만, 진화학적인 설명에 깔린 근본적인 전제는 기존 문헌들에 잘 기술되어있다. 실험실 HIV 분리 균주들이 증식하고 검증될 무렵에, 그들은 원천 숙주 내에서 대다수를 나타나는 변이들과 유전적으로 상이한 유형이 되어간다. 체외에서 계속해서 HIV가 증식되면, 이 급속한 분기는 계속된다.

유리 CD4에 대한 취약성이 진화적으로 변화하는 정확한 원인이 무엇이든 간에, 이런 변화가 있다는 사실은 CD4 요법의 진화학적 안정성에서 좋은 징조가 아니다. 중간 정도 농도의 CD4는 체내 HIV를 효과적으로 차단하지는 않지만, 더 중요한 것은 새로 분리한 균주와 오래된 균주의 차이가 CD4 차단에 대항하여 HIV가 취약성을 진화시키는 잠재력을 보여준다는 것이다. 단기적으로, 최근 분리된 균주들의 차단은 예를 들어 독소와 결합된 유리 CD4를 덫처럼 설치함으로써 극적으로 개선될지도 모른다. 그러나 긴 안목으로 보면, CD4 요법은 세포에 있는 진짜와 가짜 손잡이를 구별하는 HIV 집단을 만들어낼 것이다. 최근 연구들에 따르면, 돌연변이 폴리오바이러스는 그런 손잡이 미끼와 결합하는 것을 피할 수 있지만 여전히 세포에 감염될 수 있음을 보여준다. 훨씬 천천히 돌연변이를 일으키는 폴리오바이러스가 이 장애물 주위에서 진화할 수 있다면, HIV도 그렇게 할 수 있을 것이다. 다른 문제도 있다. HIV는 세포 내로 들어가기 위해서 예전만큼 CD4에 의존하지 않는다. CD4가 없을 때에도 HIV는 분명하게 뉴런들, 일부 종류의 백혈구들, 장관의 안쪽에 배열된 세포 안으로 들어갈 수 있다. HIV가 이미 CD4를 사용하지 않고도 세포에 들어가는 능력을 갖고 있으므로, 세포 내 침투를 위해서 CD4에 덜 의존하도록 진화할 수 있을 것이다.

인간의 기발한 재주 vs HIV의 융통성

장벽 주위에서 자신의 해결책을 진화시키는 HIV의 능력은 새로운 세포 유형에 적응하는 실적에서 확연히 드러난다. 인체 내에서 HIV는 곧바로 단핵구라 불리는 백혈구 안으로 감염되고 증식한다. HIV는 침팬지에서 분리한 단핵구에서는 일반적으로 감염되거나 전파될 수 없다. 그러나 침팬지 체내로 전해진 직후 HIV는 침팬지 단핵구를 감염시킬 능력을 진화시켰다. 침팬지의 다른 백혈구들에서 증식하는 HIV의 능력은 거기에 디딤돌을 제공했다. 돌연변이와 자연선택의 시행착오 과정을 거치면서, 침팬지 체내에서 증식한 HIV 집단은 곧 이전에 단핵구의 감염을 막은 장벽을 돌파할 수 있는 전략들의 올바른 조합을 찾아냈다. 이 장벽의 정확한 특성은 알려져 있지 않지만, 세포에 감염되는 동안 일찌감치 일어나며 침팬지와 사람 CD4 분자 간의 차이가 모종의 역할을 수행하는 것 같다.

CD4 관련 장애물 또는 다른 접근 방식(예를 들어 항체요법, 유전자 치료 또는 세포내 HIV 제작의 차단)으로 효과적인 치료제를 개발한다 해도, HIV의 그럴싸한 진화학적 반응들 때문에 그 치료 효과가 오래가지 않을 것이라는 결론에 도달하게 된다.

HIV는 AZT와 다른 항바이러스성 합성물들에 대한 내성을 계속 진화시킬 것이다. HIV는 CD4 단편들과 살아있는 세포의 CD4 분자의 차이를 구별하도록 진화할 것이고 백신, 실험실 또는 유전공학적으로 세포가 만들어내는 항체들에 대해 대응하도록 진화할 것이다. 근본적인 문제는 HIV가 그렇게 진화할 것이고, 그러면 현재의 항HIV 전략에서 표적이 되는 약점을 더 이상 가지지 않게 될 것이다. 그런 조건에서 찾을 수 있는 남은 약점들은 모든 HIV가 성공적으로 증식하는 데 필수적이지 않다는 것이다. HIV의 높은 돌연변이율은 이 군비경쟁에서 HIV에게 우호적으로 균형을 깨뜨린다. 만약 우리가 일부 HIV들에 대한 '마법의 탄환'을 발견한다면, 다른 일부 HIV들은 '마법의 갑옷'을 위해 도약하거나 곧 얻을 것이다. 따라서 우리가 HIV에 대항하기 위해 개발하고 있는 방법들은 단기 해결책이며, 매번 새로운 인플루엔자 백신을 개발하는 것과 근본적으로 동일하다.

이런 상황에서 우리가 해야 할 일은 무엇인가? 단기 해결책을 계속 추구하는 것은 의심의 여지없이 중요한 이익을 가져다줄 것이다. 그러나 우리는 궁극적으로 HIV를 훨씬 약한 바이러스로 바꿀 수 있고, 따라서 단기 해결책들에 크게 의지할 필요가 없는 장기 해결책들이 있음을 인식해야만 한다. 이전 장에서 개요한 바처럼, 성행위 매개 그리고 주사 바늘 매개 전파의 빈도를 줄이는 중재에 투자하는 것이 바로 그런 장기 해결책을 제공하는 것이다. 즉, HIV를 진화적으로 변환시켜 훨씬 약한 병원체로 만드는 것이다.

제9장

뒤돌아보기

단 한 번만이라도 자기 자신만의 노력으로 전임자들이 걸어온 긴 자취를 거슬러 올라가려 한, 성장하여 그것이 유래된 역사적 상황들을 이해한, 진정한 연구자들마저도 잘못 인도한 오류들의 기초를 발견한, 모든 진실의 핵심이 오류 곁에 있음을 배워온 사람은 역사적인 연구들을 경멸하는 사람들을 자신의 곁에 두려 하지 않을 것이다(피르호[1], 1877/ 1962 중복 인용).

스스로 오만함을 인정하지만, 피르호가 언급한 요점을 잘 이해할 수 있다. 현재의 지식에 역사적인 관찰을 곁들이면 그 지식의 가치를 높이는 더 좋은 아이디어를 이끌어낼 수 있다. 내가 이 책에서 제안하는 진화와 보건과학의 융합에 대한 기초를 제공한 통찰들을 이해하기 위해서 잠시 뒤를 돌아보자. 최초의 중요한 통찰은 다른 유기체들, 특히 육안으

1) Rudolf Virchow(1821–1902). 독일의 병리학자. 병리학 분야에 저서 『세포병리학』을 비롯, 백혈병, 병적 종양, 색전증 등의 연구 업적이 있음. 인류학과 의사학 분야에서도 두개골의 측정, 트로이 전쟁의 발굴 유물 연구, 병원사와 매독사의 연구, 의학자의 전기 집필 등의 업적을 남김.

로 보이지 않는 미생물이 우리 몸 안에 산다는 것 때문에 질병이 일어난다고 인식하는 것이었다. 두 번째는 질병을 개인들과 연관된 척도들보다 더 확장된 시·공간적 척도들에서 이해하는 것이다. 이 통찰은 시간의 흐름에 따라 인구 집단에서 질병의 확산과 변화를 포함한다. 세 번째 통찰은 우리의 활동이 현미경 또는 화학물질 수준에서부터 집단 내 개인 수준에서 질병이 퍼지는 것까지 모두 아우르는 시·공간적 범위의 전체 스펙트럼에 걸쳐서 기생 생명체들의 영향들을 바꾸고 장시간에 걸쳐 질병 특성들을 바꾼다는 것이다

질병의 원인으로서의 체내 기생충

고대 문명들에서 나타난 벌레들

고대 문명들은 기생성 벌레들과 질병의 상관관계에 대해 상당히 많이 이해하고 있었다. 비록 메소포타미아와 고대 이집트의 치료법들이 주로 종교 활동에 근거한 것이었지만, 두 문화 모두 약물들을 효과적으로 사용했다. 예를 들어 두 문화에서 모두 사리풀[2]을 사용했다. 이집트에서는 사리풀을 "회충 또는 촌충에 의한 복통을 치료하고 배에 있는 '마법'을 퇴치하기 위해" 사용했다. 오늘날 사리풀의 진정 성분은 경련을 완화시키고 심장박동을 조절하는 데 이용된다. 이와 밀접하게 연관된 약인 아트

2) hyoscyamus. 유럽 원산으로 전국 각처에서 재배. 잎을 말려 아트로핀, 히오시아민, 스코폴라민 등 세 가지 마약성 약품을 얻음. 인도에서는 치통 치료제로 사용되며 근육경련, 신경과민, 히스테리 등에 효능이 있음.

로핀[3]은 현대에도 설사증이 있을 때 장운동을 줄이고자 사용되고 있다. 고대에 사용된 일부 치료들처럼, 장운동이 종종 병원체 침입에 대항하는 방어로 작용하므로, 이 약초는 유익한 효과보다는 훨씬 많은 위해를 일으켰을 것이다.

메소포타미아 주민들은 눈으로 보이는 체내의 기생충을 없애기 위해 단순하지만 효과적인 외과 수술을 사용했다. 많은 현대인들과 마찬가지로 고대 메소포타미아 사람들에게 일생 동안 고통스러운 불편함을 주는 것 중 하나는 기니연충[4]이라고 불리는 용선충류 *Dracunculus medinensis*('메디나의 작은 용'이라는 의미)였다. 키클롭스[5]라고 불리는 작은 수생 갑각류가 들어 있는 물을 무심코 마시면 감염되는데, 이 키클롭스에는 *D. medinensis* 유충이 우글우글하다. 인체 내에 들어온 암컷은 1년 동안의 해부학적 여정을 거쳐 1m로 성장한다. 여행은 키클롭스가 구멍을 내는 위장에서 시작된다. 다음 정거장은 소장인데, 여기서 유충은 소장벽을 통해 우회하여 근육과 결합조직을 통해 이리저리 돌아다니면서 성체 길이로 성장한다. 기니연충은 궁극적으로 겨드랑이 아래 조직으로 향하는데, 이곳에 자리를 잡고 몇 개월 동안 먹이를 섭취하며 암컷과 수컷이 만난다. 수개월 후 암컷은 피부 아래에서 정확히 자신의 여행을 재개하는데, 이곳에서 기니연충의 윤곽을 외관상으로 볼 수 있다. 이는 마치 팔에 1m 길이의 툭 불거진 긴 정맥이 피하에서 여행을 떠나는 것처럼 보인다. 모체로서의 임무가 임박하면 기니연충은 최종 목적지로 길을

---

3) atropine, 가지과의 벨라돈나, 흰독말풀, 미치광이풀 등의 뿌리나 줄기에서 함유된 알칼로이드이며 항아세틸콜린제(무스칼린 수용체 차단)로 사용.

4) guinea worm, 메디나충.

5) cyclops, 고대 그리스 신화에 나오는 외눈박이 거인. 여기서는 수서 갑각류의 별칭.

떠나는데, 다리 또는 발 안쪽 피부 바로 아래 조직이다. 이 단계에서 기니연충은 자신의 전파를 돕도록 감염자를 조종한다. 기니연충은 몸을 똘똘 감고는 가려운 수포를 형성하는 물질을 분비한다. 감염자는 타는 듯한 통증을 물을 헤치고 걷는 것으로 진정시키는데, 이 때문에 수포가 터지기도 한다. 터진 수포의 큰 구멍 안에는 수백만 마리의 유충을 방출하는 암컷의 생식 개구부가 있다. 유충들의 묘한 움직임은 선충들의 포식자인 배고픈 키클롭스를 끌어들인다. 선충들은 자신들을 포식하는 키클롭스의 장벽을 뚫고 체강 안에서 성장한다. 둔해진 키클롭스는 급수관 아래쪽으로 가라앉는데, 사람들이 거기서 마실 물을 떠가면서 전체 과정이 다시 반복된다.

메소포타미아 주민들은 이것저것을 종합해서 추측했을 것이다. 무엇인가 사람들의 피부 아래에서 기어다니고 있으며, 그런 사람들에게서 결국 타는 느낌의 수포가 나타났다. 만약 이것을 뽑아버릴 수 있다면, 불쾌한 물집을 피할 수 있을 것이다. 유일한 문제는, 만약 누군가 피부를 갈라 기니연충을 움켜잡고 성급하게 뽑아내려 했다면, 그의 손 안에 벌레의 일부를 그리고 지겨운 벌레를 대부분 감염자 몸 안에 남겼을 것이다. 그러므로 메소포타미아의 의사들은 기니연충을 아주 천천히 끄집어냈는데, 걸리지 않고 끌어낼 수 있도록 두꺼운 가죽 관을 사용하여 서서히 관에서 마르게 했다. 그러나 이 방식으로는 기니연충 한 마리를 꺼내는 데 1개월이 걸리며, 수주일 동안 환자에게 30~60cm의 건조한 벌레가 매달려 있어야 한다. 보기에도 나쁜 광고임은 물론이고, 환자에 매달려 있는 건조된 벌레는 이를 성공적으로 제거할 기회를 심히 방해할지도 모른다. 해결책은 막대기에 벌레를 감는 것이었다. 의사는 조심스럽게 막대기에 감은 벌레로 자신의 기술적인 노하우를 광고할 수 있었고, 진료 실력에 대한 상징으로 사용되었을 것이다.

이 상징이 어딘지 익숙해 보일 것이다. 「구약성서」는 모세의 추종자들이 어떻게 호르산(Mt. Hor.)으로부터의 가혹한 여행 때문에 낙담하게 되었는지를 잘 묘사했다.

> 백성이 하나님과 모세를 향하여 원망하되 어찌하여 우리를 애굽에서 인도하여 올려서 이 광야에서 죽게 하는고 ……그러자 여호와께서 불뱀들을 백성 중에 보내어 백성을 물게 하시므로…… 백성이 모세에게 이르러 가로되 우리가 여호와와 당신을 향하여 원망하므로 범죄하였사오니 여호와께 기도하여 이 뱀들을 우리에게서 떠나게 하소서! 모세가 백성을 위하여 기도하매 여호와께서 모세에게 이르시되 불뱀을 만들어 장대 위에 달라 물린 자마다 그것을 보면 살리라! 모세가 놋뱀을 만들어 장대 위에 다니 뱀에게 물린 자마다 놋뱀을 쳐다 본 즉 살더라(민수기 21:5-9).

일부 의학자들은 '불과 같은 뱀'이 *D. medinensis*였다고 믿는다. 물린 사람들이 막대기 위 뱀의 상징을 보았다면, 특히 그 상징이 '메디나의 작은 용'들을 제거할 자격이 있는 의사의 존재를 의미함을 알았다면, 그들은 치료를 잘 받았을 것이다. 고대 그리스 의사 협회의 아스클레피오스[6] 엠블럼은 지팡이를 휘감은 뱀인데, 현대 의료계는 지팡이 둘레에 감겨 있는 2마리의 뱀을 심벌로 사용한다. 사실 현대의 심벌 지팡이는 헤르

6) Asclepius. 그리스신화의 의신(醫神). 최고의 의신 아폴론의 아들. 제왕절개술로 태어났다고 하며, 제우스의 분노를 사서 살해되었다고 함. 반신반인으로 의술에 뛰어나고 온갖 질병의 치료를 주재하였음. 그는 뱀이 휘감겨 있는 지팡이를 지니고 있는데, 이는 오늘날 의학의 상징이 되었음.

메스[7]의 지팡이에서 유래했지만, 다른 것처럼 적어도 간접적으로는 메디나의 작은 용을 뽑아내는 고대 전문가의 상징에서 유래했을지도 모른다. 고대 이집트 의사들은 기생충이 많은 질병을 일으킨다는 것을 발견했고 다른 가벼운 병들도 기생충 감염에 의한 것으로 추정했다. 비록 이 추정은 대부분 잘못된 것이지만, 바탕에 깔린 논리는 질병 연구를 전환시킨 논리적 주장인 세균병원설과 유사했다. 그러나 이 전환은 이후 3,000년이 지나서야 일어났다.

그리스인들은 신중하게 질병을 관찰하고, 해설하며, 구별하고, 그러고는 그것들을 설명하기 위한 가설을 제안했다. 이집트인들의 생각을 바탕으로 그리스인들은 질병이 기본 4대 요소의 불균형을 나타낸다고 제안했는데, 4대 요소는 흙, 물, 불과 공기이다. 그러나 질병과 유행병들의 원인으로 아주 작아서 보이지 않으며, 자가 재생하는 기생충을 가정한 최초의 저작은 르네상스 시대 말기에 나왔다.

감염원들, 오염된 공기[8]와 규모의 장벽

르네상스 시대가 끝나갈 무렵 지롤라모 프라카스토로[9]는 자신의 시대에 일어난 재앙들에 관한 정보를 수집하고 해석했다. 장티푸스, 나병, 선페스트, 매독과 발진티푸스가 그것이다. 1546년 그는 질병들이 특유한 '병의 싹(胚種)'에서 기인한다고 발표했는데, 그에 따르면 '병의 싹'은 체

7) Hermes. 그리스신화에 나오는 올림포스 12신 중 전령의 신.

8) miasma. 히포크라테스 시대(459~377B.C.)의 전염병 발생설에 따르면 지진, 홍수, 화산의 분화 등이 일어난 후 전염병들이 급격히 발생하는 것은 심하게 오염된 공기를 흡입했기 때문인데, 이 오염된 공기를 지칭.

9) Girolamo Fracastoro(1478~1553). 이탈리아의 의사, 시인, 수학자, 지리학자, 천문학자.

내에서 증식할 수 있고, 사람에서 사람으로 직접 전파될 수 있거나 심지어는 멀리 떨어져 감염된 것으로부터 간접적으로 전파될 수 있었다. 더욱이 그는 유행병의 강약 변이가 '병의 싹'의 병독성 변화에 기인할 수 있다고 제안했다. 이와 같이 프라카스토로는 세균의 존재를 보고하고 다윈이 진화생물학을 염두에 두기 무려 3세기 전에 이미 역학에 대한 기본적인 아이디어와 진화학의 변화를 역학에 응용하도록 기초를 세웠다. 그러나 아마도 매우 작은 미생물, 그리고 큰 생물의 세포와 세포 내 소기관들과 같은 매우 작은 구성 요소들에 대한 지식이 부족해서 그의 아이디어는 관심을 끌지 못했다. 훗날 현미경 수준에서 이런 지식들을 획득한 이후, 그의 아이디어는 되살아나게 된다.

르네상스 말기의 왕성했던 과학적 탐구 정신을 고려하면, 세균들이 질병의 원인이었는지를 비판적으로 조사하는 데 3세기나 걸린 것은 놀랄 일처럼 비칠 수도 있다. 현미경은 프라카스토로의 세균설이 일찌감치 발표된 뒤 약 50년이 지나 갈릴레오에 의해 발명되었으며, 육안으로 보이지 않는 일부 기생생물들이 그의 현미경에 의해 관찰되었다. 더 큰 장애물은 인간 경험의 공간적 스케일과 세균의 훨씬 작은 스케일 사이의 지적인 공백이었을 것이다. 프라카스토로에서 로베르트 코흐[10]까지, 질병의 성격에 대한 과학적 탐구는 비록 뒤죽박죽의 과정이기는 하였지만 점진적으로 기관계에서 기관, 조직, 숙주 세포 그리고 궁극적으로는 이 숙주세포들과 이보다 훨씬 작은 기생생물들 사이의 상호작용에까지 이르

---

10) Heinrich Hermann Robert Koch(1843~1910년). 독일의 의사, 미생물학자. 탄저균(1877년), 결핵균(1882년), 콜레라균(1883년) 등을 발견한 것으로 유명하며 '세균학의 아버지'로 평가됨. 결핵균의 발견으로 1905년 노벨 생리학·의학상을 받음.

게 되었다.

안드레아스 베살리우스[11] 같은 해부학자들 덕분에 의학계는 17세기에 이미 기관계 수준에서 사고하고 있었다. 베살리우스의 매우 주의 깊은 인체 해부와 그림들은 인체 생물학의 연구 방향을 검증되지 않은 가설들보다는 직접 관찰이 가능한 증거들로 바꾸는 데 기여했다. 17~18세기에 질병에 대한 여러 가지 새로운 가설들은 각각 추종자들을 거느리고 있었다. 영국의 의사 토머스 시드넘[12]은 존재론적 관점을 발전시켰는데, 그에 따르면 질병은 숙주 내의 유기체처럼 발달하는 특정한 실체였다. 그는 개인의 질병을 흙에서 솟아나서 꽃을 피우고는 죽는 식물에 비유했다. 그러나 시드넘은 질병을 전인적 수준에서 해석했다. 따라서 그는 질병 그 자체가 아니라 임상적으로 다른 질병과 구별되는 하나의 질병만을 이해할 수 있었으므로 매우 당황했다.

이 문제는 결국 이탈리아와 프랑스에서 해결의 실마리가 나왔다. 지오반니 모르가니[13]와 마리 비샤[14]는 인체를 구성 요소인 기관계들과 연계시

---

11) Andreas Vesalius(1514~1564). 벨기에의 해부학자. 근대 해부학의 창시자. 1543년 저서 『인체해부에 대하여』는 갈레노스의 인체 해부에 관한 학설의 오류를 하나하나 지적하여 정정하였으며, 의학 근대화의 새로운 기점이 되었음.

12) Thomas Sydenham(1624~1689). 영국의 의사, 임상의학자. 철저한 임상 관찰과 경험, 자연치유를 중시하였으며, 성홍열, 무도병에 관해 연구하고, 말라리아 치료에 키니네 사용을 대중화하였음.

13) Giovanni Battista Morgagni(1682~1771). 이탈리아의 해부학자·병리학자. 1761년에 지은 『해부로 인하여 검색된 질병의 위치와 원인에 관하여』로 '병리학의 아버지'라 불림. 이 저서는 임상 관찰과 병리해부를 종합한 것으로, 매독성 동맥류·급성황색간위축·위암·위궤양 등의 원인을 밝혔음.

14) Marie François Xavier Bichat(1771~1802) 프랑스의 해부학자. 저서 『생과 사에 관한 생리학적 연구』는 "생명은 죽음에 대항하는 기능의 총화이다."라는 말로 시작되며 그의 생명관을 나타내고 있으며, 『일반해부학』은 건강시와 질병시의 인체 조직에 관한 연구를 정

켜서 보는 베살리우스의 생각과 시드넘의 장점인 분류를 합쳤다. 1761년에 모르가니는 질병에 대한 연구들을 예를 들어 신체의 흉부, 두부 또는 복부와 같은 큰 부위로부터 육안으로 보이는 주요한 구성 소재들인 기관들로 구체화한 책을 출판했다. 그는 수백 개의 해부 도면들을 사용하여 각기 다른 병들이 각기 다른 기관에 예측 가능한 방식으로 영향을 미친다는 것을 보여주었다. 또 질병의 외형적 증상들이 이들 기관의 병리학적 변화로부터 생긴다고 제안했다. 그러자 비샤는 질병에 대한 이해를 기관을 만드는 조직으로까지 더욱 가다듬었다. 그는 특정 질병이 일반적으로 여러 조직으로 구성된 한 기관 안에서 1개의 특정 조직에 영향을 미칠 수 있음을 발견했다. 다른 질병은 다른 방식으로 기관 내 조직에 영향을 미친다. 감염성 질병을 조직 수준 또는 그 이하에서 분명히 통일해서 이해할 수 있었을 것이다. 모르가니와 비샤는 초점을 유기체에서 기관계와 기관을 거쳐 손상받은 조직 수준으로까지 좁혀서 움직여 나갔다.

이제 질병 연구는 현미경을 맞이할 준비가 되어 있었다. 1838년 마티아스 야코프 슐라이덴[15]과 테오도르 슈반[16]은 세포가 조직의 구성 소재임을 보여주었다. 만약 감염성 질병의 핵심이 조직 수준 이하에 있다면, 세

리한 것으로, 근대 조직학의 기초를 확립하였음.

15) Matthias Jakob Schleiden(1804~1881). 독일의 식물학자. 『식물의 기원』을 발표하여 생물체의 기본 구조가 세포라고 역설하였음. 이 견해는 T. 슈반의 견해와 더불어 세포설 확립에 큰 역할을 담당하였음.

16) Ambrose Hubert Theodor Schwann(1810~1882). 독일의 생물학자·해부학자. 위액에 알코올을 가하여 생긴 침전에 산을 넣어서 단백질에 작용하면 펩톤이 되는 것을 보고 펩신이라 명명하였음. 신경섬유의 바깥쪽을 싸는 얇은 막인 슈반초(Schwann's sheath)를 발견. 1838년 M.J.슐라이덴과 함께 식물도 동물처럼 세포로 되어 있다는 세포설을 주창하였음.

포는 꼭 봐야 할 장소였다. 요한 루카스 쇤라인[17]은 질병을 이해하기 위한 도구로 현미경을 사용했다. 1839년 누에의 진균류 기생충에 대한 당시로는 최신 발견으로 통찰력을 얻었다. 그는 인간의 미생물 기생체를 발견했는데, 현재 쇤라인두부백선균(*Trichophyton schoenleinii*)이라 불리는 다세포 진균류로서 두피에 심한 '백선[18]' 감염증을 일으킨다. 1년 뒤 독일의 해부학자 야콥 헨레[19]는 과거 3세기 동안 축적된 증거와 일치하는 프라카스토로의 추측 일부를 부활시켰다. 프라카스토로처럼, 헨레는 질병의 미세한 매개자가 숙주 몸 안에서 증식할 수 있다고 추론했다. 프라카스토로 이후 쌓인 증거들은 일부 사람들에게 매독과 같은 일부 질병이 감염원에 의해서 사람에서 사람으로 직접 전파될 수 있다고 믿게 했다. 반면 당시 사람들은 종종 말라리아처럼 질병들이 토양에서 흘러나오는 유해한 물질이나 공기에 의해서 전염된다고 믿었다. 프라카스토로처럼, 헨레는 일부 질병들이 직접적인 접촉과 조금 떨어진 거리에서도 전염될 수 있으므로 질병을 일으키는 병원체와 유독물질이 같은 것이라고 추론했다.

과거 3,000년 동안 제시된 아이디어들은 대부분 19세기 초기에도 여전히 1~2개의 형태로 합쳐져 제시되었다. 상당수의 사람들은 여전히 질

---

17) Johann Lucas Schönlein(1793~1864). 독일의 의학자. 실증의학을 제창하고 타진법, 청진법, 현미경과 시약에 의한 검사법의 채용과 응용을 시도하였음. 자연기술학파를 세웠고, 화학적 방법을 임상에 응용하였으며, 류머티즘성 자반병을 기재하고 황선균을 발견하였음.

18) ringworm. 백선균 · 소포자균(小胞子菌) · 표피균(表皮菌) 등의 사상균(絲狀菌)에 의해 일어나는 피부 질환. 흔히 말하는 버짐 또는 기계충의 일종으로, 사람과 가축에서 볼 수 있음.

19) Friedrich Gustav Jacob Henle(1809~1885). 독일의 해부학자 · 병리학자. 유미관 · 상피의 분포를 비롯하여 모발 구조, 점액, 농(고름)의 생성, 혈관, 장막, 간, 신장, 눈, 손톱에서 중추신경계의 조직을 연구하여, 의학을 자연과학적으로 조직한 기초의학 개척자의 한 사람임.

병을 신이 내린 벌이라고 여겼다. 의학철학은 여러 진영의 열렬한 신봉자들로 나뉘었다. 고대 그리스의 가설들, 즉 체액병인설(humoral cause)와 고체병인설(solidism)은 여전히 살아 있었다.[20] 시드넘의 존재론적 관점을 수용한 몇 가지 새로운 주장이 나왔고, 질병이 신체 기능의 상태가 비정상이라고 제안한 생리학적 파벌이 새로 태어났다. 또 다른 진영인 생기론자들(vitalists, 生氣論者)[21]은 질병을 그들이 포함한 생기(생명력)의 양으로 이해할 수 있음을 시사했다.

그러나 이들에게는 사상적인 혼란을 일으키기에 충분한 특징이 있었다. 생기론자인 쇤라인 등 여러 파벌에 속한 사람들이 여러 가지 논의를 구분하기 위해 질병의 관찰과 예측을 사용하고 있었다. 질병의 고체병인설 지지자들은 병리학적 혼란이 궁극적으로 신체의 고체 부분들에서 일어날 것이라고 제안했다. 이와 반대로, 체액병인설 옹호자들은 액체 부분들이 질병의 원인이라고 치부했다. 질문 자체가 아직 모호하기 때문에, 이들 경쟁적인 신념을 구별하여 옳고 그름을 판정하기 위한 증거는 충분하지 않았다. 그렇긴 하지만, 반복 가능한 관찰들과 분류법을 통합함으로써 향후 정밀한 차원의 질문에 답하기 위한 기초를 차근차근 쌓아 올리고 있었다.

20) 히포크라테스는 인체에는 혈액, 점액, 황달액, 흑달액의 4종의 액체가 있고 이상이 질병이라고 했는데, 약간 뒤늦게 아스크레피아데스는 인체는 무수한 원자(개체)의 집합으로 이루어지고 질병은 이 원자의 흐름이 이상하게 되는 것이라고 생각했음. 이와 같은 입장에서의 질병의 이해를 고체병리학이라고 하며, 체액병리설은 고체 대신 체액이 병인이라는 견해임.

21) 생기론(生氣論, vitalism)을 신봉하는 사람들. 생기론은 생명 현상의 발현은 비물질적인 생명력이라든지, 자연법칙으로는 파악할 수 없는 원리에 지배되고 있다는 이론.

미생물과 미생물 이하의 차원

개인적으로 수행한 수만 번의 검사를 통해, 오스트리아의 폰 로키탄스[22]는 기관 병리학과 질병에 대한 모르가니의 통찰을 질병의 분류 시스템으로 발전시켰다. 루돌프 피르호는 감염성 질병의 시공간적인 척도를 세포와 아세포(亞細胞)성 수준으로 축소시킴으로써 사고를 철학적 분석으로 이끌었다. 그의 연구는 그가 '병리해부학의 린네'라고 부른 폰 로키탄스키가 개발한 질병 명명법에 기반을 두었다. 그러나 폰 로키탄스키와 같은 병리해부학자들과는 달리, 피르호는 해부학적 변화도 조직학적 변화도 병이 든 동안에는 필요 없다고 제안했다. 이는 질병이 조직이나 기관에 고차원의 해부학적 영향을 미치는 일 없이도 숙주세포 내에서 생리적인 영향을 미치는 화학적 변화들로 일어날 수 있음을 의미한다. 이러한 시·공간적인 차원의 축소는 그의 1854년 논문 "Specifiker und Specifsches"에서 명백히 드러난다.

> 모든 해부학적 변화는 물질적인 것이지만, 모든 물질은 변화하므로 또한 해부학적이다: 분자적이지 않을 수 있을까?…… 이 물질들의 미세한 분자적 변화들은 해부학의 대상이라기보다는 생리학의 대상이다; 이들은 기능적이다…….

또한 피르호는 이 진행에 놓여 있는 자신의 통찰이 더욱더 미세한 차

---

22) Karl Freiherr von Rokitansky(1804~1878). 오스트리아의 병리학자. 질병의 원인을 규명하기 위해 시체의 병리해부를 권장하였음. 대엽성 폐렴과 소엽성 폐렴을 처음으로 구별하고, 급성위확장, 급성황색간위축(로키탄스키병), 폐기종 등의 병리를 밝혔음.

원으로 향함을 잘 알고 있었다.

> 해부학적, 형태학적 그리고 조직학적 연구들에 최대한 경의를 가질 수 있고, 향후 모든 연구를 위한 불가피한 필요로 그 연구들을 간주할 수 있다—그러나 그러하기 때문에 그 연구들이 배타적인 중요성을 가진, 반드시 해야 할 유일한 연구들이라고 선언해야만 할까? 체내의 많은 중요한 현상은 순전히 기능적 종류인데, 이것들을 정밀한 분자 변화의 측면에서 기계적 가설로 설명하려고 시도할 때, 그들의 관찰과 추구하는 방법들이 결코 해부학일 수 없음을 결코 잊어서는 안 될 것이다 (피르호, 1877/1962 재인용).

피르호가 내놓은 전망은 체액설 진영과 고체설 진영의 논쟁과 모순을 무효로 만들었다. 세포는 액체와 고체 두 성질을 모두 가지고 있으므로, 세포병리학은 액체와 고체상을 모두 망라한다. 두 세기 동안 의학 분야의 정처 없는 흐름은 시드넘을 넘어 마침내 피르호로 넘어갔다. 19세기 중반 피르호는 기관, 조직, 그리고 적어도 가설으로나마 세포 수준에서 질병의 징후들을 확인할 수 있었다. 그러나 시드넘처럼 그 역시 당혹스러웠다. 비록 이처럼 질병들을 훨씬 미세한 수준에서 서로 구별할 수는 있었지만, 그 어떤 질병 자체의 원인 물질도 확인할 수 없었다. 이러한 이해 없이, 질병의 병리적 그리고 존재론적 기초는 여전히 불분명했다.

19세기의 마지막 사반세기가 시작되면서, 질병의 원인 물질에 대해서는 헨레의 후배들 중 1명의 끈질긴 노력으로 곧 해결되었다. 자기복제하는 미생물에 대한 루이 파스퇴르[23]의 증거에 근거하여, 로베르트 코흐는

---

23) Louis Pasteur(1822~1895). 프랑스의 생화학자이며 로베르트 코흐와 함께 세균학의 아버

탄저병[24]을 일으킨 특정 세균을 발견했다. 이 발견이 시동을 걸고 난 이후 눈사태처럼 쇄도한 증거들은 당시의 다른 가설들을 전부 매장시켜버렸다. 프라카스토로가 3세기 전에 제안한 가설은 마침내 사실로 입증되었다.

세균병원설은 감염성 질병들에 대한 질문을 근본적으로 바꾸었다. 세균병원설 이전에 사람들은 '질병이란 무엇인가'라고 질문했다. 이 학설이 확립된 뒤, 질문은 '어떤 세균이 어떤 질병을 일으키는가'로 바뀌었다. 세균들이 어떻게 그렇게 하고, 어떻게 세균들을 조절할 수 있을까? 처음 두 질문에 대한 연구는 많은 세균성 병원체들의 발견으로 재빨리 해결되었다. 또한 20세기에는 예를 들어 리케차, 바이러스와 바이로이드 같은 더 작은 병원체들을 검색하고 확인하는 데까지 이르게 되었다. 어떻게 질병이 더욱더 작은 스케일에서 발생하는가를 이해하고자 이제 드디어 1,000분의 1초 범위에 걸쳐 분자들 안에서 일어나는 사건들을 해독하는 데까지 도달했다. 숙주 방어와 기생충 병독성의 중요한 특징들을 암호화하는 DNA 분자의 어느 부분일까? 무엇이 이 정보를 읽고 사용하도록 조절하는가? 항체 분자의 활성은 어떻게 구성 분자 배열의 미세한 변화들에 의존하는가? 이러한 질문들에 대한 연구들은 분자의 특정 부분들 사이의 상호작용까지 좁혀서, 질병에 걸린 기관, 조직, 세포와 아세포성 과정들의 특징을 포함하는 질병 징후들을 육안으로 관찰할 수 있도록 통합한다. 이러한 통합은 감염성 질병으로부터 개인들을 보호하기 위한

지로 불림. 분자의 광학 이성질체를 발견했으며, 저온 살균법, 광견병, 닭 콜레라의 백신을 발명.

24) 炭疽(anthrax). 탄저균의 감염에 의하여 일어나는 사람·가축 공통 전염병. 주로 소·말·양 등 초식동물에 발병하는 전염병으로, 크게 호흡기형·피부형·소화기형의 3가지가 있지만 사람에 나타나는 피부형은 다른 동물에는 없다. 급성이며, 주요 증세는 발열·치아노제·호흡곤란·피하 부종 등이며, 감염된 동물은 며칠 내에 사망함.

두 가지 기본 치료법이 성숙하도록 허용했는데, 항생제 치료와 예방접종이 바로 그것이다.

기관 이하의 스케일

짧은 거리와 먼 거리 간의 전파에 대해 프라카스토로는 질병을 개인보다 큰 공간적인 척도의 개념으로 이해해야 한다고 강조했다. 시간이 경과하면서 병독성이 변할 수 있다는 그의 제안은 질병을 환자의 고통이나 급속한 확산보다 긴 시간적 척도의 개념으로 질병을 이해해야 한다고 강조한 것이다. 그러나 프라카스토로는 너무나 빨리 태어났다. 전파에 대한 생각이 태동하여 검증되는 데까지는 존 스노우(John Snow)[25]가 런던의 급수관 수도망에 집중하여 콜레라 전염에 대해 조사한 19세기 중반까지 기다려야만 했다. 비록 당시에는 콜레라의 원인균을 발견하지는 못했지만, 스노우는 콜레라가 수인성임을 보여주었다. 그는 런던 주택 지역에서 가가호호를 돌며 콜레라 발병 기록을 작성함으로써, 콜레라가 거의 전적으로 한 식수 회사에서 물을 공급받은 고객들 사이에서만 발생했음을 보였다. 그 회사는 갓 배출된 오수로 심하게 오염된 템스강 한 지점에서 여과되지 않은 물을 끌어올렸다. 그 지역은 두 개 회사에서 물을 공급받는 주택들이 섞여 있었지만, 깨끗한 원천수를 사용한 경쟁 회사가 물을 공급했을 때는 콜레라가 드물게 발생했다. 스노우는 콜레라가 물에 의해 전파될 수 있음을 보여주었다. 또한 그는 일부 콜레라는 수인성이 아님을 보여주었는데, 가끔 오염된 음식이나 직접 접촉을 통해서도 전파

25) 1850년대 런던의 치명적 콜레라 발생 원인을 콜레라가 출현한 오염된 우물을 지도상에 나타냄으로써 정확히 지적해냈음.

되었다.

스노우가 런던에서 콜레라에 대해 연구하는 동안, 이그나스 필리프 제멜바이스(Ignaz P. Semmelweis)는 비엔나의 병원들에서 모은 데이터로 놀랄 만큼 유사한 분석을 내놓았다. 출산 후 산모의 사망률을 도표로 만듦으로써, 그는 의사가 손과 기구에 대한 예방적 처치를 하지 않았을 때 사망률이 높게 나타남을 보였다. 그는 산욕열[26]의 발병 요인이 산모를 검진하는 동안 의사의 손을 통해 전파된다고 추론했다.

스노우와 제멜바이스의 정량적 연구는 그 어떤 연구들보다도 숙주 집단들에서 나타나는 질병 분포와 전파에 대한 연구인 역학(疫學) 분야의 탄생에 기여했다. 사반세기 후 로베르트 코흐가 콜레라, 결핵 그리고 기타 감염성 질병을 일으키는 세균들을 동정했을 때, 역학은 빠르게 성장했다. 코흐의 발견 이래 한 세기 동안 연구는 분자 수준에서 집단 수준으로까지 그리고 1,000의 1초에서 생태학적 시간 척도에 이르기까지 질병의 과정들을 통합했다. 그러나 일반적으로 좀 더 긴 진화학의 시간 척도를 통한 이러한 상호작용의 통합은 덜 성공적이었다.

세균 병원설은 큰 척도에서 감염성 질병들에 대한 과학자의 견해를 근본적으로 바꾸는 발견으로 이어졌다. 콜레라, 디프테리아, 장티푸스 그리고 이질과 같은 치사율이 높은 균에 감염된 사람들에서 종종 증상이 나타나지 않는다. 그런데도 이런 무증상 감염으로부터 전파된 병원체들이 사망에 이르게 할 수 있다. 큰 공간 척도로 볼 때 이 발견은 질병 발생을 통제하기 위해서는 분명한 증례들 이상의 더 많은 것을 고려해야만

---

26) childbed fever. 분만할 때 산도(産道)·자궁·질·회음 등 상처가 난 곳에 세균이 감염되어 열을 내는 질환. 원인은 병원균, 즉 포도상구균·연쇄상구균·대장균 등의 감염이 많음.

했음을 시사한다. 즉, 가벼운 증상과 무증상 감염들 또한 질병을 만연시킬 수 있다. 긴 시간적 척도상에서의 질병에 대한 연구는 훨씬 오랜 시간이 지난 후에야 시작되었다. 이 시점 전에 질병의 원인은 숙주에 대한 적대자들로 여겼다. 잠재적으로 병독성을 가진 요인들에서 기인하는 양성 감염증들의 발견은 충분한 시간이 주어지면 어떤 병원체라도 그 숙주에게 악영향을 주지 않는 선택을 할지도 모른다는 점을 시사했다. 많은 생물학자들과 보건과학자들에게는 이 선택이 일거양득으로 보였는데, 숙주뿐만 아니라 기생생물들을 위해서도 그러했다. 기생생물은 생존과 전파를 위해 꼭 필요한 양만을 숙주 자원으로 사용할 수 있다. 즉, 자신의 집이자 장래의 식량 자원은 그대로인 채로 남아 있다. 이러한 믿음을 파스퇴르까지 거슬러 올라가서 확인하고는, 르네 뒤보[27]는 "가장 효과적인 기생생물은…… 자신의 숙주와 조화를 이루며 사는 생물이며, 물론 숙주로부터 영양을 공급받지만, 숙주의 활력을 떨어뜨릴 정도까지가 아니고……[파스퇴르에게] 흥미로운 것은 잠재적이고 휴지 중인 감염 과정들과 연관된 현상들이었는데, 이들은—비록 일시적이라 해도—이상적인 형태의 기생에 대한 징후로 볼 수 있기 때문이다."라고 기술했다. 세균 병원설이 부상했을 때 에두아르 반 베네당[28] 역시 기생생물이 "자신의 존재를 떠맡긴 숙주가 즐기는 모든 이점에 의한 이익을 얻는다."고 주장했다.

1900년대 초 기생충학자들은 타당한 진화의 결과로서 양호한 공존에 대

27) René Jules Dubos(1901~1982). 프랑스 태생 미국의 미생물학자 · 실험기생충학자 · 환경론자 · 인본주의자이며 *So human an animal*로 퓰리처상을 받음.

28) Edouard van Beneden(1846~1910). 벨기에의 동물학자. 염색체가 종렬(縱裂)하여 딸핵이 되는 것을 관찰하였고, 세포분열은 핵의 자기증식임을 입증하였으며, 방추사에 끌려 염색체가 이동하는 것처럼 보이는 데서 세포분열의 기구에 대해 새로운 학설을 제창.

해 짤막하게 언급했지만, 이러한 관점이 분명하게 도그마로 밝혀지고 수용된 것은 1930년대였다. 한스 진서,[29] 스웰렌그레벨(N. H. Swellengrebel)와 특히 시어벌드 스미스(Theobald Smith)는 이 아이디어의 열렬한 진달자였다. 이어진 수년 동안 일부 옹호자들은 어느 정도의 병독성이 전파에 도움이 될 수 있음을 시사함으로써, 그들의 일반화를 완화시켰다. 다른 일부 옹호자들은 이에 완전히 동의하지는 않았지만, 아무도 이를 대신할 진화학의 틀을 제안하지는 못했다. 정확히 10년 전까지, 이상적인 기생으로서의 공생 지지자들이 카리스마적인 문헌들을 통해 지배해왔다. 예를 들어 루이스 토머스(Lewis Thomas)는 1972년에 "진화학적 감각으로, 사망에 이르는 병을 일으키는 능력으로는 아무것도 얻을 수 없다. 병원성은 우리에게보다는 자신에게 더 두려운 그 무엇일지도 모른다."라고 썼다. 뒤보는 1960년에 H.J. 사이먼(Simon)의 책을 소개하면서 동일한 주제에 대한 이 관점을 받아들였다. 그는 "감염 과정은 위험한 기생생물과 방어적인 숙주 사이의 전쟁 형태가 아니라 오히려 생물들 사이의 일정한 상호작용의 정상적인 징후로 나타난다."고 했다. 더 나아가 그는 "충분한 시간이 주어지면 평화로운 공존 상태는 궁극적으로 그 어떤 숙주와 기생생물 사이에서든 확립되기 시작한다."는 결론을 내린다. 나는 이 책에서 비록 충분한 시간이 주어진다 해도 위험한 기생생물과 방어적인 숙주 사이의 전쟁이 때때로 숙주와 기생생물 사이의 일정한 상호작용에 대한 정상적인 징후라고 주장한다.

---

29) Hans Zinsser(1878~1940). 미국의 세균학자. 다작으로 유명함.

제10장
그리고 미래를 언뜻 보기
(또는 WHO는 다윈이 필요하다)

새로 나타나는 병원체들

진화가 빠진 통찰들

AIDS의 세계적 대유행은 '새로 나타난' 병원체들에 대한 주의를 환기시켜왔다. 만약 HIV가 과거 페스트와 같은 황폐를 가져온다면, 인간과 주요 생명체들 체내에 존재하는 알려진 병원체들과는 다른 새롭고도 위험한 바이러스들이 계속 출현할 것인가? 예를 들어 1989년 5월에 「새로 나온 바이러스들: 바이러스와 바이러스성 질병의 진화」라는 제목의 학술대회가 과학자 사회에서 상당한 주목을 끌었다. 그 학술대회는 해당 학문 분야의 폭넓은 학자들이 가진 깊은 통찰을 한데 모으는 데 기여했다. 그렇지만 제목에도 불구하고 학술대회는 병독성과 전파에 진화학의 원칙을 적용하기보다는 오히려 시간적으로 비교적 최근에 일어나는 진화 기전을 주로 강조했다. 이 학술대회 그리고 이런 전망을 바탕에 둔 최근 저작들에 따르면, 심각한 유행성 질병의 출현은 인간 또는 고립된 다른 동물 집단으로부터 분리한 병원체의 확산과 돌연변이의 존재에 기인한다.

이는 우연히 상대적으로 온순한 병원균을 치명적인 병원균으로 전환시킬 수 있는 경로이다. 그러나 질문 하나가 계속 겉돌고 있으며 여전히 답이 주어지지 않은 채로 남아 있다. 일부 생명체들은 왜 다른 것들과 달리 그토록 유해하게 진화하였을까? 논의에서는 치사율이 증가하는 원인으로 대체로 돌연변이를 꼽지만, 돌연변이의 존재는 단지 설명의 일부일 뿐이다. 돌연변이는 병독성의 변이가 어떻게 형성될 수 있는가를 설명하지만, 지배적인 바이러스들이 왜 병독성이 강하거나 반대로 양성인지를 설명할 수는 없다. 이 문제에 완벽하게 대처하기 위해서는, 왜 새롭고 병독성이 심한 돌연변이체가 숙주 내에서 오랜 세월 동안 공존하면서 자신들을 미세 조정할 시간이 많았던 경쟁자들은 물론 새로운 돌연변이체들 중 병독성이 약한 균주들보다 빠른 속도로 확산되었는지를 설명해야만 한다.

이 책에서 주장한 원칙들이 옳다면 진화역학자들은 병독성에 관한 특정 질문들에 대해 근본적인 대답을 내놓을 수 있어야 한다. 이는 진화가 훨씬 최근에 일어났다는 기전으로는 해결할 수 없는 문제에 봉착한 연구자들에게 질문한 것이 답변되지 않은 채로 남아 있었다. 예를 들어, 질문의 하나는 각각 T4세포에 감염되는 HIV와 사람의 헤르페스바이러스-6(human herpes virus-6, HHV-6) 사이의 비교를 포함한다. 왜 한 바이러스는 치명적이고 다른 바이러스는 치명적이지 않을까? HIV 내에서 진화학적 병독성은 현저하게 가변적이라서 숙주 안에서 병독성을 증가시킬 수 있지만, DNA 바이러스인 HHV-6는 훨씬 덜 가변적이다. 이런 가변성 결여는 더욱 심한 병독성 상태로의 진화적 변환이 감염 시작에서 종료까지에 걸쳐 아예 일어나지 않거나 미미함을 의미한다. 달리 표현하자면, 숙주 체내 HHV-6 바이러스들 간의 높은 유전적 연관성은 장기간의 전파를 위해 더 큰 '협력'을 선호하고, 따라서 숙주 내부에서 더 낮은 수준의 증식을 선호할 것이다. 실제 효과는 숙주 내부에서 진화하는 수년 동안 HHV-6 병독성 증가는 HIV보다 적게 일어나고 장기간에 걸쳐서는 더 낮은 수준의 병독성을 갖게 된다.

현재까지 병독성과 연관된 적합 비용과 이익에 대해 강조해오지 않은 것 때문에, 전염병학자들은 단지 각각의 기생생물 종들이 인간에 감염되어왔던 기간만을 강조해왔다. 추정컨대, 병독성이 매우 높은 기생생물이 유전적으로 약간 다른 숙주 종들로부터 인간으로 최근에 전파되었다는 것이다. 이는 점액종증 바이러스가 호주 토끼들에게 처음 전파될 당시에는 치명적이었지만 본래의 자연 상태 숙주인 남미 토끼종들에게는 병독성이 상대적으로 약했던 것과 매우 유사한 논리이다. 이런 유사성에 관한 한 가지 문제는 점액종증 바이러스가 양성 또는 양성화 방향으로 진화하지 않았다는 것이다. 점액종증 시나리오는 새롭고 치명적인 병원체가 양성 방향으로 진화하는 동안에 우리가 지불해야 할지도 모를 비용들을 강조하기 위한 예로 사용되었다. 그러나 점액종증 바이러스는 생물학적 방제를 위한 작용제로 호주에 도입되었다. 즉, 호주 토끼들에 대한 극히 높은 병독성 때문에 확실하게 선택되었다. 이런 역사와 매개체를 통한 바이러스 전파를 같이 고려하면, 점액종증 시나리오는 숙주-기생생물 공동 진화의 대표적인 예라기보다는 오히려 병독성에 대한 현재의 진화학적 이론에 부합하는 특별한 예로 볼 수 있다.

점액종증 바이러스 이야기를 인간에게 적용하기에 가장 좋은 예시를 들어본다. 매우 특수한 상황에서, 과거 특정 병원체에 한 번도 노출된 적 없는 인간 집단으로 그 절지동물 매개 병원체가 도입됨을 예시하는 것이다. 구체적으로 만약 그런 병원체가 수준 높은 병독성을 유지하는 전파 방식을 가졌다면(예를 들어, 만약 병원체가 매개체를 사용하고 그 매개체가 새로운 지역에도 존재한다면), 그리고 만약 우리가 넓은 병독성 범위에서 가장 병독성이 강한 한 가지 병원체를 우연히 선택해야 한다면, 우리는 점액종증 상황과 유사한 무엇인가를 얻을 수 있을 것이다. 그러나 추측컨대 이런 식의 도입은 점액종증 때와 유사한 결과를 만들어내는 요인들에 의해 예견되는 빈도와 비교하면 드물다는 것이다. 우리에게 가장 가까이 다가왔던 것은 선페스트(Bubonic plague)[1]이다. 선페스트는 처음 유럽 도시에 출현하자마자, 도시 인구를 절반으로 줄였다.

새로 출현한 바이러스들에 대해 글을 쓰는 사람들은 종종 현대인들의 뛰어난 기동성이 대량 치사 유행병들의 확산을 통제하는 시도를 가로막는 위협적인 도전이 된다고 결론짓는다. 내가 제시한 논리는 이 도전을 훨씬 실현할 수 있는 가능성을 키워준다. 진화학적 통찰들을 사용하여, 우리는 걱정해야 할 몇몇의 병원체들과 걱정하지 않아도 될 많은 병원체를 구별할 수 있을 것이다. 대부분의 새롭게 나타나는 병원체들과 우리는 상당 기간이 지나면 아주 치명적이지 않은 관계가 될 것이다. 그러나 이 책으로부터 도출될 수 있는 한 가지 중요한 결론은 일부 인간-병원체 관계는 여전히 심각한 채로 남을 것이며, 이런 위험한 병원체들을 그렇지 않은 나머지들과 구별하는 방법을 이해하기 위해 우리가 어떤 방식으로 노력해야 하는가에 대한 유용한 조언을 얻게 될 것이다. 보건 공무원들이 미래의 병원체들이 전 세계적으로 유행하기 전 이들을 가로막고 붙잡아두기 위한 정책에 재정 지원을 고려하고 있는 지금, 이 조언은 특히 시의적절하다.

새로 나타나는 전염성 질병들의 위협에 관한 최근 문헌들은 장차 문젯거리가 될 수 있는 이들 질병에 대한 예측을 포함하고 있다. 그러나 자연

1) 중세 유럽을 휩쓴 흑사병의 원인균.

선택의 원리들을 분석에 포함시키지 않았기 때문에, 이러한 예측들은 진화학적 원리들에서 나온 연역적 추론이라기보다는 과거의 경향을 통해 나온 귀납적인 일반화에 그쳤다. 일반적으로 국지화된 매우 치명적인 유행병의 돌발 또는 중간 정도 치사율을 보이는 유행병 돌발을 대대적으로 일으켜온 병원체들만을 위험하다고 여긴다. 예를 들면 새롭게 인식된 간염과 헤르페스바이러스와 같은 병원체들은 비교적 약독성 바이러스 그룹들에서 넓게 펴져 나간 것들로서, 아직 큰 위협이라고 여기지 않는다.

진화의 공헌

자연선택의 원칙을 적용하면, 훨씬 예민한 장기 예측이 가능할 것이다. 유력한 '용의자'를 찾아냄으로써 이 두 가지 접근 방법을 대조할 수 있다. 이 책에서 논의된 원칙을 적용하면, 용의자들 가운데 몇몇은 제외하고 다른 몇몇을 지목할 수 있다. 이런 적용은 우리에게 노력과 한정된 자원들을 집중시켜야만 하는 새로 나타난 병원체에 대처할 아이디어를 제공할 것이다. 아래 문단에서 나는 이런 유력한 용의자들이 가한 위협을 판단할 것인데, 적어도 치사성 감염증의 대유행에 관해서 우리가 크게 염려할 필요가 없는 용의자들부터 시작하려 한다. 마르부르그바이러스[2]는 1967년 8월 실험실 원숭이들에서 사람들에게 전파되었다. 이 바이러스는 감염자 20여 명 가운데 4분의 1을 사망시켰지만, 바이러스를 유지하기 위해 기존의 감염증에서 매우 적은 수의 새로운 감염증을 만들어

---

2) Marburg virus. 마르부르그(Marburg)병의 원인 바이러스. 1967년 우간다에서 유래한 아프리카녹색원숭이 조직을 이용한 실험과 관련하여 31명의 심한 출혈열 환자가 발생한 것에서 발견. 고열, 구토, 설사, 전신의 출혈 반점, 출혈 경향 등이 감염자의 주요 증상임.

낸다. 몇 차례의 전파를 거친 후 이 병은 스스로 사라진다. 이런 단명은 놀라운 것이 아니다. 그 바이러스는 자살적인 조합 속성들을 가졌다. 바이러스는 매개체 없이 직접 전파되었고 급속히 쇠약해졌다.

마르부르그바이러스가 유럽에서 문제를 일으킨 시점과 같은 시기에, 에볼라바이러스[3]로 불리는 사촌은 콩고민주공화국와 수단에서 감염된 1,000여 명 가운데 대략 절반을 사망시켰다. 상당수의 감염증은 오염된 바늘에 의해 병원에서 전파되었다. 이런 종류의 의료 관계자 매개 전파는 비교적 병독성 높은 병원체들을 선호하거나 일반적인 경로로 직접 전파된다. 이런 전파는 안정을 유지하기에는 병독성이 너무 강한 병원체들에 의한 대유행 발생의 소멸을 지연시키는 방향으로 진화할 것이다. 다유방쥐(*Mastomys natalensis*)로부터 인간으로 전파되는 라사열[4]은 병원에서 전파된다는 상황과 일시적으로 발생한다는 비슷한 역사를 갖는다. 아르헨티나와 볼리비아의 출혈열(hemorrhagic fever)들은 다른 포유류에서 직접 전파된 자멸하는 속성을 지닌 병원체들에 관한 또 다른 예이지만, 일반적으로 사람 대 사람 전파(대인 전파)로만 전파된다고 볼 수 있다.

이들 병원체의 소멸에는 경고가 필요하다. 과거의 주장은 병원체들이 외부 환경에서는 내구성이 없다고 가정한다. 만약 그들이 내구성이 있다

---

3) Ebola virus. 괴질 바이러스의 일종으로 1967년 콩고민주공화국의 에볼라강(江)에서 발견한 데서 유래한 명칭. 감염되면 유행성 출혈열 증세를 보이며, 감염 뒤 1주일 이내에 50~90%의 치사율을 보임.

4) Lassa fever. 서아프리카 열대우림 지대의 풍토병적인 바이러스성 급성 출혈열. 1969년 나이지리아의 라사 마을에서 발견되어 미국·영국·독일로 확산됨. 라사 바이러스는 아레나 바이러스(arenavirus)군의 RNA바이러스로, 주로 아프리카 사바나 지대의 다유방쥐(*Mastomys natalensis*)의 침이나 오줌에서 배출됨. 잠복 기간은 7~10일이며, 가벼운 오한(惡寒)·발열, 등쪽의 근육통으로 시작하여 3~6일째부터 고열이 나고 결막염·인두염·기침·흉통·복통·구토·설사 등의 증세가 나타나며 심하면 7~14일 간 앓다가 사망함.

면, 이 책의 이론적인 체제는 그들이 인간 집단들 내에서 병독성 병원체로서 안정적으로 유지될 수 있었으리라고 제안한다. 따라서 그들이 초래할 위험을 완전히 평가하려면, 그 내구성에 관한 상세한 정보가 필요하다.

재향군인회병[5]은 이 주제에서 약간의 변화를 보여준다. 이 병명은 1976년 여름 필라델피아에서 열린 재향군인회 대표회의 기간에 병에 걸린 182명 가운데 29명을 죽인 데에서 유래하였다. 재향군인회병 세균은 수서환경에서 인간과 독립적으로 살아가는데, 예를 들어 환기 장치에서 발생하는 물방울 속에 들어가 공기 중을 떠돌다 사람들이 이 공기를 흡입하면 병을 일으킨다. 이 세균은 외부 환경에서 장기간 생존할 수 있지만, 사람 대 사람 전파 주기를 연속해서 실행할 기회가 별로 없기 때문에 유행병으로 확산될 잠재력은 약하다.

앞서의 병원체들은 모두 소진되든지 아니면 사람들 사이에서 직접 전파되는 것에 의존하는 동안 양성으로 진화할 것이고, 외부 환경에서 내구성이 없거나 진화하지 않을 것이다. 만약 이 병원체들이 인체 내에서 유지할 수 있을 만큼 능률적으로 사람 대 사람으로 전파될 능력을 얻었다면, 이 책은 그들의 병독성이 직접 전파된 다른 호흡기 병원체들 사이에서 발견되는 병독성 범위 안에서 변화할 것임을 나타낸다. 특히 내구성이 없는 병원체들에게 이 범위는 양성 쪽으로 리노바이러스로, 병독성 쪽으로 인플루엔자바이러스나 특정 홍역 균주들로 경계를 이룬다. 그러나 만약 그들의 전

---

5) Legionnaires' disease. 박테리아가 원인균인 신종 집단 질환. 1965년 미국 워싱턴의 정신병원 그리고 1976년 필라델피아 호텔에서 열린 재향 군인의 모임(Legionnaire) 때 발병한 환자들 가운데 다수가 사망한 뒤부터 '재향군인회병'이라는 별명이 붙었으며, 병원균은 레지오넬라과 레지오넬라속(*Legionella*)에 속하는 그람음성균임. 증상은 대체로 고열 · 오한 · 가슴 통증이 일어나다가 설사가 나오면서 악화되어 혼수상태에 빠지며 폐렴으로 진전하는데, 원인은 에어컨에 달라붙은 레지오넬라 뉴모필라(*L. neumophila*)에서 기인함.

파가 문화적 매개체를 포함하거나 숙주 바깥에서 내구성이 있다면, 우리는 천연두, 결핵 또는 콜레라 원인균과 같은 매우 위험한 병원체에 맞먹는 병독성을 예상할 수 있다. 그러면 요점은 단순히 새로운 병원체들에 대한 감시뿐만 아니라 그 병원체의 생물학적 특징(예, 외부환경과 절지동물-매개 전파 여부)과 증가된 병독성을 선호하는 문화적 상황(예, 수인성, 주사 바늘—매개 또는 병원 관계자—매개 전파를 허용하는)에 대한 감시도 확립해야 하는데, 새로 나타난 병원체들은 전파되기 위해 이들에게 의존해야만 한다.

새로 출현하는 병원체로서의 HTLV

HTLV 감염들

우리는 인간T세포백혈병/림프종바이러스(Human Tcell lymphotropic viruses, HTLVs)를 주의 깊게 관찰할 필요가 있는데, 이것은 HIV (Retroviridae)와 같은 과에 속하지만 아과(亞科, subfamily)는 다르다. 2종류의 HTLV가 발견되었다. HTLV-I는 1978년에 최초로 분리되고 1980년에 보고되었는데 HIV의 최초 보고보다 3년 앞서며, HTLV-II는 HIV보다 1년 앞서 보고되었다. HTLV-I은 감염자 20명당 대략 1명꼴로 백혈구의 암적 성장(백혈병과 임파종)을 촉발하여 마비를 동반하는 뇌·척수 손상을 일으킨다. 종양은 암세포 안에서 HTLV의 활성에 의해 생긴다. 그리고 HIV의 활성물질인 tat가 카포시 육종을 활성화하는 것처럼, tax라고 불리는 HTLV의 활성 단백질은 그러한 성장에서 비필수적인 자극 물질로 보인다. 또한 tax 단백질은 HTLV-I 감염에 의한 신경학적 손상을 일으키는 변화들이 일어나도록 책임지는 것 같다. 암들이 대체로 치명적이기 때문에, HTLV-I는 결핵균 같은 인간 병원체들의 치사율에 맞먹는다. 그러나 HTLV 감염으로 사망하기까지의 기간은 훨씬 길어서 일반적으로 감염 이후 수십 년에 이른다.

HIV-1처럼, 질병이 존재할 때 HTLV-I의 양은 일반적으로 증상이 없을 때보다 10~100배 더 증가한다. 초기 무증상 기간에 체내에서 바이러스가 대량으로 증식된 사람들은 백혈구에 여러 이상들이 일어나고 병이 빨리 진척된다. 그러나 일반적으로 HTLV의 증식률과 밀도는 낮으며, 유리 HTLV는 혈액에서 좀처럼 찾기 어렵다. 낮은 복제율은 복제를 억제하는 복잡하게 얽힌 유전자들의 지시로 조절되는 것처럼 보인다. 유리 바이러스가 세포에 감염될 수 있기는 하지만, 혈액 내 유리 바이러스의 희소성은 연구자에게 전파가 주로 유리 바이러스의 침입보다는 오히려 세포들의 융합에 의해 일어난다는 결론을 내리게 했다.

HTLV의 이런 제한된 복제는 HIV-1의 복제와 대조를 이룬다. 후자는 감염 기간 내내 검출된다. HIV-1은 감염 초기 수개월 동안 아직 감염되지 않은 면역계가 그들을 억제하기 이전에 혈액에서 밀도가 높아지고, 무능해진 면역계가 억제 능력을 잃는 감염 말기에 다시 밀도가 높아진다. 또한 병독성이 가장 강한 HIV 변형들은 바이러스 단백질 합성에 사용되는 메시지들의 복사물들을 특히 더 많이 만들어 HTLV보다 훨씬 세포들에게 치명적이다. 추가적인 메시지 복사물들은 HIV가 HTLV보다 광범위하게 증식하고 더 잘 전파될 수 있는 생화학적 기전 가운데 하나를 제공할 것이지만, 두 바이러스 그룹 모두 숙주 내에서 증식이 증가하면서 이익을 얻는 것으로 보인다. 예비 감염자와 접촉하게 되면, 바이러스의 정량 증가 지표들이 증가하면서 훨씬 감염을 잘 일으키게 된다. HIV 감염 세포 수가 HTLV 감염 세포 수보다 일반적으로 높기는 하지만, 이러한 수치들은 감염 영향을 심하게 받은 사람들에서는 둘 다 높다.

HIV처럼 HTLV-I은 통상적으로 백혈구의 성장과 분화를 조절하는 림포카인[6]이라는 물질의 생산을 활성화하는데, 림포카인은 궁극적으로 면역계 억제를 이끌어낸다. HTLV-I 감염 가운데 일부에서, 몇몇 종류의 백혈구들은 결국 괴멸하게 될 것이다. 이러한 대량 괴멸은 혈중 HTLV 수가 증가하면서 더욱 심해지며 폐렴 유발균인 *Pneumocystis carinii*처럼 AIDS를 유발하는 생명체들에 대한 기회 감염의 문을 열 수 있다. 감염자의 HTLV 수치가 일반적으로 낮음에 따라, HTLV에 의한 면역 억제는 HIV-1에 의한 것보다 덜 심하며 감염 시점과 치명적인 증상이 개시하는 기간도 HIV-1에 의한 것보다 훨씬 길다.

HTLV-I에 의해 촉발된 암들은 종종 HIV 감염에 수반된 암들과 불길한 공통점이 있다. 비호지킨림프종[7]이라 불리는 암은 AIDS 지표 중 대략 3%를 차지하며, 감염 지속 기간이 AZT 요법에 의해 길어질 때 특히 잘 일어나는 것 같다. 즉, HIV 감염 지속 기간이 HTLV 감염 지속 기간만큼 조금씩 더 길어지면, 그 암의 증상들은 HTLV에 의한 암과 매우 유사한 점을 나타내게 된다. 비록 HTLV-I이 유발하는 암들은 대부분 암세포화된 T세포들을 포함하지만, 몇몇 암은 HIV가 유발하는 비호지킨림프종 특유의 세포 유형 암들을 포함하는 것 같다. 이와 반대로 HIV에 기인하는 일부 암은 T세포를 포함하는데, 이는 HTLV-I에 기인하는 T세포성 종양처럼 감염된 세포들로 구성될 것이다.

---

6) lymphokine. 림프구가 항원에게 자극을 받아서 분비하는, 수용성 단백질 인자들을 총칭함.

7) Non-Hodgkins Lymphoma. 체내 림프계 세포에서 발생하는 림프조혈기계 암의 한 종류. 온몸에 나타나고 종양이 어디로 진행될지 예측하기 어려우며 적절한 치료를 받지 않으면 수개월 이내에 사망할 수 있음.

전파와 병독성의 지리적 패턴 부주의한 인간의 활동이 특히 감염과 질병 발현 사이의 기간을 줄인 왕성한 HTLV 발생을 진화적으로 선호할 수 있을까? HTLV 유래 질병과 성적인 전파의 지리적 패턴은 그러한 과정이 벌써 시작되었음을 시사하는지도 모른다.

과거 10년 간에 걸친 연구들은 HTLV들이 지리적으로 광범위하게 퍼져 있고, 수천 년 동안 사람들을 감염시켜왔음을 보여주었다. 미국에서 HTLV는 HIV에서처럼 정맥주사를 사용하는 약물 사용자들의 약 절반을 감염시켰고, 일반인들의 10분의 1 정도로 흔하게 감염되어 있다. HTLV-I은 일본, 타이완, 멜라네시아, 미국 남동부, 카리브해 연안국들, 남아메리카, 이탈리아와 사하라 사막 이남 아프리카 지역에서 일반인 집단의 대략 1~10%에 감염되어 있다. 비록 인간의 HTLV와 원숭이를 감염시키는 친척 균주들은 아마도 낮은 증식과 돌연변이율 때문에 HIV보다는 훨씬 변이가 적을 것이다. 그러나 지리적으로 다른 지역들에서 분리된 HTLV-I 균주들은 구조적으로 한결같은 차이가 있다. 이런 지리적 차이는 HTLV-I 전파가 지난 수십 년 동안 HIV 전파보다 지리적으로 훨씬 제한되어왔음을 의미한다.

파나마 원주민이자 브라질에서 격리된 원주민의 3분의 1 가량을 차지하는 과이미족(Guaymi)은 대략 5%가 HTLV-II에 감염되었다. 아프리카에서도 HTLV-II 감염이 일어나며, 미국과 유럽의 정맥주사 방식의 약물 사용자들 사이에서도 일어난다.

HTLV-I은 주사 바늘 매개와 성적으로 전파될 수 있고, 적어도 일부는 모유를 통해 어머니에서 아기로 수직 전파될 수 있다. HIV 역시 어머니에서 아이에게 수직 전파될 수도 있지만, HTLV의 모계 전파는 양성 방향으로의 진화를 훨씬 강하게 촉진하는데, 생식 연령에 이르기 전에 HTLV

감염으로 사람이 사망하는 일은 거의 일어나지 않기 때문이다.

서로 다른 전파 경로는 지리적으로 그 중요성이 각각 다르다. 가장 집중적으로 연구된 두 지역은 일본과 카리브해 연안국들이다. 이들 지역에서 분리한 HTLV-I 균주들은 HTLV-I 진화 계통수의 같은 가지에서 나오고, 지난 수세기 동안 조상형 HTLV-I에서 분기되었을 것이다.

일본에서는 무방비 상태의 성 접촉 비율이 비교적 낮다. 경구피임약의 사용을 제한하고 있기 때문에, 출산을 주로 콘돔에 의존해 조절한다. 1970년대에 이루어진 조사에서 콘돔은 출산을 조절하는 모든 여성의 80% 이상 그리고 20대 전반 여성의 90% 이상이 사용하는 것으로 나타났고, 조사 대상 여성의 3%만이 경구피임약을 사용한다고 답변했다. 카리브해 연안국에서는 그 비율이 반대이다. 예를 들어 자메이카 여성들은 10% 미만이 콘돔을 사용했고, 대략 70%는 경구피임약을 사용했다. 콘돔 사용은 다른 카리브해 지역들에서도 낮았다.

일본에서 HTLV의 지리적인 집중은 주로 어머니에서 아기들에게 전파됨을 나타낸다. 도시에서조차, 일본 내 HTLV 감염은 위험한 성 접촉보다는 사람들의 지리적 출신과 훨씬 깊은 연관이 있다. 카리브해 연안국에서 HTLV-I는 성적 전파처럼 훨씬 균일한 지리적 분포 특성을 가지며, 특히 섹스 파트너가 많은 사람들 사이에서 널리 퍼져 있다. 예를 들어 트리니다드토바고에서 HTLV-1은 일반인 집단보다 남성 동성애자들 사이에서 대략 6배 더 퍼져 있다.

레트로바이러스는 성적 전파가 여성에서 남성으로보다는 남성에서 여성으로 훨씬 잘 일어나므로, 성적으로 전파되는 HTLV 감염은 남성보다는 여성에서 바로 상승할 것이다. 여성에서 상승을 멈추기 시작하는 연령이 성적 전파 HTLV의 지표이다. 여성의 감염이 우세한 자메이카와 바베이도스에서는 20세 직후에 시작하지만, 일본에서는 40세 이후에야 시작된다. 이들 지역에서 감염은 각각 연령 증가와 함께 계속 상승한다.

감염과 증상 개시 사이의 기간 역시 지리적으로 다르다. 일본에서 HTLV에 의한 암은 인생의 황혼기에 접어든 대략 평균 60세에 발생한다. 비록 남성에서 여성으로의 성적 전파가 궁극적으로 여성의 감염이 우세하도록 하지만, 여성에서 암 발생 빈도는 남성에 비해 그저 약간 더 높을 뿐이며, 감염 여성의 암 발생 빈도는 감염 남성의 발생 빈도보다 낮다. 이런 남녀 간의 차이와 부모로부터 감염을 물려받지 않은 사람들에게서 T 세포성 암이 나타나지 않는 것은 암이 부모에게서 물려받은 감염에서 주로 그리고 거의 배타적으로 발생한다는 것을 시사한다. 그러므로 출생과 암 발병 사이의 60년 간은 대략 감염과 암(발생) 사이의 기간을 반영한다.

카리브해 연안국에서는 감염자들이 일찍 암에 걸리는데, 일반적으로 40대 전반이다. 암의 희생자들은 주로 여성들이며 암을 일으킨 전염은 주로 성행위에 의해 일어났을 것이다. 만약 그렇다면, 카리브해 연안국에서의 감염과 암 발병 사이의 기간은 아마 40년 미만으로 일본의 절반 정도이다. 이 결과와 유사하게, 이민자 가족들로부터 얻은 개략적인 데이터는 카리브해 연안국에서 영국으로 이민간 사람들이 오키나와에서 하와이로 이민간 사람들보다 젊은 나이에 암이 발생한다는 것을 보여준다. 그러므로 암 발생 시기의 지리적인 차이에 카리브해 연안국과 일본 간에 존재하는 일부 환경적 차이가 기여하는 바는 별로 없는 것 같다.

이 결과는 성적 파트너 비율과 HTLV 감염의 병독성이 일본보다 카리브해 연안국에서 모두 다 크다는 것을 보여준다. 현재의 증거는 감염 과정에서의 다른 영향들과 상반되는 HTLV들 고유의 유해성 차이들에 기인하는 이러한 병독성 차이들의 범위를 조사하기 위해 설계된 연구들이 필요하다는 경각심을 이끌어낸다.

저마다 다른 지리적 지역에서 얻은 데이터는 훨씬 단편적이지만, 새로 나타나는 경향은 성적 파트너 비율과 HTLV 병독성 사이의 관련과 일치하고 있다. 예를 들어 호주, 솔로몬제도와 파푸아뉴기니의 원주민들에서는 유전적으로 서로 다른 HTLV-I 그룹들이 사람들에 감염되지만 좀처럼 암이나 신경학적 병들을 일으키지 않는다. 이와 같은 맥락에서, 사회학적 연구는 파푸아뉴기니에서 여성들의 혼전 성교 기회를 제한함을 보여준다. 파푸아뉴기니에서의 감염 패턴을 보면 성적인 전파도 역시 비교적 낮음을 시사한다. HTLV-I 감염은 일본에서처럼 지리적으로 그리고 가족 안에서 일어나지만, 남성과 여성 사이의 감염 이환율은 유사했다. 또 일본과 자메이카에서 관찰되는 남성 대비 여성에서 나타나는 안정적인 증가가 파푸아뉴기니에서는 나타나지 않았다. 풍토병 지역으로 이주한 뒤 한 명 이상의 아이를 낳은 여성들 사이에서만 성적인 전파 감염 소견이 있었다.

데이터가 훨씬 부족하기는 하지만, 중앙아메리카와 남아메리카에서 증상까지의 기간과 성적인 전파 가능성은 일본과 카리브해 연안국의 중간 정도로 보인다. 예를 들어 파나마에서는 암으로 진행 중인 감염 비율과 성적 파트너 비율 모두 자메이카보다는 낮은 것 같다.

미래의 HTLV 진화 위의 비교들은 HIV의 경우처럼 HTLV-I에 의한 질병의 지리적 패턴들이 성적 전파의 빈도에 근거하는 예측들과 일치함을 시사한다. 최근 일본에서 태국으로 HTLV-I 유입이 명백하게 일어났으며, 이를 통해 병독성의 진화적인 증가를 추적할 수 있을 것이다. 태국 매춘부들 사이에서 HIV의 급속한 확대는 높은 성적 파트너 비율을 암시한다. 이 비율이 향후 수십년 안에 감소하지 않는다면, 새로 유입된

HTLV-I의 병독성은 증가하게 될 것이다.

현재의 증거는 HTLV-II가 HTLV-I과 동일한 경로로 전파될 수 있음을 나타낸다. 주사 바늘과 섹스, 그리고 모유 수유를 통한 수직 전파이다. HTLV-I 전파와 병독성의 지리적 변이에 대한 지식은 이제 막 축적되기 시작하였지만, 유사한 패턴이 일어나고 있을 것이다. 파나마의 과이미족에서 HTLV-II 감염은 매우 낮은 비율로 전파되는 것으로 보인다. 정확한 방식은 확실히 모르지만, 아마도 조사가 이루어진 농촌 지역에서는 일부 성적인 전파와 부모에 의한 수직 전파가 낮은 비율로 일어나고 있을 것이다. 따라서 1992년 1월까지 이루어진 조사에서 HTLV-II에 감염된 과이미족 42명에서는 어떤 질병도 발견되지 않았다.

미국과 유럽에서, 주사 바늘-매개 전파는 특히 HTLV-I과 II 유형 모두에게 유력한 방식으로 보인다. 가장 큰 위험은 오랜 세월 동안 정맥주사용 마약을 사용하는 사람들과 마약 중독자들이 자주 모이는 곳을 방문하는 사람들이다. 이런 사람들 간에 HTLV 감염률은 HIV 감염률보다 훨씬 점진적으로 증가한다. 이 차이는 HTLV가 주사 바늘-매개 접촉으로 HIV보다 덜 전파된다는 의미인데, 아마도 혈액 내 HTLV 농도가 더 낮기 때문일 것이다. HTLV는 암스테르담과 같은 여러 유럽 도시들에서 HIV보다 훨씬 덜 퍼져 있는데, 이들 도시에서 HIV는 약물 정맥주사를 통해 광범위하게 퍼져왔다. 이러한 낮은 유병률은 주사 바늘-매개 전파를 용이하게 하는 더 높은 증식률을 진화시켜야만 한다는, 향후 HTLV가 확산될 수 있는 불길한 가능성이 상존함을 시사한다.

정맥주사에 의한 약물중독자들 간에 돌아다니는 HTLV 균주들은 벌써 병독성 증가를 향한 진화적 경로에 어느 정도 들어섰을 것이다. 미국에서 정맥주사 사용 약물중독자들 간에 HTLV 감염은 적어도 20년 전으로 거슬러 올라간다. 과이미족에서의 HTLV-I과는 같고 HTLV-II와는 달리, 미국의 HTLV-II는 흔치 않은 백혈구암과 관련이 있다. HTLV-II에 감염된 세포의 병리학적 변화들은 그 인과관계를 뒷받침할 근거를 제공한다. 주사 바늘-매개 마약중독자들에서, HTLV-II 감염은 신경학적 병변 그리고 비정상적인 백혈구 수와도 관련이 있지만, HTLV-II 감염이 이와 같은 이상들을 일으키는지 판정하는 데 쓸 만한 데이터는 아직 충분하지 않다. 최근 미국의 HTLV-II 감염은 HTLV-I에 기인하는 병과 적어도 10개의 신경학적 질병에서 관련이 있다. 이들 대부분의 사례는 북미 원주민(인디언)들에서 발견되었다. 비록 이 인종 집단에서는 정맥주사를 통한 약물 중독이 레트로바이러스 전파의 흔한 경로이기는 하지만, 마약 투여와 인디언들 간의 연관이 명백하지는 않았다. 반면 다른 일부 사례들에서는 그런 연관이 명백했다.

연령과 함께 증가하는 HTLV 감염의 완만한 추세와 경향과 오래 노출된 위험 그룹에서의 낮은 HTLV 유병률은 HTLV 전파가 HIV 전파보다 느렸음을 보여준다. 그러나 이 격차는 현재 줄어들고 있을 것이다. 예를 들어 주사 바늘-매개 전파율과 샌프란시스코에서의 HTLV 감염 이환율은 흔히 발견되는 HIV 이환율과 비슷하다.

비록 완전하지는 않지만 이같이 HTLV 분포와 감염에 대한 상세한 정보들은 HTLV가 위협적임을 보여주는데, HTLV가 격리된 원천들에서 자유로워졌기보다는 병독성 증가의 진화를 선호하는 지역 환경에서 진화를 거쳤기 때문일 것이다. 낮은 돌연변이율과 낮은 복제율은 과거 수세기에 걸친 비교적 낮은 병독성에 기여했을지도 모르지만, 이 특징들은 진화할 수 있다. HTLV가 높은 수준의 주사 바늘-매개 전파와 성적 전파 비율이 높은 지역으로 유입될 때, 이 바이러스는 자신의 레트로바이러스

사촌인 HIV-I에 대해 제안된 것과 비슷한 병독성 증가 방향으로 진화해 갈 것이다. 주사 바늘-매개 전파와 성적 전파를 줄이는 것은 이런 진화가 일어나지 않도록 도울 것이며, 특히 이미 병독성이 강해진 이들 HTLV 계통의 유해성을 줄일 것이다.

반대로 말하면, 어머니-자식 간 수직 전파를 줄이려는 시도는 역효과를 내기도 한다. 병독성이 약한 바이러스에 감염된 어머니에게는 부모에 의한 전파 가능성이 매우 높은 아이들이 있을 것이므로, 어머니에서 자식으로의 전파는 양성으로 진화할 것이다. 일본에서의 암 발생 시기는 이 주장을 지지한다. 어머니들의 생식 능력이 사라질 때까지, HTLV는 좀처럼 암을 일으키지 않는다.

진화생물학자들은 이 주장이 노화 이론의 전염병 버전임을 인식할 것인데, 비록 바이러스가 통상적인 가임 기간이 끝난 후에야 손상과 죽음을 일으킨다고 해도 가임 기간이 끝나기 전에는 장점을 제공한다는 특징으로 인하여 선호될 것이다. 부모에 의한 전파가 완전히 차단된다면, 이런 전파로 얻을 이익이 불균형적으로 억제될 무해 균주들은 병독성을 증가시킨다. 게다가 부모에 의한 HTLV 전파는 예전의 생각, 특히 카리브해 연안국보다는 약간 덜 중요할 것이다. 따라서 성적인 전파를 차단하지 않고 부모에 의한 전파를 차단하는 데 투자하는 것은 반대로 HTLV의 병독성을 강화하는데, 이전에 생각한 것보다는 단기간의 작은 이익에 장기간의 고비용을 초래한다.

새로 출현하는 간염 바이러스들

HTLV와 HIV의 주사 바늘-매개 전파에 대한 논의는 간염 바이러스에도 역시 적용된다. B형 간염은 수십 년 간 광범위하게 주사 바늘로 매개

되었으며, 간염 바이러스들에서 가장 가혹하다고 알려져 있다. 예를 들어 병원 의료진의 우발적인 주사 실수로부터 얻은 데이터들은 HIV-I과 B형 간염이 상당한 인명 손실을 초래함을 시사한다.

HIV처럼, B형 간염 바이러스에 의한 증식과 조직 손상 사이의 연관은 주로 간접적이다. B형 간염의 증식은 간세포들을 파괴하도록 면역계를 자극한다. 많은 개발도상국에서 B형 간염은 주로 어머니에서 아이에게 전파되기 때문에, 진화학적으로 추론하면 HTLV에 대한 예측과 매우 유사한 지리적 변이를 예상할 수 있다. B형 간염 바이러스의 병독성은 주사 바늘-매개 전파와 성적 전파가 우세한 곳에서는 특히 높고 모계 전파가 우위를 차지하는 곳에서는 특히 낮다.

C형 간염은 이 유형이 새롭고 퍼져가는 병원체인지의 여부와 병독성 정도를 파악하기 충분할 만큼 오랜 동안 확인되지는 않았다. 그러나 이 역시 주사 바늘-매개 전파처럼 보이므로, C형 간염 바이러스도 특히 정밀하게 조사할 가치가 있다.

의료 기관들과 AIDS 환자들 사이에서 새로이 나타나는 병원체들

제5장에서 언급한 것처럼, 병원 환경은 인간에게 새로운 병원체가 침입하기에 좋은 기름진 토양을 제공한다. 어떤 병원체에게 인간은 숙주로서 별로 적합하지 않다고 해도, 수술과 카테터 부착과 같은 과정은 병원체들을 직접 조직에 이식할 수 있도록 한다. 또 입원 환자들은 방어 체계가 매우 취약해서 이식된 병원체들에게 근거지를 제공한다. 심각한 병원 감염을 일으킬 수 있는 병원체가 많다면, 진화역학자들은 장기적으로 심각한 질병을 일으킬 잠재력이 있는 감염들이 아니라 그와는 별개로 몇몇 감염을 일으키지만 매우 심각한 병원체들을 구별해내는 것을 목표로 삼

아야 할 것이다. 병원체들이 감염에 영향을 받지 않는 인구 집단으로 확대되어 근거지를 확보할 수 있다면 위험한 감염이 확장될 것도 염두에 두어야 할 것이다.

관계자-매개 전파와 '앉아서 기다리는 전파(sit-and-wait transmission)' 모두 이 문제의 중심에 있다. 관계자-매개 전파는 병원과 이와 유사한 기관들에서 병독성을 증가시키지만, 일단 이러한 병원체가 일반 인구 집단으로 숨어 들어가면 종종 낮은 병독성 방향으로 진화한다. 그러나 이런 일반화는 가만히 앉아서 기다리는 병원 감염 병원체에는 잘 들어맞지 않을 것이다. 정의상으로 가만히 앉아서 기다리는 병원체들은 외부 환경에서 내구성이 있으므로, 그들은 특히 관계자-매개 전파 경향이 있을 것이다. 그 병원체들이 인간 집단에서 기반을 얻는다면, 그들은 관계자-매개 전파를 통해 병원에서 병독성을 증가시킬 것이고, 외부 환경에 대해 내구성이 있기 때문에 일반인 집단에서도 높은 병독성을 유지할 것이다.

병원 감염성 폐렴을 일으키는 주요한 원인들 중 하나인 녹농균[8]을 생각해보자. 이 균은 체외 환경에서 6개월 간이나 생존할 수 있는데, 이 기간은 결핵이나 디프테리아 원인균과 같이 가만히 앉아서 기다리는 병원체들 가운데 보고된 최대 지속 기간과 비슷하다. 이 균은 일반적으로 의료 기구들을 통해 퍼질 수 있고, 항생제 치료에도 50% 정도는 폐렴 또는 혈류 감염으로 치명적이다. 녹농균은 거의 모든 항생물질에 대해서 본질적으로 내성을 나타내며, 그밖에도 내성을 빠르게 진화시킬 수 있다. 항

---

8) *Pseudomonas aeruginosa*. 녹농균(綠膿菌). 유기영양세균인 슈도모나스속(屬)의 혐기성 간균(桿菌). 그람음성균으로 항생물질의 일종인 녹색 색소 피오시아닌을 생산함. 화농균과 함께 농흉(膿胸)이나 중이염의 원인이 되며 녹농(綠膿)을 배출함.

생물질의 과도한 사용과 결부된 이 고유한 내성은 훨씬 병독성이 약한 경쟁자들을 의료적으로 통제하는 과정에서 녹농균이 확산되도록 조장한 것 같다. 녹농균 그룹이 건강한 사람들에 감염되어 능력이 향상되도록 진화한다면, 이는 매우 위험한 병원체가 속박에서 풀려나는 것이다. 우리는 이미 이 과정의 중간에 있을지도 모른다. 녹농균 감염은 항생제 시대 이전에는 드물었지만, 최근에는 내원 환자 1,000명에서 대략 1명꼴로 발견되며 계속 증가 추세를 보인다. 녹농균의 한 특수한 유형(0:11 유형이라 불린다)이 대부분의 피해를 일으켰다.

항생물질이 항상 효과적인 통제를 제공했다면, 이런 문제는 제한적으로만 중요할 것이다. 그러나 기존의 항생물질들은 자주 녹농균처럼 새로이 출현하는 병원 감염성 병원체들에 대해 거의 효과가 없다. 게다가 적당한 항생물질들이 발견되기 전에는, 병원에서 일어나는 급속한 항생제 내성 발달은 해로운 균주들로 인해 치사율이 높아질 가능성이 있다. 병원 감염성 *Staph. aureus*의 높은 치사율은 그런 걱정거리를 대표하는 예인데, 결핵균 *M. tuberculosis*는 이보다 더 위험해 보인다. 최근 *M. tuberculosis* 균주들은 항생제 내성 발달을 통해 의료 기관에서 균의 확산과 치사율을 강화시키는 것 같다.

AIDS의 세계적 대유행은 인간에게 새로운 '앉아서 기다리는' 병원체들을 위한 입구를 비슷하게 열어주고 있을지도 모른다. AIDS 환자들이 병원과 치료 기관들에 자주 드나들면서 HIV, 항생제 내성 그리고 병원과 같은 기관 환경들은 치사성 결핵의 재출현을 공동으로 강화시키고 있다.

많은 입원 환자들처럼, AIDS 환자들은 특히 기회 감염을 일으키는 병원체들에 취약하다. 예를 들어 *Mycobacterium avium* 그룹에 속하는 세균들은 미국과 유럽의 AIDS 환자들에 흔히 감염된다. 이런 병원체들은 숙주 체외에서 장기간 생존할 수 있고, 결핵 치료제에 대해 자연스럽게 내성을 나타낸다. 다행히도 그들이 사람 대 사람으로 전파될 가능성은 희박하지만, 그들이 만일 손상받지 않은 숙주들에게 전파되는 능력을 강화하는 경로로 진화한다면 우리는 매우 골치 아픈 강적을 마주하게 될 것이다. 현재 미국에서 *M. avium*에 의한 폐질환 발병률은 이러한 위험의 징후를 보여준다. AIDS 환자들을 제외하고, 결핵균에 의한 환자는 8명당 1명꼴로 발생한다. 유럽에서도 그러한 감염에 의한 발병률이 비슷하게 증가했다.

절지동물-매개 병원체들의 새로운 출현

우리는 또한 절지동물-매개 병원체들의 새로운 출현에 대해 특별한 주의를 기울여야 한다. 절지동물 운반체들이 어떤 지역으로 들어왔을 때, 매개체 전파 유행병은 두 가지 경로로 시작될 수 있다. 매개체 전파 병원체는 외부로부터 직접 한 지역으로 들어올 수 있다. 또는 새로 도입된 매개체에 의해 그 지역의 다른 척추동물 숙주들을 거쳐 인간에게 전달되어 풍토적으로 일어날 수 있다. 첫 번째 경로는 역사상 가장 심했던 일부 대유행병들의 원인이었다. 선페스트에 의한 중세 유럽의 황폐화와 식민지 시대와 초기 산업혁명 기간에 황열병에 의한 미국과 유럽의 도시들에서 주기적으로 일어난 대량 인명 살상이 그 예들이다.

어미모기로부터 새끼로 자주 수직으로 전파되기 때문에, 매개체와 병원체의 동시 도입은 대부분의 모기-매개 바이러스에 적합하다. 수직 전파되는 바이러스들은 대체로 병독성이 약하기 때문에 감염된 모기들은 오래 살 수 있는데, 이는 한 번 감염된 모기들에 다시 바이러스가 삽입될 가능성을 높여준다. 아마도 더욱 중요한 일은, 이런 수직 전파가 바이러스에게 전파를 위한 두 번째 선택 기회를 제공한다는 것이다.

모기가 무는 것을 통해 사람을 곧바로 감염시키는 것 이외에도, 바이러스는 이러한 감염시킬 수 있는 '모기의 물기'가 일어나는 시간대를 넓혀서 증식할 수 있어서 더 많은 모기들을 감염시킨다. 1985년에 위와 같은 방식으로 매개체 전파 바이러스와 연관이 있다고 알려진 흰줄숲모기[9]가 미국에 도착했다. 물에 사는 모기 유충이 재생할 목적으로 들여오는 낡은 타이어들에 고인 물속에 숨어 밀항하듯이 태평양을 건너 미국으로 들어왔다. 모기는 미국 남부에서 남아메리카에 이르기까지 광범위하게 침투해갔다. 비록 아직까지 그 어떤 광범위 유행병도 일으키지는 않았지만, 그 모기는 뎅기열 바이러스의 매개체이며 황열병의 주요 매개체와 같은 속에 속한다. 또 흰줄숲모기의 확산은 인간에게 다른 절지동물-매개 바이러스들의 전염 가능성을 넓혀준다. 예를 들면 인간을 사망시킬 수 있는 라크로스 바이러스(*LaCrosse virus*)와 샌앤젤로 바이러스(*San Angelo virus*)를 그 모기에 실험적으로 감염시켜 매개체로 만들 수 있다. 최근 위험한 뇌염 바이러스가 플로리다에서 분리되었다. 비록 이 바이러스가 모기들을 통해 사람 대 사람으로 현저하게 전파되지는 않았지만, 그 가능성은 단지 몇 번의 돌연변이만 일어나도 현실이 될 수 있다. 만약 그런 바이러스들이 필요한 돌연변이를 일으킨다면, 흔히 어미모기에서 새끼모기로 수직으로 전파되기 때문에 통제하기가 각별히 어려울 것이다.

이런 위험성은 연중 대부분의 기간에 매개체가 풍부한 열대지역에서

9) tiger mosquito, Aedes albopictus. 아시아호랑이모기, 외줄모기라고도 함. 뎅기열 바이러스를 전달하는 매개체. 한국 · 일본 · 타이완 · 프랑스 · 마다가스카르 · 호주 · 뉴기니 · 하와이 · 마리아나 등지에 널리 분포.

특히 분명하다. 수십 년 동안 리프트밸리열 바이러스[10]는 동아프리카와 남아프리카에서 가축들에게 심각한 질병을 일으켜왔다. 1977년까지 바이러스는 이집트에서 퍼지고 있었는데, 대략 20만 명이 감염되어 약 600명이 사망했다. 계속해서 이 바이러스는 모리타니아에서 질병과 죽음을 몰고 왔다. 확실히, 나일강의 아스완(Aswan) 댐과 세네갈강의 다이아마(Diama) 댐에 의해 형성된 고인 물들은 모기 집단 내 개체 수를 크게 증가시켜 이 대유행의 발달을 조장했다. 인간-모기-인간의 전파 범위는 분명하지 않다.

초기의 대유행이 발생했을 때는, 인간-모기-인간 전파가 실질적으로 존재하지 않았지만, 후기의 대유행 발생 기간에 다수의 사람들이 감염된 것은 일부의 인간-모기-인간 전파들과 일치한다. 감염된 사람들의 바이러스 측정치도 그것을 나타낸다. 때때로 측정치는 사람을 무는 모기들을 감염시키는 데 확실히 충분한 ml 당 1억 개의 바이러스를 웃돈다.

이 바이러스는 몇 개의 장애물을 통과하여 인간에게 전파되고 급속한 증식이 가능하게 되었다. 그러나 가장 중요한 것은 모기-매개라는 것이다. 만약 병원체가 사람에서 사람으로 확산되는 것을 촉진하는 돌연변이를 획득한다면, 우리는 곧 황열병만큼 심각한 새로운 매개체 전파 인간 질병에 대해 다루야 할 것이다. 어쩌면 그 과정은 이미 시작되었는지도 모른다. 감염증의 위험성은 지난 세기 동안 계속 증가해온 것 같다. 간헐

---

10) fever. 부니야 바이러스과(Bunyaviridae) 플레보 바이러스속(*Phlebovirus*)의 한 종. 아프리카 중남부에 분포하며 양, 염소, 소 등에 병원성이 있음. 양의 유산을 초래하고 어린 양에 발열, 구토, 콧물, 하혈성 설사 등을 일으키며 사망률이 높으며, 사람은 2차적으로 감염됨. 증상은 뎅기열과 유사하여 발열, 쇠약, 관절통, 위장 장애가 나타남. Aedes, Culex 등의 모기가 매개함.

적인 초기 유행 때는 대체로 사망 사례가 없었지만, 훨씬 후기에 일어난 유행 때는 사망자가 발생했다.

아프리카에서 리프트밸리열 바이러스가 새로 출현하던 때와 같은 시점에, 동일한 바이러스과에 속하는 바이러스가 대서양을 횡단하여 아마존 지역의 인간 집단으로 흘러들어왔다. 이 오로푸체 바이러스(oropouche visrus)는 인간이 아닌 조류를 포함하는 동물들에서의 주기로 주로 전파되는 것 같다. 이 바이러스는 분명히 지난 수십년 간에 걸쳐 모기와 비슷한 깔따구(midge)에 의해 대략 20만 건의 인간 질병을 초래했다. 리프트밸리열병을 매개하는 모기처럼 이 깔따구는 아마도 사람들의 행위 때문에 엄청나게 증식했을 것이다. 카카오 대농장이 확장되면서 버려진 카카오 껍질로 이루어진 '깔따구 번식용 미니 연못'의 수가 급증했다. 대략 10%의 오로푸체 감염만으로도 깔따구를 감염시키기에 충분한 수의 바이러스들을 체내 혈액에서 만들어냈다. 다행히 깔따구의 생활 주기는 단지 6개월 정도만 지속적인 전파를 허용하는 것으로 보인다. 이런 좁은 전파를 허용하는 기간대는 인간의 매개체 전파 기생생물로 진화하기 위한 오로푸체 바이러스의 잠재력을 감소시킨다. 만약 바이러스의 매개체가 황열모기였다면 결과는 달랐을 것이다. 오로푸체 바이러스는 비효율적이기는 하지만 모기에 의해 전파될 수도 있다. 만일 오로푸체 바이러스가 리프트밸리열 바이러스처럼 인간들 사이에서 연속적인 매개체 전파 주기를 허용하는 돌연변이를 일으킨다면, 우리는 머지않아 매우 위험한 바이러스가 진화적으로 창조되는 것을 목격하게 될 것이다.

만일 우리가 병원체를 차단하려는 노력을 새로이 출현하는 모든 병원체에게 똑같이 나눈다면, 우리는 체내에 침입해도 미약한 위해만을 일으키는 많은 병원체들도 차단하게 될 것이며, 동시에 가용 자원을 너무 얇게 분산시킴으로써 최악의 살인자들을 통제할 기회를 놓칠지도 모른다. 대신에 병독성을 진화시키고 유지하는 잠재력이 큰 병원체들만을 차단하는 것에 집중한다면, 최악의 병원체들 중 훨씬 적은 수만이 우리의 감시망을 몰래 빠져나갈 것이다.

뎅기열 바이러스는 그런 골칫거리의 실례를 정확히 보여준다. 평균적으로 볼 때 뎅기열 바이러스는 그 사촌인 황열병 바이러스만큼 치명적이지는 않지만, 황열병처럼 뎅기열은 *Aedes aegypti* 종 모기에 의해 매개된다. 1960년대 초기 멕시코에서 *A. aegypti*를 통제하면서 뎅기열 바이러스는 멸종의 길을 걷는 듯했다. 그러나 1970년대 후반에 모기가 다시 침략해왔고, 그 이후 현재까지 몇 종류의 뎅기열 바이러스들이 돌고 있다. 일반적으로 한 개인이 여러 개의 뎅기열 유형에 감염되었을 때 가장 치명적이므로, 이처럼 여러 유형이 존재하는 것은 특히 우려할 만하다. 감시 노력에 더 많은 자금을 제공했더라면, 이런 재침략을 완전히 막았거나 미리 방지할 수 있었을 것이다.

이런 주장은 가까운 미래에 대한 관점에서만 새로 나타나는 병원체들에 대해 저술하는 선도적 과학자들의 주장과는 아주 다른 결론에 도달하곤 한다. 예를 들어 HTLV나 간염과 같은 병원체은 이미 넓게 퍼져 있으므로 특별히 위협적이지 않다는 자연선택을 상세히 고려하지 않은 채 내려진 결론들을 용납하지 않는다. 그리고 양쪽 모두의 연구를 통해 공히 위협으로 인정된 이들 병원체는 다른 이유들에서 인정을 받았다. 지리적으로 국지화되어 있고 심한 질병을 일으키기 때문에, 리프트밸리열 바이러스는 자연선택에 대한 고려가 없어도 위협으로 인정된다. 매개체 매개로 전파되므로 높은 병독성을 유지하려면 자연선택에 의해 선호되어야만 하기 때문에, 자연선택에 근거한 접근은 이 바이러스를 위협으로 인정한다. 자연선택에 대한 정밀한 고찰은 새로운 병원체가 처녀지로 이동하는 것뿐만 아니라 병원체 집단 내에서 훨씬 병독성이 강한 변형을 선호하는 자연 환경과 우리 문화의 특징들까지도 포함하기 위해서 강조할 고려 대상을 더 넓힌다. 과거 격리된 집단으로 새로운 병원체가 들어와 일어난 훨씬 치명적이지만 일시적인 질병들보다는 집단에서 오랜 동안 존재해온 질병들이 전체 사망과 고통이라는 측면에서 훨씬 더 비중을 차지한다. 해마다 대략 2,000만 명이 감염성 질병으로 사망하고 수억 명이 심한 병으로 고통받지만, 한 지역 내 병원체의 새로움 또는 오래됨이 이런 살상을 결정하는 주요 요인은 아니다. 오래되거나 새로이 도입된 병원체들이 만들어내는 이러한 수치가 감소할 수 있도록, 우리는 병독성의 진화 경로를 충분히 이해해야 한다.

진화 도구로서의 백신들

일반적으로 진화학적 안정성 평가는 감염성 질병을 통제하려는 현재의 노력에 포함되어 있지 않다. 예컨대 연구자들은 백신으로 활용 가능한 생화학적 구성 요소와 같은 병원체의 취약한 측면들에만 집중한다. 천연두, 황열병, 백일해와 홍역에 대한 백신 성공은 모든 병원체를 백신으로 통제할 수 있을 것이라는 희망을 주었다. 그러나 정복된 병원체들의 일부는 특히 '어리석은 적'으로 드러났다. 예를 들어 천연두 백신에서, 분류상으로 친척이자 천연두 백신으로 사용되는 우두 바이러스[11]는 실질

11) vaccinia virus. 백시니아 바이러스 또는 우두 바이러스. 폭스 바이러스(Poxviridae)과 코르도폭스 바이러스아과(Chordopoxvirinae) 오르토폭스바이러스속(*Orthopoxvirus*)에 속하는 천연두 예방 백신으로서 이용하고 근절하는 데 중요한 역할을 함.

적으로 다른 모든 천연두 바이러스가 가진 항원을 가졌다. 일단 한 집단에 우두 바이러스를 광범위하게 접종시키면, 우두 항원에 대한 면역은 다른 천연두 바이러스로부터도 보호했다. 그것은 마치 미국독립혁명 기간에 '영국 병사'를 총살하는 것과 같았다. 만약 개별 병원체 종들이 항상 같은 유니폼을 입었다면, 이들을 동정하고 사멸시키는 것은 천연두처럼 쉬울 것이다. 그러나 기생생물들은 대부분 게릴라전을 수행한다. 그들의 겉모습이 엄청나게 다양하고, 결코 쉽게 인식할 수 있는 유니폼을 입지 않을 것이다. 일부 개별 기생생물들, 예를 들어 수면병을 일으키는 기생생물은 면역계에서 검출되는 것을 피하려고 정기적으로 코트, 즉 외부 항원을 바꿔 입는다. 만일 다른 코트를 입는 병원체들이 끊임없이 생성된다면, 한 종류의 코트만을 입는 병원체를 파괴하고자 면역계를 동원하는 것은 정말 쓸데없는 일이다.

미래에 개발할 백신에 맞춰 자신의 진화 경로를 변경하는 병원체의 잠재력을 평가한다는 것은 다분히 이론적이다. 그러나 경험에서 우러난 추측은 유전학, 진화학 그리고 과거에 직면했던 것들의 결과들로부터 얻은 우리의 지식을 근거로 만들어질 수 있다. 이전 장에서 언급했듯이, 말라리아처럼 유성생식으로 증식하는 것 혹은 HIV나 인플루엔자처럼 돌연변이를 일으키기 쉬운 바이러스에 대항하여 만들어진 백신은 단지 부분적이고 불안정한 해결책을 제공하리라고 예측할 수 있다. 예방접종은 이미 쉬운 적들을 무력화했다. 이제 우리는 훨씬 교활한 적들을 남겨두고 있는데, 이들은 자신의 코트를 바꾸는 방법으로 우리의 예방접종 노력을 피할 것이다. 수면병을 일으키는 원생동물이 하는 것처럼, 그들은 다른 환경에서도 생존할 수 있을 것이다. 또는 진화적으로는 HIV와 인플루엔자 바이러스처럼 할 것이다. 또는 말라리아를 일으키는 원생동물과 같이 양쪽 기전을 모두 사용할 것이다.

장기간에 걸쳐 병원성 적들을 효과적으로 다루려면, 그들을 덜 위험한 생명체로 진화시키기 위해 그들에 대해 우리가 가진 지식을 활용해야 한다. 올바른 백신을 선택하는 것은 100% 근절할 수 없는 병원체에 대해 만족할 만한 조절을 하는 데 도움이 될 것이다. 분자생물학과 면역학은 우리에게 새로운 백신을 생산하는 데 많은 선택권을 제공한다. 이러한 선택권들이 가진 장기간에 걸친 비용 대비 효과를 평가하려면, 우리는 가장 병독성이 강한 균주에 대항하는 선택 약제로서 백신 사용을 고려해야 한다. 일부 기생체들의 병독성은 그들이 방출하거나 표면에 지닌 물질들과 관련이 있다. 이런 물질들에 대해서 면역을 유발하는 백신을 생산하는 것은 이 물질들이 없는 훨씬 무해한 병원체 유형을 선호하도록 진화의 균형을 바꿀 수 있다. 이런 경우가 아닌 백신은 천연두 백신이 그러했던 것처럼 특정 기생체 종의 모든 개체를 제거한다. 장기적으로 유리한 백신은 기생체 집단의 구성을 변화시키는데, 사람들이 여전히 감염되기는 하지만 병독성이 강해 손상을 주는 유형보다는 덜 유해한 유형에 감염될 것이다.

이 점은 디프테리아에서 가장 잘 드러난다. 한때 주요 치사성 감염원이었던 *Corynebacterium diphtheriae*[12]는 예방접종 프로그램이 지나칠 정도로 철저하게 시행된 지역에서 이제 전혀 혹은 거의 질병을 일으키지

12) 디프테리아증의 원인균. 코리네 박테리움속의 1~6μm×0.3~0.8μm의 가늘고 긴 그람양성 간균(杆菌), 곤봉상, 솔잎상 등의 다형성을 나타냄. 포자, 편모, 협막이 없고 호기성이며, 인두 점막에 침입하고 감염 후 2~7일의 잠복기를 거쳐 위막을 만들어 기계적으로 호흡을 방해하고 그곳에서 생성된 독소는 온몸을 돌아서 신장, 심장 및 신경을 침범함. 디프테리아의 병변은 발병 초기에 독소에 대한 대량의 항독소 혈청으로 치료가 가능함.

않는다. 예를 들어 미국에서는 매년 2,000만 명당 1명꼴로 이 사례가 발생한다. 이런 극적인 감소를 가져온 주요 원인으로는 백신 그 자체에 의해서 가해지는 선택적인 압력이다. 독소를 제조하기 위해 *C. diphtheriae*는 바이러스 독소 유전자를 지녀야만 하는데, 이 유전자는 균들이 인접한 주변 숙주세포에서 자원(특히 철)을 가져왔을 때 독소를 생산하도록 작동된다. 독소는 단백질을 만드는 숙주의 능력을 중지시키고 세포사를 일으키는데, 이 과정에서 확실히 *C. diphtheriae*이 사용할 영양분이 나오도록 한다. 따라서 디프테리아의 명백한 증례는 무증상성 감염이라기보다는 훨씬 전염성이다.

그러나 만약 어떤 사람이 독성을 제거한 디프테리아 독소로 예방접종을 받는다면, 영양분을 제한할 때 독성이 없는 독소를 생산하는 *C. diphtheriae* 균은 가치 있는 자원을 낭비하는 셈이 된다. 이 세균이 생산하는 전체 단백질의 5%가 이제 무력해진 독소를 만드는 데 사용될 것이다. 비록 독소를 생산하거나 독소가 없는 *C. diphtheriae* 모두 예방접종을 받은 사람에게 감염될 수 있지만, 독소 생산 균주는 접종자 집단과의 경쟁에서 불이익을 받게 된다. 사실 디프테리아는 광범위한 백신 접종이 시행된 지역에서 사라지고 있지만, 독소가 없는 *C. diphtheriae* 균주는 항구화되고 있다. 예를 들어 매년 미국에서 보고되는 극소수 사례는 대개는 외국 여행자이다. 또는 빈곤하고 인구가 과밀한 도시 지역에서 생활하고 면역반응을 제대로 발휘하지 못하는 백신 미접종자들로 구성된 소집단들에서만 간간이 발생해왔다. 이런 측면에서 디프테리아의 확산 가능성은 명백하게 예방접종 그리고 독소가 없는 균주 감염에 의해 생성된 자연적인 면역에 의해서 제한된다.

우리는 *C. diphtheriae*를 통해 얻은 경험에서 백신 개발 프로그램을 위한 교훈을 얻는다. 연구자들과 연구 자금 제공 기관들은 백신 개발 과정 초기에 병원체의 어느 부분 혹은 병원체 전체에 대한 어떤 조작을 백신 개발에 사용할지를 고려해서 결정한다. 이 과정 후반에 정책 담당자들은 여러 가지 대체 백신들 가운데 어떤 것을 사용할지를 선택해야만 한다. 지금까지 이런 결정을 내릴 때는 예를 들어 방어의 정도, 사용과 준비의 편리성, 경제적 비용과 부작용 빈도와 같은 특징들을 고려해왔다. 진화학적 접근은 이 리스트에 중요한 한 가지를 추가하는데, 병원체의 병독성 진화에 미치는 예방접종 프로그램의 효과가 바로 그것이다.

특히 진화학적 접근은 병독성을 결정하는 물질들의 유사체들을 백신 안에 우선적으로 포함시켜야 함을 시사한다. 방어와 원가 그리고 부작용만을 고려하는 것으로 백신 개발을 정당화한다면, 이러한 것은 어쩌다가 포함시킬 것이다. 그러나 진화학적 결과들은 이 도식을 무가치하게 본다. 예를 들어 콜레라를 방어하기 위한 현재의 백신 개발은 콜레라 독소 부분들을 보충한 죽은 *V. cholerae* 균의 현장 시험을 포함한다. 전통적인 기준으로 평가할 때, 이 보충된 백신은 보충되지 않은 백신들과 같은 정도 혹은 훨씬 효과적인 것처럼 보인다. 그러나 진화학적 이익들을 포함하지 않기 때문에, 전통적인 기준은 그 백신들의 효과를 과소평가할 것이다. 독소를 보강한 콜레라 백신이 콜레라 독소가 병을 일으키는 것을 막는 동안에는, 독소 생산은 병원균에게 더 이상 이익을 제공하지 않지만 여전히 비용을 부과한다. 독소 없이 감염되는 약독성 변이들은 독소 생산으로 낭비되는 자원을 자신의 생존과 증식을 증가시키는 물질들을 만드는 데 대신 사용할 것이다. 병독성에 기초해 개발한 백신의 예상 효과를 높임으로써 얻는 진화학적 이익에 대한 고려는 백신 개발에 추가적인 정당화를 제공한다.

백일해에 대한 표준 백신도 비슷한 예를 제공한다. 그것은 죽은 백일해균[13]의 현탁액이다. 이 백신은 때때로 자신이 보호해야 할 인체에 심각한 손상을 일으키는데, 이런 결함은 좀 더 안전한 다른 면역반응을 나타내도록 하는 것에 대한 관심을 낳았다. 이것이 바로 독소에 기초한 백신을 개발하는 현재 노력의 중심에 있어왔다. 1980년대 중반 스웨덴에서 화학적으로 불활성화된 백일해 독소를 대략 3,000명의 아기들에게 시험적으로 사용했다. 몇 가지 보호 장치를 마련했음에도 아기 중 4명이 사망했다. 비록 아기들의 사망과 그 백신이 무관했을지도 모르지만, 연구자들은 신중한 반응을 보였다. 가장 최근에 제조되는 독소—기반 백신들은 표준적인 백신보다 훨씬 강력한 방어를 제공하고 훨씬 부작용이 적은 것처럼 보인다. 특히 고무적인 것은 유전공학적으로 제조된 독소들인데, 이는 독소의 위험한 부분이 없고 면역을 일으키는 구성 요소에는 단지 약간의 변형만을 가진다. 따라서 유전공학적으로 제조된 독소는 화학적으로 불활성화된 독소보다 훨씬 안전하면서 훨씬 강력한 면역을 촉진할 것이다.

백일해의 심각한 영향들이 이 독소에 의해서이기 때문에, 활성이 없는 백신에 의해 면역반응이 완전히 사라지는 동일한 진화 과정을 통해 백일해를 통제하도록 도울 것이다. 이는 주어진 백신이 특정 *B. pertussis* 균을 차별적으로 선호하지 않음을 시사한다. 만약 독소 백신이 고전적인 백신만큼 안전하거나 혹은 더 효과적임이 증명되면, 진화학적 영향들은 추가 보너스를 제공할 것이다. 병독성 *B. pertussis* 균은 무독성(또는 양성) *B. pertussis* 균들로 교체될 것인데, 이는 남아 있는 그 어떤 병독성 균주들에 대해서도 사람들이 자연적으로 면역이 되도록 할 것이다. 만약 독소

13) 백일해를 일으키는 박테리아 *Bordetella pertussis*.

백신이 고전적인 백신보다 덜 안전하거나 혹은 덜 효과적인 것으로 드러나면, 진화학적 고려는 기존의 백신과 같은 정도로 안전하고 효과적으로 만드는 추후 연구에 충분하게 투자하기 위한 동력을 제공해야만 한다.

그러나 만약 백신이 병독성이 강한 균주들은 물론 약한 *B. pertussis* 균주들까지도 방어하기 위해 만들어진 것이라면, 진화학적인 보너스는 사라질지도 모른다. 연구자들은 현재 기존의 광범위한 변이 균주들을 방해하는 백신의 효과를 개선하기 위해 *B. pertussis*로부터 추가적인 비병원성 구성 요소들을 포함하고 있다. 마찬가지로, 연구자들은 약독성인 엘토르 콜레라균에 대한 면역을 일으키지만 훨씬 병독성이 심한 고전적인 유형에 대해서는 면역을 일으키지 않는 구성 성분을 포함시켜야 한다고 제안했다. 진화학적 고려는 이런 추가 성분들을 단순히 광범위한 병원체에 대항해서 방어하는 잠재력에만 기초해서 선택해서는 안 된다고 제안한다. 오히려 가능하다면 백신의 구성 성분들은 언제나 질병을 생성하는 요소들로부터 만들어져만 하는데, 이는 약독성 변이들을 선호하는 경쟁적인 장점을 추가하기 위해서이다.

디프테리아 모델은 백신 개발이 덜 진전된 상태인 많은 병원체들에 유용하다. 예를 들어 폐렴구균인 *Strep. pneumoniae*는 폐렴, 수막염 그리고 심한 중이염의 주요 원인으로, 미국에서만 매년 대략 4만 명이 이 균 때문에 사망한다. 이 균은 뉴모리신(pneumolysin)이라는 독소 생산을 통해 주로 악영향을 끼치는데, 이 물질은 백혈구의 공격을 피하고 세포막을 파열시킨다. 그로 인해 세균을 위한 영양분들이 세포로부터 나오고 감염 범위가 확대된다. 다른 *Strep. pneumoniae* 분리 균주들에서 추출한 유사 뉴모리신은 연구자들에게 이들을 잠재적으로 미래의 백신에 유용하게 추가할 성분으로 인정하게 했다. 현재 사용 중인 백신은 서로 다른 여러 균주들의 캡슐 부분에서 발견된 복잡한 당사슬들을 모은 것으로서 종종 약한 방어만을 제공한다. 단기간에 걸쳐서 더 나은 보호를 제공하는 것 이외에도, 뉴모리신 분자 일부를 포함하는 백신은 뉴모리신 없이도 그러한 *Strep. pneumoniae*를 선호하는 쪽으로 경쟁적인 균형을 이동시켜야만 하는데, 그에 따라 양성 방향으로 진화한다. 따라서 진화학적인 고려는 뉴모리신을 보충한 백신의 가능성을 엄밀하게 추구하는 것에 추가적인 인센티브를 제공하며, 결국에는 전적으로 *Strep. pneumoniae*의 질병 유도 성분들로 이루어진 백신 제조 가능성을 추구하도록 권장할 것이다.

일단 안전하고 유효한 백신을 개발했다 하더라도, 백신 개발 과정이 완전히 끝난 것은 아니다. 균주들에 대한 모니터링을 통해 백신에 의해 차단되지 않는 기전을 사용하여 병독성을 갖는 방향으로 재진화할 수 있는 어떤 변이체라도 검출할 수 있도록 지속해야 한다. 예를 들어 몇몇 *C. diphtheriae* 균주들은 독소를 생산하지 않고도 질병을 일으킬 수 있다. 만약 이런 변이들의 병독성이 약간의 경쟁적 우위가 낳은 결과라면, 변이는 확산될 것이다. 백신 개발은 새로운 병독성을 만들어내는 물질들에 대한 유사체들을 백신에 포함시킴으로써 이런 부정적인 진화 과정을 제어해야 한다. 그러나 진화학적 통제가 이제까지 백신 개발이 목표로 해온 비진화학적 통제보다 어려워서는 안 된다는 것에 주의해야 한다. 진화학적 통제는 병원체가 완전히 새로운 기전으로 병독성을 진화시킬 수 있음을 전제로 한다. 병독성에서 진화적 감소를 유도하는 것에 더해, 병독성에 기반을 둔 백신들은 예방접종 노력이 미약해져 질병이 다시 발병했을 때 훨씬 안정적으로 보호해야만 한다. 천연두 바이러스처럼 병원체가 멸종을 향해 가지 않은 한, 질병을 일으키지 않는 구성 요소들에 기초한 백신들은 병원성 생명체 집단들을 남겨둘 것이다. 그러면 이 집단은 예방접종이 감소하거나 병원체가 백신 방어의 범위 바깥에 있는 갓길로 진화할 때 확장될 수 있다.

디프테리아 예방접종은 제어 안정성을 병독성에 기반을 둔 백신의 예이다. 최근 수십 년 간 디프테리아 독소에 대한 보호 면역을 가진 사람들의 비율은 그다지 높지 않았다. 미국에서 이 비율은 어린이들의 약 4분의 3 그리고 어른의 4분의 1에 이른다. 만약 디프테리아 백신이 모든 *C. diphtheriae* 균주들에 대항하여 동일한 수준으로 방어했다면, 무방비인 사람들 중 상당수에서 디프테리아가 다시 발병했을 것이다. 이것은 예방접종 노력이 줄어든 지역에서 백일해가 다시 일어난 것과 매우 유사하다. 가끔 비전형적이면서 심각한 백일해 발생이 제대로 보고되지 않기 때문에, 디프테리아와 백일해는 아마도 인식되는 것보다 그 차이가 더 훨씬 클 것이다. 독소를 생성하는 균주들을 확실히 방해함으로써 디프테리아 백신은 예방접종 노력이 일시적으로 감소하거나 소규모 인구 집단에 대해서만 백신 접종이 이루어지지 않는 한에는 병독성이 강한 균주들을 방어하는 데 약독성 균주들이 필요하다.

홍역, 풍진, 유행성이하선염(볼거리)과 같은 대부분의 주요 예방접종 프로그램은 백일해 백신의 경험과 유사하다. 이들은 백신 때문에 생긴 질병 또는 백신 접종을 하지 않은 사람들에서 널리 퍼지는 발병과 같은 시련을 경험했다. 특히 소아미비 증례들을 오진으로 과대평가했다면, 경구용 소아마비 백신에 의한 질병의 통제는 이러한 프로그램들에서 가장 성공적인 것이었을 것이다. 그러나 널리 퍼진 경구 소아마비 백신 접종과 연관된 진화학적 기전은 상기한 디프테리아 예방접종의 간접적인 효과와 훨씬 유사하다. 전파중인 약독성 균주들은 병독성이 강한 균주들에 의한 감염으로부터 숙주를 보호한다. 그러나 소아마비 예방접종에서는 약독성 균주를 백신으로 선택하기보다는 오히려 백신 그 자체로 주사한다. 소아미비 생백신에 대한 중대한 진화학적 불확실성은 약독성 균주들 사이의 경쟁이 결국 병독성을 복귀시키는가에 달려 있다. 신경학적 손상은 아마도 소아마비 바이러스에게는 도움이 되지 않는 부작용일 것이므로, 백신이 뉴런을 특히 좋아하는 바이러스 균주들로 제작되지 않으면 장기적인 통제에 대한 전망은 밝다. 만약 신경학적 편애를 가진 균주들을 사용한다면, 백신 균주들 간의 경쟁은 복제 증가로 이어질 수 있고 간접적인 영향으로서 신경학적 손상이 증가할 수 있다.

이러한 견해는 병독성에 대한 진화학적 고려들을 통합해야 한다는 점을 강조한다. 생백신들이 사백신보다 훨씬 잘 작용하는 것 같지만, 만약 생백신을 사용해야만 한다면 우리는 약독성 병원체가 병독성을 증가시키는 진화를 일으키는 환경적인 변수들을 먼저 이해하는 것이 좋다. 그렇게 하지 않으면, 우리의 예방접종 노력은 역효과를 낼지도 모른다. 어쩌면 우리는 다수의 약독성 병원체를 위험한 병원체로 전환하는 진화학의 변화를 선호하는 환경들에 다가가고 있는지도 모른다. 생백신들의 위험은 예를 들어 변이가 이 위험의 연속선상에서 가장 위험한 마지노선에 얼마나 근접했는지에 달려 있다. 현재 그다지 위험하지 않은 리노바이러스에 유효한 생백신은 가장 덜 위험한 한계에 근접해 있을 것이다.

진화역학의 출현과 다윈의학

세부 학문 분야들의 결합

'기생'을 연구하는 생태학자들은 진화학적 접근의 중요성을 강조했지만, 인간에 대한 역학은 전통적으로 진화학의 시간 척도보다는 생태학의 시간 척도에 집중해왔다. 예를 들어 진화역학은 병독성, 저항 그리고 질병 징후들의 적응상의 중요성과 같은 병원체와 숙주의 특성들에서 일어나는 진화적인 변화까지를 망라하기 위해 역학의 관점을 확장한다.

역학 분야는 본질적으로 질병의 생태학이다. 찰스 다윈의 시대부터 생태학과 진화생물학은 긴밀하게 연관되었다. 그러므로 언뜻 그처럼 적은 진화학적인 사고가 역학에 수용된 것은 놀랄 만한 일로 보일 것이다. 그러나 의학과 역학의 목표를 염두에 두면 이런 불충분에 대해 이해할 수 있다. 의학과 역학의 주된 목표는 개별 환자들을 돕고 질병의 확산을 통제하는 것이다. 20세기 시작부터 75년 동안 역학에 약간의 진화학적 사고를 도입한 것은 진화적 변화들이 이러한 목표들과 직접적으로 충돌했을 때 일어나는 경향이었다. 항생제 내성 진화에 주목한 것이 그 고전적인 예이다. 이 책에서 제시된 아이디어들은 건강 관리와 직접적으로 연관된 역학의 다른 측면들에 진화를 응용하도록 확장시켰다. 병독성의 진화 그리고 훨씬 더 일반적으로 질병의 징후가 그 예이다.

인간 이외의 생명체들의 기생과 기생성 질병들을 넘어 의학의 문제들로 확장했을 때, 진화학적 접근은 대부분의 질병들을 새로운 차원에서 이해한다. 이런 차원의 실제적인 이익은 경제적인 투자와 관계된 것이다. 예를 들어 만약 문화적 매개체 가설이 옳다면, 이것을 제거하기 위한 중재 비용은 두 개의 긍정적인 영향과 비교해서 고려되어야만 한다. 첫 번째는 전염병학자들이 전통적으로 단기 이익으로 인정하는 질병의 전파가 감소하는 것이다. 두 번째는 진화역학에 의해 장기 이익으로 특정되는 것으로, 기생생물의 병독성이 진화적으로 감소한다는 것이다. 진화생물학, 생태학 그리고 역학은 학문들 가운데 가장 학제적이다. 진화역학과 다윈의학의 발달은 의심할 여지없이 다른 학문들을 여전히 끌어들일 것이다. 이 책에서 옹호하는 미래의 연구들은 사회학, 심리학과 인류학에서 이끌어낸 통찰들을 통합해야 하는데, 어떻게 전파되는가 뿐만 아니라 관련된 사회적 배경이 전파를 허용하는지, 즉 거동이 자유롭지 못한 감염자들로부터 또는 대체 대증요법을 받고 있는 사람들로부터 전파가 되는지 역시 알아야 한다.

현재 상태 그리고 해야 할 일

과거에 일어난 것으로부터 미래를 만들어내기 위해서 할 수 있는 것으로 주의를 옮기면, 우리는 언제나 '현재 상태' 대 '해야 할 일'로 이분화된 구도와 마주하게 된다. 현재의 결과들과 미래의 정책들에 대해 논하기 위해, 우리는 무슨 일이 일어날지에 대한 과거와 현재의 평가 지식을 사용한다. 추구해야 할 미래 정책들을 결정하기 위해 이러한 평가들을 사용할 때, 우리는 '현재 상태'에서 '해야 할 일'로 이동한다. '해야 할 일'은 우리의 가치에 달려 있기 때문에, 다른 가치를 가지는 사람들은 우리가 추구해야 할 정책들에 대해 틀림없이 동의하지 않을 것이다. 그러나 행동의 대체 경로들은(A 행동은 B라는 결과를, 그리고 C 행동은 D 결과를 이끌어낼 것이라는 예상) 어떻게 우리의 가치에 부합하는지를 더 잘 평가할 수 있도록 해주기 때문에, 현재 상황에 대한 지식은 '해야 할 일'에 대한 우리의 결정에 영향을 미친다.

질병에 대한 진화학적 접근의 한 가지 실제적인 이익은 과거의 미신이 현재의 불완전한 지식으로 남아 있는 공백을 채우는 경향에서 유래한다. 호기심은 진화학의 전망을 통해 곧바로 설명될 수 있다. 호기심은 지식을 향상시키고, 향상된 지식은 생존과 번식을 높일 것이다. 그러나 호기심은 질문을 끝낼 수 없다. 어떻게 작동하는가? 또한 호기심은 우리에게 질문하게 한다. 그것들은 왜 그런 식인가? 예를 들어 왜 인간은 현재 AIDS 대유행의 길목에 있는가? 진화학적 접근이 없이는, 과학자들은 이 질문에 대해 견실한 근거가 있는 답을 일반인들에게 제공할 수 없다. 그리고 만약 과학자들이 믿을 만한 답을 할 수 없다면, HIV가 동성애자, 매춘부와 마약중독자들을 처벌하기 위해 하나님이 보낸 것이라고 믿는 종교적인 극단주의자들이 공공 정책과 일반 정서에 상대적으로 훨씬 강한 영향을 미칠 것이다. 따라서 AIDS의 진화학적 기원에 대한 지식이 향상되면, 그 최종 결과는 비과학적인 무리들의 비난에 대항하여 자신을 지키기 힘든 사회경제적, 정치적으로 힘이 없는 사람들이 피해를 덜 받도록 만들 것이다.

미래의 옵션을 논의하면서 나는 우리가 사회적으로 해야 할 일에 대한 처방을 내리지는 않고 있다. 그보다는 오히려 자연적 과정들, 사회적 실행들, 그리고 질병의 진화 사이에서의 관계들을 이해하고 설명하고자 노력하고 있다. 나는 이러한 '현재 상황' 유형의 문제들에 대한 해답이 우리가 '해야 할 일' 유형에 대한 더 나은 고지된 선택을 하는 데 도움이 되리라고 믿는다. 하지만 우리가 개인적 또는 집단적으로 내리는 선택 하나하나는 우리가 개인적 또는 집단적으로 수용하거나 거부하는 각각의 사회적 가치에 달려 있을 것이다. 내가 만든 '현재 상황'으로부터 '해야 할 일'로 비약한다는 것은 특정 영역에서 과학적 연구들이 필요함을 옹호하는 것이다. 나는 특정 문화적인 변화들이 병독성을 경감할 수 있는, 즉 '해야 할 일'을 찾기 위한 사회적인 중재를 옹호해왔다. 이러한 중재가 *P. falciparum*과 뎅기열 바이러스 같은 매개체 전파 병원체들을 낮은 병독성 수준으로 진화시킬 수 있는지의 여부를 판단하기 위해 지역적으로 방충망과 모기장을 갖춘 주택에 투자할 것을 제안한다. 나는 정수 시스템이 가동하는 지역의 설사 병원체들이 정수를 한 적이 없는 지역의 설사 병원체들보다 병독성이 낮은 수준으로 진화하는지를 조사하기 위해 대규모 지역 투자를 제안한다. 나는 골칫거리 병원체들을 낮은 병독성 상태로 유도할 가능성을 높이기 위해 백신을 개발할 때 병독성을 야기하는 성분들을 표적으로 삼을 것을 제안한다. 그리고 이러한 변화들이 HIV를 좀 더 무독성 상태로 유도할 것인지를 결정하기 위해 HIV의 성적인 전파와 주사 바늘 매개 전파를 줄이는 프로그램에 더욱 큰 규모로 투자할 것을 제안한다.

이러한 중재에는 큰 비용이 들 것이다. 그 대가로 우리는 무엇을 얻을까? 만약 내 가설이 틀렸다면, 이런 중재는 대부분 많은 사람들의 생활을 아름답게 개선하고, 질병과 사망을 크게 줄일 것이다. 만약 내 가설이 옳다면, 우리는 그 이상을 해낼 것이다. 진화가 우리에게 대항하는 대신 우리를 위해서 작동하게 만듦으로써, 질병에 대처하는 새로운 방법을 찾아낼 것이다. 과거에는 항생물질과 백신을 무기 삼아 즉각적인 위협인 병원체들로부터 개인들을 보호하는 것에 우리의 노력을 집중해왔다. 진화학적 전술을 사용함으로써 우리는 한때 병원체들이 그랬던 것과는 달리 더 이상 대단한 적이 되지 않도록 병원체를 바꿀 수 있을 것이다. 따라서 우리는 병원체들이 우리를 공격하기 직전에야 방지하거나 혹은 공격한 직후에 그들을 파괴하기 위한 '군비경쟁'에 돈을 쏟아부을 필요가 없을 것이다. 어떤 의미에서 우리는 병원체들이 역사를 통해 우리에게 해온 것보다 덜 유해하게 만들어 우리와 함께 살 수 있도록 그들을 길들일 것이다.

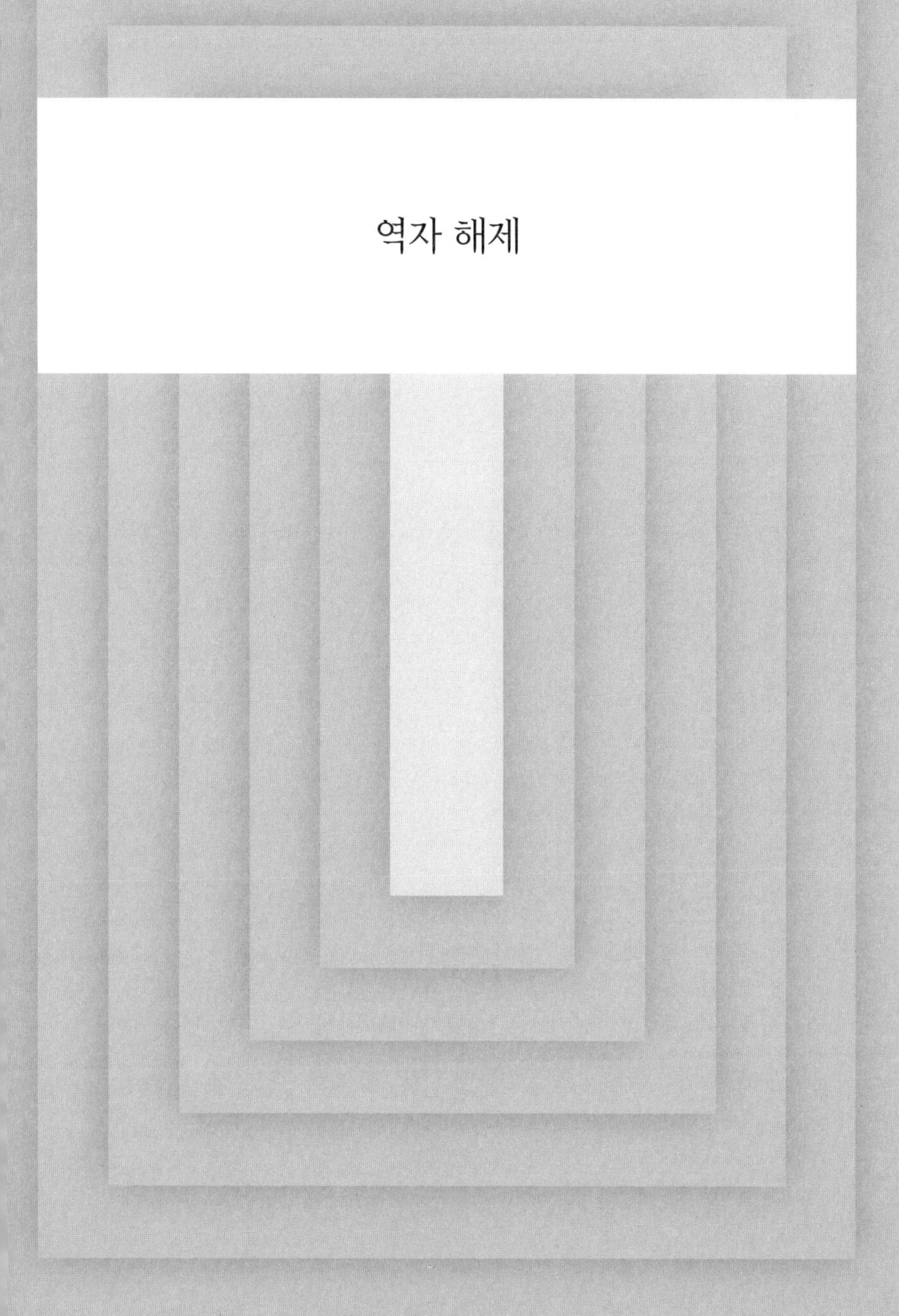

역자 해제

1. 21세기의 감염병

동서고금을 막론하고 모든 인간이 공통으로 바라는 희망은 무병장수일 것이다. 이를 위협하는 요인들로는 전염병과 같은 질병, 각종 천재지변과 전쟁을 들 수 있는데, 큰 물난리 이후에 전염병이 창궐하는 것처럼 질병은 다른 요인들과 동시에 출현하거나 깊은 상관관계가 있는 것처럼 보인다. 인류 역사에서 한 사회나 나라를 뒤흔들 정도로 극심한 전염병은 전 세계 어느 지역에서건 항상 있어왔다. 전염병 가운데 가장 스케일이 큰, 즉 전 세계적 규모로 일어나는 판데믹[pandemic, 대역병(大疫病), 대유행이라고 번역한다]의 예로 멀게는 중세 유럽의 인구를 1/4로 감소시킨 흑사병이 있으며, 가깝게는 1918년에 발생한 스페인독감이 있다. 2008년 상반기에 큰 이슈가 된 조류독감과 유사한 유전형으로 밝혀진 스페인독감은 유럽에서 제1차 세계대전에 참전한 미국 군인들 사이에서 전염이 시작되어 종전 이후 자국으로 귀국한 군인들에 의해 대유행으로 발전했다. 실제로 전투와 관련하여 사망한 사람들(약 1,000만 명)보다 훨씬 더 많은 사망자

(2,000~3,000만 명)가 이 독감으로 목숨을 잃었고, 유럽의 반대편에 위치한 우리나라에서도 당시 약 14만 명이 사망한 것으로 추정된다. 이는 과거라면 국지적인 전염병으로 끝날 수 있던 것이 문명의 발달에 따른 대량 수송 수단에 의해 쉽게 판데믹으로 진전될 수 있음을 보여주는 예이다. 즉 병원성 세균이나 바이러스의 전파와 진화에 미치는 인간의 역할이 더욱 커지고 있음을 의미한다.

WHO와 같은 권위 있는 국제기구와 의과학자들로부터 30~40년마다 발생하는 치사율이 높은 조류독감이 닥칠 시기가 곧 도래한다는 경고가 계속 나오고 있지만, 인류가 이에 대해 제대로 대처하고 있다고 여겨지지는 않는다. 단적으로 최근 수년 간 전 세계인들을 공포의 도가니로 몰아넣고 있는 조류독감이나 신종 플루 감염에 대한 거의 유일한 대응책은 바이러스 증식 억제제 타미플루를 확보하는 것이 고작이었다. 우리 정부는 2008년 5월 250억 원의 예산으로 전 인구의 5%에 해당하는 250만 명분의 타미플루를 구매하기로 결정했고, 2009년 7월에야 그 양을 확보했다. 그러면 95%의 국민은 어떻게 대처해야 하는가? 만약 새로운 신종 플루가 판데믹으로 발전하면 미리 확보한 5%를 위한 약은 어떤 사람들에게 어떤 순서로 나눠줘야 하는가? 타미플루를 독점 생산하는 다국적 제약회사 로슈(Roche) 사의 이익을 보호하기 위해 다른 회사들이 카피약을 생산할 능력이 있는데도 이를 금지하는 것은 올바른 일인가? 국내 정치의 큰 이슈였던 한미간 자유무역협정처럼 다국적 제약회사들과 관련된 선진국과의 무역 협상은 이 문제를 설상가상으로 만드는 것이 아니었는지? 이 문제보다 훨씬 이전부터 제기되어온, 즉 너무 비싼 치료제를 구매할 수 없어서 아프리카의 많은 AIDS 환자들이 속절없이 죽음을 맞이하는 상황에서 인도가 불법(?)으로 카피약을 저렴하게 생산하여 이를 자국민에게 제공하고 있는 현실은 어떻게 받아들여야 할까? '특허'와 '접근성' 같은 문제는 막연히 '자본주의 시장경제' 대 '인간성 혹은 휴머니즘'의 충돌에 관한 문제라고 생각할 수도 있을 것이다. 그렇다면 제약 산업계의 게임 룰을 준수하지 않으면서 우리나라가 15년 안에 세계 7대 제약 강국이 되기를 바라는 것은 논리에 맞을까? 다른 한편으로는 단지 인플루엔자 바이러스의 증식을 늦추는 타미플루의 효용에 대해 의심이 커지는 상황에서, 만약 이에 내성을 보이는 고병원성 바이러스가 출현하고 급속히 전파되면 어떻게 될까?

페니실린 발명 이후부터 인류가 수십 년째 벌이고 있는 세균과의 전쟁에서, 늘 막대한 자본을 들여 개발한 항생제를 시간이 지나면 무력화시키는 세균의 생존 무기인 '내성'은 따지고 보면 인간의 행위들—항생제 남용—에 의해 제공되어 병원균들의 진화 경로에 결정적인 영향을 끼쳐왔다. 신종 플루에 대한 백신은 판데믹 발발 이후 상당한 시간이 지난 2008년 11월에 들어서야 최대 1,300만 명에게 투여할 수 있었다. 당시의 신종 플루가 막강한 전염력에 비해 병독성은 기존의 인플루엔자보다 훨씬 약하다는 사실에 사람들은 안도했다. 그러나 변신의 귀재인 이 바이러스가 전염력과 병독성을 동시에 겸비한 변종으로 돌연변이를 일으킬 가능성은 상존하며, 그럴 경우 기껏 개발한 백신은 무용지물이 될 것이다. 이미 세계화가 진행된 오늘날 국내로 계속해서 유입되는 내·외국인 감염자들을 모두 통제한다는 것은 사실상 불가능했다. 당시 공식적으로는 국내 감염자가 500명을 넘기는 했지만, 다른 나라와는 달리 신종 플루의 확산 초기에 극적으로 전파가 통제되었다는 것은 무엇을 시사하는가? 우리나라에서는 멕시코 체류 중 감염된 최초의 환자와 그와 접촉하여 감염이 의심되는 사람들이 다행스럽게도 '전염병의 전파 원리'에 대한 기초 지식을 갖고 있어서 귀국 즉시 자발적이고도 효과적으로 스스로를 격리시켰다. 이 덕분에 전파 초기에 통제가 이루어진 것으로 보인다. 이는 교육이나 광고를 통해 전염병에 대한 정보를 공유하는 것이 전염을 얼마나 효율적으로 통제할 수 있는가를 잘 보여준다. 이제는 인류를 위해서 전염병에 대한 다른 방식의 대처 방안을 강구해야 할 것이다. 덧붙이자면, 당시 유행에서 국내 감염자들 가운데 사망자가 나오지 않은 것은 축하할 만한 일인데, 속설처럼 '김치'와 '마늘'을 섭취하는 것이 조류독감이나 신종 플루에 저항할 능력을 제공하는지 여부와 우리나라 사람들의 유전형이 인플루엔자 감염에 대항할 능력이 다른 민족보다 강한지 등에 대해서는 관련 학자들의 연구가 더 필요하다.

감염에 대한 두려움이 신종 독감과는 비할 바가 아닌 후천성면역결핍증(AIDS)은 또 어떠한가. 현재는 비록 완치는 불가능하지만 그 원인 바이러스인 HIV에 감염되더라도 적절한 치료를 꾸준히 하면 마치 고혈압이나 당뇨 같은 기존의 만성병처럼 성공적으로 통제할 수 있게 되었다. 그러나 1980년대 초부터 10여 년 간 계속된 AIDS에 대한 전 세계인들의 공포는 이루 말할 수 없었다. 초기에는 감염자와 악수하는 것조차도 위험하다고 여겼으며, 과학자들 역시 이 미지의 괴질에 대해 두려움을 감출 수 없었다. 일부 사람들, 특히 종교계에서는 문란해진 인간들의 성문화에 대한 천형(天刑)이라고 탄식했다. 콘돔은 피임 기구라기보다는 AIDS 방어용으로 그 중요성이 어느 때보다도 부각되어 대중매체에서도 공공연히 사용을 권장하였다. 그러나 과학자들이 AIDS 감염 경로를 규명하는 와중에도 무지와 잘못된 이해 때문에 감염자들이 가족들에게 버림받고, 어린 학생들은 학교에서 쫓겨났으며 직장인들은 실업자가 되기 십상이었다. 지금도 일반인들 사이에서 AIDS에 대한 '미신'의 위력은 무시할 수 없다.

주제에서 다소 벗어나지만 수년 전의 광우병-촛불 시위 사태 역시 과학자들의 논의가 뒷전에 밀린 상황에서 온 나라에 만연한 오해와 이해 부족으로 엄청난 사회적 갈등을 빚은 측면이 있다. 아직까지도 이 논쟁의 불씨는 꺼지지 않았는데, 정치권에서 이를 '가축 전염병에 관한 법률'로 취급하면서 다시 재연될 조짐을 보인다. 한 가지를 더 추가하자면 얼마 전에 벌어진 구제역 대유행과 대규모 살처분에 따른 매몰 및 2차 오염 역시 커다란 경제적, 사회적 문제를 남기고 있다. 이처럼 전염성 질병은 여전히 우리의 생명과 생활을 직간접적으로 위협하고 있다.

지금이야말로 과학자들이 일반인들과 특히 정치인들(공무원 포함)에게 전염성 질병들에 대한 정확한 정보를 제공하고 모든 구성원을 위한 새로운 대처 방안을 제시하거나, 아니면 적어도 그에 대한 논의를 시작해야 할 때라고 생각한다. 지난 세기 중반 왓슨과 크릭에 의해 DNA의 구조가 이중나선임이 밝혀진 이후부터 생명과학, 특히 분자생물학이 눈부신 발전을 거듭해왔고, 이를 기반으로 하는 인접 학문인 의과학과 생명공학 등이 약간의 시차를 두고 급속히 발전하였다. 이제 생명현상에 관해서는 원자 수준에서의 상호작용과 반응에 관한 기전까지 연구 대상이 세분화되고 있다. 인간 게놈 프로젝트 완료 이후 의학 분야에서는 유전자 요법이나 줄기세포를 이용한 치료법을 사용하여 불치병 또는 난치병으로 알려진 질병에 도전장을 던지고 있다. 분자생물학적 접근이 미시적이라면, 역시 지난 세기 중반 이후 개체 수준을 넘어서 집단과 사회에 대한 생물학적 이해가 중요해지면서 생태학과 같은 거시적 접근 또한 주목받고 있다. 언뜻 생명과학자들의 관심사가 정반대 양방향으로 향한 것처럼 보이지만, 공통적으로 '진화'를 이론적 배경으로 삼고 있다. 현재의 의

과학은 분자생물학 분야의 성취들을 가장 적극적으로 수용해왔으며, 그에 대한 보상을 충분히 받고 있다고 여겨진다. 예컨대 대부분의 질병이 어떻게 발생하는지를 상세하게 이해할 수 있게 되었고, 그에 따라 해당 질병에 대한 적절한 대응 치료 전략을 세우고 있다. 아울러 개개인에 대한 진단과 치료가 점점 정교해지고 난치병들이 하나둘씩 '정복'되어 인간의 기대 수명이 날로 높아지고 있다. 그러나 앞서 언급한 바처럼 지구 전체를 놓고 보면 AIDS 창궐로 아프리카 서남부 사람들은 기대 수명이 40세를 간신히 웃돌고 있다. WHO가 경고하듯이 전염성과 병독성을 겸비한 조류독감이나 신종 플루가 종간 장벽을 넘어 인간 사회를 강타한다면 단기간에 수천만 명 이상이 사망할 수도 있다. 질병에 대한 인류의 지식이 그 어느 때보다도 증진되었지만, 동시에 국가 간 무역과 인적 교류의 증가로 판데믹 발생 가능성 역시 어느 때보다도 높아지고 있다. 당연히, 선진국들은 판데믹을 초기에 어느 정도 성공적으로 통제하겠지만 저개발국에서는 속수무책으로 비참한 상황이 계속될 것이다. 그리고 더 강력해진 판데믹이 유입되기 시작하면 선진국들조차도 궁극적으로는 안전할 수 없을 것이다. 이런 재앙을 그저 자본의 문제, 경제력의 문제로 치부하기보다는 근본적인 해결책을 강구해야 할 것이다. 현재 과학은 해결에 필요한 실마리 하나를 찾은 것 같다. 바로 저자가 말하는 진화의학 또는 다윈의학이 그것이다.

2. 어느 과학자의 통찰

건강과학(health science) 또는 의과학에 생명과학 가운데 생태학과 진화학적 접근 방법 내지 사고방식을 융합시켜 진화의학이라는 통합적인 분야를 제창한 선구자적 과학자로 알려진 폴 이월드 박사의 비범한 통찰의 기저에는 두 저명한 과학자의 생명과학 원리들이 깔려 있다. 갈라파고스 제도의 핀치들을 관찰하여 생성된 찰스 다윈의 자연선택의 원리와 시칠리아 섬 팔레르모 변두리인 산타 로살리나(Santa Rosalina)에 있는 작은 교회 앞 연못의 수서곤충들에 대한 세심한 관찰로부터 형성된 G. 에블린 허친슨의 생태학적 군집의 구조에 대한 탁견이 바로 그것이다. 이월드 박사의 고백에 따르면, 그는 불과 23세였을 때 이미 진화의학에 대한 화두를 발견하고 침잠하기 시작했다. 그 계기는 캔자스 주 맨해튼이라는 소도시의 변두리에 있는 작은 쓰레기장 근처에서 조사하는 과정에서 생긴 심한 '설사증'이었다. 거의 모든 사람이 짜증을 내거나 해소할 방도에만 골몰할 이런 상황에서, 그의 머릿속에서는 일련의 질문들이 꼬리를 물고 출현했다고 한다. '이 설사를 치료할까 아니면 그냥 참아볼까?', '지난 23년 간 살아오면서 겪은 많은 다른 세균들과는 달리, 왜 이 특별한 세균은 심각한 설사를 일으키는 것일까?', '비록 매우 불편하지만, 왜 더 심해지지는 않는 것일까?' 이 책의 7장에서는 '설사' 대신 'AIDS'에 대해 그의 오래된 질문들이 적용된다. 최초의 화두에서 16년이 지나는 동안 이월드 박사는 질문들에 대한 과학적인 해답을 준비해왔다. 그의 가설들은 진화생물학의 존재 가치를 드높였으며 특히 의학과 결합하면서 일반인들과 정책수립자들에게도 점차 매력적으로 평가받고 있다.

> 충분한 시간이 주어지면 궁극적으로 숙주와 기생충간에 평화로운 공존 상태가 점차 확립된다. *-르네 뒤보*

질병은 보통 공생(共生)에서 결론을 내지 못한 협상과도 같다…… 양쪽이 생물학적으로 경계선을 잘못 이해하고 있는 것이다. *—루이스 토머스*

이상적인 기생은 사실 공생(commensalism)이다. *—폴 D 회프리치*

저자가 따온 위의 문장들에서 보듯, 진화학자들은 오랫동안 숙주-기생충 상호관계에서 이들의 최선의 자연선택 결과는 공생이며, 충분한 시간이 지나면 기생충의 전염성이나 병독성이 약화된다고 믿었다. 그러나 이러한 너무나 '인간적인' 믿음은 과학적 근거가 희박해서, 어쩌면 하나의 희망 사항—특히 숙주의—이라고 할 수 있었다. 전염성이나 병독성이 약화되리라는 예상과는 달리 현실에서는 너무나 많은 예외가 발견되었기 때문에, 그에 대한 반론이 1940년대부터 산발적으로 제시되었다. 그러나 그 이론을 담을 '새로운 개념의 틀'이 없었기 때문에 과거부터 내려온 잘못된 해석을 전면 수정할 수는 없었다. 이쯤에서 진화생물학의 한계에 대해서도 고려해야 할 것이다. 역자가 보기에는 비록 진화가 도킨스(R. Dawkins)가 말하듯 '눈먼 시계공(The Blind Watchmaker)'이 작동시키는 메커니즘이라면 비판으로부터 잠시는 피해갈 수 있겠지만, 진화생물학은 현대 생명과학의 중요한 기반이면서도 동시에 방법론상으로는 법조계에서 말하는 것처럼 '합리적인 의심(reasonable doubt)'을 남길 수밖에 없는 태생적인 한계가 있다. 즉, 분석을 기반으로 하는 실험과학을 적용하기에는 너무 스케일이 크고 사실상 재현이 불가능하다. 게다가 아직도 위의 예시들처럼 상당수의 연구자들은 도킨스와는 달리 인간 중심적인 관찰을 하고 있다고 여겨진다.

그런데도 진화생물학은 생명과학의 모든 세부 학문 분야와 확고하게 통합되어, 사실상 그들 간의 경계를 구분하기 힘들게 되었다. 예를 들어 발생학 분야에서 진화생물학의 개념이 폰 베어와 헥켈 그리고 바이즈만과 같은 19세기 고전 발생학의 거장들에 의해 수용된 이후 현재는 예쁜꼬마선충(*C. elegans*)으로부터 초파리, 제브라피시, 개구리, 쥐와 인간에 걸친 비교 발생 조절 연구에서 잘 나타나듯이 유전자 수준에서의 미시적인 비교 연구로 발전해왔다. 이는 발생학과 유전학 그리고 진화생물학이 결합한 좋은 예이다. 이와는 다른 방식으로, 1970년대 이후에, 진화생물학이 의과학에 적용되면서 자연선택의 선악이나 방향성과 같은 오해를 불식시키고 좀 더 정교한 이론 체계를 갖추게 되었으며, 자연스럽게 다윈의학(Darwinian medicine) 또는 진화의학(evolutionary medicine)이 태동하게 되었다. 그리고 저자는 네스와 윌리엄즈 등과 함께 이 새로운 분야를 개척하게 된다.

『전염병의 진화』를 출간한 이후 이월드 교수의 지적인 역정은 다음과 같다.

(1) 이월드 교수는 2000년 11월 *Plague Time: How Stealth Infections Cause Cancer, Heart Disease, and Other Deadly Ailments*를 출간하였고, 1년 여 후 이를 수정 증보해서 한 것으로 보이는 *Plague Time: How Germs Cause Cancer, Heart Disease, and Other Deadly Ailments* (2002년 1월)를 출간했다. 다시 후자는 새로운 판에서 부제를 *Plague Time: The New Germ Theory of Disease*로 바꾼 것으로 보이는데, 이는 어마어마한 담론을 담고 있다. 즉 현재 통용중인 germ theory(배종설 또는 세균병원설)와 차원이 다르고 기존 실험실 과학 방식으로는 검증되지 않는 새로운 병인론을 들고 나왔다. 저자는 세균이 심장병, 알츠하이머성 치매,

정신분열증, 여러 유형의 암, 기타 만성질환들의 근원이라고 추정한다. 따라서 현 시대에 우리 건강을 가장 크게 위협하는 것은 에볼라나 웨스트나일바이러스, 조류독감 같은 병독성이 강한 바이러스가 아니라 이미 우리 곁에서 만성적인 감염을 일으키고 결국 죽음에 이르게 하는 세균 또는 바이러스들이라는 것이다. 현대 의학은 이들 상대적으로 약독성인 요인들이 개입된 증거들을 대부분 무시해왔는데, 이제 저자는 이들 때문에 공중 보건이 위태로워지고 있다고 주장한다. 그러고는 새로운 진화이론인 진화의학이 이들 세균/바이러스의 작용에 대한 우리의 이해를 돕고 현대판 대역병들을 통제할 기회를 제공할 수 있음을 역설한다.

(2) 2002년에 출간되고 국내에서는 출판사 '생각의 나무'에서 번역된 『앞으로 50년(*The Next 50 Years*)』은 웹사이트 포럼 'EDGE'를 운영하는 존 브록만(John Brockman)이 제기한 질문에 대해 물리학·천문학·수학·생물학·신경학·생화학·컴퓨터과학 등 최첨단 과학 분야의 내로라하는 25명의 과학자들이 답하는 형식의 글들을 모아 편집한 책이다. 초대된 과학자들은 자기 전공 분야에서 줄곧 책과 글을 통해 대중과 의사소통을 해온 사람들이다. 매우 세세한 실험 논문으로만 세상과 소통하는 실험실 과학자들을 야전군 스타일이라 부른다면 이들은 안전한 사령부 건물 안에서 지도를 펼쳐 놓고 전략을 수립하는 스타일이라 하겠다. 분명히 이들은 50년 정도 앞선 미래에 대해 상상력을 발휘하는 데는 야전 과학자들보다 유리한 면이 있다. 도킨스와 함께 이월드 교수도 이 저자군에 포함되어 있는데, 이월드 교수는 당뇨병이나 암, 알츠하이머, 정신분열 등 만성적인 질환이 감염에 의해 발생하는 일종의 전염병이며, 이러한 사실이 질병에 따라 2010~2025년이면 밝혀질 것으로 예측하고 있다. 이 기

간대는 이 글을 읽는 대다수의 사람들이 평가할 수 있는 범위에 들어간다. 고전적인 개념의 의학이나 생명과학 측면에서 보면 다소 황당한 느낌이 들 수도 있으나, 흥미진진한 일이 아닐 수 없다.

(3) 지금도 인터넷에서 쉽게 찾아볼 수 있는 이월드 교수의 2007년도 대중 강연 동영상이 있다. 대부분의 내용은 『감염병의 진화』에서 제기한 의문과 주장들-기존의 약이나 치료법(대증요법)들이 옳은가라는 의문과 위험한 균들을 길들이려는 진화생물학적인 대처 방안들을 설파한다. 강연은 그의 유명한 '설사' 이야기로 시작한다. 사이트는 http://www.ted.com/이며, 참고로 비영리 교육재단인 TED 사의 모토는 'Ideas worth spreading'이다.

(4) 2007년에 이월드 교수는 다시 한 번 존 브록만의 프로젝트에 참여한다. 서평에 따르면, *What is your dangerous idea? : today's leading thinkers on the unthinkable*(『위험한 생각들』, 갤리온출판사)은 브록만이 2007년 3월에 편집해서 출간한 책으로, 당대 최고의 석학 110명의 생각들을 총망라한 것인데, 일반인이 여간해서는 생각해내기 힘든 위험한(?) 생각들이었다. 즉, 2002년에 대중적인 스타 과학자 25명과 함께 펴낸 『앞으로 50년』이 훨씬 확장된 후속 작업이다. 브록만의 질문은 '틀렸기 때문이 아니라, 올바르기 때문에 위험한 생각은 무엇인가? 우리 사회가 아직 대비하지 못하고 있거나 그저 묻어두고 있는 시한폭탄 같은 생각은 무엇인가? 코페르니쿠스와 다윈의 혁명처럼, 당대의 가치와 도덕에 위배되지만 세상을 변화시킬 생각은 무엇인가?' 하는 것이었다. 이월드 교수는 「개성을 바꾸기 위한 약물 사용」이라는 제목을 들고 참여했다.

⑸ 이월드 교수는 최근 홀리 이월드와 공저로 *Controlling Cancer: A Powerful Plan for Taking On the World's Most Daunting Disease*(Kindle Single, TED Books, 2012년 1월)를 출간했다. 아마존의 서평에 따르면, 저자들은 ⒤ 암이 시작되는 과정의 한복판에는 바이러스들이 있으며, (ii) 초기에 이들 바이러스들을 공략함으로써 암을 치유할 수 있으며, (iii) 치명적인 암들에 대해 다시 생각하고 제거할 수 있는 독창적인 방안을 제시하였다. 사실 B형과 C형 간염 바이러스 감염으로 간암이 발생하고 HPV 감염에 의해 자궁경부암이 발생한다는 것은 주류 의과학에서도 잘 알려져 있는 사실이다. 어쩌면 당연히, 이들 바이러스를 제거하면 암 발생을 막을 수 있고, 실제로 백신 개발에 사용하고 있다. 일단 암의 존재가 확인되면 대부분 고통스러운 화학요법을 사용한다. 그러나 저자들은 진화의학을 사용하여 의사–환자–질병원 바이러스 간의 상호작용을 통해 바이러스의 병독성을 감소시킴으로써 매우 저렴하게 암 발생을 제어할 수 있다고 주장한다.

⑹ 같은 해에 이월드 교수는 *Guarding Against the Most Dangerous Emerging Pathogens: Insights from Evolutionary Biology*(Kindle Edition, TED Books, 2012년 8월)를 출간했다. 이 책에서 저자는 감염에 의한 궤양, 유산, 암 발생에 대한 인식을 바탕으로 우리 시대의 파괴적인 만성 질병인 심장병, 알츠하이머성 치매, 정신분열로 아이디어를 확장시켰다. 다소 과장된 아마존 서평에 따르면, 그는 세균에 대한 현재의 의학적 사고를 타파하는 새로운 이해를 제시했다.

3. 다윈의학 또는 진화의학

다윈의학은 1980년대 후반 미국의 정신과 의사 랜돌프 네스와 진화생물학자 조지 윌리엄스가 창안한 새로운 의학 패러다임이다. 다윈의학은 현대 의학의 문제점이 질병의 증상을 없애는 데, 즉 대증요법(對症療法)에만 관심을 집중하고 있다고 지적한다. 이를 대신해 다윈의학은, 질병에 걸리게 되는 원인을 인류의 진화 과정과 인체의 구조적 특성, 그리고 항상성 유지처럼 생리 기능의 통합적인 특성에 비추어 규명하고자 한다. 그런데 본서의 저자인 이월드 교수는 다윈의학을 발전시킨 학자의 한 사람으로 알려져 있으면서도 진화의학이라는 용어를 더 선호하고 굳이 그들과 차별을 두려는 태도를 보인다. 다윈의학을 주장하는 사람들이 아무래도 의학을 배경으로 하기 때문에 질병과 인간의 관계를 인간 중심으로 바라보는 데 반해 이월드 박사는 가능한 중립적으로 인간과 병원체 모두 각자의 진화의 길을 걷고 있는 대상으로 보고자 한다. 그러나 근본적으로 그들이나 이월드 교수가 추구하는 연구 지향점은 동일하므로, 이 글에서는 진화의학이라는 용어만을 사용하고자 한다.

진화의학의 바탕이 되는 '진화'는 도킨스가 자신의 유명한 저서 『눈먼 시계공』에서 언급한 바처럼 자연선택이라는 눈먼 시계공에게 맡겨진 시계의 운명과도 같은 것이다. 다시 도킨스의 『이기적 유전자(*Selfish genome*)』에 따르면, 진화는 단지 현재의 환경에서 자신의 유전자를 후손에게 많이 전달하는 것 말고는 인간의 주관이 들어간 그 어떤 합목적인 것도 추구하지 않는다. 이러한 관점은 여러 도전적인 논쟁들을 이끌어낼 수 있을 것이다. 예를 들어 이른바 장수 유전자라든가 발암 유전자의 존재에 대해 재고해야 할 것이다. 한편 인간 게놈 프로젝트 완성 이후 유전자 만능(?)의 신화에 대한 콘텐츠도 바뀔 것으로 예상되는데, 진화의학과 에피제노믹스(epigenomics, 후생유전학) 또는 영양유전체학(nutrinogenomics)과 결합하면 훨씬 더 설득력이 있을 것이다.

관상혈관계의 동맥경화로 심장마비가 우려되는데, 더 이상 혈관 우회수술을 할 여지가 없을 정도로 심장 상태가 좋지 않다면 심장이식을 고려하는 것은 당연한 일이다. 어쩌면 줄기세포를 이용한 치료도 가능하겠지만 아직은 이른 감이 있다. 또 인공심장이나 이종간 이식(xenograft)으로 돼지 심장을 고려할 수도 있겠지만 역시 내구성이나 안정성이 확보되지 않았다. 아마도 여기까지가 인체를 기계적으로 바라보는 고전적인 의학 접근 방식일 것이다. 진화의학이 언제나 '거시적' 대상만을 다룰 필요는 없는데, 예를 들어 실험실에서는 심장병 환자들의 유전체를 조사하여 심장 질환에 취약한 유전자들의 목록을 만드는 '미시적'인 노력을 수행할 수 있을 것이다. 여전히 환자 개인적으로는 불행한 일이지만, 이런 종류의 정보들은 그의 가계도(家系圖, genogram), 살아온 이력과 생활 습관 등에 대한 조사와 함께 통합적인 분석을 거쳐 훨씬 많은 예비 환자들을 위한 유용한 정보가 될 것이다.

전염병에 관해서는 조금 다른 상황이 전개된다. 세균과의 전쟁에서 더 이상 사용할 무기, 즉 항생제가 없는 요즘의 상황에서 슈퍼박테리아와 같이 치명적인 균주가 나타나 사람들에게 공포를 일으킨다. 항생제 개발과 이에 대항하는 세균의 내성 개발에서 보듯이 인간과 병원체가 모두 진화하는 과정에 있다. 어떤 측면에서는 인위적인 행동을 통해 세균들에서의 자연선택이 훨씬 자주 급속하게 일어나도록 압력을 가하고 있다. 10년 전에는 효과가 있던 항생제가 더 이상 효력을 발휘하지 못할 가능성은 매우 높다. 따라서 이러한 세균성 질병을 통제하기 위해서는 저자의 주장처럼 다른 방식, 즉 진화의학적 접근이 필요할 것이다.

4. 전염병과 인류—판데믹을 중심으로

전염병(epidemic)이란 무엇인가?

전염병이라는 뜻의 에피데믹은 그리스어로 epi(upon)와 demos(people)로 이루어지며 사전적 의미는 '원충(原蟲)·진균(眞菌)·세균·스피로헤타(spirochaeta)·리케차(rickettsia)·바이러스 등의 병원체(病原體)가 여기에 감염된 인간이나 동물로부터 직접적으로, 또는 모기·파리와 같은 매개 동물이나 음식물·수건·혈액 등과 같은 비동물성 매개체에 의해 간접적으로 면역(免疫)이 없는 인체에 침입하여 증식함으로써 일어나는 질병(『두산대백과사전』)'이다. 전염병은 발병 지역의 면적에 따라 다음과 같이 나뉜다. 만약 한 지역에만 한정되어 나타나면 아웃브레이크(outbreak, 돌발적인 질병), 이보다 더 광범위한 지역에서 발생하면 에피데믹(epidemic, 유행), 한 대륙 또는 전 세계적으로 발생하면 판데믹(pandemic, 대유행)이라 부른다. 한편 엔데믹(endemic, 풍토병)은 한 지역에만 한정되어 계속해서 나타나는 질병을 가리킨다. 전염병의 정의에는 예상보다 높게 발생한다는 의미가 포함된다. 따라서 비록 전염성이 있기는 하지만 인플루엔자 감염이 아닌 통상적인 감기는 전염병이라고 하지 않는 반면 아프리카 지역의 말라리아는 전염병이라 부를 수 있다. 판데믹은 그리스어로 pan(all)과 demos(people)로 이루어진 단어로 그 발생 규모가 전 세계적이고 전염성과 병독성(또는 치사율)이 매우 높기 때문에 특히 중요하게 다루어진다.

역사적으로 유명한 판데믹의 사례들

* B.C. 430년, 그리스 아테네에서 일어난 장티푸스(typhoid): 4년 동안 아테네 군민의 1/4을 사망시키고 스파르타와의 펠레폰네소스 전쟁을 패망으로 이끌었다. 강력한 병독성으로 감염자들이 너무 빨리 사망하여 숙주를 잃어버린 결과가 되어 오히려 균이 넓게 퍼지지 못했다.
* 1348년, 유럽의 흑사병(Black death, 페스트): 아시아에서 시작되어 이를 피해 이동한 이탈리아 상인들에 의해 지중해 연안과 서유럽까지 퍼졌으며 단 6년 만에 2,000만~4,000만 명의 사망자를 기록했다. 보카치오의 『데카메론』을 탄생시킨 배경이었는데, 귀족이나 부유한 상인들처럼 전염된 지역을 벗어날 경제력이 없는 일반인들은 가족과 이웃들 사이에서 속수무책 전염되어 사망했다.
* 19세기 유럽의 콜레라: 콜레라는 인도 벵갈 지역의 판데믹이 유럽으로 처음 전파된 1816~1826년 이후부터 여러 차례 유럽에서 반복적으로 발생했으며, 북미 지역과 아프리카로 전파되기도 했다. 콜레라는 이후 20세기에도 일어났다. 1854년 런던에서 발생한 콜레라의 근원지인 우물을 존 스노우가 추적해내면서 현대적인 질병역학(epidemology)이 탄생했다.
* 중세와 현대의 발진티푸스(typhus): 주로 감옥이나 먼 거리를 항해하는 선박에서 많이 발생한 질병으로, 1489년 그라나다 지방의 무슬림과 스페인 기독교도들과의 전쟁을 통해 처음 유럽으로 전파되었다. 1812년 러시아 원정길에 오른 나폴레옹의 군대를 궤멸시키는 데 일조했으며, 20세기 나치의 유대인 수용소와 소련의 전쟁 포로 캠프에서 많이 발생하였다.
* 16세기, 신세계의 천연두와 홍역: 1520년대 스페인 정복자들에 의해

멕시코 원주민 최초로 15만 명이 천연두로 사망했으며, 홍역으로 16세기 전체에 걸쳐 200만 명이 사망했다. 아마도 중남미의 '신세계' 원주민의 90~95%가 '구세계(유럽)' 질병에 의해 사망한 것으로 추정된다.

* 1918~1919년, 스페인독감(Spanish flu): 1918년 10월 미국 캔자스 주의 포트 펀스톤에서 훈련받던 미군들에서 발병한 인플루엔자로, 이 군인들이 유럽의 전장으로 파견되면서 전 세계로 퍼졌다. 치사율이 대단히 높아 전 세계적으로 2,000만 내지 4,000만 명이 사망한 것으로 추정된다. 후에 미국 질병통제센터(CDC)에서 알래스카의 냉동 사체에서 바이러스를 분리하였는데, H1N1 유형인 변종 조류독감 바이러스로 알려졌다. 가장 최근의 판데믹은 1968~1969년 미국에서만 3만 4,000명이 사망한 홍콩독감(Hong Kong flu)으로 인플루엔자 A(H3N2) 유형이다.

* 2009년, 신종 플루: 사람 · 돼지 · 조류 인플루엔자 바이러스의 유전물질이 혼합되어 있는 새로운 형태의 H1N1 유형 바이러스로, 4월 13일 멕시코에서 최초의 감염자가 보고되었다. 처음에는 돼지를 거쳐 돌연변이를 일으킨 변종으로 여겨져 돼지 인플루엔자(swine influenza)로 불렸으나 확실한 증거가 부족하여 WHO의 공식 명칭으로는 '신종 인플루엔자A(H1N1)'로 통일되었다. 대유행인 판데믹으로 지정되기 직전까지 갔으며 전 세계적으로 2만 명 이상, 그리고 우리나라에서는 500명 이상이 감염되었다.

5. 저자의 주장에 대한 역자의 견해

저자는 '기생체들은 숙주와 무해(無害)한 공존을 하는 쪽으로 진화할 것'이라는 개념으로 포장되어 의학과 기생충학 문헌들에 깊숙이 스며들어 왔으며, 이러한 오류는 진화학적 개념의 부재에 기인한다고 주장한다. 인류는 오랜 세월 지구상의 생명체들을 창조주의 작품으로 간주하여 선(善)한 존재 내지 우리와 동등한 피조물로서의 가치를 지닌 존재라고 오해해왔는지 모른다. 궁극적으로 기생체와 숙주 간에 휴전이 성립되고 서로에게 무해한 공존의 시기가 온다는 견해는 어쩌면 순진한 희망이라고 할 수 있다. 반면 저자와 현대 진화생물학자들은 대부분 여기에 동의하지 않는다. 기독교에서 주장하는 '종의 창조'에 대한 견해를 그들이 배격하고 있음은 자명하다. 굳이 도킨스의 주장을 인용하지 않더라도 생명현상은 주어진 환경에서 철저하게 경쟁적으로—다른 종들과는 물론 심지어는 같은 종 안에서도—자신의 유전자를 후손에게 남기려는 일련의 행위들로 간주함이 현재 우리가 내린 생명현상에 대한 설명에 가장 잘 부합한다고 판단되기 때문이다. 세균의 항생제 내성은 결국 인간은 인간대로 또 세균은 세균대로 각자에게 유리한 위치를 점하려는 경쟁 과정에서 빚어진 현상으로 이해된다. 우리에게 병원성 세균은 절대 악(惡)이겠으나, 이러한 기생성이면서 병원성인 세균에게 인간은 그저 생의 주기를 위한 정거장과 같은 환경일 뿐이다. 또한 기생체가 궁극적으로 무해하게 되기를 희망하는 막연한 기대는 지난 세기 동안 인류가 성취한 여러 질병 통제 업적들에 기인한 착시 현상일지도 모른다.

이러한 숙주-기생체 관계는 돌연변이들이 개입된 자연선택 과정을 거쳐 증식 속도와 병독성을 진화시킨다는 것이 저자가 가진 진화역학 내지 다윈의학적 핵심 개념이다. 저자는 "전통적인 역학은 생태학적 시간의 차원에서 숙주 집단들 사이에 질병의 유행과 확산을 조사한다. 역학은 보건 전문가들의 병든 환자들에 대한 관리라는 이전의 주요 관심사를 집단 안에 있는 개인들 사이에서 질병의 전개 과정의 성질에 대한 이해와 관리라는 더 큰 차원으로 확장시켰다. 숙주와 기생체들이 상호간 그리고 외부 환경에 반응하여 진화함에 따라, 진화역학(evolutionary epidemiology)은 전통적인 역학에서 중요하다고 확인된 특성들—치사율, 질병, 전염 속도, 감염률—이 어떻게 시간적으로 변화하는지를 상세히 평가하기 위해 연구의 범위를 확장시켰다."고 진화역학의 정의와 개념을 설명한다. 더 나아가 저자는 "진화학적 생물학과 보건과학의 통합은 또한 건강과 질병에 관련된 모든 분야의 주제를 진화학적으로 접근하는 다윈주의 의학(Darwinian medicine)이라고 명명된 학문 분야를 만들어냈다. 다윈주의 의학과 진화역학은 여러모로 상호 보완적이다. 진화역학이 질병의 확산에 초점을 맞춘다면, 다윈주의 의학은 환자 개개인에 좀 더 초점을 둔다."고 다윈주의 의학에 대한 정의와 진화역학과의 관계를 설명하였다.

다윈의 『종의 기원』이 출간된 이래 진화생물학은 현대 생명과학의 큰 흐름으로 자리매김해옴과 동시에 다른 주요한 세부 학문 분야들과는 달리 엄청난 반대에 직면해왔다. 2012년 교육방송(EBS)에서는 '통섭'이라는 신개념을 바탕으로 생명과학을 대중화하는 데 크게 기여하고 있는 저명한 교수 한 분이 10주 이상 오늘날의 진화에 대해 열강하였다. 이 강연에서 진화의학이 언급되는 것은 당연하며, 심지어 진화심리학이나 진화경제학에 이르기까지 인문·사회학 분야와의 일종의 퓨전 학문들이 강력하게 대두되고 있음을 강조하였다. 역자의 시청 소감을 말하자면, 강의 내용은 자연과학도로서 전적으로 동의하며 매우 시의적절하다고 생각한다. 단지 한 가지 아쉬운 점이 있다면, 현재 우리가 알고 있는 진화학은 말 그대로 현재 수준의 지식이다. 역자가 학부생 시절에 보던 전공 교재들의 두께와 내용을 지금과 비교하면 하늘과 땅 차이라 할 만하다. 불과 20~30년 만에 정보의 총량은 몇 배로 늘고 정보의 질은 두말할 나위 없이 정교해졌다. 세포학, 유전학, 발생학, 면역학 등 다른 세부 학문 분야들처럼 진화학도 분명 '진화'할 것이다. 따라서 진화학의 정당성은 의심의 여지가 없지만, 현상에 대한 진화학적 설명은 시간이 지나면 바뀔 것이다. 즉 미래의 '풍부해진' 진화학으로 설명할 수 있는 부분까지 상대적으로 '빈약한' 현재 수준의 진화학으로 모두 설명할 필요는 없을 것이다. 또 하나 지능이 있는 존재로서의 인간의 행동과 관련된 진화를 현 수준의 진화생물학적 잣대로 바라보는 것은 부분적으로 오류를 범할 가능성이 있다. 인간도 동물이기는 하지만, 지구상에서 가장 반진화학적 방향으로 걷는 동물이기도 하다. 예를 들어, 장기이식은 인간만이 할 수 있는 행동이며, 항생제와 백신은 자연계의 진화를 왜곡(?)하며, 최근까지 일어난 전쟁에서 보듯이 가장 폭력적이면서도 때때로 놀랄 만큼 숭고한 행위 또는 장기 기증처럼 높은 이타성을 보인다. 정리하자면, 역자의 짧은 생각으로는 진화학은 학문의 성격상 실험적 기반이 상대적으로 취약하므로 (기계론적인) 분자생물학적 증거들에 기반을 둔 다른 실험 생명과학 영역들보다는 '해석'에 더 큰 비중을 둘 수밖에 없다. 진화론에 대항하기 위해 제기되는 생기론(vitalism), 창조론 및 그 아류인 지적설계론을 바탕으로 하는 반론들에 대해 역자는 동의하지 않는다. 대신 현재의 진화론은 현존하는 무수한 이론들 가운데 자연현상을 가장 잘 설명할 수 있는 이론으로 인식하고 더 많은 보완과 증거 수집이 이루어져야 한다고 믿는다. 개체의 '유전'이나 '발생'과는 달리 진화 현상이 일반적으로 장구한 세월이 걸린다는 점은 진화론이 실험적인 접근보다는 해석에 치중하는 이유가 된다. 인간의 경우만 해도 한 연구자의 연구 수명이 인간의 사회적 행동이나 심리의 '진화'적인 측면을 연구하기에는 너무나 짧다는 점을 유감스럽지만 인정해야만 할 것이다. 그러므로 아직 미완성인 현재의 진화학을 완전무결한 '절대선'인 양 무비판적으로 수용하기보다는 좀 더 정확한 설명을 추구하며 끊임없이 발전이 필요한 학문으로 우리 젊은이들이 받아들이기를 희망하는 바이다.

현재 시점에서 진화역학과 진화의학의 과학으로서의 자격과 가치를 평가절하해야만 할까? 다행히 앞서 언급한 세균의 항생제 내성 진화 현상처럼, 병원성 기생체 중 일부는 한 세대의 주기가 매우 짧다는 점에서 우리 인생의 일부 기간에도 충분히 확인하고 실험적으로 조작할 수 있다. 그런 점에서 진화역학은 정상 과학이 되기에 필요한 자격 요건을 갖출 수 있다고 여겨진다. 그렇기에 진화의학은 주제와 스케일 면에서 진화역학과는 다를 수 있으나 양쪽을 합치면 인간을 괴롭히는 병원성 질병들을 이상적으로 통제할 수 있으므로 학문적인 응용성이 높아진다. 저자는 이렇게 말한다. "예를 들어, 다윈주의 의학은 정신병 치료와 신체적 외상을 포함하며, 발생 과정과 유전질환을 진화학적으로 조형하는 것을 강조한다. 두 분야의 중심은 공히 자연선택의 작용이지만, 다윈주의 의학은 환자 개개인에 초점을 맞추기 때문에 인류 진화에 더 큰 관심을 둔다."

진화의학에서는 저개발국에서 극빈층의 생명을 위협하는 전염병들로부터 이들을 저예산으로 효과적으로 보호할 수 있는 수단을 제공하리라는 저자의 주장에 절대 동의하면서도, 원인균을 직접 살상하거나 환부의 상태를 호전시키는 즉각적인 대증요법들도 여전히 꼭 필요하다고 믿는다. 진화의학적 대처에는 병원성 기생체의 진화가 숙주에게 우호적으로 이루어질 만큼의 상당한 시간이 반드시 소요되므로, 그 사이에 병원체를 효과적으로 즉각 제압할 수 있는 여러 현대 의학적인 수단은 여전히 필수적이겠다.

그런데 이 책에서 저자는 줄곧 병원체의 관점에서 질병을 보고 있으므로 진화역학적 입장에 너무 치우친 것이 아닌가 하는 아쉬움이 있다. 아마도 저자가 분자생물학적 연구 방법론에 기반을 둔 면역학 분야의 첨단 정보들에 상대적으로 정통하지 못한 탓으로 진화의학으로 확장할 만한 과학적 증거들을 제시하는 데는 부족함이 많았기 때문일 것이다. 역자의 생각으로는 숙주의 관점, 즉 숙주의 생리적인 대응과 적응 그리고 진화라는 면에 대한 저자의 이해나 관심이 상대적으로 부족하다고 판단된다. 문제는 대응–적응–진화 과정의 시공간적 스케일이 다르다는 것이다. 예를 들어 기생에 의해 일어나는 일련의 과정에서 이와 관련된 기생체와 숙주 각각의 유전자 수에는 엄청난 차이가 있으며, 관련 세포 수 역시 차이가 클 것이다. 따라서 세포(혹은 바이러스)에서 개체 수준의 범위에 걸친 기생체와 숙주 각각의 각종 생리적인 반응 현상들은 1:1 등가로 이해할 수 있는 대상이 아니다. 이러한 과정에서 진화의학은 '해석'상의 오류, 즉 주장에 도움이 되는 증거만을 선별적으로 사용하는 비과학적인 접근을 적용시킬 소지가 있다. 사실 저자가 자신의 주장을 옹호하고 다른 연구자의 결과를 반박할 때도 같은 표현을 썼다. 그러므로 가끔은 기본 혹은 원점으로 돌아갈 필요가 있겠다. 당연히 더 많은 과학적 증거들이 필요하며, 기본적인 대전제라고 할 수 있는 항상성(homeostasis)에 대한 좀 더 상세한 이해가 선행되어야 할 것이다. 넓은 의미에서 볼 때 기생은 공생과는 반대로 숙주의 항상성을 교란시켜 숙주에게 유해한 결과를 가져오기 때문이다. 외래 생명체의 숙주 내 유입이 숙주에게 도움이 되거나, 무해하거나, 유해한 경우는 처음부터 절대불변이 아니라 시간 등 여러 변수들에 의해 가변적일 수 있다. 이러한 점에 대해서는 생리학자와 의학자들에 의한 연구가 상당히 축적된 이후에야 비로소 진화의학적인 해석이 가능함을 시사한다.

2장에서는 증상에 대한 진화학적 접근을 전개하면서 현재 표준적인 치료법으로 통용되는 대증요법이 가진 한계를 잘 보여주고 있다. 가장 먼저 사막이구아나가 환경으로부터 열을 흡수하여 체열을 조절함으로써 세균 감염에 대항하는 예를 들었다. 감기나 몸살에 대한 우리나라 전통 요법은 어떠한가? 몸을 덥히는 음식이나 차를 마시고 계절에 관계없이 두꺼운 이불을 덮고 땀을 빼는 것은 사막이구아나의 감염 대항 전략과 근본적으로 같다. 비록 이러한 치료법은 서구 과학의 기준으로 볼 때 과학적인 근거는 부족할지 모르겠지만 수천 년의 경험과 검증이 축적된 것이다.

열을 내는 것(발열)이 갖는 장단점을 체내에서 일어나는 모든 생화학 반응 변화로 생기는 득실을 합산해야 함이 옳을 것이라는 저자의 주장에 공감한다. 현재 감염에 대한 표준 치료로는 해열소염제 복용, 즉 전형적인 대증요법을 적용하고 있다. 지속적인 고열에 의한 뇌손상 등의 위험이 없다면 조심스럽게 해열제를 사용하도록 해야 할 것이다. 저자가 잠시 언급한 바처럼 발열이 세균의 철분 이용을 감소시킨다는 식의 생화학적 증거들이 쌓이면 '표준적인 처방'의 '표준'이 바뀌게 될 것이다. 결론적으로 우리 몸에 유리한 방어적인 증상들은 질병의 전염성까지 고려하여 대응 여부를 신중히 고려해야 한다.

대증요법의 위험성에 대한 저자의 경고는 종합감기약에도 적용된다. 제약 회사들은 우리에게도 너무 익숙한 '12가지 감기 증상을 모두 멈추게 하는 약'이라는 광고로 우리를 공략한다. 저자에 따르면 이는 "사실 방어를 방해할 수 있는 열두 번의 기회 그리고 조종을 무효화시킬 수 있는 열두 번의 기회"이다. 오히려 자연 치유 기간을 불필요하게 연장시킬지도 모른다. 발열과 마찬가지로 염증은 우리 면역계가 감염에 대응하기 위해 나타내는 대표적인 증상이며, 현재의 표준적인 치료도 염증 제거(소염)에 맞춰져 있다. 그런데 이 표준이 100% 옳은 것일까?

누구나 손등이나 팔에 염증이 만들어낸 상처가 생긴 적이 있을 것이다. 이때 상처가 다 아물어 딱지가 떨어지기 전에 건드려 덧나거나 오래가는 것을 경험했을 것이다. 이렇게 상처에서 고름 같은 것이 나온 뒤에야 피부 염증이 가라앉는 것은 치료와 피부 재생을 위해서는 세균 감염에 대항하는 염증 반응이 반드시 필요함을 보여준다. 그러므로 좋은 의사는 감염 치료에 특히 부신피질호르몬인 글루코코티코이드계 스테로이드 소염제를 가급적 처방하지 않는다고 한다.

저자 역시 감기약 복용으로 감기 치료 기간이 단축되기보다 오히려 연장됨에 주목하고, 소염제에 의한 염증 방해의 효용에 의문을 제기한다. 특히 바이러스 감염에 의한 독감은 더욱 그러하다. 저자가 언급한 증거들은 바이러스에 감염된 동안에 아스피린의 사용을 피하라는 현대 의학계의 권고에 대한 강한 뒷받침이 된다. 가장 먼저 제시한 증거는 소염제와 라이증후군의 상관관계이다. 2만 건의 인플루엔자 감염자 중 1명꼴로 소염제 사용에 의한 라이증후군 사례가 발생한다. 그런데 약의 홍수 시대라고 부를 만한 오늘날 다수가 혈압약, 고지혈증 치료제, 항우울증 약제 등을 처방받고 있다는 점에서 소염제, 진통제와의 조합 여부에 따라

다수의 사람들에게 치명적일 가능성이 상존한다. 따라서 안전성에 관해서는 더 상세한 연구들이 요구되며, 저자의 관심사도 이후의 저작들에서 나타나듯이 만성적인 성인병으로 옮겨가고 있다.

이질 원인균인 시겔라에 의한 설사가 방어인지 조종인지를 논하는 과정에서 나오는 화장실 에피소드는 우리가 늘 꺼림칙하게 여기는 것을 명쾌하게 지적했다. 용변 중 물이 좌변기에 튀거나 용변 후 구멍이 송송한 화장지로 정리할 때 손에 묻는 경험은 누구나 한 번쯤 있는 일이며, 손을 씻지 않는 것을 목격하는 것 역시 어렵지 않다. 특별히 청결에 신경쓰는 사람들은 화장실 문의 손잡이도 역시 의심할 것이다. 이러한 상황은 공중 보건에 관한 정책 수립에도 적용될 수 있음을 의미한다. 즉, 좌변기 좌석용 종이 커버 사용, 좌변기 소독/청소 강화, 내리는 물이 튀는 것을 최소화하는 제품 설계 규격 설정, 비누를 사용한 손씻기 캠페인 등 화장실 사용자들을 위한 안전한 정책과 예산 배정은 궁극적으로 다수의 삶의 질을 향상시킬 것이다. 비데를 합리적인 설계하고 제작·보급하는 것도 그럴듯한 방안이겠지만, 재래식 화장실조차 제대로 구비하지 못한 제3세계 사람들에게 비데는 그림의 떡이다. 이들을 위한 저렴한 화장실을 고안하는 것은 향후 많은 혜택을 제공할 수 있을 것이다. 용변 후 손씻기가 가능한 물 공급 시스템과 변의 재활용까지 고려할 수 있다면 금상첨화일 것이며 이를 위한 에너지는 태양광을 이용하는 것이 좋을 듯하다.

입덧이 독성 물질에 대한 모체의 방어 행동일 수 있다는 마지 프로펫의 행동학적인 의미에 대한 해석 역시 매우 흥미롭다. 독성 물질 노출에 대한 반응이 태아기 세포와 성체 세포는 분명히 다르다. 입덧이 심한 사람과 그렇지 않은 사람 간에 유산율이 두 배나 차이가 난다는 점은 의미심장한 '현상'이다. 유산이 일어나는 기전에 대한 이해가 부족한 지금으로서는 이를 발생학-행동학-진화학이 접목된 새로운 연구 주제로 개발할 가치가 충분하다고 판단된다. 상세한 정보들을 가용하기 전까지는 메스꺼움이 태아에게 유해한 물질이 몸에 들어오는 것을 원천 봉쇄하는 방어 행동이라는 해석은 실용적일 것이다. 진화학적으로 유사한 사례로는 유해한 독성 성분을 발전시킨 나비를 포식자인 새가 먹지 않게 되는 행동의 변화와 다른 한편 그 나비의 모양을 닮는 다른 종의 나비가 진화하여 출현하는 것이다. 프로펫은 자신의 진화학적인 관점을 알레르기에 대한 통찰로 확장했지만, 역자가 보기에는 좀 더 정확하고 상세한 연구가 필요하다. 그녀는 비록 알레르기가 때때로 목숨을 위협할 수 있지만 일반적으로는 필요한 방어 수단이며, 어쩌면 암을 일으킬지도 모를 물질에 대해 알레르기-재채기-유해물질의 체외 배출이라는 흐름의 논리를 전개했다. 자신의 논리를 방어하고자 참고한 논문은 20여 편에 불과한데, 이는 암과의 전쟁을 선포한 이래 40년 간 작성된 엄청난 수의 과학적인 논문에 비하면 터무니없이 작은 분량이다. 암의 종류 및 발생 기전이 다양하고, 알레르기 발생 요인 또한 매우 다양하다는 점에서 아직은 아이디어 차원으로 고려함이 타당할 것이다. 프로펫과 저자의 진화학적 접근 방식을 채택한다 하더라도, 알레르기는 알레르기원(allergen)에 대해 우리 신체가 시간적으로 아직 대응 체계가 충분히 확립되지 않은 방어 기작으로 취급함이 안전할 것이다. 혹은 높은 수준의 공중 보건(예, 백신)과 청결 사업을 시행함에 따라 과거보다 훨씬 감염원들이 제거된 상태에서 능력이 남아 도는 면역 방어 체계가 비교적 최근에 생산이 늘어난 물질들에 대해 우발적으로 과잉 반응을 보이는 것으로 해석할 수도 있겠다. 이는 지난 세기 초부터 알레르기가 급증하고 있으며 특히 산업화되고 도시화된 곳에서 빈도가 높다는 점에서 타당성이 있다. 예를 들어 냉

전 시대 말기에 동서독 도시 아동들을 비교한 결과 서독 아이들이 동독 아이들보다 알레르기 발생이 훨씬 높다는 보고가 있다. 저자는 알레르기 치료에 관한 현재의 접근, 즉 IgE 분비나 수용체 결합을 차단하는 방식이 자칫 암 발생을 저지하지 못하도록 만들 수 있다고 주장한다. 위에서 언급한 바처럼 아직은 면역학이나 종양학 분야의 증거가 너무 빈약한 설익은 주장이라고 생각된다. 물론 새로운 연구 주제로서의 가치는 충분히 인정할 수 있겠으며 저자도 이에 동의하고 있다. 저자는 알레르기 반응의 일반적인 진화학적 이론은 알레르기 반응이 숙주에 대한 조종인지 아니면 숙주의 방어인지에 대한 질문들을 확인하고 해결하는 데 확실한 논리적 틀을 제공한다고 주장하면서 '벌의 독'을 예시했다. 이 경우 벌침(봉침, 蜂針)을 오랜 기간 치료로 사용해온 우리의 한의학이나 전통요법에 대해서 충분히 고려할 필요가 있다. 또한 앞서 알레르기 발생에 관해 언급한 동서독 도시 아이들에서 향후 암 발생 빈도가 어떻게 나타나는가를 추적하는 역학 조사는 저자의 주장을 검증하는 데 매우 유익한 단서를 제공할 것이다.

2장에서 저자는 병독성의 적응과 진화에 대한 진화역학적 논의를 본격적으로 전개하면서, 특히 병원체-숙주 간 이익과 손해의 대차 대조를 통한 '거래' 측면을 조명한다. 저자는 육상 절지동물들에 의해 전파된 기생체들이 특히 인간이나 다른 척추동물 숙주에게 유해할 수 있다고 주장했다. 그 이유는 숙주 내에서 급속히 병독성을 진화시키기 때문이며 이를 인간 말라리아에 적용시켜 검증한다. 질병으로 인한 죽음을 병원체 병독성의 지표로 사용하면서, 저자는 죽음을 기생체와 숙주 모두에게 언제나 큰 희생을 요구하는 일상적인 부작용으로 보고 있다. 거래라는 측면에서 보면 병원체에게 죽은 숙주는 면역이 생긴 숙주와 다를 바 없다. 그런데 이러한 저자의 해석이 지나치게 인간적인 것은 아닌지? 앞서 언급했듯이 진화론은 이미 사회학에 도입된 상태인데, 자연계에 존재하는 모든 생물 종에 대한 해석인 진화론을 인간에만 한정된 경제학이나 사회학에 적용시킬 때 괴리가 생기지 않을까?

진화역학 또는 다윈주의 의학의 관점에서 매개체와 최종 숙주 내에서 병독성이 다르다는 것을 설명하기 위해 '가혹성의 적응' 또는 '제한된 적응' 개념을 도입한 것은 역자로서도 다소 궁색한 논리도입으로 보인다. 기존의 학자들이 주장하는 '기생 관계는 궁극적으로 (무조건적으로) 양성으로 진화한다'는 개념의 오류를 극복하고자, 저자는 맥닐의 이론을 기반으로 다음과 같은 주장을 펼쳤다. 양성으로의 진화는 척추동물 숙주보다 하등한 매개체에서 일어나는데, 전파를 위해서는 건강한 매개체가 최종 숙주인 사람보다 훨씬 더 중요하기 때문이라는 논지이다.

역자는 이에 대해 '훨씬 더 단순하게 생각할 수 있지 않을까' 하는 생각이 든다. 즉, 진화적으로 또는 보유한 유전자 수 측면에서 단순한 시스템을 가진 매개체는 자신보다 고등한 2차 혹은 최종 숙주에 비해 기생체가 일으키는 생화학적, 생리적인 변화에 덜 민감하고 덜 손상될 수 있을 것이다. 예를 들어 초파리는 X-선을 비롯한 각종 돌연변이 유발체에 의해 생긴 극심한 기형을 가진 채로 생존할 수 있는 경우가 많다. 이에 비해 인간을 포함한 포유동물에서 유전자 적중 knockout(KO) 기술을 사용하여 유도되는 심각한 기능 상실 돌연변이는 훨씬 높은 초기 발생 실패와 조기 사망을 일으킨다. 달리 표현하자면, 숙주 시스템의 유전자 수준의 규모 차이가 기생체에 의한 손상의 차이인 병독성을 결정하리라는 것이다. 이 부분에 저자의 또 다른 오류(?)가 있다. 저자가 제안한 '적응된 가혹 가설'에 따르면, 주로 인간-매개체 사이를 오가는 기생체들은 인간이 아닌 척추동물-매개체 사이를 오가는 기생체들보다 인체에 있을 때 훨씬 더 치명적이다. 역자의 견해로는 불을 사용하는 식사 습관, 약(현대사회는 물론 원시적인 부족사회에도 약은 존재한다!)과 가족들의 간호와 같은 인간 특유의 행동학적 차이를 고려하지 않은 것은 문제가 있다. 즉 이러한 차이들에 의한 기생 및 감염 발생률의 차이와 자연 치유율에 대한 조사 미비가 초래할 괴리가 반영되지 않았다. 더 큰 논리적 약점은 인간 집단과 다른 최종 숙주 집단을 등가(개체 수 등 실험 조건들)로 놓는 연구가 가능하지 않다면 저자의 추론은 설득력을 얻기 힘들다는 판단이다.

말라리아는 현재 전 세계적으로 높은 감염과 치사율을 보이는 전염성 질병이며, 이에 대해 저자가 큰 관심을 기울인 점은 아주 적절하다고 판단된다. 우리 국민 중 적지 않은 수의 여행자들이 말라리아 감염 빈도가 높은 지역들을 방문하고 있으며, 가까운 휴전선 너머 북한 지역에 말라리아 감염이 높아 휴전선 방어 근무를 수행하는 우리 군인들이나 접경 지역 주민들 사이에서 말라리아 감염이 일어나고 있다. 우리가 처해 있는 이런 상황들은 말라리아에 대한 관심을 유발하기에 충분하다. 따라서 이 주제에 대한 논의를 더 진전시키고자 한다. 말라리아와 관련된 다음 내용은 대부분 네이버에 게재된 공개 블로그들에서 1차로 얻었으며, 위키피디아(Wikipedia) 등으로 사실 여부를 최대한 확인하였음을 밝혀둔다. 2003년 출간된 『과학기술의 철학적 이해』(이상욱 저, 한양대 출판부)에 나오는 '모기와 말라리아'는 역사적으로 말라리아가 인류에게 끼친 참사를 흥미롭게 기술하고 있다. 문헌에 남아 있는 증상으로 볼 때, 알렉산더대왕을 불과 33세에 요절하게 하여 대제국의 몰락을 가져온 것은 바로 말라리아였다. 고대에서 중세는 물론 최근까지도 말라리아는 인류의 주요 사망 원인의 하나였다. 예를 들어 11~12세기 로마가톨릭교회의 여러 비이탈리아계 교황들이 말라리아로 목숨을 잃었으며, 19세기 말 프랑스의 레셉스의 지휘로 시작된 당시 최대 역사인 파나마 운하 건설은 근로자들이 말라리아에 대규모로 감염되어 실패로 돌아갔다. 그후 말라리아를 통제하고나서 미국에서 완성시켰다. 말라리아라는 병명은 이탈리어의 'mal(나쁜)+aria(공기)'에서 유래되었다. 미생물에 대한 지식이 없었던 당시 사람들은 혈액 내 적혈구에 기생하는 원생동물인 말라리아 원충을 발견할 수 없었고, 말라리아 환자들이 직접적인 신체 접촉 없이도 감염된다는 것에서 '나쁜' 공기가 말라리아를 전파한다고 생각한 것이다. 말라리아 연구는 19세기 말 인도 출신의 영국 의사 로스(Sir Ronald Ross, 1857~1932)에 의해 획기적인 발전을 이룬다. 로스는 모기 체내에 있는 말라리아 원충의 알을 발견하고, 이것이 모기가 식사(흡혈)를 할 때 인체 내로 전파된다는 사실을 규명했다. 이후 말라리아에 대한 인간의 대응은 크게 두 가지로 나뉜다. 먼저 로스의 발견으로 모기 박멸이 말라리아를 통제할 수 있는 첩경으로 여긴 연구자들은 강력한 살충제 개발에 집중하였다. 그 결과 20세기에 들어와 그 유명한 DDT(dichloro-diphenyl-trichloroethane)가 만들어졌고, 발명자들은 노벨상을 받았다. DDT는 모기의 신경계에 효과적으로 작용하여 극미량으로도 살충 효과를 보였으며, 뿌리고 상당 기간이 지나도 매우 강력한 효능을 유지하면서도 인간에게는 무해하다고 여겼다. 1955년 국제보건기구(WHO)가 DDT 사용을 적극 권장하자 말라리아로 인한 사망률은 10만 명 중 192명에서 7명으로까지 극적으로 감소했다. 그러나 DDT는 동물 체내에 축적되면 심각한 생식 독성을 나타내고, 자연계에서 생분해되는데 수천 년이 걸리는 것으로 밝혀졌다. 또 무엇보다도 모기들이 DDT에 대해 내성을 보임으로써 결국 무용지물이 되고 말았다. 과학자들은 강력한 살충제들을 새로 개발해냈지만 모기들은 매우 쉽게 빠른 속도로 이에 적응했다. 마치 세균이 항생제 내성을 진화시키는 것과 유사한 양상이었다.

말라리아 생활사를 운반체(모기) 박멸을 통해 차단하려는 시도가 난관에 봉착하자 과학자들은 치료제 개발에 몰두한다. 그러한 시도에서 대성공을 보인 것이 바로 예전부터 말라리아에 효과적이라고 알려진 키니네(quinine; '키닌' 또는 '퀴나인'이라고 발음하는 것이 옳음)이다. 그런데 키니네는 장기간 복용하면 환각 증세 등 많은 부작용과 가격이 비싸다는 문제가 있었다. 설상가상으로 제2차 세계대전 중 일본군이 키니네 원료의 주산지인 동남아시아 일대를 점령하자 모기들이 우글거리는 정글에서 일본군과 싸워야 하는 연합국들은 키니네를 대처할 약물 개발이 시급해졌다. 마침내 1940년경 좀 더 안전하고 저렴한 클로로퀸(chloroquine)이 합성되어 널리 이용되었지만, 이 역시 현재는 저항을 보이는 말라리아 기생원충들이 진화와 적응 과정을 거쳐 출현한 상태이다.

결국 말라리아의 효과적인 통제는 '방충망'을 통해 이루어졌는데, 20세기 초 미국과 스페인의 전쟁에서 많은 미군 병사들이 황열병으로 사망했을 때 그 원인이 모기임을 밝혀낸 월터 리드(Walter Reed, 1851~1902)의 공헌이 결정적이었다. 그의 이름은 1909년 수도 워싱턴 D.C.에 세워진 '월터리드 육군병원'으로 남아 있는데, 참고로 이 병원은 인근에 있는 해군병원(Naval hospital)과 함께 세계 최고 수준의 군 의료 기관이다. 월터 리드의 발견 이후 현재까지 절지동물(모기)을 매개로 하는 전염병은 예방, 즉 '벌레에게 물리지 않는 것'으로 가장 손쉽게 통제할 수 있으며, 사람들은 황열병과 말라리아 모두에 대해 큰 혜택을 보았다. 프랑스가 실패한 파마나 운하 건설도 결국 말라리아를 정복한 미국에 의해 완성되었다.

저자에 따르면 가장 경미한 인간 말라리아를 유발하는 세 종류에서 일반적으로 검출되는 원충 수는 병독성이 높은 원충 수의 1/10에 지나지 않는다. 현대의 효과적인 치료제를 가용하기 이전에 매우 엉뚱하고 야만적이기까지 하지만 당시로서는 제법 논리적인 매독 치료법이 있었다. 그것은 *P. knowlesi*를 신경매독 환자들에게 주입하는 것으로, 논리인즉 고열이 매독 원인균을 억제하는 것 같고 *P. knowlesi* 감염이 고열을 유발한다는 것이었다. 그 이후에는 주사기와 바늘을 통해 환자에서 환자로 전파되었는데, 이는 주사기가 기술적이면서 합법적으로 모기장을 무용지물로 만드는 '모기' 역할을 했음을 의미한다. 전파가 거듭되면서 본래 약독성이던 말라리아가 신경매독만큼이나 위험해졌다. 원충의 밀도가 1ml 당 50만 개로 높아지자 말라리아는 목숨을 위협하게 되었다. 이러한 인위적인 '모기 주둥이'는 HIV나 간염 바이러스 전파에서도 그대로 나타난다. 다소나마 안심이 되는 것은 이 '인공 모기(주사기)'는 진짜 모기와는 달리 교육에 의해 위험도를 낮출 수 있다는 점이다. 예컨대 네덜란드에 있는 유명한 홍등가인 레드 존(Red zone) 입구에서는 정부에서 마약 사용자들에게 깨끗한 1회용 주사기를 아무 조건 없이 나눠준다.

이제 오늘날의 문제, 특히 우리 주변의 말라리아에 대해 살펴보자. 저자가 언급한 바처럼 북한의 말라리아 변종은 지구 온난화 추세에 따라 더욱 기승을 부릴 소지가 있다. 비록 현재 철책선에 의해 남북한이 완전히 격리되고 인적 교류가 극도로 통제되고 있지만, 모기는 철책을 가로질러 자유로이 왕래할 수 있다. 실제로 휴전선 근무 군인들에게서 북한에서 넘어온 말라리아 모기에 의한 감염이 종종 일어나는 것으로 보고되고 있다. 이는 다시 군부대 주변에 거주하며 이동이 자유로운 민간인들에게 전파될 가능성을 암시한다. 결국 휴전선에서 불과 수십 km 떨어진 곳에 위치한 인구 1,000만 명의 대도시로까지 전파가 남하하게 될 가능성도 배제할 수 없다. 이는 방역에서 매우 중대한 문제로, 서울 시민들을 위한 좀 더 확실한 말라리아 방역을 위해서는 휴전선 이북의 일정 지역들의 방역까지도 포함시켜야 한다. 이는 저자의 아이디어를 증명할 수 있는 하나의 거대한 실험을 가능하게 해주고 있다. 방충망이나 소독을 통한 접경 지역에서 일어나는 모기 퇴치 방역을 통해 저자가 일관되게 주장하는 감염(감염 정도와 말라리아의 위중한 정도)의 진화학적 변화를 직접 우리 땅에서 조사할 수 있을 것이다. 물론 해당 지역에서의 모기 채집, 감염자의 혈액 샘플, 역학 조사 등 북한 당국으로부터 약간의 협조가 있어야 할 것이다. 만약 조사가 시행된다면 저자의 주장이 맞을 확률이 높은데, WHO의 「2011년 세계 말라리아 보고서」에 따르면, 2011년 북한의 말라리아 환자 수는 1만 3,520명으로 10년 전인 지난 2001년의 14만 4,000명에 비해 90% 이상 줄어들었다. 이 시기에 북한 당국은 국제사회의 지원을 받아 살충 처리된 모기장 30만 개를 설치했고, 200만 명을 대상으로 실내 방역을 실시하는 등 말라리아 퇴치 정책을 적극적으로 펼쳤다. 그러한 시도가 성공적이었음이 증명되었다. 만약 효과가 지속된다면, 북한의 사례는 제3세계 빈곤 국가들의 열악한 보건 환경을 개선하기 위해 선진국들이 어떤 방식으로 지원해야 하는가를 극명하게 보여주는 정책적인 지침이 될 수 있을 것이다.

한편 우리나라의 말라리아 발병 현황은 어떠한가? 국내 말라리아 환자 발생은 2000년 이후 줄곧 감소하였지만 2005년부터 다시 증가하다가 2008년에 들어와 1,017명으로 2007년도 2,192명에 비하여 크게 감소하였다. 그러나 잠재적인 위험 지역은 2008년에 9개에서 2009년에는 16개로 확대되어 각별한 주의가 필요한 상황이다. 위험 지역들은 아마도 휴전선 접경 지역(서부 지역)이 대부분일 것이다. 특히 2012년처럼 매우 저조한 강수량과 극심한 더위는 방역에 쏟는 인간의 노력을 무력화할 수 있다. 지금까지 살펴본 바와 같이 중간 숙주를 매개로 하는 전염병에 대한 고찰에 따르면, 병상에서 움직이지 못하는 환자들 또는 집단생활을 하는 군인들이 가진 숙주로서의 특성은 방충망이나 살충제와 같은 인간들의 퇴치 노력이 말라리아 원충의 진화 과정을 왜곡시킬 수 있음을 보여준다. 그 방향이 반드시 인류에게 유리한지에 대한 판단은 아직 보류함이 옳겠지만.

인류는 말라리아를 정복하기 위해 오랜 시간 다각적인 노력을 기울였다. 말라리아 연구는 여러 가지 과학 기술 분야들이 총체적으로 어우러져 진행되었는데, 말라리아 치료제는 현재도 활발하게 신약 개발이 이루어지고 있다. 그러나 다시 한 번 강조하지만, 다른 많은 감염성 질병들처럼, 말라리아에 대한 최선의 대응은 예방이다. 말라리아 유행 지역에서는 모기 유생을 제거하는 방역, 저자의 제안처럼 훨씬 무해한 변종들에게 유리한 경쟁적 균형을 만들 수 있도록 주택과 공공 건물(예, 학교, 병원)들에 방충망 설치를 철저히 하고, 말라리아 발생 위험 지역을 방문하는 사람들은 예방약을 먹도록 권고하며 이를 대중들에게 교육시켜야 할 것이다. 인간이 다른 숙주들과 차별성을 보여줄 수 있는 방법으로는, 감염이 의심되는 학생이나 직원을 자택에 머무르게 하고 원격으로 학습이나 업무를 수행하도록 하는 것이다. 저자는 "병원체들이 숙주를 위해함으로써 발생하는 적합 비용을 우리가 인위적으로 올릴 수 있다. 이론적으로, 병원체들이 현재보다도 더 약화된 영향을 갖도록 직접 유도하는데 사용할 수 있다. 학교와 직장에서의 정부 정책들이 학생들과 고용인들이 약간만 아파도 집에서 공부하거나 일할 수 있도록 한다면, 질병을 일으키는 병원체들은 혈액순환에서 쉽게 제거될 것이다. 최종 결과는 직접 전파된 감염들의 고유한 유해성이 진화학적으로 감소될 것이다."라고 예측한다. 이러한 관점에서 볼 때, 분무형 살충제(예, OO 킬러)는 상당히 어리석은 접근 방법이다. 왜냐하면 DDT의 사례에서 보듯이 합성 살충제에 대해 모기는 결국 내성을 갖게 될 것이며, 우리 주변이 오염됨에 따라 우리를 포함하여 생태계 여러 동물들의 체내에 축적된 살충제 성분들은 각종 심각한 부작용/독성들을 나타내게 할 것이다.

진화를 하나의 드라마라고 가정해보자. 주연과 조연은 물론 기생체와 숙주(들)이고, 시간과 장소가 끊임없이 극에 활기를 불어넣는 다양성을 제공한다. 예를 들어 매개체, 최종 숙주 그리고 포식자로 구성된 장면에서는 진화 과정의 훨씬 복잡한 극적 플롯들이 필연적으로 적용될 것이다. 마치 〈햄릿〉에 엄청나게 많은 버전이 존재하듯이, 병원체 병독성의 진화 방향은 시공간과 주연 배우들의 성격에 따라 천변만화할 수 있다. 이는 또한 진화의 거대한 다양성에 대한 확실한 증거가 된다. 그러나 최종적으로 이 거대한 자연의 드라마에 대한 이해는 관객인 인간의 몫이다. 그런데 자연을 인간 중심이 아닌, 있는 그대로 보기는 쉽지 않다. 진화생물학에서 이월드 교수 이전의 연구자들은 어쩌면 한참 공연중인 연극 무대에 직접 뛰어들어 자신의 주관대로 극을 진행시킨 격이라 할 수 있겠다. 저자는 인간적인 시각이 초래할지도 모를 오류를 시고니 위버가 주연한 영화 〈에일리언〉을 예로 들어 설명한다. 또한 매개체로서의 모기가 여러 숙주의 입장에서 보면 등가성이 없다는 점을 강조한다. 생쥐에게 모기의 위협은 인간이 느끼는 모기의 위협과는 차원이 다르다. 적어도 두 동물이 나타내는 체중의 차이 이상일 것이며, 많은 모기에게 공격당한다면 인간은 그저 무척 재수없게도 온몸이 조그만 모기들에게 뜯긴 정도이겠지만, 생쥐에게는 '모기'가 인간의 입장에서는 '매미' 크기 수준 일지도 모른다. 우리가 매미 수백 마리에게 공격을 받는다고 한 번 상상해 보면 모골이 송연할 것이다. 다시 영화로 예를 들자면 알프레드 히치콕 감독의 〈새〉가 연상될 것이다.

저자의 진딧물 스토리는 진딧물에게 '비극'이고, 우리에게는 '죽음'의 의미를 진지하게 재고하게 만든다. 죽음 역시 종에 따라 등가성을 갖지 않을지도 모른다. 다시 말해 특정한 종 안에서 각 개체들의 죽음(또는 생)의 가치는 모두 동일하지 않은 것처럼 느껴진다. 물론 요즘과 같은 민주화 사회에서는 쉽게 받아들일 수 없는 견해일 것이다. 그런데 개미 나라에서 여왕개미와 병정개미의 삶과 죽음의 가치가 같지 않음에 수긍할 것이다. 또 인간 사회에서도 예를 들어 침몰하는 여객선에서 구명정이 턱없이 부족할 때 선장은 승객의 삶과 죽음의 가치를 다르게 보고 우선 구조해야 할 부류(예, 부녀자와 어린이)를 판단한다. 생물 종들 사이에서의 '평등'에 대해 논하는 것은 다음 기회로 미루도록 한다.

숙주 행동의 조절(조종)에 관해 저자는 N.A. 크롤과 C.H. 홈스 간의 대화를 소개하였다. 크롤은 자신에게 유해한 기생체에 감염된 *L. paradoxum*을 잡아먹는 새와 같은 포식성 소비자들이 자신들의 행동을 변화시킬 능력을 진화시키지 않는 것은 바보 같은 짓이 아니냐고 질문했다. 홈스는 최종 숙주들은 바보가 아니며, 이 시스템은 먹이를 쉽게 잡는 것과 기생체를 몸에 들이는 것과의 거래를 포함한다고 답했다. 저자에 따르면 여기까지는 수용 가능한 해석이지만, "그 시스템에 포함되는 집단의 에너지 균형을 강조해야만 하며, 간혹 개별 숙주들을 잃을 수도 있다."는 부연 설명은 무리한 '해석'으로 보았다. 사실 모든 현대 생명과학자들은 훈련 과정에서 '재현 가능성(reproducibility)'이 얼마나 중요한지를 귀에 못이 박히도록 듣는다. 반면 '진화'라는 현상은 사실상 실험적으로 '재현 불가능'한 스케일의 시간과 환경에서 일어나므로, 분자생물학자들이 전기영동 사진을 통해 직접 눈으로 확인해가면서 연구할 수 없는 '해석'의 대상이다. 물론 저자는 생활사(life cycle)의 길이처럼 다방면에서 연구 스케일을 대폭 줄일 수 있는 미생물 시스템인 병원성 세균이 대안이 될 수 있다고 판단한 것으로 여겨진다. 그런데도 많은 연구들이 필요한 상황이라 하겠다.

역자는 저자와 같은 진화의학 연구자들이 광우병이나 구제역(口蹄疫)과 같은 가축을 매개로 한 질병들에 대해서도 관심을 갖기를 희망한다. 주지하는 바와 같이 광우병은 감염자의 비참한 증상과 이른 사망 때문에 극도의 공포를 자아내기에 충분하며, 우리나라에서 벌어진 광우병 파동—촛불 시위, 한미간 협정을 두고 빚어진 갈등과 사회경제적 손실—은 이 주제가 숙고할 가치가 충분함을 극적으로 대변해준다. 가장 최근이라고 할 수 있는 2012년 1월 6일 이탈리아 토스카나 주에 위치한 리보르노에서 44세의 여성이 인간광우병(vCJD, 변형 크로이츠펠트 야콥병)으로 사망했다. 사망자는 vCJD 증상으로 투병하다가 말기 판정을 받고 2011년 7월 호스피스 병원에 입원한 후 결국 사망했다. 최근 10년 간 전 세계적으로 vCJD 발병 건수는 모두 275건으로 영국이 170건, 이스라엘 56건, 프랑스 25건 등이다. 이 기간에 광우병 감염이 의심되어 도축된 소는 약 19만 마리로 대부분 영국에서 행해졌다. 현재 치료법이 없는 vCJD는 광우병 혹은 소해면상뇌증(BSE)에 감염된 육류를 섭취함으로써 감염되는 것으로 알려져 있다. 발병 원인이 전염성 세균은 아니지만 초식동물에게 육식을, 그것도 동족의 고기와 부산물을 먹도록 한 인간의 행위에 의한다는 점에서 일정 부분 병원 감염과 유사하다고 할 수 있다. 한편 우리에게 뼈아픈 악몽으로 기억되는 구제역은 살아있는 바이러스가 일으킨다. 사전적 정의에 따르면 구제역은 발굽이 2개인 소, 돼지 등 우제류 동물의 입(口)과 발굽(蹄) 주변에 물집이 생긴 뒤 치사율이 5~55%에 달하는 가축의 제1종 바이러스성 법정 전염병이다. 국제수역사무국(OIE, Office international des épizooties)과 세계동물보건기구(World Organisation for Animal Health)에서는 가축 전염병 가운데 가장 위험한 A급 바이러스로 지정했다. 소에서는 잠복기가 3~8일에 불과하며 감염되면 증상이 빠르게 나타난다. 구제역 바이러스는 전염성이 매우 강하여 무리에서 한마리가 감염되면 나머지 가축에게 모두 급속하게 감염된다. 일단 감염되면 고열(40~41℃)이 나고, 거품 섞인 침을 많이 흘린다. 사료를 먹지 않고 잘 일어서지 못하며 통증을 수반하는 급성 구내염과 제관(蹄冠)·지간(趾間)에 수포(물집)가 생긴다. 증세가 심해지면 수포가 터져 궤양으로 진전되어 앓다가 죽는다. 특별한 치료법은 없고, 만일 이 병이 발생하면 검역을 철저히 해야 하며, 감염된 소와 접촉한 소를 전부 도살 처분하거나 매장한다. 구제역이 발생하는 나라에서는 조직배양 백신을 이용한 예방법이 이용되고 있다.

2011년 우리나라에서도 구제역 파동으로 300만 마리의 소와 돼지를 매몰 처분하였는데, 그 경제적 손실은 실로 막대하다. 구제역 바이러스가 그토록 빠르게 전염되는 것은 인간이 자신들의 목적에 맞게 육종을 수행해오는 동안 이들 가축의 유전적 다양성이 극도로 제한된 것이 크게 작용했을 것이다. 만약 구제역에 대한 진화의학적 대응이 가능해져 한 지역에서 '약독성' 바이러스들이 우세해지도록 만든다면 눈물겨운 살처분을 피할 수 있을는지도 모르겠다. 한편, 일시적으로 큰 손실을 막기 위해 시행하는 살처분은 얼핏 산불을 제어하기 위해 맞불을 놓는 방식처럼 효과가 있으리라 여겨지기는 한다. 그러나 살처분을 시행하지 않고 바이러스 감염에 견뎌낼 수 있는 개체들이 지속적으로 많아진다면 어떻게 될까? 쇠고기나 유제품을 덜 이용하는 것이 우리 건강에 치명적일 것 같지는 않으며, 구제역 바이러스 자체는 인간에게 무해하다고 알려져 있다. 어쩌면 가축의 복지를 위해서라도 한 번 해볼 만한 일이지 않을까?

4장은 저자의 탁견이 돋보이는 이 책의 백미라고 할 만하다. 이 장에서 저자는 「수인성 전파: 물이 모기처럼 움직일 때」라는 선정적인 제목을 시작으로 과학(의학)과 역사, 고고학을 잘 융합시키면서 자신의 주장을 펼치고 있다. 전염성 질병의 문화적 매개체 전파는 저자 등에 의해 새로 도입된 개념인데, 가장 근본적으로는 문화적 매개를 통해 (1) 병원체를 감염된 사람으로부터 민감한 사람에게, (2) 감염된 개인을 민감한 사람들에게, (3) 민감한 사람들을 감염된 사람들에게 옮길 수 있다. 예를 들면 가족, 애인, 친지라는 문화적으로 특수한 관계에 있는 사람들 간에는 그런 관계가 형성되지 않은 '타인'들 간에 비해 훨씬 높은 병원체 전파를 보일 것이다. 이런 방식으로 문화적 매개체 전파를 확장해가면 당시 한 지역의 문화적 특성들이 전염성 병원체의 전파율에 큰 영향을 미칠 수 있음을 실증할 수 있다. 예컨대 정수 시설의 도입 시기에 따른 설사증 발생 빈도와 병의 강도 차이는 매우 설득력 있는 가설이며 정황 증거들을 미루어 사실인 것 같다. 결국 같은 증세를 일으키는 세균들 간의 차이가 유발된다는 진화학적으로 흥미로운 주제이며, 역학적으로 실험군과 대조군을 도입할 수 있는, 말 그대로 거대한 스케일의 실험이 될 수 있다. 이처럼 급수 시설의 개선을 통한 정화 능력의 향상과 콜레라 감염 균종의 변화 여부는 조사할 가치가 큰 데도 이러한 연구 시도가 광범위하게 실시되지 않은 점이 아쉽다. 다행스럽게도 급수 정수 정책과 콜레라 변종 간의 관련성에 대한 주장이 설득력을 얻고 있으며, 변종들의 공동 배양을 통한 질병의 치명성 변화를 조사하는 고전적이고 시간과 비용이 많이 드는 방법론 대신 PCR 등의 방법을 채용함으로써 훨씬 신속하고 저비용으로 조사 분석이 가능해졌다. 이와 유사한 사례로 독자들은 간혹 국내 수돗물의 노로바이러스 감염에 대한 뉴스를 접할 것이다.

첨단 실험 방법을 역사와 접목시키면 흥미로운 결과들을 이끌어낼 수 있다. 문화적 매개체 가설과 병독성의 진화라는 연관을 증명하고자 저자는 인류 문명이 시작된 초기 하라판을 예로 들었다. 당시로서는 상당한 규모로 번성했던 화려한 외관을 지닌 도시이지만, 하수관 시설이 매우 열악하여 강우에 의해 급수 시설이 쉽게 오염될 수 있었다. 결국 이 때문에 오염이 심해져 설사증이 대역병으로 발생하면서 다수의 도시민들을 살상하였고 나머지는 도시를 탈출하게 만들었다. 그 결과 발굴된 하라판은 멀쩡한 도시 외관에도 불구하고 사람의 생활 흔적을 찾기 어려운 사실상 유령 도시였다는 설명이다. 이는 베스비오 화산 폭발로 순식간에 화산재로 뒤덮여 희생자들이 도시 곳곳에서 생생하게 화석처럼 발굴된 폼페이와는 사뭇 다른 양상이다. 과학과 역사를 접목시킨 다른 예로는 펠레폰네소스전쟁 당시 아테네를 패배로 이끈 티푸스 대량 발병과 이에 대한 면역성에 대해 투키디데스(Thukydides, B.C. 460?~B.C. 400?)가 『펠레폰네소스 전쟁사』에 기술한 내용을 최근에 당시의 사망자들이 매장된 공동묘지에서 추출한 균주 유전자형을 분석함으로써 증명했다는 보고가 있다.

저자는 이러한 역사적 교훈을 현실 정책에 도입할 것을 촉구하였다. 조금 길게 인용하자면, 저자는 "비진화학적 분석들은 급수와 공중위생 개선을 결합하면 모든 설사 병원체들에 의한 발병과 사망을 거의 3분의 1로 줄일 수 있음을 시사한다. 사실 급수보다는 공중위생 개선으로 훨씬 더 큰 효과를 얻을 수 있지만, 그 예상은 병독성에 미치는 급수의 진화적 효과들을 전혀 포함하지 않고 있다. 이들 효과가 얼마나 클까? 지역 급수가 정화되었을 때, 가장 병독성이 큰 살인자들—고전적인 *V. cholerae.*, 살모넬라, 티푸스와 *S. dysenteriae* type 1—이 실질적으로 사라졌다."고 주장한다. 국가의 보건 정책 예산이 절대 부족한 저개발국에서는 이러한 주장에 귀를 기울일 가치가 충분하다고 생각된다. 이 아이디어가 재미있는 것은, 진화학적 개념을 도입하는 병독성이 약한 변종에게 강한 변종을 구축하게 만드는 일종의 이이제이(以夷制夷) 방식이라는 것이다.

5장의 제목은 「의료인-매개 전파(또는 의사들과 간호사들이 어떻게 모기들, 마체테 그리고 흐르는 물과 같아지나)」인데, 의료인들의 반론이 예상되지만 저자의 주장이 많은 부분에서 설득력이 있음을 부인하기는 어렵다. 지역사회에서의 일반인들(주로 가족)에 의한 감염보다 훨씬 병독성이 강한 감염이 병원 내에서 일어나고 있는 것이 우리 현실인 것 같다. 다음은 최근의 일간지 관련 기사인데, 불필요한 논란을 피하기 위해 출처를 밝혀둔다.

지난해부터 올해 7월까지 국내 대형병원 100여 곳에서 4만 4,000건의 슈퍼박테리아 감염이 발생한 것으로 조사됐다. 국회 보건복지위 김현숙 의원(새누리당)이 19일 보건복지부로부터 제출받은 자료에 따르면 2011년부터 지난 7월 28일까지 국내 종합병원과 상급 종합병원 100여 곳에서 발생한 메티실린내성황색포도상구균(MRSA) 등 슈퍼박테리아 6종 감염 건수는 4만 3,867건이었다. 다제내성균(多劑耐性菌)으로도 불리는 슈퍼박테리아는 내성(耐性)이 생겨 항생제가 듣지 않는 초강력 세균(박테리아)을 말한다. 현행법에 따라 다제내성균 6종은 의료관련감염병 표본 감시 대상으로, 2010년 12월부터 상황의 변화를 살펴보기 위한 표본 감시가 이뤄지고 있다. 병원별로는 신촌 세브란스병원이 1년 7개월 동안 3,523건으로 가장 많았고, 계명대 동산병원 2,625건, 서울대병원 2,457건, 연세 원주기독병원 2,008건 순이었다. 이어 서울 아산병원이 1,808건, 삼성서울병원이 1,491건, 서울성모병원이 1,368건으로 뒤를 이었다. 이처럼 대형병원에서 발견율이 높은 것은 병원이 클수록 환자 수가 많고 검사 역시 철저하기 때문이다. 질병관리본부 관계자는 '환자가 집중되는 큰 병원일수록 케이스가 많을 수밖에 없고, 중증도가 높은 환자가 많아 진료와 검사를 철저히 한다.'고 말했다. 이 관계자는 '(표본 검사는) 병원이 정부에 협조해 자체적으로 보고하는 시스템이기 때문에 의료기관이 적극적으로 신고했는지 혹은 신고를 누락했는지에 따라 건수 차이가 있을 수 있다.'고 말했다.(조선일보, 2012년 9월19일, 박진영 기자)

병원 감염에 대해 처음으로 통찰력을 보이고 그 덕분에 많은 사람(특히 산모)의 목숨을 구한 이그나츠 제멜바이스(Ignaz Semmelweis)는 의사를 배신한 의사로 취급받은 것 같으며, 이 때문에 정신병을 앓는 등 고독하고 불우한 말년을 보냈다고 알려져 있다. 그러나 병원 감염의 주 원인이 의료인임은 분명한 것으로 보인다. 예를 들어 다음의 2009년도 뉴스(연합뉴스)는 병원 감염을 다룬 학술 논문을 소개하고 있다.

신종 플루 확산에 따른 병원 내 감염이 우려되고 있는 가운데 국내 병원에서 의사들이 착용하는 가운과 넥타이 상당수가 수퍼박테리아에 감염돼 있다는 조사 결과가 나와 충격을 주고 있다. 이에 따라 일각에서는 신종 플루 확산을 막기 위해서라도 의료진을 포함한 병원 전반에 대한 위생 상태 점검이 이뤄져야 한다는 지적이 대두되고 있다. 16일 대한임상미생물 학회지 최근 호에 따르면 한림대 의대 진단검사의학교실 김oo 교수팀이 모 대학 병원의 전공의가 착용했던 가운 28개와 넥타이 14개를 검사한 결과, 슈퍼박테리아로 불리는 '메티실린 내성 황색포도상구균(MRSA가가)'이 가운 7개(25%)에서, 넥타이 1개(7.1%)에서 각각 분리됐다. 김 교수팀은 이번 조사에서 가운의 소매 끝과 전면부 밑단, 넥타이의 끝 부위에서 각각 검사 대상물을 채취했다. 가운은 긴팔에 무릎까지 내려오는 전형적 형태의 수술 가운이었다. 만약 만성질환자가 병원에서 'MRSA가가'에 감염될 경우 혈관, 폐, 수술 부위 등에 심각한 2차 감염이 발생해 생명이 위험해질 수도 있다. 연구팀은 'MRSA가가'와 함께 슈퍼박테리아 중 하나로 꼽히는 '포도상구균(MRCNS)' 메티실린 내성에 대해서도 조사했는데, 대부분의 가운(96.4%)과 모든 넥타이(100%)에서 이 균이 분리됐다. 하지만 설사를 일으키는 '클로스트리듐 디피실리균과 반코마이신 내성 장구균(VRE)은 이번 조사에서 검출되지 않았다. 이번 조사 결과는 지난해 영국 보건 당국이 박테리아가 묻은 의료복을 통해 병원 내 감염이 확산되지 않도록 의사들에게 넥타이와 긴소매 옷의 착용을 제한한 것과 비슷한 맥락에서 이해될 수 있다는 것이 의료진의 설명이다. 당시 영국의 보건 당국은 의사들이 병원에서 착용하는 넥타이, 흰 가운, 긴소매 등을 통해서 병원균이 옮겨질 수 있다는 사실을 주지시킨 바 있다. 김oo 교수는 '이번 조사 결과는 의사들이 소독되지 않은 가운과 넥타이를 계속 입고 다닐 경우 병원 내에서 여러 세균에 감염될 가능성을 보여주는 사례'라며 '환자에게 시술을 하거나 밀접한 접촉이 필요한 경우, 가운과 넥타이의 오염된 세균에 의한 교차 오염에 주의가 필요하다.'고 말했다."

위 기사를 보면 "병원에 오래 있을수록 감염성 병원체의 병독성이 진화한다."는 저자의 견해는 옳다고 판단된다. 저자의 견해는 18세기와 19세기 초 사이에 대도시 지역의 병원들에서 일반적으로 5회의 입원당 1명이 사망한 데 비해 덜 혼잡한 시골 병원들에서는 사망률이 이보다 훨씬 낮았음을 근거로 삼았는데, 오늘날까지도 병원 감염은 완전히 개선되지 않은 것으로 보여 안타깝다. 병원 감염에서 병독성이 증가하는 데 대해서도 저자는 현대 의학 교과서들에 진화학적 개념이 없는 탓으로 돌리고 있다. 저자는 "주요 의학 교과서의 포도상구균 감염들에 관한 챕터 저자들은 예를 들어 '포도상구균이 대부분의 사람들에서는 무해하게 공생하고 일부 사람들에서는 유해한 병원체인 이유는 미스터리로 남아 있다'라고 기술했다."고 지적한다. 이어 저자는 항생제로 방어하기에는 한계를 보일 수밖에 없는 병원 감염에 대한 대책으로 병원균의 진화 경로를 바꾸기를 제시한다: '의료 기관들의 환경에서 병독성의 진화를 회피하거나 줄이기 위한 세 방면의 접근을 제안한다. (1) 엄격한 위생 표준은 병원체를 옮길 수 있는 모든 의료인을 위해 유지해야만 한다. (2) 무해한 보호성 세균의 전파를 허용하기 위해 건강한 어머니와 아기 사이의 모유 수유와 그밖의 피부–피부 접촉을 권장해야 한다. 그리고 (3) 항생제는 모든 병동의 예방적인 치료보다는 병든 아기들을 위해서만 선택적으로 사용해야 한다. 이러한 세 방면의 행동은 각각 의료인–매개 전파 주기의 일부를 방해하는 것을 포함한다.' (1)안은 병독성을 강화시키는 방향을 선호하는 병원체 진화를 막기 위해 의료인에게는 엄격한 위생 표준을 적용시키고자 함이다. 한편 (2)안은 반대로 무해한 전파는 허용하기 위해 위생 표준을 약화시키자는 주장이지만, (1)안과 (2)안을 엄격하게 분리할 수 있을까 하는 의문이 든다. 물론 무해한 모체-아기 간의 전파 확대는 동양의학적 방법론에 가깝다고 볼 수 있으며, 규칙적으로 철저히 멸균 세탁한 가운 착용은 당장이라도 권장할 만하다고 하겠다. (3)안 항생제 남용 금지는 이미 공감대가 형성된 것으로 보인다. 이와 유사하게 모유 수유의 장점에 착안하여 저개발국에서 이를 꼭 권장해야 할 사안이라고 지적한 것은 HIV 전파를 철저히 주의한다는 전제를 바탕으로 수용할 수 있는 주장이다.

두 차례의 세계대전을 겪은 인류에게 앞으로 그와 같은 전 세계적인 규모의 전쟁이 또 있으리라는 생각은 생각만으로도 끔찍한 일이다. 그러나 여전히 크고 작은 분쟁이 끊이지 않고 있으며 해당 국민들의 고통 역시 여전하다. 6장은 전쟁과 병독성에 대해 다루고 있으며, 그 실례로 지금도 자주 회자되는 1918년 인플루엔자를 들고 있다.

다른 동물들에서와 달리, 전쟁은 인간 전염병의 전파를 매개하는 주요한 문화적인 매개체 방법이 된다. 축축한 참호전, 밭은기침을 하는 젊은 군인 환자들로 가득찬 구급차와 병원을 상상해보라. 이런 현상은 철저하게 인간 특유의 행동 양식에 기인하는 것이다. 미국 펜실베이니아 주 군 훈련소에서 시작된 1918년 인플루엔자는 지구를 한 바퀴 돌아 우리나라에도 타격을 주었다는 기록이 있다.

국내에서 2003년에 AI감염 사례가 처음 확인됐다는 보도가 나오고 있는 가운데 국내에서도 AI로 인해 이미 88년 전에 총 740만 명이 감염되고 14만 명이 사망했다는 기록이 발견됨으로써 큰 파장을 몰고 올 것으로 보인다. 본지가 최근 입수한 독립기념관의 〈매일신보〉에 나타난 '3.1운동 직전에 나타난 사회 상황'이란 자료에 따르면 1918년 10월부터 1919년 1월까지 4개월 동안 서반아감기(AI, 서반아는 스페인의 한자어 표기)가 유행, 14만 명이 사망하는 대재앙이 덮쳤다고 보도함으로써 이미 한국은 AI에서 결코 자유롭지 못하다는 것이 뒤늦게 밝혀진 셈이다. 당시 전 세계적으로 2,500만~5,000만 명의 사망자를 발생시켰던 1918년 스페인 감기가 한국에도 덮쳤다는 것이 엄연히 기록으로 나타났고 한국도 역시 대량 사망의 참화에서 벗어나지 못했다는 것이 여실히 드러난 셈이다. 이 자료에 나타난 조선총독부 「통계연보」에 따르면 AI가 전국적으로 창궐, 조선인은 742만 2,113명이 발병, 13만 9,128명이 사망해 치사율이 1.88%에 달한 것으로 나타났다. 일본인 역시 15만 9,916명 중 1,297명이 사망해 치사율이 0.81% 달했다. 특히 1918년 11월 11일자 〈매일신보〉를 보면 서울, 개성, 평양 등 지역별 참상이 상세하게 보도돼 있다. 또 진주에서는 우편국 교환수와 배달부가 모두 병에 걸려 국장을 비롯한 관리들이 우편물을 거두러 다니고 배달할 정도의 상황이 발생하기도 했다고 당시 〈매일신보〉는 보도했다. 1919년 11월 28일 〈매일신보〉에 나타난 보도(사진 참조)를 직접 인용하면 "충청남도 서산 지방의 유행성 감기는 오히려 맹렬하여 자꾸 창궐되는바 일반 환자의 정확한 수효는 도저히 알 수 없으나 총인구 팔만여 명에서 육만 사오천 명의 환자가 있다 하면 가장 근심할 일은 사망자가 다수에 달하여 본월(11월) 십사오일 이래 매일 백 명 이상 백오십 명씩 계산되며 심한 데는 한 촌이 모두 병에……"라는 기록이 있다. 이 같은 사실은 1919년 4월 미국 의학잡지 〈자마(*JAMA*)〉의 보고서에서도 나타나고 있다.

〈자마〉는 당시 「코리아에서 확산되는 인플루엔자(PANDEMIC INFLUENZA IN KOREA)」라는 연구 보고서에서 당시 최초 창궐일은 9월 말이며 발원지는 시베리아였으며 당시 철길을 따라 확산됐다고 보고하고 있다. 〈자마〉지는 또 당시 인구의 최소 4분의 1에서 절반이 감염됐다고 보도해 당시 조선총독부 경무총감부 조사와 거의 일치하고 있다. 이 같은 대형 참사가 과거 국내에서도 일어났다는 사실이 뒤늦게 알려지면서 한국도 AI에 대한 적극적인 대책을 세워야 할 것으로 보인다. 한편 1918년 스페인 감기가 AI였다는 사실은 지난해 가을 국립질병통제예방센터(CDC) 등 미국의 2개 연구팀이 '스페인독감 바이러스(H1N1)'의 8개 유전자 코드를 완전히 해독한 결과 이 바이러스가 단백질 구성 성분인 아미노산에서만 극히 일부가 다르게 나타났을 뿐 '아시아 조류독감(H5N1)'과 거의 완벽하게 일치한 사실을 밝혀냄으로써 세상에 널리 알려졌다. 당시 미국 연구팀들은 이 같은 충격적인 사실을 과학전문지 〈사이언스〉와 〈네이처〉 최신호에 실었고 AP통신은 이를 인용 보도하기도 했다.(2006년 〈프라임 경제〉, 임경오 기자 iko@pbj.co.kr)

한편 치명적인 호흡기 질환으로는 SARS(Severe Acute Respiratory Syndrome)와 조류독감(avian influenza, AI)이 가장 많이 알려져 있다. 코로나바이러스에 의한 SARS는 2003년 3월 중순 홍콩의 미국인 사업가가 사망하면서 처음으로 보고되었고 아시아, 유럽, 북아메리카 등으로 확산된 호흡기 계통의 질환이다. 조류독감 또는 조류인플루엔자는 조류에 감염되는 급성 바이러스성 전염병으로, 주로 닭과 칠면조 등 가금류에 많은 해를 입힌다. 병원성(病原性)에 따라 고(高)병원성·약(弱)병원성·비(非)병원성 3종류로 구분되며, 이 가운데 고병원성은 국제수역사무국(OIE)에서 리스트 A등급으로, 우리나라에서는 제1종 가축 전염병으로 분류하고 있다. 세계적으로 1930년대 이후 발생하지 않다가, 1983년 벨기에 · 프랑스 등 유럽에서 발생하기 시작한 이래 2004년 현재까지 세계 각국에서 약병원성을 비롯한 고병원성 조류독감이 발생하고 있다. 고병원성은 인간에게도 감염되어 1997년 홍콩에서는 6명이 사망하였고, 2004년 베트남에서는 16명이 사망하였다. 우리나라에서도 1996년에 이어 2003년 12월 충청북도 음성에서 조류독감이 발생해 전국적으로 확산되었으나, 약병원성으로 인체에는 전염되지 않는 것으로 확인되었다(「조류인플루엔자」, 『두산백과』 사전). 비록 최근 SARS와 AI에 의한 국내 피해가 없거나 미미했지만, 앞서 설명한 1918년 인플루엔자에 의한 피해가 극심했던 것으로 미루어 보아 김치가 호흡기 질환에 특효가 있는 것처럼 맹신하는 등 우리를 피해갈 것을 기대해서는 안 될 것이며 개인 위생을 철저히 해야 할 필요가 있다. 대역병 주기설에 대한 과학적 근거는 부족하지만, 단순히 확률적으로만 보아도 조만간 병독성이 강한 인플루엔자 바이러스가 전 세계를 강타할 가능성이 점점 높아지고 있다.

현재 인플루엔자 바이러스의 병독성에 관해서는 항원 흐름(antigenic drift) 현상과 항원 이동(antigenic shift) 현상으로 설명하고 있다. 돌연변이에 의해 해마다 조금씩 항원의 항원 결정기(epitope)가 바뀌는 항원 흐름은 기존의 바이러스와 상당히 유사한 바이러스를 일으킬 것이기 때문에, 일부 사람들은 여전히 그들에 대해서 면역성을 지닐 것이다. 이와 대조적으로 인플루엔자 바이러스에서 유전자재조합이 일어나는 항원 이동은, 바이러스가 기존형과는 매우 큰 차이가 있는 새로운 항원을 획득한다. 예를 들어 조류나 돼지 인플루엔자 바이러스와 인간 인플루엔자 바이러스 사이의 유전자재조합인 경우이다. 인간 인플루엔자 바이러스가 완전히 새로운 항원을 지닌다면, 모든 사람이 이 바이러스에 대해 민감하게 반응할 것이다. 그러면 이 인플루엔자 바이러스는 대유행을 일으키고 대역병 수준으로 퍼질 것이다.

향후 세계대전이 일어날 확률은 아주 높지 않지만 대신 각종 테러가 빈발할 것으로 보이는데, 이 경우 대부분 무장, 비무장을 가리지 않는 무차별 공격이 예상된다. 가장 우려되는 상황은 전염성이 강한 바이러스나 세균을 이용한 생화학 테러일 것이다. 물론 세균전과 같이 전쟁에 사용되지 않으리라는 법도 없다. 이와 관련하여 최근 과학자들의 주목할 만한 선언이 있었는데, 이는 인플루엔자 바이러스가 가진 가공할 잠재력을 암시한다(이하 참조).

'제목 : 전염성 강한 AI바이러스 60일간 자발적 연구 중단. 2012.01.25 연구자 39명 〈네이처〉, 〈사이언스〉에 성명서 게재.'

과학자들이 조류독감(AI) 바이러스 H5N1의 전염 능력을 연구하기 위해 전염성 강한 바이러스 돌연변이를 만든 데 대한 우려가 제기되는 가운데, 조류독감 바이러스의 주요 연구자들이 이런 연구의 필요성과 규제 정책에 관한 논의를 위해 60일 동안 관련 연구를 잠정 중단하기로 했다고 20일 과학저널 〈네이처〉와 〈사이언스〉의 웹사이트를 통해 밝혔다. 이 분야의 주요 실험실에서 연구하는 미국, 영국, 캐나다, 중국 등 각지의 연구자 39명이 서명한 성명서에서, 이들은 조류독감 바이러스의 전염 능력 연구가 전염병 예방과 대응을 위해 필요하다고 설명하면서도 최근의 연구가 인간에게 잠재적 위험이 될 수 있다고 밝히면서 '혜택과 위험을 지닌' 조류독감 바이러스 연구에 관한 정책을 세우기 위한 토론과 논쟁을 위해서 "60일 동안 연구를 중단하는 데 합의했다."고 밝혔다. 이들은 "우리는 세계 각지의 단체와 정부가 이런 연구에서 파생하는 기회와 도전에 대한 최선의 해법을 찾는 데 시간이 필요하다는 점을 인식한다."고 말했다. 이에 앞서, 지난 12월 네덜란드 에라스뮈스대학 의료센터와 미국 위스콘신-메디슨대학의 연구자들은 각각 조류독감 바이러스 H5N1의 돌연변이를 만들어 포유류에 더 쉽게 전염되도록 만드는 바이러스의 유전학적 결정 인자를 찾아냈다. 그러나 미국 생물안보 국가과학자문위원회(NSABB)는 이번 연구가 생물 테러 등에 악용될 수 있다는 점을 들어 발표 논문에 자세한 내용을 담지 말도록 하는 조처를 취한 바 있다. 두 논문을 각각 출판한 〈네이처〉와 〈사이언스〉, 그리고 두 논문의 저자 집단은 이런 조처를 받아들였다. 뒤이어 이번 조처가 '과학 논문에 대한 전례 없는 사실상 검열 행위'라는 우려와 '치명적인 바이러스의 악용을 막기 위한 불가피한 조처'라는 견해가 맞서면서 논란을 빚었다(국내 연구자들의 인식을 묻는 설문조사 결과도 있다). 이와 더불어 전염성이 강한 변형 바이러스가 격리된 실험실 밖으로 누출될 때에는 새로운 위험이 나타날 수 있다는 점을 들어, 현재 생물안전단계-3(BSL-3)에 해당하는 조류독감 변형 바이러스 연구 실험 시설을 최고 수준인 4단계(BSL-4)에 준하도록 상향 조정해야 한다는 견해도 나오고 있다. 한편 과학 저널 〈네이처〉의 보도를 보면, 조류독감 바이러스 연구의 필요성과 위험성이 쟁점이 되자 미국 정부와 세계보건기구(WHO) 등에서 이런 연구들에 대한 국제적 감독 체제를 세우는 것을 포함해 연구의 혜택은 살리면서 위험성은 최소화하는 여러 방안을 논의하고 있는 것으로 알려졌다.

결론적으로, 저자가 제시한 전쟁들로부터의 정황 증거들은 전시 상황이 병원체의 병독성을 강화할 것이라는 저자의 아이디어와 일치하며, 이런 병독성 강화가 현미경을 통한 미생물 발견 이전 시대에 일어난 전쟁에서 일어난 많은 죽음의 직접 원인이 될 것이라는 생각과도 일치한다고 주장한다. 그런데 굳이 따지자면 항생제가 없던 시절에는 굳이 전시의 전염병 이외에도 간단한 창상이나 자상에 의한 감염도 생명을 위협할 수 있었다. 하여간 전쟁을 통한 병원체의 전파와 병독성 강화는 평화를 추구해야 할 이유를 추가한다.

이 책이 씌인 1980년대는 AIDS에 대한 공포가 극에 달한 시점이었다. 그래서 저자는 특히 AIDS의 유래와 미래에 대해 정성을 기울였을 것으로 판단된다. 실제로 7장 「AIDS: 어디서 유래되었고 어디로 진행하고 있나?」와 8장 「AIDS에 대항하는 싸움 : 생물의학적 전략들과 HIV의 진화적 반응들」은 이 책에서 과학적인 연구들을 가장 많이 그리고 세세하게 인용하였다고 할 수 있다. AIDS에 관해서는 현재의 아프리카가 거대한 실험실이 될 수 있다는 점, HIV 병독성의 변화에 대한 진화학적 해석과 이를 보완하는 문화적인 매개체 가설, 그리고 공공 정책과 교육, 그리고 실천 행동에 의한 AIDS 예방이라는 진화의학적 방식으로 빈곤한 저개발국의 AIDS 문제를 해결하자는 주장은 높이 평가할 만하다. 그러나 HIV 바이러스의 약독성에 대한 해석이 부족하며, 극히 드물겠지만 HIV에 감염되더라도 자신도 모르게 치유되는 자연면역(선천면역)에 대한 고려가 전혀 없음은 옥에 티로 보인다. 또한 칵테일 요법으로 현재 HIV 바이러스를 거의 완벽하게 통제하는 것에 대해서는 설명이 매우 곤궁할 것으로 여겨진다. 저자도 초기의 칵테일 요법 개발 시도는 알고 있던 것으로 보인다. "AZT에 대한 내성이 일어났다면, ddI와 같은 다른 약제와 공동으로 투여한 AZT는 두 번째 약제의 효과를 감소시킬 것이다. 이중 약제 전략의 불충분함은 연구자들에게 3개의 약제 사용을 고려하게 하였다. AZT, ddI와 또 다른 항바이러스약[네비리핀(neviripine)]의 3중 사용은 시험관에서 HIV 균주들의 증식을 정지시켰다. 이 발견은 고무적이지만, 폭넓은 진화적인 숙고는 이 접근에 대한 낙관조차도 약화시킨다." 말미의 언급처럼 저자의 진화의학적 논리라면 칵테일 요법도 곧 효력을 상실해야 되겠지만, 역자의 생각으로는 HIV 바이러스의 유전체 수가 제한되어 있기 때문에 3가지 이상의 경로를 차단한다면 이를 모두 피하는 돌연변이가 일어날 가능성은 거의 없어 보인다. 즉 간신히 세 경로 차단을 우회하더라도 결국 정상적인 주기를 유지하는 데 치명적인 결함이 생겨 증식률이나 병독성 강화를 일으킬 여지가 없이 조기에 사멸할 것으로 예상된다. 덧붙이자면 3중 사용은 현재 통용되는 매우 효과적인 AIDS 치료 전략이며 앞으로도 유효할 것으로 보인다, 이는 HIV 바이러스가 너무 단순하기 때문으로 생존에 크게 부정적이지 않은 돌연변이가 일어날 수 있는 한계가 있기 때문이라고 판단된다. 또한 현재 HIV 바이러스의 생활사와 유전체를 완전히 파악하고 있기 때문에 설사 기존 칵테일 제재들에 대한 저항성을 가진 균주가 출현하더라도 다른 경로들을 공략하는 새롭고 효과적인 칵테일 요법들을 개발할 수 있을 것이다. 각각의 항 HIV 약제는 내성 HIV에 대한 많은 다른 순열과 조합을 제공할 것임을 예상할 수 있으므로, 수학자와 정교한 컴퓨터 프로그램만 있으면 HIV 바이러스의 증식을 완전히 통제할 수 있을 것이다.

저자는 AZT 단일 약제 투여에 의한 심각한 부작용과 내성 때문에 백신을 선호하는 것으로 보인다; '이 문제를 해결할 한 가지 대안은 우리 면역계가 인식할 수 있는 여러 가지 HIV 단백질들을 모두 섞은 일종의 바이킹 요리(smorgasbord)를 포함하는 백신을 설계하는 것일 것이다.

HIV 균주가 면역계에 의해 인식되고 제거되려면 바이킹 요리 속의 단백질들에서 단 1개만이라도 짝이 맞아야 한다.' 이러한 '잡탕식' 다중 표적 백신 개발의 기본 원리는 사실 항바이러스제 칵테일 요법과 유사하다—바이러스가 돌연변이를 일으켜 한 종류의 항체/약제 공격을 피하기 이전에 다른 항체/약제들로 공략하여 제압하는 방식이다. 동시에 저자는 계속해서 회의적인 태도를 보인다; '이 접근은 예방접종으로부터 피할 수 있었던 HIV의 구성 부위와 HIV가 백신들을 우회할 수 있는 비율을 감소시킬지도 모르지만, 아마도 결과를 근본적으로 바꾸지는 않을 것이다. 백신에 의해 자극된 면역을 인식할 수 없도록 HIV가 그 단백질들의 구조를 바꿀 수 있다면 HIV는 탐지를 피해 증식할 수 있다. 이러한 고려들은 안전하고 효과적인 AIDS 백신을 개발하는 것이 지금까지 보건 과학에 던져진 가장 어마어마한 도전일 수 있음을 시사하며, 예견할 수 있는 문제로는 비록 효과가 떨어지는 백신이라도 그것이 사용되기 이전에 이미 AIDS로 수백만 명이 사망할 것이다.' 현재로서는 저자의 회의적인 전망이 틀린 것 같다. 다행인지는 몰라도 HIV 바이러스는 변이율은 높아도 전체 유전체 규모가 너무 단순하다. 좋은 예가 될지 모르겠지만, 실력은 있지만 판돈이 아주 적은 도박사가 교대로 '올인'을 해대는 경쟁자들에게 조만간 패배한다고나 할까? 백신 개발은 아직까지도 성공하지 못하였지만, 여전히 희망을 놓지 않고 있으며, 칵테일 치료제를 가용한 나라에서는 백신을 완성하기 전에 수백만 명이 AIDS로 죽기보다는 다른 성인병으로 죽을 확률이 더 높다.

AIDS에 대항하는 항바이러스제 칵테일 요법과 유사한 전염성 질병 대응으로는 헬리코박터 피롤리(*belicobacter pyroli*) 균을 통제하는 데 사용하는 삼제 요법이 있다. 위궤양과 심하면 위암을 일으키는 헬리코박터 균을 제어하는 데 1차적으로 권장되는 약물로는 제산제인 양성자 펌프 억제제(PPI)와 두 종류의 항생제(Amoxicillin 1,000mg+Clarithromycin 500mg)를 동시에 일주일 간 복용하도록 하는 것이다. 그러나 이 요법을 시행해도 재발하는 사례가 점차 증가하고 있는데, 다행인 것은 궤양 증세가 심하지 않을 경우 헬리코박터 균을 방치해도 생명을 위협하지 않으며, 오히려 요즘 문제가 되는 역류성 식도염이 이 균을 다소 완화시켜준다는 보고가 있다. 역자가 주목하는 것은 유사한 방식의 칵테일 요법이 왜 HIV에는 효과적이고 헬리코박터 균에는 제한적으로 효과가 나타나는가이다. 그 차이는 아마도 각각의 유전체 크기에 기인하는 것으로 생각되는데, 세균이나 바이러스의 병독성과 전염성을 유지하면서도 항생제나 항바이러스제에 저항성을 보이는 돌연변이를 얼마나 많이 허용할 수 있는가의 여부이다. 결국 유전체가 크면 그만큼 다양한 돌연변이를 허용할 수 있을 것이다. 사족을 달자면, 최근 유산균과 삼제 요법을 병용하면 헬리코박터 균 제거에 훨씬 효과가 크다는 보고들이 있다. 삼제요법이 환자의 면역력은 크게 고려하지 않은 것이라면, 유산균 병용은 면역력을 신장시키는 효과를 기대할 수 있을 것이다.

마지막으로 저자는 "AIDS 백신 개발의 어려움을 이해하려면, HIV보다 돌연변이율이 약간 적은 인플루엔자 바이러스를 고려해야 한다."고 주장한다. 그러나 위에서도 살펴보았듯이 인플루엔자나 호흡기 질환이 AIDS보다 더 위험하다고 할 수 있다. 다른 숙주 종간에 항원 이동에 의해 재조합된 호흡기 인플루엔자 바이러스가 치명적일 수 있는 데 비해, AIDS의 실체를 아는 현대에 인간과 다른 유인원 종간의 성적 접촉을 통해 재조합을 일으킬 확률은 매우 낮다. 물론 엽기적인 상황들이 연출되거나 악의적으로 실험실에서 개발한다면 막을 길이 없겠지만.

9장은 제목이 '뒤돌아보기…'이며, 진화의학의 태동과 발달 과정의 에피소드를 다루었다. 의학사에서 그냥 스쳐 지나갈 만한 진화의학을 지지하는 사료들을 찾아낸 저자의 능력에 놀라지 않을 수 없다. 당연히 현대 의학 이전 시대에 의학은 때론 신의 영역이거나 때론 초자연적인 힘에 의존하였으며, 특히 감염에 대한 과학 지식이 부족한 상황에서는 더욱 그러하였을 것이다. 하여간 매우 빈약한 자료의 양뿐만 아니라 기술적 한계, 당시의 황당한 사회적 통념들에도 불구하고 자신의 논지에 우호적인 사료들을 찾기란 전문 역사가들에게도 버거운 일이 아닐 수 없다. 이러한 점은 저자와 역자가 속한 사회에서 행해지는 교육의 차이일 것이며, 반성과 동시에 부러움을 금할 수 없다. 생명과학을 전공한 역자가 짐작하기에는, 과학자가 인문학에 대해 관심을 갖고 공부하는 것과 인문학자가 과학을 공부할 때의 성취 정도는 상당히 다를 것 같다. 패러다임과 혁명이라는 중심 개념으로 유명한 『과학혁명의 구조(*The structure of scientific revolution*)』를 저술한 토머스 쿤(Thomas S. Kuhn, 1922~1996)은 하버드대학에서 물리학 박사 학위를 딴 후 교양 과정을 담당하면서 자연스럽게 과학의 역사에 대해 관심을 갖게 되었고, 결국 과학사 분야의 거목이 되었다. 쿤만큼은 아니지만 저자가 과학의 영역에 역사를 접목시킨 것은 훌륭한 통찰을 제공한 것이다. 막연하지만, 학제 간 전문성과 방법론의 차이 때문에 역사학에서 자연과학(또는 의학)으로의 전공 변신은 이런 통찰력을 지니기 힘들 것이다. 이러한 프로급 아마추어가 흔하다는 것은 그들의 교육 체계가 그저 구두선에 그치는 우리와는 달리 진정한 창의력을 제공할 수 있기 때문일 것이다.

저자의 재기발랄한 묘사에 따르면, 당대 의학의 대가들조차도 오류를 피할 수는 없었으며, 기념비적인 업적을 남긴 이들이 대가들이 수립한 기존 개념을 타파하는 과정이 무척 흥미롭다. 결론적으로 진화의학 역시 일조일석에 만들어진 것이 아니라 당대에 여러 뛰어난 '관찰자들'의 노고와 시행착오들이 모여 이루어진 것임을 잘 알 수 있다. 따라서 독자들은 모든 자연과학처럼 진화의학에 대해서도 그 발전 역사를 살펴봄으로써 어떤 성찰을 얻을 수 있을 것이다. 그런데 진화의학과는 동의어로 취급받는 '다윈의학'이 상징하듯이 저자가 신봉하는 진화의학의 가장 중요한 이론적 기반인 다윈과 그의 관련 업적에 대한 소개가 없는 것은 의외이고 유감이다.

앞서 언급한 바처럼 장구한 인류 역사와 방대한 사료들 가운데 저자가 찾아낸 것은 빈약한 수준이 아닐 수 없으며 진화의학사를 구축하기 위해서는 더 많은 역사적 진실을 발굴해야만 한다. 예를 들어 고고학과 의학(역학, 전염병학, 병리학 등)의 접목을 통한 '과거 재현'을 통해 남겨진 증거들을 재구성하는 시도는 필수불가결하면서도 매우 흥미로울 것이다. 앞서 언급한 과학과 역사를 접목한 예로 든 펠레폰네소스전쟁 당시 아테네를 패배로 이끈 티푸스 균주의 유전자형을 분석하는 것이 바로 그런 유형의 작업이다. 역자는 생물학전의 가장 참혹한 사례이자 인류 역사상 가장 큰 재앙으로 여겨지는 중세 유럽의 흑사병에 대해 동일한 접근을 시도해보는 것도 매우 흥미로운 작업이라고 생각한다. 1347~1361년에 창궐한 유럽의 흑사병은 쥐 등 설치동물의 몸에 붙어사는 벼룩이 쥐의 살을 물어뜯어 페스트 간상균을 피와 같이 흡입함으로써 옮긴 전염병이었다. 흑사병은 원래 중국 운남성의 풍토병이었는데, 13세기 몽골제국의 운남 정벌 때 몽골군에 전염되었다가 중앙아시아 초원을 경유하여 유럽으로 번진 것이다. 1346년 몽골군이 크림반도의 카파를 공략하다가 실패하자 흑사병으로 사망한 시체들을 투석기로 도시 안에 무더기로 던지고 후퇴하면서 중국에서 시작된 흑사병이 유럽 각국으로 퍼진 것이었다. 성안에는 제노아 상인들이 많이 있었으며 이들이 배를 타고 서유럽으로 흑사병을 배달한 셈이 되었다. 당시 기록에 따르면 1347년부터 1350년까지 4년 동안 유럽 전체 인구가 3분의 1 정도 줄었는데, 대략 2,500만 명으로 추산된다. 혹시 카파에 당시의 묘역들이 남아 있지 않을까? 부유한 제노아 상인들의 묘지들이 고국에 남아 있을 가능성이 높지 않을까? 이들로부터 전파된 흑사병이 휩쓴 지역에 남아 있는 교회의 기록물들과 당시 조상된 묘지들은 어떠한가? 당시 교회는 한 개인이 태어나 세례부터 사망까지를 가장 정확하게 기록한 문서들을 작성하고 보관했던 곳이다. 이 기록을 확인할 수 있는 묘지들이 있고 후손들이 동의한다면, 그 시신에서 사망 원인은 물론 운이 좋다면 병원균의 변이 상태를 추적하고 확인할 수 있을 것이다.

마지막 10장은 「…그리고, 미래를 언뜻 보기(또는 WHO는 다윈이 필요하다)」이다. 저자는 일본과 카리브해 연안국에서의 HTLV 전파에 대한 비교조사를 통해 자신의 논리를 일관되게 주장한다. 일본인들은 무방비 성접촉 비율이 상대적으로 낮은데, 주로 콘돔에 의존한다. 1970년대 조사에서 출산을 조절하는 모든 여성의 80% 이상(20대 초반 여성의 90% 이상)이 콘돔을 사용하며, 조사 대상 여성의 3%만이 경구피임약을 사용한다고 답했다. 카리브해 연안국에서는 그 비율이 반대인데, 자메이카 여성들은 10% 미만이 콘돔을 사용하고, 대략 70%는 경구피임약을 사용했다. 이러한 문화적(?) 패턴의 차이로 일본에서는 HTLV-1의 지리적인 분포가 주로 모체-신생아 간 수직 전파를 시사하는데 반해, 카리브해 연안국에서 HTLV-I는 성적 전파에 의해 훨씬 균일한 지리적 분포 양상을 보인다. 예를 들어 트리니다드토바고에서 HTLV-1은 일반인 집단보다 남성 동성애자들 사이에서 대략 6배 더 퍼져 있었다. 결국 저자는 HTLV 감염 이후 암 발생에 이르기까지의 기간을 추적함으로써 이러한 문화적, 사회적 차이가 병원체의 전염성과 병원성에도 영향을 미칠 것이라고 주장한다. 이러한 주장은 7장에서 AIDS의 기원에 관해 HIV 전파에 따른 감염률, 병독성 정도와 분포 양상이 아프리카 안에서 이슬람권역과 기독교권역이 나타내는 종교적, 문화적 차이에 상당 부분 이유가 있다는 주장과 일맥상통한다. 비록 HIV 감염은 항바이러스제로 치료하기에도 매우 바쁜 상황이겠으나, 저자가 설파하는 진화의학이 갖는 최대의 장점인 '전염병의 병독성이 어떻게 변화할지를 예측할 수 있다'는 측면을 시의적절하게 적용하면 비용과 시간을 크게 절감할 가능성을 제시한다. AIDS 창궐로 신음하면서도 대부분이 극빈국이라서 항바이러스제는커녕 콘돔조차 제공하기 어려운 오늘날 아프리카의 불행한 현실을 개선하는 데 저자의 '사회적 중재'는 어느 정도 기여하리라고 본다. 한편, 치사율이 상당히 높은 자궁경부암을 유발하고 인구 대비 상당히 높은 비율로 전염된 상태이며 최근 백신이 시판되는 인간유두종바이러스(human papiloma virus, HPV)에도 적용시킬 수 있는지 여부를 조사하는 것은 저자의 주장에 대한 매우 효과적인 검증이 될 것이다.

저자에 따르면 진화의학의 일부가 될 수 있는 진화역학은 예를 들어 병독성, 내성 그리고 질병 징후들의 적응에서의 중요성과 같은 병원체와 숙주의 특성들에서 나타나는 진화학적인 변화까지 망라하기 위해 역학의 관점을 확장한다. 역학은 본질적으로는 질병의 생태학이며, 찰스 다윈의 시대부터 생태학과 진화생물학은 긴밀하게 연관되었다. 비록 의학과 역학을 동격 혹은 같은 규모로 설정하는 것에 많은 이들이 불만을 나타낼 수도 있겠지만, 저자는 20세기 초부터 진화학적인 사고가 역학에 수용되면서 의학과 역학의 주된 목표—개별 환자들을 돕고 질병의 확산을 통제하는 것—가 현실과 충돌할 때 해결의 실마리가 제공된 것으로 묘사한다. 그 고전적인 예로 항생제 내성의 진화와 현대 의학의 대처를 들었다. 세월이 흐른 지금까지도 의학 교육 시스템에 자신의 견해가 충분히 반영되지 않음을 알게 된다면, 저자는 틀림없이 실망할 것이다.

마지막으로 저자는 진화생물학, 생태학 그리고 역학은 학문들 가운데 가장 학제적임을 언급하면서, 다음과 같이 결론을 맺었다. "……만약 우리가 세상을 더 잘 이해하고 관리하기를 원한다면, 감염성 질병의 진화를 이해하기 위해 더욱 노력해야 한다." 비록 출판된지 어느 덧 20여 년이 흐른 지금에 와서 돌이켜보면 이 책의 한계와 잠재적 가치를 동시에 볼 수 있다. 역자의 생각으로 저자의 주장은 크게 보아 정당하며, 과학계에서 정치사회적으로도 수용할 만하다고 판단된다. 저자의 주장을 마지막으로 부족하나마 감히 시도한 '역자 해제'를 마무리한다.

"……진화학적인 전술을 사용함으로써 우리는 병원체들이 한때 그랬던 것과는 달리 더 이상 대단한 적이 아니게끔 병원체를 바꿀 수 있을 것이다. 따라서 우리는 병원체들이 우리를 공격하기 직전에 방지하거나 혹은 공격한 직후에 그들을 파괴하기 위한 '군비경쟁'에 돈을 쏟아부을 필요가 없게 될 것이다. 어떤 의미에서 우리는 병원체들이 역사를 통해 우리에게 해온 것보다 덜 유해하게 만들어 우리와 함께 살 수 있도록 그들을 길들일 수 있을 것이다……."

| 용어 풀이 |

adaptive **적응성이 있는,** 적응하는 자연선택에 의해 선호되는 생명체의 특징을 의미.

AIDS **에이즈, 후천성면역결핍증후군** HIV에 의해 유발되는 면역계의 대량 파괴와 연관된 여러 가지 치명적인 질병들을 총칭하는 포괄적인 용어로 후천성면역결핍증후군의 약자.

amino acids **아미노산** 단백질의 소재. 각각의 아미노산은 코돈이라 불리는 리보뉴클레오타이드(RNA)의 세 종류 염기에 의해 암호화된다.

analgesic **진통제** 통증을 완화시키는 약.

antibodies **항체** B림프구에서 분비되며 병원체 표면에서 돌출된 항원과 결합하는 단백질 분자들. 이 분자들은 면역계 내의 다른 세포들에게 병원체들을 인지하고 파괴하기 용이하도록 해준다.

—antigens **—항원** 숙주의 항체 생산을 유발하는 물질로, 항체들과 결합하는 복합물.

ARC **AIDS 관련 증후군** AIDS 관련 증후군의 약자로, 무증상 상태의 AIDS로부터 진전된 HIV 감염자들에게서 자주 나타나는 증상들을 포괄적으로 일컬음.

arthropod-borne **절지동물-매개** 절지동물문에 속하는 동물에 의한 전파. 육상 척추동물들의 기생충 질병을 매개하는 데 가장 중요한 절지동물들로는 모기, 깔따구, 체체파리, 모래파리, 침노린재(트리아토마빈대), 진딧물, 진드기, 이, 벼룩 등이 있다.

asymptomatic **무증상(의)** 증상을 일으키지 않는 감염을 말함.

AZT(azidodideoxythymidine = **지도부딘)** 핵산(티민)의 골격을 변형시킨 분자 2개로 형성됨. AZT는 HIV의 역전사효소를 방해함으로써 HIV를 억제한다.

benignness **양성(또는 무독성)** 숙주에게 증상이 없거나 혹은 미약한 증상만을 나타내도록 약간의 위해만 일으키는 기생 상태.

CD4 일부 T 림프구의 표면에 있는 수용체로서, 림프구들이 다른 백혈구들에 결합하게 만들어 그 세포들의 활성에 영향을 주도록 한다. HIV의 gp120 분자는 CD4 수용체와 결합할 수 있으므로, 림프구에 HIV가 림프구 안으로 들어가는 것을 허용한다.

cell cultures **세포배양** 실험실 상황에서 인공적인 영양분을 포함한 매체에서 세포를 기르는 것. 연구자들은 병원체들과 숙주세포들의 상호작용을 조사하기 위해서 배양중인 세포들에 감염을 시킨다.

codon **코돈** RNA의 구성 단위인 리보핵산 세 개로 구성되며 하나의 아미노산 또는 단백질 합성의 시작이나 종료 신호를 암호화한다. RNA 내의 코돈 서열은 단백질에서의 아미노산 서열을 결정하며, 따라서 단백질의 크기, 모양 그리고 활성을 결정한다.

colonization **기생 군체 형성** 숙주에게 아무런 검출 가능한 손상도 일으키지 않으면서 한 생명체가 다른 생명체의 표면에 살아가는 것.

commensalism 공생 한 생물이 다른 생물에게 해를 끼치거나 돕는 일 없이 이익을 얻는 관계. 공생의 범주는 적응 이익과 비용의 계산이 부정확함을 반영한다. 공생 생명체들은 적어도 서로 간에 일부 미약한 영향을 미칠 수도 있다. 만약 정확하게 이러한 영향을 측정할 수 있다면, 사실상 공생으로 분류되는 관계들은 모두 '약간 기생적' 또는 '약간 상리 공생적'일 것이다. 공생은 공생 관계들 중 별개의 범주라기보다는 상리공생과 기생 사이의 이론적인 경계선을 나타낸다.

cultural vector 문화적 매개체 특징 중 적어도 하나가 인간 문화의 일부일 때, 고정된 숙주들로부터 예비 감염자들로의 전파를 허용하는 특징들을 한꺼번에 지칭하는 개념.

cytotoxic T cell 세포 살상 T세포 감염된 세포 표면의 항원을 인식함으로써 감염된 세포를 공격하고 파괴하는 T 림프구 세포.

defense 방어 개인의 징후 발현이 갖는 진화학적 적응을 증가시키는 질병의 징후를 지칭하는 간단한 용어.

diarrhea 설사 액체 또는 반유동체 형태로 몸에서 배출되는 변.

DNA(deoxyribonucleic acid) DNA (디옥시리보 핵산) 길이 방향으로 사용된 4개의 다른 구성 요소(데옥시리보 뉴클레오타이드)의 서열상의 변이에 의해 정보를 암호화하는 긴 사슬형 분자. 대부분의 생명체에서 DNA 서열은 유전자(생명체의 발생과 유지를 위해서 필요한 정보들의 1차적인 도서관 역할을 담당)를 구성한다.

dysentery 이질 피가 섞인 설사.

envelope proteins 외피(外皮) 단백질 일반적으로 바이러스와 숙주세포의 결합에 참여하는 바이러스 표면으로 돌출한 단백질.

epidemic 유행 한 지리적 지역에서 동시에 서로 다른 현지 그룹들에 영향을 미치기에 충분히 퍼지는 질병의 발생. 좁은 의미에서 '유행(epidemic)'은 인간 집단들 내에서의 발병을, 그리고 '동물유행병성(epizootic)'은 다른 동물들 집단 내에서의 발병을 의미한다. 이 책에서 저자는 인간과 인간 이외 숙주들의 질병들을 포괄하기 위해 넓은 의미의 '유행'을 사용한다.

epidemiology 역학 숙주 집단 내 그리고 집단 간에 질병의 유병률과 확산을 조사하는 과학의 세부 분야. 역학은 환경, 숙주 또는 유병률이나 질병의 확산에 관련된 기생생물의 모든 측면을 포괄한다.

fever 열 건강한 생명체들에서 정상적으로 유지되는 것보다 상승한 체온.

fitness 적응 같은 종 안에서 경쟁자들과 비교되는 생명체의 진화학적인 성공의 척도. 다윈은 경쟁중인 개체들의 선별적인 성공으로부터 결과되는 생명체와 그 환경 사이에서 개선된 적합이라는 측면으로 이러한 성공을 염두에 두었다. 현대 진화학자들은 다른 유전적인 지시들의 상대적 빈도라는 측면으로 이 성공을 염두에 둔다.

genotype 유전자형 한 생명체 내 유전자들의 특정한 세트.

gp120(glycoprotein 120) gp120(글라이코프로테인 120) HIV의 표면으로부터 확장된 단백질성 분자로서 CD4 수용체와 결합함으로써 HIV가 세포 내로 들어가게 한다.

group selection 그룹 선택 생명체 그룹들의 선별적인 성공의 결과로서 선호되는 특징. 그룹 선택은 그룹 내에서 개체들의 성공들 간의 차이들과 전형적으로 미약하게 대비되지만, 만약 그룹들이 작아서 정기적으로 섞인다면, 그리고 만약 그룹 내의 개체들이 유전적으로 연관되어 있다면, 그룹 선택은 중요할 것이다. 이러한 상황들은 개개의 숙주들 체내에서 특히 기생생물 그룹들에 적용할 수 있는 것으로 보인다. 이 용어 사용은 진화생물학자들 사이에서 논쟁의 원천인데, 이 용어가 그룹 이익에 근거한 실행 불가능한 시나리오를 특정하기 위해서 지난 세기의 중반 동안 사용되었기 때문이다. 가능한 경우 그룹 선택은 자주 친족 선택과 동일하거나 매우 유사하다.

HIV HIV 인간면역부전바이러스의 약자.

HTLV HTLV 일반적으로 인간T세포림프종바이러스, 인간T세포백혈병 바이러스 또는 인간T세포림프종/백혈병 바이러스 등 몇 가지 이름으로 알려진 레트로바이러스의 약자.

hybridization 교잡 분자생물학에서 핵산 사슬의 한쪽을 상보적인 다른 반쪽과 결합하는 것. 이 두 반쪽이 서로 다른 생명체로부터 유래했을 때, 이 결합의 힘은 만나는 것의 힘은 2개의 뉴클레오타이드 서열들의 유사성 정도에 대한 정보를 제공하므로 생명체들의 진화적인 상관성에 관한 정보를 제공한다.

immune system 면역계 염증과 같은 일반화된 반응들, 항원-항체 결합 그리고 세포 표면에 표시된 외래 항원에 대한 인식을 통한 감염 세포의 파괴와 같은 특이적인 반응들에 의해 감염으로부터 보호하는 체내 세포들.

incidence 발생률 주어진 기간에 걸쳐서 전체 인구에 대비한 감염자들의 수.

inclusive fitness 포괄 적응 어떤 특징에 대한 유전형질들이 전달되는 데 미치는 그 특징의 영향. 이 용어는 당초 유전형질들의 진화학적 성공에 자신의 자손들은 물론 친척들을 통한 형질들의 전달을 포함시켜야만 한다는 것을 강조하기 위해 소개되었다. 비록 좁은 의미에서는 한 개인이 자신의 생식 활동을 통해 거둔 성공만을 지칭하지만, 진화생물학자들은 종종 '적응'이라는 용어를 포괄 적응까지 넓게 지칭하기 위해 사용한다.

infectious disease 감염병(또는 전염병) 병원체에 기인한 질병.

infection 감염 병원체의 숙주 생명체 침입으로, 숙주 안에서 적어도 자신의 생의 주기 일부를 완료한다.

infestation 체내 침입 이론적인 논의를 간결하게 하기 위해, 저자는 다세포 기생 생명체들에 의한 체내 침입을 포함하기 위해 '감염'이라는 용어를 넓은 의미로 사용했다.

inflammatory response 염증 반응 기생 생명체 또는 다른 자극물들에 의해 나타나는 림프계와 국부 조직들의 반응으로, 확장된 혈관들 속으로 혈액이 모이고 조직 내 림프액이 축적됨으로써 부어오르기와 빨갛게 되는 것으로 특징지을 수 있다. 병원체를 파괴하는 백혈구들이 이 반응이 일어나는 동안에 혈액에서 조직으로 이동한다.

kin selection **친족(혈연) 선택** 친족들에 대한 특성이 미치는 영향들의 결과로 특성을 선호하는 것으로서, 그 특성에 대한 유전형질을 공유한다. 바꾸어 말하면, 친족 선택은 유전적으로 연관된 개인들을 통해 발생하는 포괄 적응의 요소들과 관련이 있다.

latency **잠복기** 병원체가 증식하지 않거나 혹은 매우 서서히 증식하는 감염의 휴지 상태.

lymphocyte **림프구** 특수화된 면역학적 기능들을 갖춘 이질적인 백혈구의 범주. B 림프구는 항체를 생성하는 세포이다. T 림프구는 항원 제시 세포에 반응하여 증식하고, 다른 백혈구(예, B 림프구)를 활성화시키거나 감염된 세포를 직접 살상한다.

manipulation **조종** 증상을 일으키는 병원체들의 진화학적 적응성을 높이는 행동을 칭하는 간략한 용어.

mutualism **상리공생(相利共生)** 두 종 모두에 적응 이익들을 제공하는 공생 관계.

mutation **돌연변이** 유전자들을 구성하는 소재들(뉴클레오타이드)의 서열상의 변화.

natural selection **자연선택** 유전자 빈도상의 변화와 유전자들이 암호화한 특징들의 변화를 초래하는 선별적인 생존과 증식 과정.

nef **네프 단백질** HIV가 암호화한 단백질로서, 애초에는 HIV 복제를 억제하는 음성 조절 요인으로 여겨졌다. 현재의 증거는 다른 버전의 nef 들이 존재하며, 이 가운데 일부가 HIV 복제를 억제하고, 다른 일부는 복제를 촉진하며, 세 번째 그룹은 식별 가능한 영향을 가지지 않음을 보여준다.

neonate **신생아** 갓 태어난 유아.

nucleic acid **핵산** 뉴클레오타이드들로 구성되고, 유전정보를 암호화하는 사슬 모양의 분자.

nucleotide **뉴클레오타이드** 핵산의 소재. 각각의 뉴클레오타이드는 인산과 4개의 서로 다른 질소-함유 고리 중 하나가 당에 결합한 분자로 이루어진다. DNA에서 이러한 분자는 아데닌, 티민, 시토신과 구아닌이다. RNA에서는 우라실이 티민 대신 사용되며, 당은 리보오스(데옥시리보오스 대신)이며, 뉴클레오타이드는 리보뉴클레오타이드라고 불린다. RNA와 DNA 공히, 정보를 암호화한 4종류 분자들의 서열이다.

pandemic **세계적인 유행병, 대유행** 대륙들 또는 전 세계적으로 퍼지는 질병의 발생.

parasite **기생생물** 한 개체의 표면 또는 체내에 사는 개체로서, 숙주의 적응성을 떨어뜨린다. 저자는 다세포 기생생물은 물론 병원체들을 포함하기 위해 '기생생물'이라는 용어를 넓은 의미로 사용한다.

parasitism **기생** 한 구성원이 다른 구성원이 지불하는 비용으로 이익을 얻는 공생 관계.

pathogen **병원체** 개체가 하나의 세포 혹은 그 이하 수준인 기생생물. 이 범주는 원생동물성, 세균성, 바이러스성 기생 생명체들을 포함한다.

pathogenesis **병인(病因)** 질병을 유발하는 생명체가 질병을 일으키는 과정.

plasmid **플라스미드** 세균 내에서 만들어질 수 있고 세균들 간에 옮겨질 수 있는 고리 모양의

DNA. 플라스미드는 독소 생산, 항생제 내성 그리고 숙주세포 침입 능력들을 암호화한 유전자들을 포함할 수 있다.

plasmodia (singular : plasmodium) **플라스모디아(단수 플라스모디움). 말라리아 원충** 말라리아의 원생동물성 매개체.

prevalence **유병률** 숙주 집단이 기생 생명체에 감염되는 정도.

protein **단백질** 아미노산들의 긴 사슬로 이루어진 분자. 단백질 사슬들의 서로 다른 부분들의 연관은 단백질이 생명체의 몸을 구성 요소로 작용하고 생물학적 과정들을 조절하도록 해주는 3차원의 구조를 갖도록 해준다.

proximate **가장 가까이의, 근인(近因)** 생명 과정의 기구들에 대해 다루는 설명을 의미한다. 생물이 어떻게 기능하는가. 근인(根因, ultimate) 참조.

retrovirus **레트로바이러스** 유전정보로 RNA를 사용하고 역전사효소를 사용하여 DNA에 이 정보를 전사하는 바이러스 종류의 하나. Retroviridae과는 Lentivirinae아과의 HIV와 Oncovirinae아과의 HTL를 포함한다.

reverse transcriptase **역전사효소** 자신의 유전정보를 암호화하기 위해서 RNA를 사용하는 HIV와 다른 바이러스들에서 발견되는 효소. 역전사효소는 상보적인 DNA 가닥을 만들기 위한 주형으로 바이러스의 RNA를 사용하며, 그 다음 원래의 RNA 가닥을 최초의 DNA 가닥과 상보적인 DNA 가닥으로 교체한다.

RNA (ribonucleic acid) **RNA (리보핵산)** 길이 방향으로 연결되는 4가지 구성 요소들(리보뉴클레오타이드)의 다양한 서열에 의해서 각 정보들을 암호화하는 긴 사슬의 분자. 일부 바이러스(예, HIV, 간염 바이러스, 그리고 인플루엔자 바이러스)에서, RNA와 그것이 암호화한 정보는 유전자를 구성하는데, 그 유전자는 바이러스 침입과 복제를 위해 필요한 바이러스 정보의 도서관과 같다. 대부분의 생명체에서 RNA는 DNA에 의해 암호화된 정보를 단백질 합성 장소로 수송하는 전달자 역할을 하는데, 그 장소에서 다른 종류의 RNA들과 상호작용하여 아미노산을 연결시켜 단백질을 만든다.

serum **혈청** 피의 액체 부분.

seroconversion **혈청 전환** 숙주가 감염된 생명체에 대해 혈청 내에서 검출 가능한 면역반응을 발달시키는 과정.

seropositive **혈청 양성 반응** 혈청 내에서 검출 가능한 면역반응이 있는 상태.

sexual partner rate **성적 파트너 비율** HIV의 성적인 전파 가능성을 언급하기 위해 저자가 사용하는 용어. 성적 파트너 비율은 새로운 파트너들과의 성 접촉 비율이 파트너당 무방비적인 성 접촉의 횟수에 의해서 가중되는 비율을 반영한다.

simian **시미안원숭이** 시미안원숭이.

SIV 원숭이면역결핍바이러스의 약자. SIV는 시미안원숭이의 숙주들로부터 분리되는 렌티바이러스이다.

strain **균주** 공식적으로는 실험실에서 전파되는 분리된 병원체이다. 저자는 일반적인 계통으로부터 최근 유래되고 유전적으로 매우 유사하거나 동일한 병원체들을 지칭하기 위해서, 의미의 범위를 어느 정도 넓혀 이 용어를 사용한다.

symbiosis **공생** 긴밀하게 같이 생활하는 두 개의 다른 종. 이 용어는 종종 상호 공생의 동의어로서 좀 더 엄격하게 사용된다—두 종들을 위한 총 적응 이익을 낳는 관계이다. 저자는 상호 공생, 공생과 기생을 포함하기 위해 넓은 의미로 '공생'을 사용한다.

symptom **증상, 징후** 질병을 나타내는 숙주 내의 인식 가능한 변화. 의학계에서 종종 증상들은 질병의 주관적인 징후로, 그리고 표징들은 객관적인 징후라고 정의된다. 이 책에서 저자는 객관적 그리고 주관적인 징후들을 더욱 넓게 포괄하기 위해 '증상들'을 사용한다.

tat **tat 단백질** HIV를 휴지 상태 또는 거의 증식하지 않는 상태에서 활발하게 증식하는 상태로 전환시키는 전사 활성 단백질.

T4 cells **T4세포** 다른 백혈구의 활성에 영향을 주는 림프구의 한 종류로, 세포막 밖으로 뚫고 나와 있는 수용체인 CD4 분자의 존재에 의해서 특징져진다.

transmission **전파** 하나의 숙주로부터 다른 숙주로 이동하는 기생생물에 의한 과정.

trematodes **흡충류(吸蟲類)** 편형동물문 흡충강에 속하는 기생성 편형동물로, 미국에서는 흔히 흘루크(요행)이라 불린다. 이들은 전형적으로 척추동물 숙주와 절지동물 숙주가 포함되는 복잡한 생의 주기를 가진다. 흡충류에서 기인한 가장 널리 알려진 인간 질병은 주혈흡충증(schistosomiasis)이다.

trypanosomes **트리파노소마** 수면병과 같은 질병을 일으키는 원생동물성 기생생물들로 편모충의 일종.

ultimate **궁극, 극치** 진화학적 기원을 다루는 설명을 일컫는다. 왜 생명체는 그들에게는 있는 특징들을 갖는가?

vertebrates **척추동물** 등뼈를 가진 동물들로 포유류, 조류, 파충류, 양서류와 어류를 포함한다.

vertical transmission **수직 전파** 숙주에게서 그 자손으로 기생체가 전파되는 것.

virulence **병독성** 기생체가 숙주에 미치는 부정적인 영향의 정도를 반영하기 위해서 저자가 사용한 것이다.

virus **바이러스** 단백질막 또는 코트로 둘러싸인 핵산들, 그리고 때때로 숙주세포로의 감염을 촉진하는 몇 개의 둘러싼 단백질들로 구성된 기생성 생명체.

white blood cells (leukocytes) **백혈구** 면역계의 세포로서, 혈액, 림프액과 체조직을 순환한다. 침입해온 유기체, 감염된 세포들, 손상된 세포들을 직간접적으로 파괴한다.

지은이

:: 폴 W. 이월드

폴 이월드는 U.C.어바인 생물학과에서 학사학위를 받고, 워싱턴대학교 동물학과에서 생태학과 진화학 전공으로 박사학위를 받았다. 앰허스트대학교 생명과학부 교수를 거쳐, 현재는 미국 루이스빌대학교에서 진화의학을 연구하고 있는 진화생물학자다. 그는 고등동물의 지배영역 관련 행동에서부터 새로운 백신 개발전략에 이르기까지 다양한 주제로 많은 논문을 발표하였으며, 〈Natural History〉, 〈National Geographic〉, 〈Scienctific American〉 등의 잡지에 글을 기고해왔다. 현재까지 그는 대학과 학회 세미나, 심포지움에서 왕성하게 활동하고 있으며, 이론의학과 유관 과학(Theoretic medicine and affiliated sciences) 분야에서 혁혁한 성과를 거둔 학자에게 수여하는 상 George E. Burch Fellowship의 최초 수상자이기도 하다.

옮긴이

:: 이성호

서울대학교 동물학과를 졸업하고 동 대학원에서 발생생물학으로 이학박사학위를 취득했다. 미국 국립보건원(NOH)에서 박사후과정을 마쳤다. 1996년부터 상명대학교 생명과학과 교수로 활동하고 있으며 발생생물학, 동물생리학, 면역학 등을 연구하고 있다. 옮긴 책으로는『세포전쟁』,『갈라파고스』,『해부학 실습』,『척추동물의 비교해부학』등이 있다.

한국연구재단총서 학술명저번역 572

전염성 질병의 진화

1판 1쇄 찍음 | 2014년 10월 20일
1판 1쇄 펴냄 | 2014년 10월 30일

지은이 | 폴 W. 이월드
옮긴이 | 이성호
펴낸이 | 김정호
펴낸곳 | 아카넷

출판등록 2000년 1월 24일 (제2-3009호)
413-120 경기도 파주시 회동길 445-3
전화 | 031-955-9511(편집) · 031-955-9514(주문) / 02-6366-0510 · 02-6366-0514
팩스 | 031-955-9519 / 02-6366-0515
책임편집 | 박병규 · 이윤주
www.acanet.co.kr

Printed in Seoul, Korea.

ISBN 978-89-5733-388-4 94470
ISBN 978-89-5733-214-6 (세트)

「이 도서의 국립중앙도서관 출판예정도서목록(CIP)은 서지정보유통지원시스템
홈페이지(http://seoji.nl.go.kr)와 국가자료공동목록시스템(http://www.nl.go.kr/kolisnet)에서 이용하실 수 있습니다.
(CIP제어번호: CIP2014029541)」